Diseño de Máquinas

Problemas resueltos

Samuel Sánchez Caballero
Dr. Ingeniero
sasanca@dimm.upv.es

Rafael Plá Ferrando
Dr. Ingeniero
rpla@mcm.upv.es

Sergi Montava Jorda
Ingeniero
sermonjo@dimm.upv.es

Bernardo Oliver Borrachero
Ingeniero
berolbor@epsa.upv.es

Copyright© Samuel Sánchez Caballero.

Correo Electrónico: **sasanca@dimm.upv.es**

Escuela Politécnica Superior de Alcoy

Instituto de Diseño y Fabricación (IDF)

Distribución: www.amazon.com

Diseño de Máquinas: Problemas Resueltos.

Samuel Sánchez Caballero – 1ra ed., 2018

– Escuela Politécnica Superior de Alcoy, Universidad Politécnica de Valencia.

360 p.

ISBN 978-1986-12-892-6

1. Diseño de Máquinas. 2. Fractura. 3.Fatiga. 4. Transmisiones.

*A Noelia,
cuya ayuda me ha permitido finalizar este libro.
A Diego, y Andrea.*

*A mis padres, Asensio y Dolores,
que me dieron lo que el dinero no puede comprar:
amor, educación y valores.*

Prólogo

Introducción

Este libro es el resultado de más de veinticinco años de docencia de los autores en asignaturas relacionadas con el Diseño de Máquinas. Representa un compendio de problemas de examen y de aula desarrollados durante este tiempo.

Este libro surge por la carencia de problemas con orientación profesional relacionados con el Diseño de Máquinas. Sin llegar a ser tan complejos como los problemas de la vida real, superan la orientación academicista de las colecciones de problemas existentes actualmente.

La asignatura de Diseño de Máquinas es troncal, con un temario estandarizado dentro de la ingeniería mecánica a nivel mundial. El libro aborda los temas capitales del Diseño de Máquinas: el comportamiento bajo cargas estáticas y dinámicas, así como la mecánica de la fractura, el contacto puntual y el desgaste. También aborda el cálculo de los principales elementos de máquinas como son: ejes de transmisión, engranajes, rodamientos, chavetas, uniones a presión y tornillos.

El libro se encuentra estructurado siguiendo el desarrollo típico de la asignatura. Se inicia con teorías de fallo bajo cargas estáticas, y continúa con fatiga uniaxial bajo cargas exclusivamente alternantes, después de añaden las componentes medias y finalmente se abordan problemas de fatiga multiaxial y daño acumulativo por fatiga. Seguidamente se analizan piezas con grietas sometidas a cargas estáticas y a fatiga, mediante la mecánica de la fractura elástica lineal. Posteriormente se analizan casos de contacto puntual y desgaste para finalizar con el cálculo de diferentes elementos de transmisión. El último capítulo está dedicado al análisis de problemas reales, muchos más complejos donde se combinan diferentes tipos de fallos. Al final del libro, se puede encontrar un formulario, así como el conjunto de tablas y gráficas necesarias para la resolución de los problemas.

Esperamos que el lector pueda disfrutar del libro tanto como nosotros lo hemos hecho durante su elaboración

Agradecimientos

Los autores expresan su más vivo agradecimiento a Juan José Cerdá Ramón y Daniel Vilaplana Andreo su colaboración en la maquetación en LaTeX de este manual.

Sobre los autores

Samuel Sánchez Caballero
Es Doctor Ingeniero, Ingeniero de Organización Industrial e Ingeniero Técnico Industrial de la especialidad Mecánica por la Universitat Politècnica de València. En el ámbito profesional ha sido director técnico de una empresa de construcción de maquinaria. Profesor responsable de diferentes asignaturas relacionadas con el Diseño de Máquinas y la simulación por elementos finitos durante 16 años. Ha obtenido cuatro premios Bancaja y ha dirigido un gran

número de Trabajos de Final de Grado. Es autor de varios libros docentes y de investigación. Es investigador del Instituto de Diseño y Fabricación de la UPV, donde ha formado parte de diversos proyectos multidisciplinares de investigación competitiva y de convenios de I+D+i de diversa temática. Experto técnico de diversas disciplinas relacionadas con la Ingeniería industrial.

Rafael Plá Ferrando
Es Doctor Ingeniero, Ingeniero de Organización Industrial e Ingeniero Técnico Industrial de las especialidades Mecánica y Eléctrica por la Universitat Politècnica de València. En el ámbito profesional ha desarrollado un gran número de proyectos relacionados con las instalaciones industriales. Profesor responsable de las asignaturas de Diseño de Máquinas I i II durante 15 años, y también de otras relacionadas con el diseño mecánico. Ha dirigido una gran cantidad de Trabajos de Final de Grado. Es autor de varios libros docentes y de investigación. Es investigador del Instituto de Diseño y Fabricación de la UPV, donde ha formado parte de diversos proyectos multidisciplinares de investigación competitiva y de convenios de I+D+i de diversa temática.

Sergi Montava Jordà
Es Ingeniero de Materiales e Ingeniero Técnico de la especialidad Mecánica por la Universitat Politècnica de València. En el ámbito profesional es Ingeniero de Proyectos en una empresa de Fabricación de Maquina Herramienta durante más de trece años y esta especializado con la fabricación de maquinaria a medida para la automatización de procesos industriales. Es profesor de prácticas de la asignatura Teoría y Diseño de Máquinas en la Universitat Politècnica de València.

Bernardo Oliver Borrachero
Es Ingeniero de Materiales e Ingeniero Técnico Industrial de la especialidad Mecánica por la Universitat Politècnica de València. En el ámbito profesional ha sido director técnico de una empresa de construcción de maquinaria, siendo responsable de proyectos de ámbito internacional. Cuenta con amplia experiencia en el sector de la automoción y el mundo de la competición de motocicletas como piloto y como técnico. En los últimos años se ha especializado en el sector de los materiales compuestos, diseñando y fabricando desde componentes estéticos hasta componentes estructurales como bastidores de motocicleta. Es autor de varios capítulos de libros y artículos centrados en la aplicación de composites reforzados con fibras naturales a la industria del automóvil.

Índice general

Prólogo   I

Índice general   III

Índice de figuras   VI

Índice de tablas   XI

1 Cargas estáticas: Teorías de Fallo   1

1.1 Obtención de las tensiones principales de un estado tensional triaxial   3

1.2 Cálculo de un ángulo de acero   5

1.3 Cálculo de un cilindro a fluencia   11

1.4 Barra de fundición   13

1.5 Expresión genérica para el cálculo de ejes bajo cargas estáticas   17

1.6 Depósito de GLP   19

2 Cargas variables: Fatiga   23

2.1 Barra de acero a fatiga axial.   25

2.2 Cálculo de una barra rectangular   28

2.3 Barra de acero a fatiga   31

2.4 Máxima tensión alternante para una barra de acero   34

2.5 Cálculo de una barra rectangular   36

2.6 Cálculo de un eje a torsión.   41

2.7 Cálculo de un eje loco   48

2.8 Cálculo del eje de una rueda de motocicleta   51

2.9 Cálculo de una ballesta   57

2.10 Eje de la hélice de un barco   60

2.11 Cálculo del eje de una bomba   63

- 2.12 Expresión genérica para el cálculo de ejes a fatiga 67
- 2.13 Tornillo de potencia. 70
- 2.14 Cálculo de un cilindro a fluencia y a fatiga 74
- 2.15 Cálculo del eje de una caja reductora 79
- 2.16 Cálculo de un cigüeñal. 84
- 2.17 Eje de una transmisión automática 89
- 2.18 Cálculo de una barra con un orificio a flexotorsión 93
- 2.19 Cálculo de barra de acero con chavetero sometida a flexotorsión 97
- 2.20 Cálculo de barra de acero sometida a flexotorsión 101
- 2.21 Cálculo de eje de martillo compresor 106

3 Mecánica de la fractura — 109
- 3.1 Grieta en unión soldada. 110
- 3.2 Barra rectangular agrietada 112
- 3.3 Duración de una placa agrietada. 114
- 3.4 Grieta en chapa 115
- 3.5 Placa agrietada 117

4 Tribología — 119
- 4.1 Cálculo de un patín 121
- 4.2 Cálculo de un cojinete de fricción 122
- 4.3 Cálculo de los rodillos de una cadena de tracción 123
- 4.4 Cálculo de dos rodillos de un laminador de papel 130
- 4.5 Cálculo de un carro de translación. 133
- 4.6 Cálculo de una leva. 138
- 4.7 Cálculo de una rótula de bolas 141
- 4.8 Cálculo de una leva con seguidor de rodillo. 146
- 4.9 Cálculo de rodamientos 149

5 Transmisiones — 153
- 5.1 Diseño y cálculo de un engranaje cilíndrico helicoidal 155
- 5.2 Selección de los engranajes de una transmisión 162
- 5.3 Dimensionado de una transmisión de engranajes 170

6 Elementos de unión — 179
- 6.1 Cálculo de una chaveta paralela 181
- 6.2 Cálculo de una chaveta de cuña 183

    6.3 Cálculo de una unión a presión 187

    6.4 Cálculo de los tornillos de la culata de una bomba 191

7 Problemas combinados   195

    7.1 Cálculo de un cilindro extractor 197

    7.2 Cálculo del eje de un reductor 214

    7.3 Cálculo de una cadena 229

    7.4 Cálculo de los engranajes de una de caja reductora 234

    7.5 Diseño de un agitador 244

A Tensores   255

B Formulario de Diseño de Máquinas   265

C Concentradores de tensiones geométricos   301

D Factores de intensidad de esfuerzos   319

E Materiales   325

Bibliografía   343

Índice general

Índice de figuras

1.1. Ángulo de acero 5
1.2. Barra de fundición 13
1.3. Teoría de Coulomb-Mohr modificada 15
1.4. Depósito de GLP 19

2.1. Barra de acero a fatiga axial 25
2.2. Componentes de la tensión 25
2.3. Cálculo de una barra rectangular a fatiga axial 28
2.4. Componentes de tensión 31
2.5. Diagrama de Whöler 35
2.6. Barra rectangular 36
2.7. Distribución temporal de la fuerza 38
2.8. Diagrama de Whöler 39
2.9. Eje a torsión 41
2.10. Evolución temporal del momento flector y el par torsor en los tres casos . . . 42
2.11. Eje loco 48
2.12. Diagrama de momentos 49
2.13. Eje de una rueda de motocicleta 51
2.14. Evolución temporal de la tensión de flexión en las secciones 1,2 y 3 53
2.15. Ballesta 57
2.16. Distribución temporal de la fuerza 58
2.17. Evolución temporal del par torsor y el momento flector 60

Índice de figuras

2.18. Eje de una bomba 63

2.19. Fuerza radial 64

2.20. Fuerza tang. 64

2.21. Fuerza axial 64

2.22. Componentes de la tensión 65

2.23. Tornillo de potencia 70

2.24. Ciclo de trabajo de un cilindro. Tensiones en la camisa 76

2.25. Caja reductora 80

2.26. Árbol de transmisión 102

2.27. Esquema de martillo neumático 106

2.28. Eje martillo neumático 107

3.1. Grieta en unión soldada 110

3.2. Barra rectangular agrietada 112

3.3. Fleje infinito con grieta al extremo sometido a tracción 112

3.4. Fleje infinito con grieta al extremo sometido a flexión 113

3.5. Placa agrietada 117

4.1. Despiece de una cadena de rodillos 124

4.2. Detalle cadena de rodillos 124

4.3. Detalle de montaje de la cadena de rodillos en la cinta 125

4.4. Tensión equivalente en función del parámetro λ 126

4.5. Carro de traslación 134

4.6. Leva-seguidor de un árbol de levas 138

4.7. Rótula a bolas 141

4.8. Leva con seguidor de rodillo 146

4.9. Eje reductora 150

4.10. Equilibrio de fuerzas en el eje del reductor 151

6.1. Distribució temporal de la força sobre cada caragol 192

7.1. Cilindro extractor 197

7.2. Ciclo de trabajo de un cilindro. tensiones de trabajo en la camisa 202

7.3. Integración numérica 213

7.4. Cadena cinemática 214

7.5. Transmisión por correas 215

7.6. Reductor 216

7.7. Fuerzas en las correas 218

7.8. Fuerzas i momentos resultantes en el eje de entrada 220

7.9. Fuerzas resultantes en el plano XY 222

7.10. Fuerzas resultantes en el plano XZ 222

7.11. Distribución temporal de los esfuerzos 225

7.12. Cadena para cinta transportadora 229

A.1. Tensiones principales proyectadas sobre un plano octaédrico normal al eje hidrostático 259

B.1. Coeficientes de pandeo 271

B.2. Resistencia a la fatiga en el pie del diente 286

B.3. Resistencia a la fatiga superficial 290

B.4. Vigas en voladizo 297

B.5. Vigas con doble soporte simple 298

B.6. Vigas con engaste y soporte simple 299

C.1. Eje con cambio de sección sometido a carga axial 303

C.2. Eje con cambio de sección sometido a flexión 304

C.3. Eje con cambio de sección sometido a torsión 305

C.4. Eje con ranura semicircular bajo carga axial 306

C.5. Eje con ranura semicircular bajo flexión 307

C.6. Eje con ranura semicircular bajo torsión 308

C.7. Eje con agujero bajo flexión 309

- C.8. Eje con agujero bajo torsión 310
- C.9. Placa con cambio de sección sometido a carga axial 311
- C.10. Placa con cambio de sección sometido a flexión 312
- C.11. Placa con ranura semicircular sometida a carga axial 313
- C.12. Placa con ranura semicircular sometida a carga flexión 314
- C.13. Chapa con agujero bajo carga axial 315
- C.14. Placa con agujero sometida a carga flexión 316
- C.15. Chavetero bajo torsión 317
- C.16. Chavetero bajo flexión 318

Índice de tablas

B.1. Tipos de esfuerzos fundamentales 267

B.2. Propiedades geométricas de las secciones más comunes 268

B.3. Propiedades geométricas de las secciones más comunes 269

B.4. Propiedades geométricas de las secciones más comunes 270

B.5. Tensión crítica de pandeo 271

B.6. Factores a y b para el factor de acabado 274

B.7. Diámetro equivalente para diferentes geometrías 275

B.8. Factores α y β para el factor de carga 275

B.9. Factores de confiabilidad 276

B.10. Constantes de Archard 281

B.11. Factor de forma Y_F en función del factor desplazamiento del dentado x (DIN 3990) 287

B.12. Factores K_1 y K_2 para el cálculo del factor de velocidad K_v 288

B.13. Calidad superficial recomendada en función de la velocidad 288

B.14. Calidad superficial alcanzable por los procesos de fabricación 288

B.15. Calidad superficial requerida en función de la aplicación 289

B.16. Factor de servicio K_A 289

B.17. Factor de servicio n_B según la norma DIN6892 293

B.18. Coeficiente de la ecuación de Paris 296

D.1. Factores de intensidad de esfuerzos 321

D.1. Factores de intensidad de esfuerzos 322

D.1. Factores de intensidad de esfuerzos 323

Índice de tablas

E.1. Aceros estructurales laminados en caliente. Características mecánicas EN 10025-2: 2006 327

E.2. Aceros estructurales laminados en caliente. Características mecánicas EN 10025-2: 2006 328

E.3. Aceros estructurales laminados en caliente. Equivalencia entre designaciones antiguas 329

E.4. Aceros estructurales laminados en caliente. Equivalencia entre designaciones antiguas 330

E.5. Aceros templables. Características mecánicas a temperatura ambiente en estado de temple y revenido 331

E.6. Aceros templables. Características mecánicas a temperatura ambiente en estado normalizado. 332

E.7. Aceros templables. Equivalencia entre designaciones antiguas 333

E.8. Aceros templables aleados e calidad. Características mecánicas a temperatura ambiente en estado de temple y revenido 334

E.9. Aceros templables aleados de calidad. Equivalencia entre designaciones antiguas 335

E.10. Fundiciones grises. Características mecánicas EN 1561:1997 336

E.11. Aceros de alto límite elástico y baja aleación (HSLA) laminados en caliente. Características mecánicas EN 10149/2 337

E.12. Aceros de alto límite elástico y baja aleación (HSLA) laminados en caliente. Equivalencia entre las diferentes normas 337

E.13. Aceros de alto límite elástico y baja aleación (HSLA) laminados en frío. Características mecánicas EN 10268 338

E.14. Aceros de alto límite elástico y baja aleación (HSLA) laminados en frío. Equivalencia entre las diferentes normas 338

E.15. Aceros para embutición y conformación en frío laminados en caliente. Características mecánicas EN 10111 338

E.16. Aceros para embutición y conformación en frío laminados en caliente. Equivalencia entre las diferentes normas 338

E.17. Tenacidad de los metales 339

E.18. Tenacidad de los polímeros 340

E.19. Tenacidad de los materiales cerámicos 340

E.20. Tenacidad de los materiales compuestos 340

E.21. Materiales sintéticos 341

1
Cargas estáticas: Teorías de Fallo

1.1 Obtención de las tensiones principales de un estado tensional triaxial

Determinar las tensiones principales del estado tensional siguiente: $\sigma_x = 40$ MPa, $\sigma_y = 30$ MPa, $\sigma_z = 30$ MPa, $\tau_{xy} = 10$ MPa, $\tau_{xz} = 10$ MPa, $\tau_{yz} = 0$.

Resolución

En primer lugar se formula el tensor de tensiones:

$$\mathbf{T} = [T] = \begin{pmatrix} 40 & 10 & 10 \\ 10 & 30 & 0 \\ 10 & 0 & 30 \end{pmatrix}$$

A continuación se calculan los invariantes del tensor de tensiones:

$$I_1 = \sigma_x + \sigma_y + \sigma_z = 40 + 30 + 30 = 100 \text{ MPa}$$

$$I_2 = \sigma_y\sigma_x + \sigma_z\sigma_x + \sigma_y\sigma_z - \tau_{xy}^2 - \tau_{xz}^2 - \tau_{yz}^2 =$$
$$= 40 \cdot 30 + 40 \cdot 30 + 30 \cdot 30 - 10^2 - 10^2 - 0 = 3100 \text{ MPa}^2$$

$$I_3 = |\mathbf{T}| = \begin{vmatrix} \sigma_x & \tau_{xy} & \tau_{zx} \\ \tau_{xy} & \sigma_y & \tau_{yz} \\ \tau_{zx} & \tau_{yz} & \sigma_z \end{vmatrix} = \begin{vmatrix} 40 & 10 & 10 \\ 10 & 30 & 0 \\ 10 & 0 & 30 \end{vmatrix} = 30000 \text{ MPa}^3$$

El cálculo de las tensiones principales requiere la resolución de la ecuación de tercer grado: $\sigma^3 - I_1\sigma^2 + I_2\sigma - I_3 = 0$. Para evitar la resolución de esta ecuación se procede a referenciar las tensiones en el espacio de tensiones de Haigh-Westergaard:

$$\sigma_1 = \frac{I_1}{3} + 2\sqrt{\frac{J_2}{3}}\cos\theta$$

$$\sigma_2 = \frac{I_1}{3} + 2\sqrt{\frac{J_2}{3}}\cos\left(\theta - \frac{2\pi}{3}\right)$$

$$\sigma_3 = \frac{I_1}{3} + 2\sqrt{\frac{J_2}{3}}\cos\left(\theta + \frac{2\pi}{3}\right)$$

Las invariantes del tensor de distorsión son:

$$J_2 = \frac{I_1^2}{3} - I_2 = \frac{100^2}{3} - 3100 = 233{,}33 \text{ MPa}^2$$

$$J_3 = 2\left(\frac{I_1}{3}\right)^3 - \frac{I_1 I_2}{3} + I_3 = 2\left(\frac{100}{3}\right)^3 - \frac{100 \cdot 3100}{3} + 30000 = 740{,}74 \text{ MPa}^3$$

Capítulo 1. Cargas estáticas: Teorías de Fallo

La posición del punto P en coordenadas polares respecto al sistema de referencia sobre el plano π:

$$\rho = \sqrt{2J_2} = \sqrt{2 \cdot 233{,}33} = 21{,}6 \text{ MPa}$$

$$\theta = \frac{1}{3}\cos^{-1}\left(\frac{3\sqrt{3}}{2}\frac{J_3}{J_2^{3/2}}\right) = \frac{1}{3}\cos^{-1}\left(\frac{3\sqrt{3}}{2}\frac{740{,}74}{233{,}33^{3/2}}\right) = 0{,}3335$$

Finalmente obtenemos las tensiones principales:

$$\sigma_1 = \frac{I_1}{3} + 2\sqrt{\frac{J_2}{3}}\cos\theta = \frac{100}{3} + 2\sqrt{\frac{233{,}33}{3}}\cos 0{,}3335 = 50 \text{ MPa}$$

$$\sigma_2 = \frac{I_1}{3} + 2\sqrt{\frac{J_2}{3}}\cos\left(\theta - \frac{2\pi}{3}\right) =$$

$$= \frac{100}{3} + 2\sqrt{\frac{233{,}33}{3}}\cos\left(0{,}3335 - \frac{2\pi}{3}\right) = 30 \text{ MPa}$$

$$\sigma_3 = \frac{I_1}{3} + 2\sqrt{\frac{J_2}{3}}\cos\left(\theta + \frac{2\pi}{3}\right) =$$

$$= \frac{100}{3} + 2\sqrt{\frac{233{,}33}{3}}\cos\left(0{,}3335 + \frac{2\pi}{3}\right) = 20 \text{ MPa}$$

Por lo tanto, el vector de tensiones principales es: $\sigma = (50, 30, 20)$ MPa.

1.2 Cálculo de un ángulo de acero

El ángulo de la Figura 1.1 está fabricado de un acero de construcción de bajo contenido en carbono: S-225-JR (S_y= 225 MPa). Los datos geométricos son: L_1 = 140 mm, L_2 = 150 mm, d_2 = 10 mm y n_y = 2. Suponiendo que se aplica una fuerza vertical F, se quiere determinar lo siguiente:

1. Las tensiones generadas en los puntos A y B.
2. Las tensiones principales en los puntos A y B.
3. La fuerza máxima aplicable F al extremo del ángulo, según la teoría del esfuerzo cortante máximo, para que la pieza no falle en el segundo tramo
4. La fuerza máxima aplicable F al extremo del ángulo, según la teoría de Von Mises.
5. La relación de secciones necesaria d_1/d_2, para que la tensión máxima en el primer tramo sea, aproximadamente, igual a la del segundo tramo. Sustituyendo numéricamente para el caso anterior.
6. Para la fuerza máxima calculada en al apartado anterior, determinar la idoneidad del diseño anterior a través de la evaluación del coeficiente de seguridad, en el caso que se utilice una fundición gris EN-GJL-300 (GG-30) con las siguientes características mecánicas: S_{uc}= 960 MPa, S_{ut}= 300 MPa.

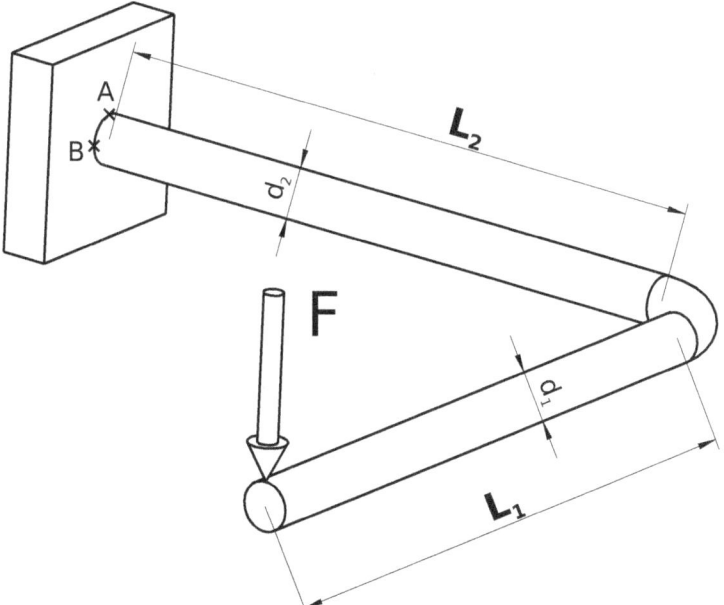

Figura 1.1: Ángulo de acero

Resolución

1. Tensiones generadas en los puntos A y B

   a) Tensiones en el punto A:
   En este punto, la pieza soporta tensiones normales de tracción debidas a la flexión, junto con tensiones cortantes debidas a la torsión generada por el descentramiento de la carga respecto de la fibra neutra:

   $$\sigma_{fA_x} = \frac{M}{W_x} = \frac{FL_2}{I_{zz}/r} = \frac{FL_2}{\dfrac{\pi d_2^4}{64}\dfrac{2}{d_2}} = \frac{32FL_2}{\pi d_2^3}$$

   $$\tau_{tA_{xz}} = \frac{T}{W_o} = \frac{FL_1}{I_o/r} = \frac{FL_1}{2\dfrac{\pi d_2^4}{64}\dfrac{2}{d_2}} = \frac{16FL_1}{\pi d_2^3}$$

   Sustituyendo numéricamente, tenemos lo siguiente:

   $$\sigma_{fA_x} = \frac{32F150}{\pi 10^3} = 1{,}5279F$$

   $$\tau_{tA_{xz}} = \frac{16F140}{\pi 10^3} = 0{,}7130F$$

   b) Tensiones en el punto B:
   En este punto, como se encuentra localizado en el plano neutro, no hay tensiones de tipo normal, únicamente hay tensiones de tipo cortantes:

   - Tensión cortante de torsión:

   $$\tau_{tB_{xy}} = \frac{T}{W_o} = \frac{FL_1}{I_o/r} = \frac{FL_1}{2\dfrac{\pi d_2^4}{64}\dfrac{2}{d_2}} = \frac{16FL_1}{\pi d_2^3}$$

   - Tensión cortante de flexión (Collignon):

   $$\tau_{fB_{xy}} = \frac{4F}{3A} = \frac{16F}{3\pi d_2^2}$$

   - Tensión cortante resultante:

   $$\tau_{tB_{xy}} = \tau_{tB_{xy}} + \tau_{fB_{xy}} = \frac{16F}{\pi d_2^3}\left(L_1 + \frac{d_2}{3}\right)$$

   Sustituyendo numéricamente, tenemos lo siguiente:

   $$\tau_{B_{xy}} = \frac{16F}{\pi 10^3}\left(140 + \frac{10}{3}\right) = 0{,}730F$$

2. Las tensiones principales en los puntos A i B.

   a) Tensiones principales en el punto A
   A partir de las tensiones normales y cortantes, sustituyendo en las ecuaciones de

Mohr, tenemos lo siguiente:

$$\sigma_{A_{1,2}} = \frac{\sigma_x + \sigma_z}{2} \pm \sqrt{\left(\frac{\sigma_x - \sigma_z}{2}\right)^2 + \tau_{xz}^2}$$

$$= \frac{\frac{32FL_2}{\pi d_2^3} + 0}{2} \pm \sqrt{\left(\frac{\frac{32FL_2}{\pi d_2^3} - 0}{2}\right)^2 + \left(\frac{16FL_1}{\pi d_2^3}\right)^2}$$

$$= \frac{16FL_2}{\pi d_2^3} \pm \sqrt{\left(\frac{16F}{\pi d_2^3}\right)^2 (L_1^2 + L_2^2)}$$

$$= \frac{16F}{\pi d_2^3} \left[L_2 \pm \sqrt{L_1^2 + L_2^2}\right]$$

Sustituyendo numéricamente, tenemos lo siguiente:

$$\sigma_{A_{1,2}} = \frac{16F}{\pi \cdot 10^3} \left[150 \pm \sqrt{140^2 + 150^2}\right]$$

$$\sigma_{A_1} = 1{,}8090 F$$

$$\sigma_{A_2} = -0{,}2810 F$$

b) Tensiones principales en el punto B

A partir de las tensiones cortantes, sustituyendo en las ecuaciones de Mohr, tenemos lo siguiente:

$$\sigma_{B_{1,2}} = \frac{\sigma_x + \sigma_y}{2} \pm \sqrt{\left(\frac{\sigma_x - \sigma_y}{2}\right)^2 + \tau_{xy}^2}$$

$$= \frac{0+0}{2} \pm \sqrt{\left(\frac{0-0}{2}\right)^2 + \left(\frac{16F}{\pi d_2^3}\left(L_1 + \frac{d_2}{3}\right)\right)^2}$$

$$= \pm \frac{16F}{\pi d_2^3}\left(L_1 + \frac{d_2}{3}\right)$$

Sustituyendo numéricamente, tenemos lo siguiente:

$$\sigma_{B_{1,2}} = \pm \frac{16F}{\pi \cdot 10^3}\left(140 + \frac{10}{3}\right) = \pm 0{,}730 F$$

3. La fuerza máxima aplicable F en el extremo del ángulo, según la teoría del esfuerzo cortante máximo, para que la pieza no falle en el segundo tramo.

Para resolver este apartado, debemos plantearnos cuál de los dos puntos: A o B, es el más cargado. Lógicamente, el punto A corresponde al punto del esfuerzo máximo, mientras que el punto B soporta un esfuerzo inferior. Si nos centramos en el punto A, tenemos que, en este punto, la pieza está sometida a un estado de tracción/compresión, y, por tanto, queda enmarcada en el cuarto cuadrante de la teoría del esfuerzo cortante máximo. Para este cuadrante, la recta que delimita el rango de trabajo de la pieza viene definida por la ecuación siguiente: $\sigma_1 - \sigma_2 \leq \frac{S_y}{n}$.

Sustituyendo los valores de tensiones principales calculados anteriormente, tenemos lo siguiente:

$$\frac{16F}{\pi d_2^3}\left[L_2 + \sqrt{L_1^2 + L_2^2}\right] - \frac{16F}{\pi d_2^3}\left[L_2 - \sqrt{L_1^2 + L_2^2}\right] \leq \frac{S_y}{n}$$

$$\frac{16F}{\pi d_2^3}\left[L_2 + \sqrt{L_1^2 + L_2^2} - L_2 + \sqrt{L_1^2 + L_2^2}\right] \leq \frac{S_y}{n}$$

$$\frac{32F}{\pi d_2^3}\sqrt{L_1^2 + L_2^2} \leq \frac{S_y}{n}$$

Despejando el valor de la fuerza, tenemos lo siguiente:

$$F \leq \frac{S_y \pi d_2^3}{32n\sqrt{L_1^2 + L_2^2}}$$

Sustituyendo numéricamente, tenemos la siguiente fuerza máxima:

$$F \leq \frac{225\pi 10^3}{32 \cdot 2\sqrt{140^2 + 150^2}} \approx 53,8 \text{ N}$$

4. La fuerza máxima aplicable F en el extremo del ángulo, según la teoría de Von Mises.

   Siguiendo un razonamiento similar al anterior, calculamos la tensión equivalente de Von Mises para el punto A:

$$\sigma_{eq} = \sqrt{\sigma_1^2 + \sigma_2^2 - \sigma_1\sigma_2}$$

$$= \sqrt{\left[\frac{16F}{\pi d_2^3}\left[L_2 + \sqrt{L_1^2 + L_2^2}\right]\right]^2 + \left[\frac{16F}{\pi d_2^3}\left[L_2 - \sqrt{L_1^2 + L_2^2}\right]\right]^2 - }$$

$$\overline{- \frac{16F}{\pi d_2^3}\left[L_2 + \sqrt{L_1^2 + L_2^2}\right]\frac{16F}{\pi d_2^3}\left[L_2 - \sqrt{L_1^2 + L_2^2}\right]}$$

$$= \frac{16F}{\pi d_2^3}\sqrt{\left[L_2 + \sqrt{L_1^2 + L_2^2}\right]^2 + \left[L_2 - \sqrt{L_1^2 + L_2^2}\right]^2 -}$$

$$\overline{- \left[L_2 + \sqrt{L_1^2 + L_2^2}\right]\left[L_2 - \sqrt{L_1^2 + L_2^2}\right]}$$

$$= \frac{16F}{\pi d_2^3}\sqrt{L_2^2 + L_1^2 + L_2^2 + 2L_2\sqrt{L_1^2 + L_2^2} + L_2^2 + L_1^2 + L_2^2-}$$

$$\overline{- 2L_2\sqrt{L_1^2 + L_2^2} - (L_2^2 - (L_1^2 + L_2^2))}$$

$$\sigma_{eq} = \frac{16F}{\pi d_2^3}\sqrt{3L_1^2 + 4L_2^2}$$

La tensión equivalente no puede superar el límite de fluencia, por lo tanto, tenemos lo siguiente:

$$\sigma_{eq} \leq \frac{S_y}{n} \rightarrow \frac{16F}{\pi d_2^3}\sqrt{3L_1^2 + 4L_2^2} \leq \frac{S_y}{n}$$

Despejando el valor de la fuerza, tenemos lo siguiente:

$$F \leq \frac{S_y \pi d_2^3}{16n\sqrt{3L_1^2 + 4L_2^2}}$$

Sustituyendo numéricamente, tenemos lo siguiente:

$$F \leq \frac{225\pi 10^3}{16 \cdot 2\sqrt{3 \cdot 140^2 + 4 \cdot 150^2}} \approx 57{,}26 \text{ N}$$

5. La relación de secciones necesaria d_1/d_2, para que la tensión máxima en el primero tramo sea, aproximadamente, igual a la del segundo tramo. Sustituyendo numéricamente para el caso anterior: En el primer tramo, el único esfuerzo que hay es el de flexión, que solo genera fuerzas normales y, por lo tanto, lo podemos suponer como principal y equivalente. La tensión de flexión generada es la siguiente:

$$\sigma_{eq} = \sigma_x = \frac{M}{W_x} = \frac{FL_1}{I_{zz}/r} = \frac{FL_1}{\dfrac{\pi d_1^4}{64}\dfrac{2}{d_1}} = \frac{32FL_1}{\pi d_1^3}$$

Para que haya igualdad de tensión en ambas secciones, el cociente de tensiones tiene que ser igual a la unidad:

$$\frac{\sigma_{eq_{\text{tramo2}}}}{\sigma_{eq_{\text{tramo1}}}} = \frac{\dfrac{16F}{\pi d_2^3}\sqrt{3L_1^2 + 4L_2^2}}{\dfrac{32FL_1}{\pi d_1^3}} = 1$$

Despejando la relación de secciones, tenemos lo siguiente:

$$\frac{d_2^3}{d_1^3} = \frac{\sqrt{3L_1^2 + 4L_2^2}}{2L_1} \rightarrow \frac{d_2}{d_1} = \sqrt[3]{\frac{\sqrt{3L_1^2 + 4L_2^2}}{2L_1}}$$

Sustituyendo numéricamente para el caso planteado, obtenemos la relación entre secciones:

$$\frac{d_2}{d_1} = \sqrt[3]{\frac{\sqrt{3 \cdot 140^2 + 4 \cdot 150^2}}{2 \cdot 140}} \approx 1{,}11$$

6. Para la fuerza máxima calculada en el apartado anterior, determinar la idoneidad del diseño anterior a través de la evaluación del coeficiente de seguridad, en el caso de que se utilice una fundición gris EN-GJL-300 (GG-30)con las siguientes características mecánicas: S_{uc}= 960 MPa, S_{ut}= 300 MPa.

Para la resolución del apartado, procedemos a aplicar las ecuaciones de Dowling sustituyendo los valores de tensiones principales calculados en los apartados anteriores:

$$\sigma_{A_1} = 1{,}8090 \cdot 57{,}26 \approx 103{,}59 \text{ MPa}$$

$$\sigma_{A_2} = -0{,}2810 \cdot 57{,}26 \approx -16{,}09 \text{ MPa}$$

$$C_1 = \frac{1}{2}\left[|\sigma_1 - \sigma_2| + \left(1 - \frac{2 \cdot S_{ut}}{S_{uc}}\right)(\sigma_1 + \sigma_2)\right]$$

$$= \frac{1}{2}\left[|103{,}59 + 16{,}09| + \left(1 - \frac{2 \cdot 300}{960}\right)(103{,}59 - 16{,}09)\right]$$

$$\approx 76{,}245 \text{ MPa}$$

$$C_2 = \frac{1}{2}\left[|\sigma_2 - \sigma_3| + \left(1 - \frac{2 \cdot S_{ut}}{S_{uc}}\right)(\sigma_2 + \sigma_3)\right]$$

$$= \frac{1}{2}\left[|16{,}09 + 0| + \left(1 - \frac{2 \cdot 300}{960}\right)(-16{,}09 + 0)\right] \approx 5{,}03 \text{ MPa}$$

$$C_3 = \frac{1}{2}\left[|\sigma_3 - \sigma_1| + \left(1 - \frac{2 \cdot S_{ut}}{S_{uc}}\right)(\sigma_3 + \sigma_1)\right]$$

$$= \frac{1}{2}\left[|0 + 103{,}59| + \left(1 - \frac{2 \cdot 300}{960}\right)(0 + 103{,}59)\right] \approx 71{,}2 \text{ MPa}$$

La tensión equivalente es calculada a través de los seis valores anteriores:

$$\hat{\sigma} = MAX\,(\sigma_1, \sigma_2, \sigma_3, C_1, C_2, C_3) = 103{,}59 \text{ MPa}$$

El coeficiente de seguridad se calcula comparando la tensión equivalente con la tensión de rotura a tracción:

$$n = \frac{S_{ut}}{\hat{\sigma}} = \frac{300}{103{,}59} = 2{,}9$$

Teniendo en cuenta que, para el diseño con un material dúctil, se ha elegido un coeficiente de seguridad mínimo de dos, para un material frágil como la fundición, tendremos que emplear un coeficiente de seguridad mínimo de cuatro (el doble), y por lo tanto, el diseño de la pieza no es correcto para el uso de materiales frágiles.

1.3 Cálculo de un cilindro a fluencia

Determinar si el espesor y el resto de medidas de un cilindro hidráulico, para ejercer una fuerza de 50 kN con un coeficiente de seguridad a la fluencia de n = 2,5 empleando un acero S-275-JR (S_y= 300 MPa) y trabajando a una presión de p = 30 MPa.

Datos:
$$\sigma_x = \frac{pR}{2e} \; ; \; \sigma_y = \frac{pR}{e}$$

Resolución

1. Determinación del diámetro necesario:

$$A = \frac{F}{p} = \frac{50000 \; \cancel{N}}{30 \; \frac{\cancel{N}}{mm^2}} = 1666{,}67 \; mm^2$$

$$A = \frac{\pi d^2}{4} \rightarrow d = \sqrt{\frac{4A}{\pi}} = \sqrt{\frac{4 \cdot 1666{,}67 \; mm^2}{\pi}} \approx 46{,}07 \; mm \rightarrow d = 50 \; mm$$

2. Aplicación de las teorías de fallo:
   Las dos tensiones son normales y perpendiculares entre si, por lo tanto, podemos tomarlas como principales:

   a) Aplicación de la teoría del esfuerzo cortante máximo: Las dos tensiones principales son:

$$\sigma_1 = \sigma_x = \frac{pR}{2e}$$
$$\sigma_2 = \sigma_y = \frac{pR}{e}$$

   Aplicando la teoría de Tresca:

$$\sigma_{eq} \leq \frac{|\sigma_1 - \sigma_2| + |\sigma_2 - \sigma_3| + |\sigma_3 - \sigma_1|}{2} =$$

$$= \frac{\left|\frac{pR}{2e} - \frac{pR}{e}\right| + \left|\frac{pR}{e} - 0\right| + \left|0 - \frac{pR}{2e}\right|}{2} =$$

$$= \frac{\left|\frac{pR}{2e} - \frac{2pR}{2e}\right| + \left|\frac{2pR}{2e} - 0\right| + \left|0 - \frac{pR}{2e}\right|}{2} =$$

$$= \frac{\frac{pR}{2e} + \frac{2pR}{2e} + \frac{pR}{2e}}{2} = \frac{pR}{e}$$

Aplicando la condición de resistencia y despejando el espesor, tenemos lo siguiente:

$$\sigma_{eq} = \frac{pR}{e} \leq \frac{S_y}{n}$$

$$\boxed{e \geq \frac{pRn}{S_y}}$$

$$e \geq \frac{30 \text{ MPa} \cdot 25 \text{ mm} \cdot 2{,}5}{300 \text{ MPa}} = 6{,}25 \text{ mm}$$

b) Aplicación de la teoría de Von Mises:

$$\sigma_{eq} = \sqrt{\sigma_1^2 + \sigma_2^2 - \sigma_1\sigma_2} = \sqrt{\left(\frac{pR}{2e}\right)^2 + \left(\frac{pR}{e}\right)^2 - \frac{pR}{2e}\cdot\frac{pR}{e}} =$$

$$= \sqrt{\frac{(pR)^2}{4e^2} + \frac{4}{4}\frac{(pR)^2}{e^2} - \frac{2}{2}\frac{(pR)^2}{2e^2}} = \frac{\sqrt{3}}{2}\frac{pR}{e}$$

Aplicando la condición de resistencia y despejando el espesor, tenemos lo siguiente:

$$\sigma \leq \frac{S_y}{n} \rightarrow \frac{pR}{2e}\sqrt{3} \leq \frac{S_y}{n}$$

$$\boxed{e \geq \frac{\sqrt{3}}{2}\frac{pRn}{S_y}}$$

$$e \geq \frac{\sqrt{3}\cdot 30 \text{ MPa} \cdot 25 \text{ mm} \cdot 2{,}5}{2\cdot 300 \text{ MPa}} = 5{,}41 \text{ mm}$$

1.4 Barra de fundición

La barra de la Figura 1.2, fabricada de fundición EN-GJL-150 (GG-15), con S_{uc}= 600 MPa, S_{ut}= 150 MPa, está sometida a los siguientes esfuerzos: F = 0,55 kN, P = 8 kN y T = 30 N·m, L = 100 mm, d = 20 mm.

En base a estos datos, se pide determinar el coeficiente de seguridad a rotura.

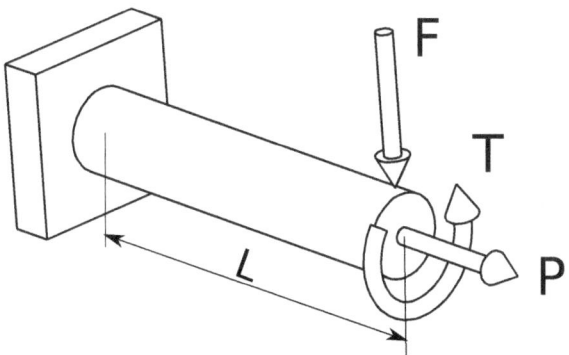

Figura 1.2: Barra de fundición

Resolución

Determinación del coeficiente de seguridad a rotura.

1. Determinación de la sección crítica:
   El punto más desfavorable se encuentra localizado en el empotramiento, donde aparecen tres esfuerzos frente al del punto de aplicación, donde solo aparecen dos.

2. Cálculo de los esfuerzos generados:
   Los esfuerzos generados por las cargas sobre el eje son los siguientes:
   - La fuerza F (flexión): $M = Fl = 550 \cdot 0{,}1 = 55$ N·m = 55.000 N·mm
   - La fuerza P (tracción): $P = 8.000$ N
   - El momento T (torsión): $T = 30$ N·m = 30.000 N·mm

   Consideramos únicamente el esfuerzo de flexión pura, ya que según se demostró, las tensiones de Collignon que actúan en el alma generan una tensión muy inferior a las tensiones de flexión, que son máximas en las fibras exteriores.

3. Cálculo de las tensiones asociadas a los esfuerzos:
   Los esfuerzos generados por las cargas externas producen las siguientes tensiones:
   - Flexión: $\sigma_{x_1} = \dfrac{M}{W} = \dfrac{Mc}{I_{yy}} = \dfrac{32M}{\pi d^3} = \dfrac{32 \cdot 55.000}{\pi \cdot 20^3} \approx 70$ MPa
   - Tracción: $\sigma_{x_2} = \dfrac{P}{A} = \dfrac{4P}{\pi d^2} = \dfrac{4 \cdot 8.000}{\pi \cdot 20^2} = 25{,}5$ MPa
   - Torsión: $\tau_{xz} = \dfrac{T}{W_0} = \dfrac{T}{2W} = \dfrac{16T}{\pi d^3} = \dfrac{16 \cdot 30.000}{\pi \cdot 20^3} \approx 19{,}1$ MPa

Capítulo 1. Cargas estáticas: Teorías de Fallo

Con lo cual, las tensiones resultantes son las siguientes:

$$\sigma_x = \sigma_{x_1} + \sigma_{x_2} = \frac{32M}{\pi d^3} + \frac{4P}{\pi d^2} = \frac{32}{\pi d^3}\left(M + \frac{Pd}{8}\right) \approx 95{,}5 \text{ MPa}$$

$$\tau_{xz} = \frac{16T}{\pi d^3} \approx 19{,}1 \text{ MPa}$$

Una vez calculadas las tensiones resultantes, procedemos a calcular las tensiones principales.

4. Cálculo de las tensiones principales:
   Teniendo en cuenta que que las tensiones principales solo contienen una componente normal y una cortante, podemos simplificar el estado tridimensional a un estado tensional plano.

   Aplicando las ecuaciones de Mohr, calculamos las tensiones principales.

$$\sigma_{1,2} = \frac{\sigma_x + \sigma_z}{2} \pm \sqrt{\left(\frac{\sigma_x - \sigma_z}{2}\right)^2 + \tau_{xz}^2} = \frac{\sigma_x + 0}{2} \pm \sqrt{\left(\frac{\sigma_x - 0}{2}\right)^2 + \tau_{xz}^2}$$

$$= \frac{\sigma_x}{2} \pm \frac{1}{2}\sqrt{\sigma_x^2 + 4\tau_{xz}^2}$$

Operando numéricamente, tenemos lo siguiente:

$$\sigma_{1,2} = \frac{\sigma_x}{2} \pm \frac{1}{2}\sqrt{\sigma_x^2 + 4\tau_{xz}^2} = \frac{95{,}5}{2} \pm \frac{1}{2} \cdot \sqrt{95{,}5^2 + 4 \cdot 19{,}1^2}$$

$$= \begin{cases} \sigma_1 = 99{,}2 \text{ MPa} \\ \sigma_2 = -3{,}7 \text{ MPa} \end{cases}$$

Operando algebraicamente, tenemos lo siguiente:

$$\sigma_{1,2} = \frac{\frac{32}{\pi d^3}\left(M + \frac{Pd}{8}\right)}{2} \pm \frac{1}{2}\sqrt{\left(\frac{32}{\pi d^3}\left(M + \frac{Pd}{8}\right)\right)^2 + 4\left(\frac{16T}{\pi d^3}\right)^2}$$

$$= \frac{16}{\pi d^3}\left(M + \frac{Pd}{8}\right) \pm \frac{16}{\pi d^3}\sqrt{\left(M + \frac{Pd}{8}\right)^2 + T^2}$$

$$= \frac{16}{\pi d^3}\left[M + \frac{Pd}{8} \pm \sqrt{\left(M + \frac{Pd}{8}\right)^2 + T^2}\right]$$

Una vez calculadas las tensiones principales, aplicamos la teoría de fallo correspondiente; en este caso, como se trata de un material frágil, la teoría de Mohr modificada.

5. Aplicación de la teoría de Mohr modificada:
   Para la aplicación de esta teoría, debemos conocer el cuadrante en el que nos encontramos.

   - Operando numéricamente: Teniendo en cuenta que σ_1 es positivo y que σ_2 es negativo, nos encontramos en el cuarto cuadrante. Teniendo en cuenta además

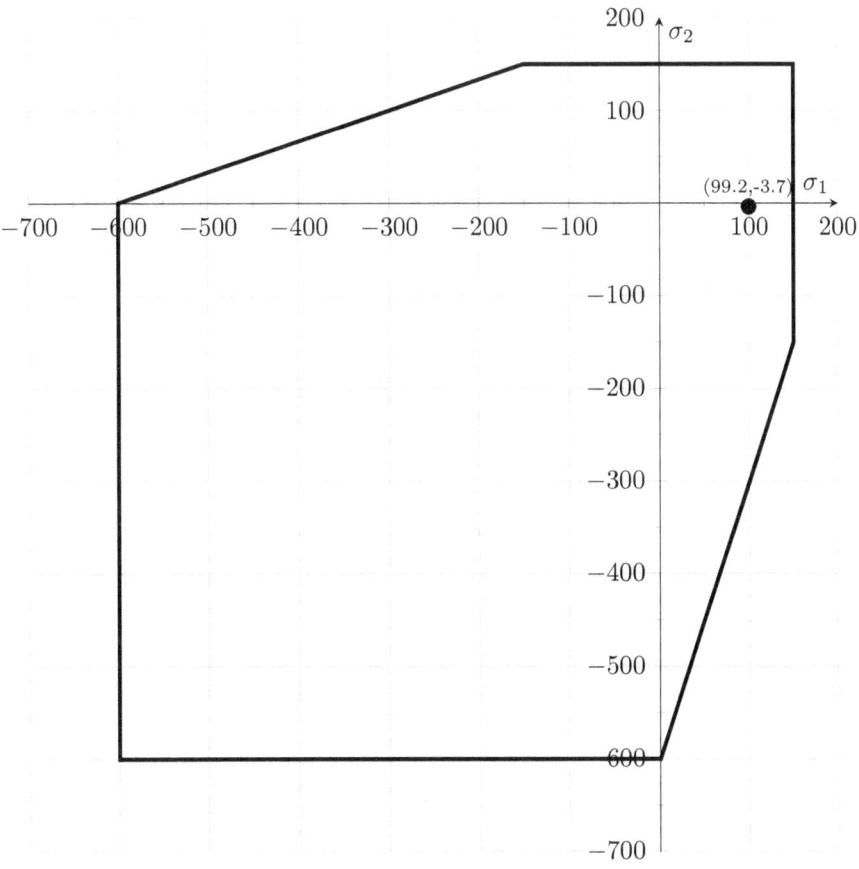

Figura 1.3: Teoría de Coulomb-Mohr modificada

que $|\sigma_1| > |\sigma_2|$, nos encontramos en el primer tramo del cuarto cuadrante, donde la condición de resistencia es: $\sigma_1 \leq S_{\text{ut}}/n$.

Despejando el coeficiente de seguridad, se resuelve el problema:

$$n \leq \frac{S_{\text{ut}}}{\sigma_1} = \frac{150}{99{,}2} \approx 1{,}5$$

- Operando algebraicamente:
  Para continuar operando algebraicamente, haremos un poco de abstracción para determinar en qué cuadrante nos encontramos. La ecuación anterior podemos escribirla del siguiente modo:

$$\sigma_{1,2} = \frac{a \pm \sqrt{a^2 + b^2}}{c} = \begin{cases} \sigma_1 = \dfrac{a + \sqrt{a^2 + b^2}}{c} \\ \sigma_2 = \dfrac{a - \sqrt{a^2 + b^2}}{c} \end{cases}$$

Revisando la ecuación, podemos ver que σ_1 tiene que ser positiva, y por lo tanto, la primera tensión principal es de tracción. Por otra parte, $\sqrt{a^2+b^2} > 0$, ya que $a - \sqrt{a^2+b^2} < 0$, y por lo tanto, la segunda tensión principal σ_2 tiene que ser negativa y, por lo tanto, de compresión. Una tensión principal positiva y otra negativa nos sitúa dentro del cuarto cuadrante de la teoría de Coulomb-Mohr. Adicionalmente, del razonamiento anterior podemos deducir fácilmente que $|\sigma_1| > |\sigma_2|$, lo cual nos sitúa en la primera zona de la teoría, donde la tensión límite viene definida por la siguiente ecuación: $\sigma_1 \leq S_{ut}/n$.

Sustituyendo la primera tensión principal y despejando n, tenemos lo siguiente:

$$\frac{16}{\pi d^3}\left[M + \frac{Pd}{8} + \sqrt{\left(M + \frac{Pd}{8}\right)^2 + T^2}\right] \leq \frac{S_{ut}}{n}$$

$$n \leq \frac{S_{ut}}{\frac{16}{\pi d^3}\left[M + \frac{Pd}{8} + \sqrt{\left(M + \frac{Pd}{8}\right)^2 + T^2}\right]}$$

La ecuación anterior es una solución genérica a los problemas de flexión, tracción y torsión de materiales frágiles.

Sustituyendo numéricamente:

$$n \leq \frac{150}{\frac{16}{\pi \cdot 20^3}\left[55.000 + \frac{8.000 \cdot 20}{8} + \sqrt{\left(55.000 + \frac{8.000 \cdot 20}{8}\right)^2 + 30.000^2}\right]} \approx 1{,}5$$

1.5 Expresión genérica para el cálculo de ejes bajo cargas estáticas

Elaborar una ecuación de diseño bajo cargas estáticas de un árbol sometido a flexión, torsión y carga axial, en el que la solución sea el coeficiente de seguridad n, tomando como parámetros T, M. S_{ut}, d, empleando las teorías de Von Mises para materiales dúctiles y Mohr modificada para los frágiles.

Resolución

1. Determinación de los componentes de esfuerzo:

   - Flexión: $\sigma_{x_1} = \dfrac{M_y}{I_{yy}} c = \dfrac{32M}{\pi d^3}$

   - Tracción: $\sigma_{x_2} = \dfrac{F}{A} = \dfrac{4F}{\pi d^2}$

   - Torsión: $\tau_{xz} = \dfrac{T}{I_0} c = \dfrac{16T}{\pi d^3}$

2. Coeficiente de seguridad según la teoría de Von Mises:

$$\sigma_{\text{eq}} = \sqrt{\dfrac{(\sigma_x - \sigma_y)^2 + (\sigma_x - \sigma_z)^2 + (\sigma_y - \sigma_z)^2 + 6\left(\tau_{xy}^2 + \tau_{xz}^2 + \tau_{yz}^2\right)}{2}} =$$

$$= \sqrt{\dfrac{\sigma_x^2 + \sigma_x^2 + 6\tau_{xz}^2}{2}} = \sqrt{\sigma_x^2 + 3\tau_{xz}^2}$$

La tensión equivalente de Von Mises se puede determinar a través de los pares flector y torsor en un punto de diámetro conocido, por medio de la siguiente ecuación:

$$\sigma_{\text{eq}} = \sqrt{\left(\dfrac{32M}{\pi d^3} + \dfrac{4F}{\pi d^2}\right)^2 + 3\left(\dfrac{16T}{\pi d^3}\right)^2}$$

$$= \dfrac{32}{\pi d^3} \sqrt{\left(M + \dfrac{Fd}{8}\right)^2 + \dfrac{3}{4} T^2}$$

La condición de resistencia requiere que no se supere el límite de fluencia o rotura, según el cálculo a realizar, $\sigma_{\text{eq}} \leq \dfrac{S_x}{n}$. Por lo tanto:

$$\dfrac{32}{\pi d^3} \sqrt{\left(M + \dfrac{Fd}{8}\right)^2 + \dfrac{3}{4} T^2} \leq \dfrac{S_x}{n}$$

Despejando n tenemos:

$$n \leq \dfrac{S_x}{\dfrac{32}{\pi d^3} \sqrt{\left(M + \dfrac{Fd}{8}\right)^2 + \dfrac{3}{4} T^2}}$$

Donde S_x es el límite de resistencia a la fluencia o a la rotura, según el cálculo a realizar.

3. Coeficiente de seguridad según la teoría de Mohr modificada:
   Se requiere el cálculo previo de las tensiones principales. Aplicando las ecuaciones de Mohr tenemos:

$$\sigma_{1,2} = \frac{\sigma_x + \sigma_z}{2} \pm \sqrt{\left(\frac{\sigma_x - \sigma_z}{2}\right)^2 + \tau_{xz}^2} = \frac{\sigma_x}{2} \pm \sqrt{\left(\frac{\sigma_x}{2}\right)^2 + \tau_{xz}^2} =$$

$$= \frac{\frac{32M}{\pi d^3} + \frac{4F}{\pi d^2}}{2} \pm \sqrt{\left(\frac{\frac{32M}{\pi d^3} + \frac{4F}{\pi d^2}}{2}\right)^2 + \left(\frac{16T}{\pi d^3}\right)^2} =$$

$$= \frac{16}{\pi d^3}\left[M + \frac{Fd}{8} \pm \sqrt{\left(M + \frac{Fd}{8}\right)^2 + \frac{3}{4}T^2}\right]$$

Una vez calculadas las tensiones principales, aplicamos la teoría de fallo de Mohr modificada. Para la aplicación de esta teoría, debemos conocer el cuadrante en el que nos encontramos. Para continuar operando algebraicamente, haremos un poco de abstracción para determinar en qué cuadrante nos encontramos. La ecuación anterior la podemos reescribirla del siguiente modo:

$$\sigma_{1,2} = K\left(a \pm \sqrt{a^2 + b^2}\right)$$

Revisando la ecuación, podemos ver que σ_1 tiene que ser positiva, y, por lo tanto, la primera tensión principal es de tracción. Por otra parte, $\sqrt{a^2 + b^2} > 0$, ya que $a - \sqrt{a^2 + b^2} < 0$, y por lo tanto, la segunda tensión principal σ_2 tiene que ser negativa y, por lo tanto, de compresión. Una tensión principal positiva y otra negativa nos encuadra dentro del cuarto cuadrante de la teoría de Coulomb-Mohr.

Adicionalmente, del razonamiento anterior podemos deducir fácilmente fácilmente que $|\sigma_1| > |\sigma_2|$, lo cual nos sitúa en la primera zona de la teoría, donde la tensión límite viene definida por la siguiente ecuación: $\sigma_1 \leq S_{ut}/n$.

Sustituyendo la primera tensión principal y despejado n, tenemos lo siguiente:

$$\frac{16}{\pi d^3}\left[M + \frac{Pd}{8} + \sqrt{\left(M + \frac{Pd}{8}\right)^2 + T^2}\right] \leq \frac{S_{ut}}{n}$$

$$n \leq \frac{S_{ut}}{\frac{16}{\pi d^3}\left[M + \frac{Pd}{8} + \sqrt{\left(M + \frac{Pd}{8}\right)^2 + T^2}\right]}$$

1.6 Depósito de GLP

Se quiere diseñar un depósito como el de la figura, para almacenar gas propano (GLP), a una presión de 2 MPa, empleando, chapas de acero de construcción, laminado en caliente S275JR (S_y= 275 MPa, S_{ut}= 450 MPa, K_{IC} = 75 MPa$\sqrt{m}$), que se han doblado y se han soldado conformando la geometría del depósito. La presión de prueba tiene que ser de 2,6 MPa. A partir de los datos anteriores, se quiere determinar, para la superficie cilíndrica, lo siguiente:

1. El espesor que han de tener las chapas para soportar la presión de prueba con n_{rotura} = 1,5.

2. El espesor que han de tener las chapas, que nos permita detectar una grieta en la dirección axial, de 2 mm como máximo, antes de que se produzca la rotura del depósito.

3. ¿En qué dirección es más probable que se desarrollen estas grietas? Razonar la respuesta.

Notes:

- Resolver empleando la teoría de Von Mises.
- Redondear los espesores en mm al entero superior.

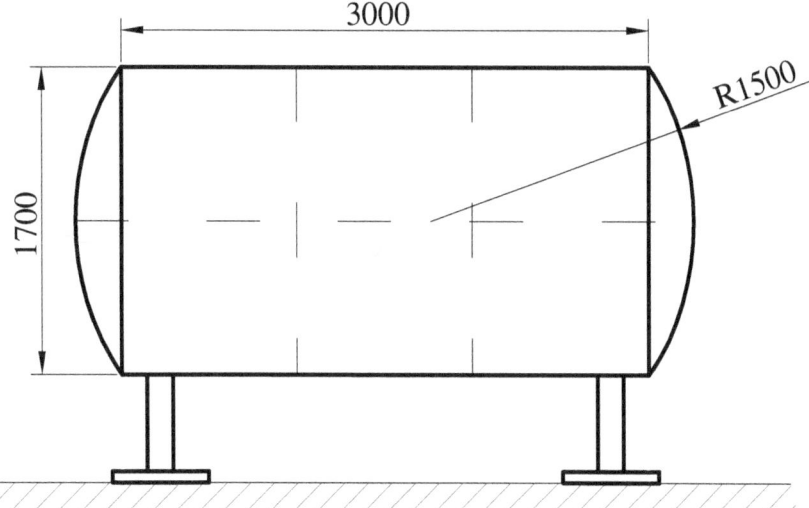

Figura 1.4: Depósito de GLP

Resolución

1. Espesor necesario para soportar 2,6 MPa con $n_{rotura} = 1,5$

    a) Tensión equivalente:

    $$\sigma_1 = \sigma_{axial} = \frac{pR}{2e}$$

    $$\sigma_2 = \sigma_{tangencial} = \frac{pR}{e}$$

    $$\sigma_{eq} = \sqrt{\frac{(\sigma_1 - \sigma_2)^2 + (\sigma_1 - \sigma_3)^2 + (\sigma_2 - \sigma_3)^2}{2}} =$$

    $$= \sqrt{\frac{\left(\frac{pR}{2e} - \frac{pR}{e}\right)^2 + \left(\frac{pR}{2e} - 0\right)^2 + \left(\frac{pR}{e} - 0\right)^2}{2}} =$$

    $$= \sqrt{\frac{\left(-\frac{pR}{2e}\right)^2 + \left(\frac{pR}{2e}\right)^2 + 4\left(\frac{pR}{2e}\right)^2}{2}} = \frac{\sqrt{3}}{2}\frac{pR}{e}$$

    b) Comparación con la tensión de rotura:

    $$n \leq \frac{S_{ut}}{\sigma_{eq}} = \frac{S_{ut}}{\frac{\sqrt{3}}{2}\frac{pR}{e}}$$

    $$e \geq \frac{\sqrt{3}}{2}\frac{npR}{S_{ut}}$$

    Sustituyendo numéricamente, tenemos lo siguiente:

    $$e \geq \frac{\sqrt{3}}{2}\frac{1,5 \cdot 2,6 \cdot 850}{450} = 6{,}38 \text{ mm} \approx 7 \text{ mm}$$

2. Espesor necesario para detectar una grieta de 2 mm antes de la falla catastrófica.

    a) Grieta axial
    $$K_I = Y\sigma_{tangencial}\sqrt{\pi a} \leq K_{IC}$$

    Sustituyendo el valor de $\sigma_{tangencial}$ tenemos lo siguiente:

    $$\frac{pR}{e}Y\sqrt{\pi a} \leq K_{IC}$$

    $$e \geq Y\sqrt{\pi a}\frac{pR}{K_{IC}}$$

    En la expresión anterior, Y depende de e, y no se puede despejar de manera fácil. Y toma valores pequeños ($Y \leq 1$), con lo cual podemos realizar un proceso iterativo simple partiendo de $Y = 1$.

- 1ª iteración: $Y_0 = 1$

$$e \geq Y\sqrt{\pi 0{,}001}\frac{2 \cdot 850}{75} \approx 1{,}27 \text{ mm}$$

Calculando Y:

$$Y_1 = \sqrt{1 + 1{,}255\frac{a^2}{Re} - 0{,}0135\left(\frac{a^2}{Re}\right)^2}$$

$$= \sqrt{1 + 1{,}255\frac{1^2}{850 \cdot 1} - 0{,}0135\left(\frac{1^2}{850 \cdot 1}\right)^2} \approx 1$$

Tras la convergencia del proceso ($Y_0 = Y_1$), y el espesor mínimo para detectar una rotura de 2 mm es de 1,27 mm.

b) Grieta tangencial o circunferencial

$$K_I = Y\sigma_{\text{axial}}\sqrt{\pi a}$$

Sustituyendo el valor de σ_{axial} tenemos lo siguiente:

$$\frac{pR}{2e}Y\sqrt{\pi a} \leq K_{IC}$$

$$e \geq Y\sqrt{\pi a}\frac{pR}{2K_{IC}}$$

- 1ª iteración: $Y_0 = 1$

$$e \geq Y\sqrt{\pi 0{,}001}\frac{2{,}6 \cdot 850}{2 \cdot 75} \approx 0{,}635 \text{ mm}$$

Calculando Y:

$$Y_1 = 1 + 1{,}12\frac{a}{\sqrt{2Re}}\left[1 - e^{\left(-1{,}54\frac{a}{\sqrt{2Re}}\right)}\right]$$

$$= 1 + 1{,}12\frac{1}{\sqrt{2 \cdot 850 \cdot 0{,}635}}\left[1 - 0{,}635^{\left(-1{,}54\frac{1}{\sqrt{2 \cdot 850 \cdot 0{,}635}}\right)}\right]$$

$$\approx 1$$

Tras la convergencia del proceso ($Y_0 = Y_1$), y el espesor mínimo para detectar la grieta tangencial de 2 mm es de 0,635 mm.

2
Cargas variables: Fatiga

2.1 Barra de acero a fatiga axial

La barra circular de la Figura 2.1 tiene un acabado superficial N8 i está fabricada de un acero dúctil aleado con un límite de resistencia a la rotura S_{ut}= 1080 MPa. Se quiere que la pieza tenga una duración de 50.000 ciclos, al menos, con una confiabilidad del 99 %.

Se pide determinar si se conseguirá la duración que se quiere si se aplica una carga axial puramente alternante de 25 kN.

Datos: D = 30 mm; d = 20 mm, r = 2 mm

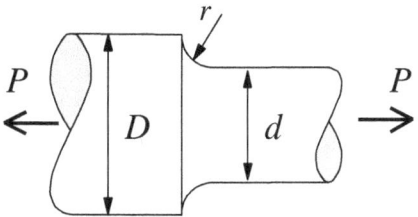

Figura 2.1: Barra de acero a fatiga axial

Resolución

1. Coeficiente de resistencia a la rotura.
   Para calcular este coeficiente, debemos obtener los valores de tensión máxima:

$$\sigma_{\text{máx}} = \frac{F}{A} = \frac{4F}{\pi d^2} = 79{,}6 \text{ MPa}$$

La Figura 2.2 nos muestra la evolución temporal de la tensión provocada por la carga axial.

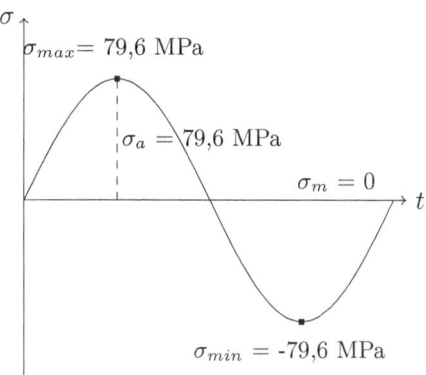

Figura 2.2: Componentes de la tensión

El coeficiente de seguridad a la rotura lo obtendremos dividiendo la resistencia por la tensión máxima:
$$n_{ut} = \frac{S_{ut}}{\sigma_{\text{máx}}} = \frac{1080}{79,6} = 13,6$$

2. Coeficiente de seguridad a la fatiga:
   - Concentrador de tensiones corregido a fatiga:
     - Concentrador de tensiones geométrico:
     $$\left. \begin{array}{l} \dfrac{D}{d} = \dfrac{30}{20} = 1,5 \\[6pt] \dfrac{r}{d} = \dfrac{2}{20} = 0,1 \end{array} \right\} \rightarrow K_t = 1,91.$$

     - Constante de Neuber:
     $$\sqrt{a} = -0,32865 + 34,5452 \cdot 1080^{-0,60977} = 0,1596$$

     - Sensibilidad a la entalla:
     $$q = \frac{1}{1+\dfrac{\sqrt{a}}{\sqrt{r}}} = \frac{1}{1+\dfrac{0,1596}{\sqrt{2}}} = 0,8986$$

     - Concentrador de tensiones corregido a la fatiga:
     $$K_f = 1 + q\left(K_t - 1\right) = 1 + 0,8986\left(1,91 - 1\right) = 1,82$$

   - Determinación del límite de resistencia a la fatiga:
     - Límite de fatiga teórico: $S'_e = 0,504 S_{ut} = 0,504 \cdot 1.080 = 544,3$ MPa
     - Factor de acabado superficial: $C_{\text{acabado}} = 4,51 \cdot 1.080^{-0,265} = 0,708$
     - Factor de carga: $C_{\text{carga}} = 1,43 \cdot 1080^{-0,078} = 0,829$, ya que la carga és axial.
     - Factor de tamaño: $C_{\text{tamaño}} = 1$, ya que la carga es axial.
     - Factor de temperatura: $C_{\text{temperatura}} = 1$, ya que se supone temperatura ambiente.
     - Factor de confiabilidad: $C_{\text{confiabilidad}} = 0,814$, ya que se tiene una confiabilidad del 99 %.
     - Factor de otros efectos: $C_{\text{otros}} = 1$, ya que no se consideran otros efectos.
     - Límite de resistencia a la fatiga corregido:
     $$S_e = C_{\text{acabado}} C_{\text{carga}} C_{\text{tamaño}} C_{\text{temperatura}} C_{\text{confiabilidad}} C_{\text{otros}} S'_e$$
     $$S_e = 0,7085 \cdot 0,8293 \cdot 1 \cdot 1 \cdot 0,814 \cdot 1 \cdot 544,3 = 260,3 \text{ MPa}$$

     - Límite de resistencia a la fatiga corregido por el concentrador:
     $$S_{e_K} = \frac{S_e}{K_f} = \frac{260,3}{1,82} = 143 \text{ MPa}$$

- Coeficiente de seguridad a la fatiga.
  Para poder determinar la duración, debemos determinar si nos encontramos en el tramo de vida limitada o ilimitada. Aplicando la teoría de Goodman, tenemos lo siguiente:

$$\frac{\sigma_m}{S_{ut}} + \frac{\sigma_a}{S_{e_K}} = \frac{79{,}6}{143} \leq \frac{1}{n_e} \rightarrow n_e \leq 1{,}8 \rightarrow N = \infty$$

Por lo tanto tendrá vida ilimitada

2.2 Cálculo de una barra rectangular

La Figura 2.3, muestra dos barras, una sin entalla y otra con entalla, en ambas caras, de 2,5 mm de radio. Las dos barras se han fabricado de acero de construcción de bajo contenido en carbono S-235 JR (S_{ut}= 380 MPa, S_y= 235 MPa) y las superficies tienen un acabado de mecanizado (N8). Estimar, para cada una de las barras, lo siguiente:

1. El valor de la fuerza estática axial P, que provocaría el fallo por fractura.
2. El valor de la fuerza axial alternante ±P, que provocaría el fallo por fatiga, con una confiabilidad del 99 %, aplicando la teoría de Goodman.

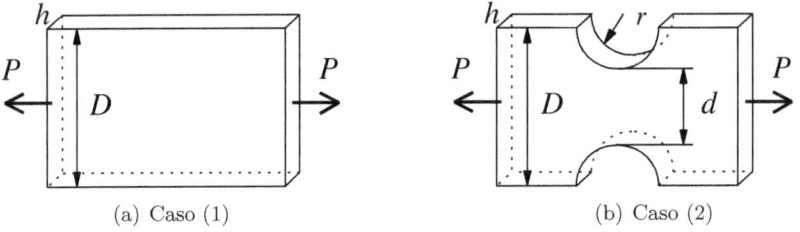

(a) Caso (1)   (b) Caso (2)

Figura 2.3: Cálculo de una barra rectangular a fatiga axial

Datos

- Caso (1): h = 25 mm, D = 25 mm.
- Caso (2): h = 25 mm, D = 30 mm , d = 25 mm, r = 2,5 mm.

Resolución

1. Valor de la fuerza estática axial P, que provocaría la falla por fractura.
   La tensión generada para la carga P es la siguiente:

   $$\sigma = \frac{P}{A} = \frac{P}{ab}$$

   La condición de resistencia requiere que esta tensión no supere la tensión de rotura S_{ut}. Teniendo en cuenta que los valores de resistencia y las dimensiones son conocidas, solo nos queda despejar la carga P para cada caso.
   - Caso (1): $P \leq S_{ut}Dh = 380 \cdot 25 \cdot 25 = 237.500$ N.
   - Caso (2): $P \leq S_{ut}dh = 380 \cdot 25 \cdot 25 = 237.500$ N.

2. El valor de la fuerza axial alternante ±P, que provocaría la falla por fatiga, con una confiabilidad del 99 %, aplicando la teoría de Goodman.
   A continuación, procedemos a calcular cada caso por separado.

   a) Caso (1).
   - Tensiones medias y alternantes.
     A partir del enunciado, se deduce que solo actúa una componente de carga

alternante y, por lo tanto, su valor medio es 0. La tensión generada por esta carga alternante es la siguiente: $\sigma_a = \dfrac{P}{Dh}$

- Límite de resistencia a la fatiga.
  - Límite estándar: $S'_e = 0{,}504 S_{ut} = 0{,}504 \cdot 380 = 191{,}5$ MPa
  - Factor de acabado: $C_{\text{acabado}} = 4{,}51 \cdot 380^{-0{,}265} = 0{,}934$
  - Factor de tamaño: $C_{\text{tamaño}} = 1$
  - Factor de carga: $C_{\text{carrega}} = 1{,}43 S_{ut}^{-0{,}078} = 1{,}43 \cdot 380^{-0{,}078} = 0{,}9$
  - Factor de confiabilidad: $C_{\text{confiabilidad}} = 0{,}814$
  - Límite de resistencia a la fatiga corregido:

$$S_e = 191{,}5 \cdot 0{,}934 \cdot 1 \cdot 0{,}9 \cdot 0{,}814 = 131{,}1 \text{ MPa}$$

- Aplicación de la teoría de Goodman.
  Sustituyendo los datos conocidos en la teoría de Goodman, podemos despejar el valor de la carga axial alternante máxima que generaría la rotura de la pieza.

$$\dfrac{\sigma_m}{S_{ut}} + \dfrac{\sigma_a}{S_{e_K}} = 0 + \dfrac{\sigma_a}{S_{e_K}} = \dfrac{P}{S_{e_K} Dh} \leq 1$$

$$P \leq S_{e_K} Dh = 131{,}1 \cdot 25 \cdot 25 = 81{,}94 \text{ kN}$$

b) Caso (2).

- Tensiones medias y alternantes.
  A partir del enunciado, se deduce que solo actúa una componente de carga alternante y, por lo tanto, que el valor medio es nulo. La tensión generada por esta carga alternante es la siguiente: $\sigma_a = \dfrac{P}{dh}$
- Concentrador de tensiones corregido a fatiga:
  - Constante de Neuber:

$$\sqrt{a} = -0{,}32865 + 34{,}5452 \cdot 380^{-0{,}60977} = 0{,}595 \sqrt{\text{mm}}$$

  - Sensibilidad a la entalla:

$$q = \dfrac{1}{1 + \dfrac{\sqrt{a}}{\sqrt{r}}} = \dfrac{1}{1 + \dfrac{0{,}595}{\sqrt{2{,}5}}} = 0{,}727$$

  - Concentrador de tensiones geométricas:

$$\left. \begin{array}{l} \dfrac{D}{d} = \dfrac{30}{25} = 1{,}2 \\[2mm] \dfrac{r}{d} = \dfrac{2{,}5}{25} = 0{,}1 \end{array} \right\} \rightarrow K_t = 2{,}37.$$

  - Concentrador de tensiones corregido a la fatiga:

$$K_f = 1 + q\,(K_t - 1) = 1 + 0{,}727\,(2{,}37 - 1) = 1{,}996$$

- Límite de resistencia a la fatiga.
    - Límite de resistencia a la fatiga corregido (del apartado anterior):

    $$S_e = 131{,}1 \text{ MPa}$$

    - Límite de resistencia a la fatiga corregido por el concentrador K_f:

    $$S_{e_K} = \frac{S_e}{K_f} = \frac{131{,}1}{1{,}996} = 65{,}7 \text{ MPa}$$

- Aplicación de la teoría de Goodman.
  Sustituyendo los datos conocidos en la teoría de Goodman, podemos despejar el valor de la carga axial alternante máxima que generaría la rotura de la pieza.

  $$P \leq S_{e_K} dh = 65{,}7 \cdot 25 \cdot 25 = 41{,}04 \text{ kN}$$

2.3 Barra de acero a fatiga

Una barra de acero, cuyas propiedades mecánicas son: S_e= 276 MPa (límite de resistencia a fatiga corregido), S_y= 413 MPa, S_{ut}= 551 MPa, está sometida a un par torsor constante que genera una tensión de 103 MPa y un momento flector alternante que genera una tensión de 172 MPa. Se pide determinar lo siguiente:

1. El coeficiente de seguridad a fluencia y a la fatiga (según Goodman).
2. Si, a causa de una sobrecarga, las tensiones anteriores aumentan un 20 % durante 50.000 ciclos:

   a) Determinar la duración hasta la rotura si no se repone el servicio.

   b) En el caso de reponer el servicio, el nuevo límite de resistencia fatiga y la duración hasta la rotura.

Resolución

1. Coeficiente de seguridad a fluencia y a fatiga.

   a) Coeficiente de seguridad a la fluencia.

   Para calcular este coeficiente, debemos obtener los valores de tensión máxima y a partir de estas, las componentes media y alternante. La Figura 2.4 nos muestra la evolución temporal de la tensión provocada por la flexión y la torsión.

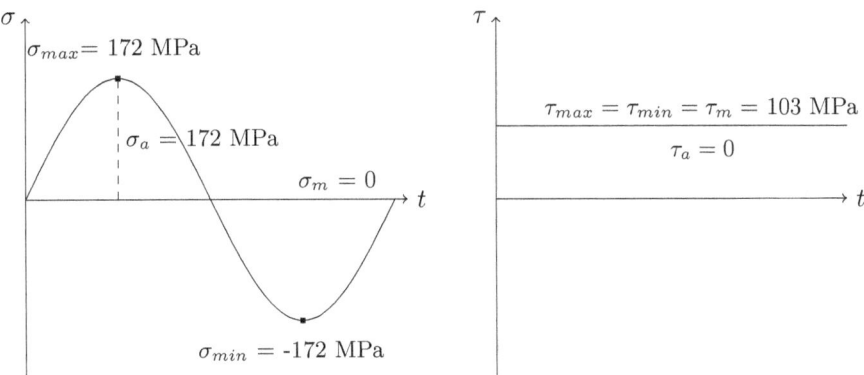

Figura 2.4: Componentes de tensión

Conocidas las tensiones normal y cortante máximas, se procede a calcular la tensión equivalente de Von Mises, porque se trata de un material dúctil:

$$\sigma_{eq} = \sqrt{\sigma_{máx}^2 + 3\tau_{máx}^2} = \sqrt{172^2 + 3 \cdot 103^2} = 247{,}8 \text{ MPa}$$

El coeficiente de seguridad a fluencia lo obtendremos dividiendo la resistencia por la tensión:

$$n_y = \frac{S_y}{\sigma_{eq}} = \frac{413}{247{,}8} = 1{,}67$$

b) Coeficiente de seguridad a la fatiga

Conocidas las tensiones normal y cortante máximas para cada componente, se procede a calcular las componentes media y alternante equivalentes:

$$\sigma_{eq_m} = \sqrt{\sigma_m^2 + 3\tau_m^2} = \sqrt{0 + 3 \cdot 103^2} = 103\sqrt{3} = 178{,}4 \text{ MPa}$$

$$\sigma_{eq_a} = \sqrt{\sigma_a^2 + 3\tau_a^2} = \sqrt{172^2 + 0^2} = 172 \text{ MPa}$$

El coeficiente de seguridad a la fatiga se puede calcular directamente, ya que se conocen todos los términos:

$$\frac{\sigma_{eq_m}}{S_{ut}} + \frac{\sigma_{eq_a}}{S_e} = \frac{178{,}4}{551} + \frac{172}{276} \leq \frac{1}{n_f} \to n_f \leq 1{,}056 \to N = \infty$$

Por lo tanto la duración será ilimitada

2. Si, a causa de una sobrecarga, las tensiones anteriores aumentan un 20 % durante 50.000 ciclos:

   a) Tensiones después de la sobrecarga

$$\sigma_a^* = 1{,}2 \cdot 172 = 206{,}4 \text{ MPa}$$

$$\tau_m^* = 1{,}2 \cdot 103 = 123{,}6 \text{ MPa}$$

$$\sigma_{eq}^* = \sqrt{(\sigma_m^* + \sigma_a^*)^2 + 3(\tau_m^* + \tau_a^*)^2}$$

$$= \sqrt{206{,}4^2 + 3 \cdot 123{,}6^2} = 297{,}37 \text{ MPa}$$

$$n_y^* = \frac{S_y}{\sigma_{eq}^*} = \frac{413}{297} = 1{,}39$$

Por lo tanto, después de la sobrecarga no se producirá fluencia.

   b) Duración hasta la rotura si no se repone el servicio

   • Coeficiente de seguridad a fatiga

$$\sigma_{eq_m}^* = \sqrt{(\sigma_m^*)^2 + 3(\tau_m^*)^2} = \sqrt{0 + 3 \cdot 123{,}6^2} = 214{,}1 \text{ MPa}$$

$$\sigma_{eq_a}^* = \sqrt{(\sigma_a^*)^2 + 3(\tau_a^*)^2} = \sqrt{206{,}4^2 + 0} = 206{,}4 \text{ MPa}$$

$$\frac{\sigma_{eq_m}^*}{S_{ut}} + \frac{\sigma_{eq_a}^*}{S_{e_K}} = \frac{214{,}1}{551} + \frac{206{,}4}{276} \leq \frac{1}{n_f} \to n_f \leq 0{,}88 < 1 \to N \neq \infty$$

Por lo tanto tendrá una duración limitada.

   • Duración trabajando con sobrecarga hasta la rotura:

$$N_{\text{rotura}} = N_1 \left[\frac{S_1}{\sigma_{a_0}^*} \right]^{\frac{\log \frac{N_2}{N_1}}{\log \frac{S_1}{S_2}}} = 10^3 \left[\frac{495{,}9}{337{,}6} \right]^{\frac{\log \frac{10^6}{10^3}}{\log \frac{495{,}9}{276}}} = 93.188 \text{ ciclos}$$

Donde:
$$S_1 = 0{,}9 S_{ut} = 0{,}9 \cdot 551 = 495{,}9 \text{ MPa}$$
$$S_2 = S_e = 276 \text{ MPa}$$
$$N_1 = 10^3 \; ; \; N_2 = 10^6$$

- Numero de ciclos restantes hasta la rotura si no se repone el servicio:
$$N_{\text{restantes}} = N_{\text{rotura}} - N^* = 93.188 - 50.000 = 43.188 \text{ ciclos}$$

c) En caso de reponerse el servicio, nuevo límite de resistencia a la fatiga y la duración hasta la rotura:

1) Nuevo límite de resistencia a la fatiga:
$$S_e^* = S_1 \left[\frac{S_1}{\sigma_{a_0}^*}\right]^{\frac{\log \frac{N_1}{N_2}}{\log \frac{N_{\text{restantes}}}{N_1}}} = 495{,}9 \cdot \left[\frac{495{,}9}{337{,}6}\right]^{\frac{\log \frac{10^3}{10^6}}{\log \frac{43.188}{10^3}}} = 244{,}9 \text{ MPa}$$

2) Coeficiente de seguridad a la fatiga una vez repuesto el servicio:
Pasamos a tener, nuevamente, las tensiones iniciales:
$$\sigma_{\text{eq}_m} = 172 \text{ MPa} \; ; \; \sigma_{\text{eq}_a} = 178{,}4 \text{ MPa}$$
$$\frac{\sigma_{\text{eq}_m}}{S_{ut}} + \frac{\sigma_{\text{eq}_a}}{S_e^*} = \frac{178{,}4}{551} + \frac{172}{244{,}9} \leq \frac{1}{n_f} \to n_f \leq 0{,}974 < 1 \to N \neq \infty$$

3) Duración hasta la rotura
$$N_{\text{rotura}} = N_1 \left[\frac{S_1}{\sigma_{a_0}}\right]^{\frac{\log \frac{N_2}{N_1}}{\log \frac{S_1}{S_2}}} = 10^3 \left[\frac{495{,}9}{254{,}35}\right]^{\frac{\log \frac{10^6}{10^3}}{\log \frac{495{,}9}{244{,}9}}} = 689.354 \text{ ciclos}$$

Donde:
$$\sigma_{a_0} = \frac{\sigma_a}{1 - \frac{\sigma_m}{S_{ut}}} = \frac{172}{1 - \frac{178{,}4}{551}} = 254{,}35 \text{ MPa}$$

2.4 Máxima tensión alternante para una barra de acero

Se tiene una barra de acero estirada en frío, con un diámetro de 60 mm, cuyo límite de rotura del material es igual a 386 MPa. Si la pieza trabaja bajo esfuerzos de tracción, se ha realizar lo siguiente:

1. Determinar el límite de resistencia a la fatiga real de la pieza.
2. Estimar la tensión alternante pura máxima para una vida esperable de 100.000 ciclos.

Utilizar, en todos los casos, una confiabilidad del 95 %.

Resolución

1. Determinar el límite de resistencia a fatiga:
   - Límite de fatiga teórico: $S'_e = 0{,}504 S_{ut} = 194{,}5$ MPa
   - Factor de carga: $C_{\text{carga}} = 1{,}43 S_{ut}^{-0{,}078} = 1{,}43 \cdot 386^{-0{,}078} = 0{,}899$, ya que la carga es axial.
   - Factor de tamaño: $C_{\text{tamaño}} = 1$, ya que el esfuerzo es axial.
   - Factor de acabado: $C_{\text{acabado}} = 4{,}51 S_{ut}^{-0{,}265} = 4{,}51 \cdot 386^{-0{,}265} = 0{,}931$
   - Factor de temperatura: $C_{\text{temperatura}} = 1$, ya que se supone a temperatura ambiente.
   - Factor de carga: $C_{\text{confiabilidad}} = 0{,}868$, ya que se tiene una confiabilidad del 95 %.
   - Factor de otros efectos: $C_{\text{otros}} = 1$, ya que no se consideran otros efectos.

   Finalmente, el límite de fatiga resulta ser el siguiente:

   $$S_e = C_{\text{carga}} C_{\text{tamaño}} C_{\text{acabado}} C_{\text{temperatura}} C_{\text{confiabilidad}} C_{\text{otros}} S'_e$$
   $$S_e = 0{,}899 \cdot 1 \cdot 0{,}931 \cdot 1 \cdot 0{,}868 \cdot 1 \cdot 194{,}5 = 141{,}5 \text{ MPa}$$

2. Estimar la tensión alternante máxima para a una vida esperable de 100.000 ciclos.

   A partir del diagrama de tensión-vida, podemos deducir la semejanza de triángulos que nos ha de dar esta tensión.

   $$\frac{\log S_1 - \log S_2}{\log N_2 - \log N_1} = \frac{\log S_1 - \log \sigma_a}{\log N_a - \log N_1}$$
   $$\frac{\log S_1 - \log S_2}{\log 10^6 - \log 10^3} = \frac{\log S_1 - \log \sigma_a}{\log 10^5 - \log 10^3}$$

2.4 Máxima tensión alternante para una barra de acero

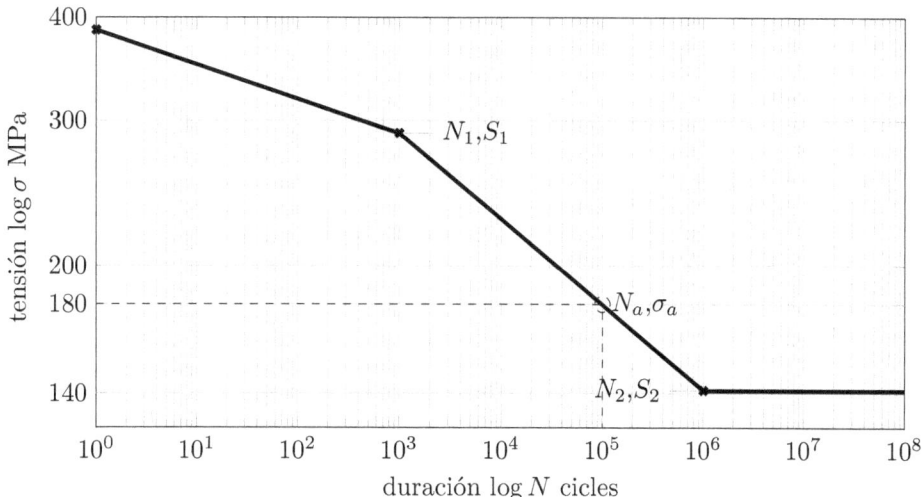

Figura 2.5: Diagrama de Whöler

$$\frac{\log \dfrac{S_1}{S_2}}{6-3} = \frac{\log S_1 - \log \sigma_a}{5-3}$$

$$\frac{\log \dfrac{S_1}{S_2}}{3} = \frac{\log \dfrac{S_1}{\sigma_a}}{2}$$

$$\frac{2}{3}\log \frac{S_1}{S_2} = \log \frac{S_1}{\sigma_a}$$

$$\log \left[\frac{S_1}{S_2}\right]^{2/3} = \log \frac{S_1}{\sigma_a}$$

$$\left[\frac{S_1}{S_2}\right]^{2/3} = \left[\frac{S_1}{\sigma_a}\right]$$

$$\sigma_a = S_1 \left[\frac{S_2}{S_1}\right]^{2/3} = S_2^{2/3} S_1^{1/3}$$

Sustituyendo en la ecuación anterior, tenemos lo siguiente:

$$\sigma_a = S_2^{2/3} S_1^{1/3} = 141{,}2^{2/3} \cdot 289{,}5^{1/3} = 179{,}7 \text{ MPa}$$

Donde las tensiones S_1 y S_2 son las siguientes:

$$S_1 = 0{,}75 S_{ut} = 0{,}75 \cdot 386 = 289{,}5 \text{ MPa}$$
$$S_2 = S_e = 141{,}2 \text{ MPa}$$

2.5 Cálculo de una barra rectangular

La barra rectangular de la Figura 2.6 soporta una carga vertical, F. La carga F varia de -F_{max} a F_{max}. Las características mecánicas del acero son S_{ut}= 965 MPa, S_y= 690 MPa, y tiene un acabado superficial de N8. La barra trabaja a 426°C y la confiabilidad deseada es del 95 %. Basándose en los datos anteriores, se pide determinar lo siguiente:

1. Para el cambio de sección, calcular el límite de resistencia a la fatiga corregido.
2. La carga máxima F_{max} aplicable con un coeficiente de seguridad a fatiga de 2.
3. La carga máxima F_{max} aplicable para asegurar una duración de 500.000 ciclos.

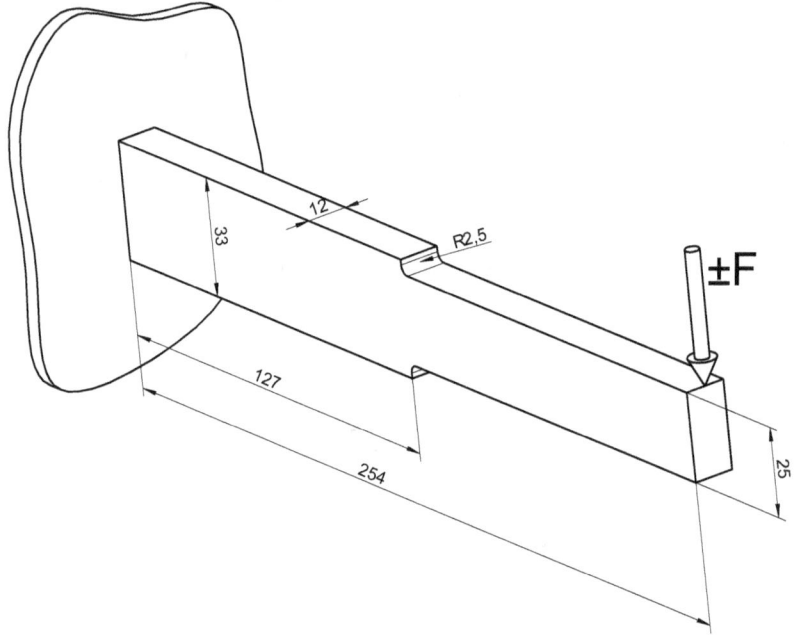

Figura 2.6: Barra rectangular

Resolución

1. Para el cambio de sección, calcular el límite de resistencia a la fatiga corregido.
   - Concentrador de tensiones corregido a la fatiga:
     - Concentrador de tensiones geométricas:

$$\left.\begin{array}{l}\dfrac{D}{d} = \dfrac{33}{25} = 1{,}32 \\[6pt] \dfrac{r}{d} = \dfrac{2{,}5}{25} = 0{,}1\end{array}\right\} \to K_t = 1{,}8.$$

- Constante de Neuber:

$$\sqrt{a} = -0{,}32865 + 34{,}5452 \cdot 965^{-0{,}60977} = 0{,}194$$

- Sensibilidad a la entalla:

$$q = \frac{1}{1 + \dfrac{\sqrt{a}}{\sqrt{r}}} = \frac{1}{1 + \dfrac{0{,}194}{\sqrt{2{,}5}}} = 0{,}891$$

- Concentrador de tensiones corregido a la fatiga:

$$K_f = 1 + q(K_t - 1) = 1 + 0{,}891(1{,}8 - 1) = 1{,}71$$

- Determinación del límite de resistencia a la fatiga
  - Límite de fatiga teórico: $S'_e = 0{,}5 S_{ut} = 0{,}5 \cdot 965 = 486{,}5$ MPa
  - Factor de carga: $C_{\text{carga}} = 1$, ya que se trata de esfuerzo de flexión.
  - Factor de tamaño: $C_{\text{tamaño}} = 1{,}189 \cdot 16^{-0{,}097} = 0{,}908$, ya que es esfuerzo de flexión. Teniendo en cuenta que la viga no soporta flexión rotativa, debemos calcular el diámetro equivalente. En este caso, la sección es rectangular, y el diámetro equivalente es el siguiente:

$$d_{eq} = \sqrt{\frac{A_{95}}{0{,}0766}} = \sqrt{\frac{0{,}05 b h}{0{,}0766}} = \sqrt{\frac{0{,}05 \cdot 33 \cdot 12}{0{,}0766}} \approx 16 \text{ mm}$$

  - Factor de acabado superficial: $C_{\text{acabado}} = 4{,}51 S_{ut}^{-0{,}265} = 4{,}51 \cdot 965^{-0{,}265} = 0{,}730$
  - Factor de temperatura: $C_{\text{temperatura}} = 1$, ya que se supone temperatura ambiente.
  - Factor de confiabilidad: $C_{\text{confiabilidad}} = 0{,}897$, ya que tiene una confiabilidad del 95 %.
  - Factor de otros efectos: $C_{\text{otros}} = 1$, ya que no se consideran otros efectos
  - Límite de resistencia a fatiga corregido

$$S_e = C_{\text{carga}} C_{\text{tamaño}} C_{\text{acabado}} C_{\text{temperatura}} C_{\text{confiabilidad}} C_{\text{otros}} S'_e$$
$$S_e = 1 \cdot 0{,}908 \cdot 0{,}730 \cdot 1 \cdot 0{,}897 \cdot 1 \cdot 486{,}5 = 289{,}3 \text{ MPa}$$

- Límite de resistencia a fatiga corregido por el concentrador:

$$S_{e_K} = \frac{S_e}{K_f} = \frac{289{,}3}{1{,}71} = 169{,}2 \text{ MPa}$$

2. La carga máxima $F_{\max}$ aplicable con un coeficiente de seguridad a la fatiga de 2. La tensión de flexión, según la ley de Navier, es la siguiente:

$$\sigma = \frac{Mc}{I_{zz}}$$

. Donde:

$I_{zz} = \frac{1}{12}bh^3$: es el momento de inercia de la viga rectangular

$M = FL$: es el momento flector

$c = \frac{h}{2}$: es la distancia de la fibra neutra a la más alejada

Sustituyendo en la ecuación anterior, tenemos lo siguiente:

$$\sigma = \frac{M\frac{h}{2}}{\frac{1}{12}bh^3} = \frac{6L}{bh^2}F$$

a) Cálculo de las tensiones máxima y mínima:

La Figura 2.7 nos muestra la evolución temporal de la tensión provocada por flexión.

$$\sigma_{\text{máx}} = \frac{6L}{bh^2}F_{\text{máx}} = \frac{6L}{bh^2}F$$

$$\sigma_{\text{mín}} = \frac{6L}{bh^2}F_{\text{mín}} = -\frac{6L}{bh^2}F$$

b) Cálculo de las tensiones media y alternante:

$$\sigma_m = \frac{\sigma_{\text{máx}} + \sigma_{\text{mín}}}{2} = \frac{\frac{6L}{bh^2}F + \left(-\frac{6L}{bh^2}F\right)}{2} = 0$$

$$\sigma_a = \frac{\sigma_{\text{máx}} - \sigma_{\text{mín}}}{2} = \frac{\frac{6L}{bh^2}F - \left(-\frac{6L}{bh^2}F\right)}{2} = \frac{6L}{bh^2}F$$

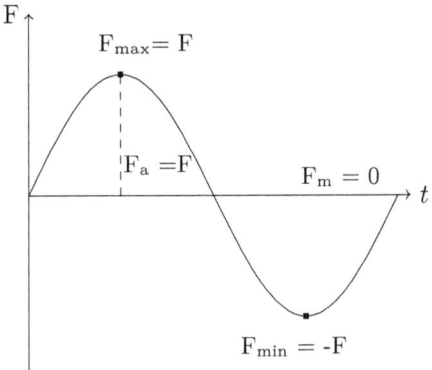

Figura 2.7: Distribución temporal de la fuerza

c) Aplicación de la Teoría de Goodman:

$$\frac{\sigma_m}{S_{ut}} + \frac{\sigma_a}{S_{e_K}} = 0 + \frac{\sigma_a}{S_{e_K}} \leq \frac{1}{n_e} \rightarrow \sigma_a \leq \frac{S_{e_K}}{n_e}$$

2.5 Cálculo de una barra rectangular

Sustituyendo en la expresión del componente alternante, tenemos lo siguiente:

$$\frac{6L}{bh^2}F \leq \frac{S_{e_K}}{n_e}$$

$$F \leq \frac{bh^2}{6L}\frac{S_{e_K}}{n_e} = \frac{12 \cdot 25^2 \cdot 169{,}2}{6 \cdot 127 \cdot 2} = 832{,}6 \text{ N}$$

3. La carga máxima $F_{\max}$ aplicable para asegurar una duración de 500.000 ciclos:

   A partir del diagrama de tensión-vida, podemos deducir la semejanza de triángulos que permitirá obtener esta tensión.

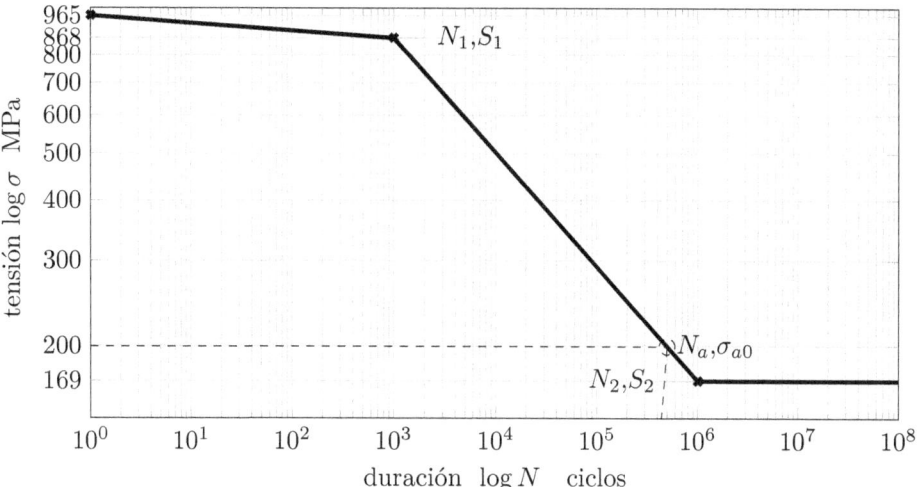

Figura 2.8: Diagrama de Whöler

$$\frac{\log S_1 - \log S_2}{\log N_2 - \log N_1} = \frac{\log S_1 - \log \sigma_a}{\log N_a - \log N_1} = \frac{\log \sigma_{a0} - \log S_1}{\log N_1 - \log N_a}$$

$$\frac{\log \frac{S_1}{S_2}}{\log \frac{N_2}{N_1}} = \frac{\log \frac{\sigma_{a0}}{S_1}}{\log \frac{N_1}{N_a}}$$

$$\log \frac{\sigma_{a0}}{S_1} = \log \frac{S_1}{S_2} \frac{\log \frac{N_1}{N_a}}{\log \frac{N_2}{N_1}} = \log \frac{S_1}{S_2} \left[\frac{\log \frac{N_1}{N_a}}{\log \frac{N_2}{N_1}} \right]$$

Capítulo 2. Cargas variables: Fatiga

Si los dos términos son iguales, en utilizarlos como exponente de cualquier base, se mantiene la igualdad. En este caso, tomamos 10 como base:

$$10^{\left[\log \frac{\sigma_{a0}}{S_1}\right]} = 10^{\left[\log \frac{S_1}{S_2}\right]\left[\frac{\log \frac{N_1}{N_a}}{\log \frac{N_2}{N_1}}\right]}$$

$$\sigma_{a_0} = S_1 \left[\frac{S_1}{S_2}\right]^{\left[\frac{\log \frac{N_1}{N_a}}{\log \frac{N_2}{N_1}}\right]}$$

Sustituyendo en la ecuación anterior, tenemos lo siguiente:

$$\sigma_{a_0} = 868{,}5 \left[\frac{868{,}5}{169{,}2}\right]^{\left[\frac{\log \frac{10^3}{5 \cdot 10^5}}{\log \frac{10^6}{10^3}}\right]} = 199{,}4 \text{ MPa}$$

Donde:

$$S_1 = 0{,}9 S_{ut} = 0{,}9 \cdot 965 = 868{,}5 \text{ MPa}$$
$$S_2 = S_{e_K} = 169{,}2 \text{ MPa}$$
$$N_1 = 10^3 \; ; \; N_2 = 10^6$$

Sustituyendo en la expresión de la componente alternante, queda lo siguiente:

$$\sigma_{a0} = \frac{6L}{bh^2} F$$

$$F = \sigma_{a0} \frac{bh^2}{6L} = 199{,}4 \frac{12 \cdot 25^2}{6 \cdot 127} = 1962{,}2 \text{ N}$$

2.6 Cálculo de un eje a torsión

El eje de la Figura 2.9 está fabricado de una barra de acero de construcción laminado en caliente S-355JR (S_y= 355 MPa; S_{ut}= 615 MPa). Su superficie tiene un acabado superficial mecanizado (N8) y se desea una confiabilidad del 99,9 %. Las cotas de la figura son: D = 14 mm, d = 10 mm, y r = 2 mm.

El eje estará sometido a dos tipos de carga torsional:

- Un par alternante, T, de ±20 N·m .
- Un par T con una amplitud de 10 Nm que fluctúa sobre otro valor medio de 10 Nm.

A partir de los datos anteriores se desea calcular, aplicando la teoría de Goodman:

1. La duración del eje cuando sea sometido a la primera carga.
2. La duración del eje cuando sea sometido a la segunda carga.
3. En función de los valores anteriores, qué tipo de carga es más severo y por qué.
4. Si accidentalmente se aplica un momento flector alternante de 10 Nm sobre la segunda carga durante 100.000 ciclos, determinar:
    - El nuevo límite de resistencia a la fatiga.
    - La duración del eje una vez repuesto el servicio.

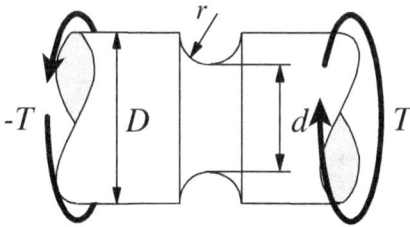

Figura 2.9: Eje a torsión

Resolución

La Figura 2.10 nos muestra la evolución temporal de los pares torsor y flector de los tres casos:

1. La duración del eje cuando sea sometido a la primera carga.
   El esfuerzo aplicado al aje es de torsión y por tanto genera una tensión cortante. Antes de determinar la duración, se debe comprobar que no se produce fluencia.

   a) Determinación del coeficiente de seguridad a la fluencia.

   1) Cálculo de la tensión cortante generada por la torsión.

$$\tau_{yz} = \frac{T}{W_o} = \frac{16T}{\pi d^3}$$

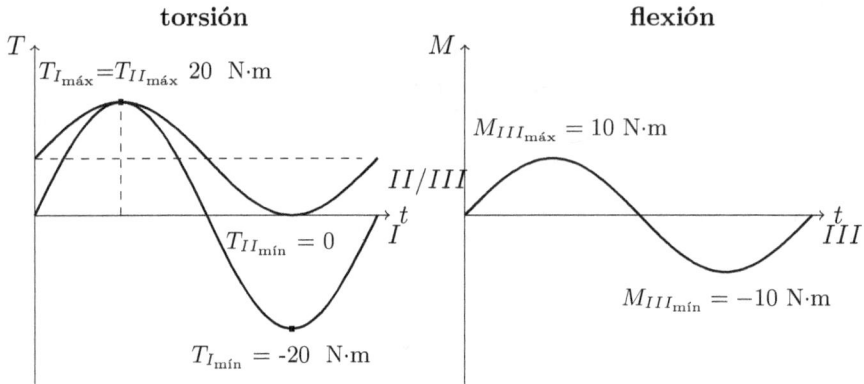

Figura 2.10: Evolución temporal del momento flector y el par torsor en los tres casos

2) Cálculo de la tensión equivalente
Por tratarse de un material dúctil aplicamos Von Mises.

$$\sigma_{eq} = \sqrt{\sigma_x^2 + 3\tau_{xy}^2} = \sqrt{0 + 3\tau_{xy}^2} = \sqrt{3}\tau_{yz} = \sqrt{3}\frac{16T}{\pi d^3}$$

$$\sigma_{eq} = \sqrt{3}\frac{16 \cdot 20000}{\pi \cdot 10^3} = 176{,}4 \text{ MPa.}$$

3) Determinación del coeficiente de seguridad a la fluencia:

$$n = \frac{S_y}{\sigma_{eq}} = \frac{355}{176{,}04} = 2{,}01$$

b) Determinación de los componentes de esfuerzo medio/alternante:
1) Componentes de esfuerzo máximo y mínimo:

$$\left.\begin{array}{l}\tau_{\text{máx}} = \dfrac{16T_{\text{máx}}}{\pi d^3} = \dfrac{16T}{\pi d^3} \\[2mm] \tau_{\text{mín}} = \dfrac{16T_{\text{mín}}}{\pi d^3} = \dfrac{16(-T)}{\pi d^3} = -\dfrac{16T}{\pi d^3}\end{array}\right\} \quad \begin{array}{l}\sigma_{eq_{\text{máx}}} = \sqrt{3}\dfrac{16T}{\pi d^3} \\[2mm] \sigma_{eq_{\text{mín}}} = -\sqrt{3}\dfrac{16T}{\pi d^3}\end{array}$$

2) Componentes de esfuerzo medio y alternante:

$$\sigma_{eq_m} = \frac{\sigma_{eq_{\text{máx}}} + \sigma_{eq_{\text{mín}}}}{2} = \frac{\sqrt{3}\frac{16T}{\pi d^3} + \left(-\sqrt{3}\frac{16T}{\pi d^3}\right)}{2} = 0$$

$$\sigma_{eq_a} = \frac{\sigma_{eq_{\text{máx}}} - \sigma_{eq_{\text{mín}}}}{2} = \frac{\sqrt{3}\frac{16T}{\pi d^3} - \left(-\sqrt{3}\frac{16T}{\pi d^3}\right)}{2} = \sqrt{3}\frac{16T}{\pi d^3}$$

$$\sigma_{eq_a} = \sqrt{3}\frac{16 \cdot 20000}{\pi \cdot 10^3} = 176{,}4 \text{ MPa}$$

c) Concentrador de tensiones corregido a la fatiga:

- Constante de Neuber:

$$\sqrt{a} = -0{,}32865 + 34{,}5452 \cdot 615^{-0{,}60977} = 0{,}3597\sqrt{\mathrm{mm}}$$

- Sensibilidad a la entalla:

$$q = \frac{1}{1+\dfrac{\sqrt{a}}{\sqrt{r}}} = \frac{1}{1+\dfrac{0{,}3597}{\sqrt{2}}} = 0{,}797$$

- Concentrador de tensiones geométricas:

$$\left.\begin{array}{l} \dfrac{D}{d} = \dfrac{14}{10} = 1{,}4 \\[2mm] \dfrac{r}{d} = \dfrac{2}{10} = 0{,}2 \end{array}\right\} \to K_t = 1{,}31.$$

- Concentrador de tensiones corregido a la fatiga:

$$K_f = 1 + q\,(K_t - 1) = 1 + 0{,}797\,(1{,}31 - 1) = 1{,}247$$

d) Límite de resistencia a la fatiga:
- Límite estándar: $S_e^* = 0{,}504 S_{ut} = 0{,}504 \cdot 615 = 310$ MPa
- Factor de acabado: $C_{\text{acabado}} = 4{,}51 \cdot 615^{-0{,}265} = 0{,}8225$
- Factor de tamaño: $C_{\text{tamaño}} = 1{,}189 \cdot 14^{-0{,}097} = 0{,}9205$
- Factor de carga: $C_{\text{carga}} = 1$
- Factor de confiabilidad: $C_{\text{confiabilidad}} = 0{,}753$
- Límite de resistencia a la fatiga corregido:

$$S_e = 310 \cdot 0{,}8225 \cdot 0{,}9205 \cdot 1 \cdot 0{,}753 = 176{,}7 \text{ MPa}$$

- Límite de resistencia a la fatiga corregido por concentradores:

$$S_{e_K} = \frac{S_e}{K_f} = \frac{176{,}7}{1{,}247} = 141{,}7 \text{ MPa}$$

e) Coeficiente de seguridad a la fatiga.
Para poder determinar la duración, debemos determinar si nos encontramos en el tramo de vida limitada o ilimitada. Aplicando la teoría de Goodman, tenemos lo siguiente:

$$\frac{\sigma_m}{S_{ut}} + \frac{\sigma_a}{S_{e_K}} = \frac{176{,}4}{141{,}7} \leq \frac{1}{n_e} \to n_e = 0{,}8 < 1 \to N \neq \infty$$

Por lo tanto tendrá una vida limitada.

f) Duración:

$$N_{\text{rotura}} = N_1 \left[\frac{S_1}{\sigma_{a_0}}\right]^{\frac{\log \frac{N_2}{N_1}}{\log \frac{S_1}{S_2}}} = 10^3 \left[\frac{442{,}8}{176{,}4}\right]^{\frac{\log \frac{10^6}{10^3}}{\log \frac{442{,}8}{141{,}7}}} = 257.805 \text{ ciclos}$$

Donde:

$$S_1 = 0{,}72 S_{ut} = 0{,}72 \cdot 615 = 442{,}8 \text{ MPa}$$
$$S_2 = S_{e_K} = 141{,}7 \text{ MPa}$$
$$N_1 = 10^3 \; ; \; N_2 = 10^6$$

2. La duración cuando sea sometido a una segunda carga:
   El esfuerzo máximo es igual al del apartado anterior y por lo tanto se puede concluir que no habrá fluencia.

   a) Determinación de las componentes del esfuerzo medio/alternante:
   Los pares torsor medio y alternante son: $T_m = 10$ N·m y $T_a = 10$ N·m, por lo tanto, podemos decir que $T_m = T_a = T$.

$$\left.\begin{array}{l} \tau_m = \dfrac{16 T_m}{\pi d^3} = \dfrac{16 T}{\pi d^3} \\[1em] \tau_a = \tau_m = \dfrac{16 T}{\pi d^3} \end{array}\right\} \quad \begin{array}{l} \sigma_{\text{eq}_m} = \sqrt{3}\dfrac{16 T}{\pi d^3} = \sqrt{3}\dfrac{16 \cdot 10000}{\pi 10^3} = 88{,}2 \text{ MPa} \\[1em] \sigma_{\text{eq}_a} = \sigma_{\text{eq}_m} = \sqrt{3}\dfrac{16 T}{\pi d^3} = 88{,}2 \text{ MPa} \end{array}$$

   b) Concentrador de tensiones corregido a la fatiga:
   Dado que el tipo de esfuerzo es el mismo, será igual que en el apartado anterior: $K_f = 1{,}247$

   c) Límite de resistencia a la fatiga:
   Igualmente no habrá variación de ninguno de los factores de la ecuación de Marin y por lo tanto será invariable: $S_{e_K} = 140{,}9$ MPa.

   d) Coeficiente de seguridad a la fatiga.
   Aplicando la teoría de Goodman, tenemos lo siguiente:

$$\frac{\sigma_m}{S_{ut}} + \frac{\sigma_a}{S_{e_K}} = \frac{88{,}2}{615} + \frac{88{,}2}{140{,}9} \leq \frac{1}{n_e} \rightarrow n_e \leq 1{,}32 \rightarrow N = \infty$$

   El coeficiente de seguridad a la fatiga es superior a la unidad y por lo tanto se puede afirmar que la duración del eje, bajo el estado de cargas II, es ilimitada.

3. En función de los valores anteriores, qué tipo de carga es más severo y por qué.
   Dado que bajo el estado de cargas II la duración es ilimitada y bajo el estado I es de no más de 257.805 ciclos, el estado I es claramente más desfavorable.

4. Si accidentalmente se aplica un momento flector alternante de 10 N·msobre la segunda carga durante 100.0000 ciclos, determinar:

   a) El nuevo límite de resistencia a la fatiga.

1) Determinación de los componentes de esfuerzo medio/alternante:
   Los pares torsores medio y alternante son: $T_m = 10$ N·m, $T_a = 10$ N·m por lo tanto, podemos decir que $T_m = T_a = T$. El momento flector alternante es: $M_a = 10$ N·m. Las tensiones resultantes debidas a estos esfuerzos serán:

$$\left. \begin{array}{l} \tau_m = \dfrac{16T_m}{\pi d^3} = \dfrac{16T}{\pi d^3} \\[2ex] \tau_a = \tau_m = \dfrac{16T}{\pi d^3} \\[2ex] \sigma_m = 0 \\[2ex] \sigma_a = \dfrac{M_a}{W_{zz}} = \dfrac{32 M_a}{\pi d^3} \end{array} \right\} \begin{array}{l} \sigma_{\text{eq}_m} = \sqrt{\sigma_{x_m}^2 + 3\tau_{xy_m}^2} = \sqrt{3}\dfrac{16T}{\pi d^3} \\[2ex] = \sqrt{3}\dfrac{16 \cdot 10000}{\pi 10^3} = 88{,}2 \text{ MPa} \\[2ex] \sigma_{\text{eq}_a} = \sqrt{\sigma_{x_a}^2 + 3\tau_{xy_a}^2} \\[2ex] = \sqrt{\left(\dfrac{32 M_a}{\pi d^3}\right)^2 + 3\left(\dfrac{16T}{\pi d^3}\right)^2} \\[2ex] = \dfrac{32}{\pi d^3}\sqrt{M_a^2 + \tfrac{3}{4}T_a^2} \\[2ex] = \dfrac{32}{\pi 10^3}\sqrt{10000^2 + \tfrac{3}{4}10000^2} = 134{,}7 \text{ MPa} \end{array}$$

2) Concentrador de tensiones corregido a la fatiga:
   - Concentrador de tensiones corregido a la fatiga por torsión: Ídem anteriores.
   - Concentrador de tensiones corregido a la fatiga por flexión:
     - Constante de Neuber: Ídem anterior. $\sqrt{a} = 0{,}3597\sqrt{\text{mm}}$
     - Sensibilidad a la entalla: Ídem anterior. $q = 0{,}797$
     - Concentrador de tensiones geométrico:

$$\left. \begin{array}{l} \dfrac{D}{d} = \dfrac{14}{10} = 1{,}4 \\[2ex] \dfrac{r}{d} = \dfrac{2}{10} = 0{,}2 \end{array} \right\} \rightarrow K_t = 1{,}566.$$

   - Concentrador de tensiones corregido a la fatiga:

$$K_f = 1 + q(K_t - 1) = 1 + 0{,}797(1{,}566 - 1) = 1{,}451$$

3) Límite de resistencia a la fatiga:
   - Límite de resistencia a la fatiga corregido por concentradores a torsión: Ídem anterior.
   - Límite de resistencia a la fatiga corregido por concentradores a flexión:
     - Límite de resistencia a la fatiga corregido: Ídem anterior.
     - Límite de resistencia a la fatiga corregido por concentradores de flexión:

$$S_{e_{K_{\text{flexión}}}} = \dfrac{S_e}{K_f} = \dfrac{176{,}7}{1{,}451} = 121{,}8 \text{ MPa}$$

- Límite de resistencia a la fatiga equivalente para el estado combinado de flexo-torsión:

$$\frac{\sigma_{eq_a}}{S_{e_{eq}}} = \sqrt{\left(\frac{\sigma_a}{S_{e_{K_{\text{flexión}}}}}\right)^2 + 3\left(\frac{\tau_a}{S_{e_{K_{\text{torsión}}}}}\right)^2} =$$

$$= \frac{32}{\pi d^3}\sqrt{\left(\frac{M_a}{S_{e_{K_{\text{torsión}}}}}\right)^2 + 3\left(\frac{T_a}{S_{e_{K_{\text{torsión}}}}}\right)^2} =$$

$$= \frac{32}{\pi 10^3}\sqrt{\left(\frac{10.000}{141,7}\right)^2 + 3\left(\frac{10.000}{121,8}\right)^2} \approx 1{,}04283$$

Despejando $S_{e_{eq}}$ tenemos:

$$S_{e_{eq}} = \frac{\sigma_{eq_a}}{1{,}04283} = \frac{134{,}7}{1{,}04283} = 129{,}2 \text{ MPa}$$

4) Coeficiente de seguridad a la fatiga.
Para poder determinar la duración, debemos determinar si nos encontramos en el tramo de vida limitada o ilimitada. Aplicando la teoría de Goodman, tenemos que:

$$\frac{\sigma_{eq_m}}{S_{ut}} + \frac{\sigma_{eq_a}}{S_{e_{eq}}} = \frac{88{,}2}{615} + \frac{134{,}7}{131{,}6} \leq \frac{1}{n_e} \rightarrow n_e \leq 0{,}86 < 1 \rightarrow N \neq \infty$$

Por lo tanto tendrá una vida limitada.

5) Tensión alternante equivalente pura:
Dada la existencia de una tensión equivalente media, se debe calcular la tensión alternante equivalente pura que representa un estado tensional con el mismo daño que la combinación de tensión media/alternante.

$$\sigma_{a_0} = \frac{\sigma_a}{1 - \dfrac{\sigma_m}{S_{ut}}} = \frac{134{,}7}{1 - \dfrac{88{,}2}{615}} = 157{,}3 \text{ MPa}$$

6) Duración hasta la rotura:
El cálculo de la duración requiere del cálculo del parámetro S_1 que varía del 72 % del límite de rotura para la torsión hasta el 90 % para la flexión. Un criterio de distribución puede ser evaluar la influencia de cada componente en la tensión alternante pura. Si solo actúa la flexión, las componentes media y alternante son:

$$\sigma_{eq_m} = \sqrt{3}\frac{16 T_m}{\pi d^3} = 0$$

$$\sigma_{eq_a} = \frac{32}{\pi d^3}\sqrt{M_a^2 + \frac{3}{4}T_a^2}$$

$$= \frac{32}{\pi 10^3}\sqrt{10.000^2 + 0} = 101{,}9 \text{ MPa}$$

Dado que $\sigma_{eq_m} = 0$. La proporción que representa la flexión sobre la componente alternante pura total es:

$$\frac{\sigma_{a_{0\text{flexión}}}}{\sigma_{a_0}} = \frac{101{,}9}{157{,}3} \approx 65\,\%$$

S_1 se obtiene aplicando las proporciones correspondientes:

$$S_1 = (0{,}65 \cdot 0{,}9 + 0{,}35 \cdot 0{,}72)\, S_{ut} = 0{,}837 S_{ut} \approx 514{,}8 \text{ MPa}$$

$$N_{\text{rotura}} = N_1 \left[\frac{S_1}{\sigma_{a_0}}\right]^{\frac{\log \frac{N_2}{N_1}}{\log \frac{S_1}{S_2}}} = 10^3 \left[\frac{514{,}8}{157{,}3}\right]^{\frac{\log \frac{10^6}{10^3}}{\log \frac{514{,}8}{129{,}2}}} = 373.760 \text{ ciclos}$$

7) Número de ciclos hasta la rotura si no se corrige la sobrecarga:

$$N_{\text{restantes}} = N_{\text{rotura}} - N^* = 373.760 - 100.000 = 273.760 \text{ ciclos}$$

8) Nuevo límite de resistencia a la fatiga:

$$S^*_{e_K} = S_1 \left[\frac{S_1}{\sigma_{a_0}}\right]^{\frac{\log \frac{N_1}{N_2}}{\log \frac{N_{\text{restantes}}}{N_1}}} = 514{,}8 \left[\frac{514{,}8}{157{,}3}\right]^{\frac{\log \frac{10^3}{10^6}}{\log \frac{273.760}{10^3}}} \approx 119{,}7 \text{ MPa}$$

b) La duración del eje una vez repuesto del servicio:
El nuevo límite de resistencia a la fatiga calculado se corresponde con un estado de cargas flexo-torsión mientras que si se repone el servicio volvemos a un estado de cargas de torsión. Se debe corregir este valor de forma adecuada. Por eso en vez de utilizar el nuevo límite se calcula el daño sufrido por la pieza:

$$D = \frac{\Delta S_{e_K}}{S_{e_K}} = \frac{129{,}2 - 119{,}7}{129{,}2} \approx 7{,}34\,\%.$$

Una vez conocido el daño, se procede a minorar el límite de resistencia a la fatiga por torsión que teníamos inicialmente (Caso II) con este daño:

$$S^*_{e_{K_{\text{torsión}}}} = S_{e_{K_{\text{torsión}}}} (1 - D) = 141{,}7\,(1 - 0{,}0734) = 131{,}2 \text{ MPa}$$

Aplicando la teoría de Goodman tenemos:

$$\frac{\sigma_{eq_m}}{S_{ut}} + \frac{\sigma_{eq_a}}{S^*_{e_{K_{\text{torsión}}}}} = \frac{88{,}2}{615} + \frac{88{,}2}{131{,}2} \leq \frac{1}{n_e} \rightarrow n_e \leq 1{,}23 > 1 \rightarrow N = \infty$$

Por lo tanto tendrá una vida ilimitada.

Capítulo 2. Cargas variables: Fatiga

2.7 Cálculo de un eje loco

La figura muestra un eje loco (gira, pero no transmite ningún par) que está soportado por dos rodamientos en los puntos 1 y 2. Este eje está cargado por una fuerza no rotativa (actúa siempre en vertical) de 6,8 kN. El material del eje es un acero AISI1050 (S_{ut}= 690 MPa y S_y= 580 MPa) que tiene un acabado superficial N8. Los cambios de sección B y C tienen un radio de acuerdo de 3 mm.

Basándose en los datos anteriores, se pide determinar el coeficiente de seguridad a la fluencia y la duración del eje, con una confiabilidad del 99 %.

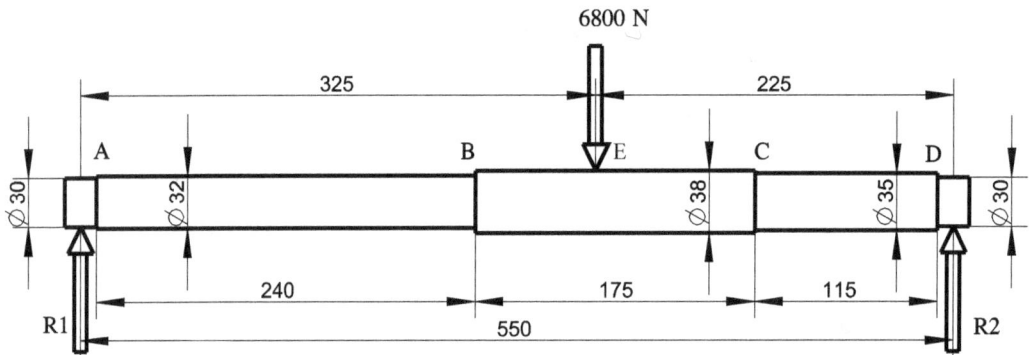

Figura 2.11: Eje loco

Resolución

1. Coeficiente de seguridad a la fluencia

    a) Cálculo de las reacciones

    $$\Sigma M_1 = R_2 550 - 325 \cdot 6.800 = 0 \rightarrow R_2 = 4.018,2 \text{ N}$$
    $$\Sigma F_y = R_1 + R_2 = 6.800 \rightarrow R_1 = 6.800 - 4.018 = 2781,8 \text{ N}$$

    b) Cálculo de los momentos

    $$M_B = R_1 \cdot 250 = 2.781,8 \cdot 250 = 695.454,5 \text{ N·mm}$$
    $$M_E = R_1 325 = 2.781,8 \cdot 325 = 904.090,9 \text{ N·mm}$$
    $$M_C = R_2 \cdot 125 = 4.018,2 \cdot 125 = 502.275 \text{ N·mm}$$

    De los puntos B y C, el B es el más peligroso, porque tiene más momento, menos diámetro y más salto de diámetros, y , por lo tanto, más concentrador de tensiones. El punto E tiene más momento, pero también tiene más sección, por lo tanto debemos calcular las tensiones.

    c) Cálculo de las tensiones:
    La única tensión que debemos considerar es la de flexión, porque la cortante ge-

2.7 Cálculo de un eje loco

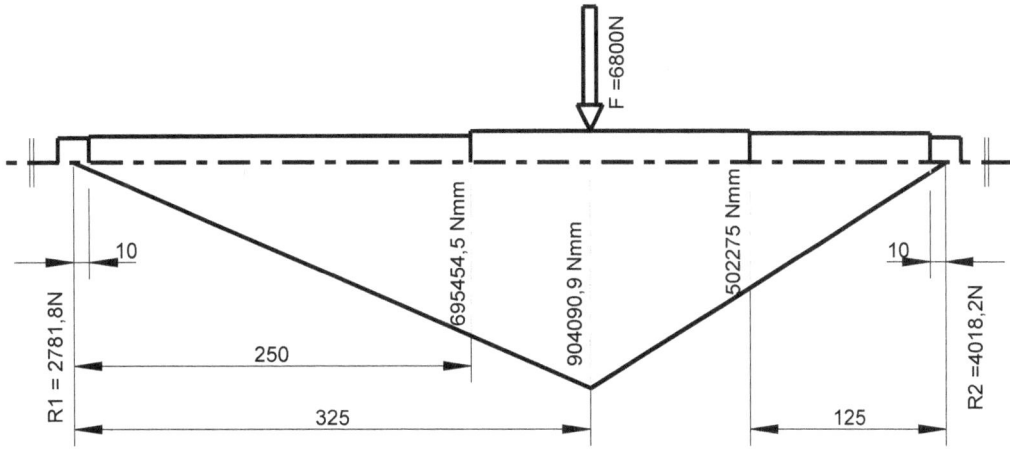

Figura 2.12: Diagrama de momentos

nerada por la flexión (Collignon puede ser despreciada:

$$\sigma_{Bx} = \frac{M_B c}{I_{zz}} = \frac{32 M_B}{\pi d^3} = \frac{32 \cdot 695.454,5}{\pi 32^3} = 216,2 \text{ MPa}$$

$$\sigma_{Ex} = \frac{M_E c}{I_{zz}} = \frac{32 M_E}{\pi d^3} = \frac{32 \cdot 907.090,9}{\pi 38^3} = 167,82 \text{ MPa}$$

El punto E tiene, por lo tanto, menos tensión y tampoco tiene concentradores de tensión. Para el punto B, no se ha considerado la concentración de tensiones en el caso estático por tratarse de un material dúctil, por lo tanto el coeficiente de seguridad a la fluencia es el siguiente:

$$n_{yB} = \frac{S_y}{\sigma_{Bx}} = \frac{580}{216,2} = 2,68$$

2. Duración del eje, con una confiabilidad del 99 %.

   a) Componentes media/alternante:
   Teniendo en cuenta que la carga es estática y que el que gira es el eje, este está sometido a un estado de flexión puramente alternante cuyo valor de tensión es igual a la tensión estática calculada anteriormente. De nuevo, el punto más desfavorable es el B: $\sigma_{B_a} = 216,2$ MPa

   b) Concentrador de tensiones corregido a fatiga:
   - Constante de Neuber: $\sqrt{a} = -0{,}32865 + 34{,}5452 \cdot 690^{-0{,}60977} = 0{,}313$
   - Sensibilidad a la entalla:

$$q = \frac{1}{1 + \frac{\sqrt{a}}{\sqrt{r}}} = \frac{1}{1 + \frac{0{,}313}{\sqrt{3}}} = 0{,}847$$

49

- Concentrador de tensiones geométrico:

$$\left. \begin{array}{l} \dfrac{D}{d} = \dfrac{38}{32} = 1{,}19 \\[2mm] \dfrac{r}{d} = \dfrac{3}{32} = 0{,}094 \end{array} \right\} \rightarrow K_t = 1{,}64.$$

- Concentrador de tensiones corregido a la fatiga:

$$K_f = 1 + q\,(K_t - 1) = 1 + 0{,}847\,(1{,}64 - 1) = 1{,}542$$

- Límite de resistencia a la fatiga:
  - Límite estándar: $S'_e = 0{,}504 S_{ut} = 0{,}504 \cdot 690 = 347{,}8$ MPa
  - Factor de acabado: $C_{\text{acabado}} = 4{,}51 \cdot 690^{-0,265} = 0{,}798$
  - Factor de tamaño: $C_{\text{tamaño}} = 1{,}189 \cdot 38^{-0,097} = 0{,}835$
  - Factor de carga: $C_{\text{carga}} = 1$
  - Factor de confiabilidad: $C_{\text{confiabilidad}} = 0{,}814$
  - Límite de resistencia a la fatiga corregido:

$$S_e = 347{,}8 \cdot 0{,}798 \cdot 0{,}835 \cdot 1 \cdot 0{,}814 = 188{,}68 \text{ MPa}$$

  - Límite de resistencia a la fatiga corregido por el concentrador:

$$S_{e_K} = \frac{S_e}{K_f} = \frac{188{,}68}{1{,}542} = 122{,}36 \text{ MPa}$$

c) Coeficiente de seguridad a la fatiga.
Aplicando la teoría de Goodman, tenemos lo siguiente:

$$\frac{\sigma_m}{S_{ut}} + \frac{\sigma_a}{S_{e_K}} \leq \frac{1}{n_e} = \frac{216{,}2}{122{,}36} \rightarrow n_e = 0{,}566 < 1 \rightarrow N \neq \infty$$

Por lo tanto tendrá una vida limitada.

d) Duración:

$$N = N_1 \left[\frac{S_1}{\sigma_{a_0}} \right]^{\dfrac{\log \frac{N_2}{N_1}}{\log \frac{S_1}{S_2}}} = 10^3 \left[\frac{621}{216{,}2} \right]^{\dfrac{\log \frac{10^6}{10^3}}{\log \frac{621}{122{,}36}}} = 88.872 \text{ ciclos}$$

Donde:

$$S_1 = 0{,}9 S_{ut} = 0{,}9 \cdot 690 = 621 \text{ MPa}$$
$$S_2 = S_{e_K} = 122{,}36 \text{ MPa}$$
$$N_1 = 10^3 \;;\; N_2 = 10^6$$

2.8 Cálculo del eje de una rueda de motocicleta

La Figura 2.13 muestra el eje de la rueda de una motocicleta de 900 mm de diámetro. La fuerza que se aplica sobre el eje, debida al peso de la motocicleta y al ocupante, es de 3000 N, y considerando solo el peso de la motocicleta, es de 2600 N. El material utilizado es una aleación de aluminio 3003 tratado térmicamente, con las siguientes características: S_y = 186 MPa, S_{ut} = 200 MPa. La confiabilidad debe ser del 99 %. El acabado superficial se corresponde a un acabado de torneado. De acuerdo con los datos anteriores, se plantean las siguientes cuestiones:

1. ¿Es correcto el dimensionamiento del eje bajo cargas estáticas para las condiciones del enunciado?

2. ¿Es correcto el dimensionamiento del eje bajo cargas dinámicas para las condiciones del enunciado? Considerar una velocidad media de 80 Km/h y una vida de 100.000 Km.

3. En caso de no ser correcto. ¿Qué alternativas se pueden utilizar? Evaluarlas.

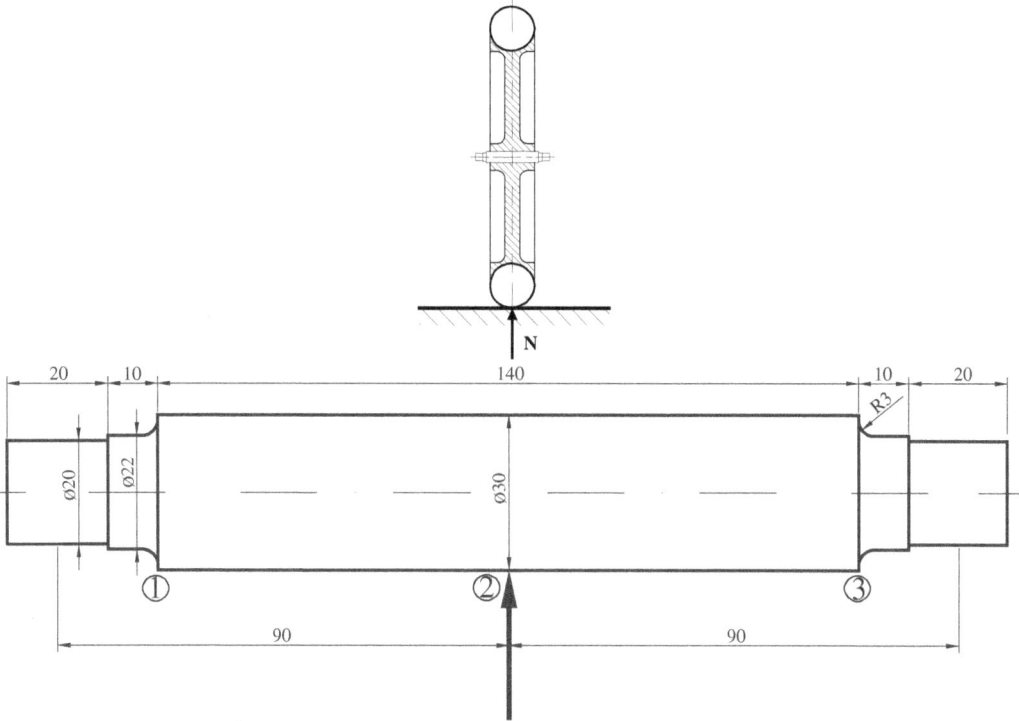

Figura 2.13: Eje de una rueda de motocicleta

Capítulo 2. Cargas variables: Fatiga

Resolución

1. Cálculo del eje bajo cargas estáticas:

   a) Cálculo de las reacciones sobre los rodamientos y los diagramas de momentos flectores:

   Aplicando las leyes de Newton sobre el eje Y, tenemos lo siguiente:

   $$\Sigma M_A = -R_B L + N\frac{L}{2} = 0 \rightarrow R_B = \frac{N}{2} = 1.500 \text{ N}$$

   $$\Sigma M_B = R_A L - N\frac{L}{2} = 0 \rightarrow R_A = \frac{N}{2} = 1.500 \text{ N}$$

   A partir e las reacciones, se deducen las leyes de momentos flectores:

   $$M(0 \leq x \leq 0{,}09) = R_A x$$
   $$M(0{,}09 \leq x \leq 0{,}18) = R_A x - N(x - 0{,}09)$$

   Los puntos más desfavorables para el eje son el punto con mayor momento flector y los cambios de sección, ya que, en estos puntos, la sección del eje es menor y aparecen concentradores de tensión. Basándose en estos razonamientos, los momentos en los puntos 1, 2 y 3 son los siguientes:

   $$M_1(0{,}02) = R_A x = 1.500 \cdot 0{,}02 = 30 \text{ N·m}$$
   $$M_2(0{,}09) = R_A x = 1.500 \cdot 0{,}09 = 135 \text{ N·m}$$
   $$M_3(0{,}16) = R_A x - N(x - 0{,}09) = 1.500 \cdot 0{,}16 - 3000(0{,}16 - 0{,}09) = 30 \text{ N·m}$$

   b) Cálculo de las tensiones generadas. Coeficiente de seguridad a la fluencia. A partir de los momentos generador en los punto 1, 2 y 3, calculamos las tensiones generadas en estos puntos.

   $$\sigma_{x_1} = \frac{M_1}{W_{z_1}} = \frac{M_1}{\frac{\pi d^3}{32}} = \frac{32 M_1}{\pi d^3} = \frac{32 \cdot 30000}{\pi \cdot 22^3} = 28{,}7 \text{ MPa}$$

   $$\sigma_{x_2} = \frac{M_2}{W_{z_2 z}} = \frac{M_2}{\frac{\pi d^3}{32}} = \frac{32 M_2}{\pi d^3} = \frac{32 \cdot 135000}{\pi \cdot 30^3} = 50{,}93 \text{ MPa}$$

   $$\sigma_{x_3} = \sigma_{x_1} = 28{,}7 \text{ MPa}$$

   En este problema, podemos simplificar el tratamiento de las tensiones suponiendo que se asimila a un problema de flexión pura, en el qual no consideramos las tensiones de Collignon, y se puede asumir que las tensiones anteriores son tensiones principales, y por lo tanto:

   $$n_1 = n_3 = \frac{S_y}{\sigma_{x_1}} = \frac{186}{28{,}7} \approx 6{,}48$$

   $$n_2 = \frac{S_y}{\sigma_{x_2}} = \frac{186}{50{,}93} \approx 3{,}65$$

2.8 Cálculo del eje de una rueda de motocicleta

Los coeficientes de seguridad a fluencia son bastante elevados, y podemos concluir que el eje se encuentra perfectamente dimensionado baja cargas estáticas.

2. Cálculo del eje bajo cargas variables:
Antes de iniciar cualquier problema de fatiga, se debe plantear como evoluciona a lo largo del tiempo el estado de cargas aplicado sobre el elemento a estudiar. En este caso, la carga aparece aplicada siempre en el mismo punto (el punto de reacción de la rueda con el suelo) y, por lo tanto, las tensiones resultantes son puramente alternantes.

La representación del fenómeno a lo largo del tiempo se puede asimilar como sinusoidal, según muestra la Figura 2.14.

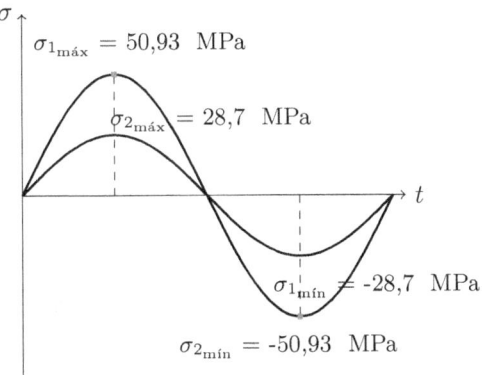

Figura 2.14: Evolución temporal de la tensión de flexión en las secciones 1,2 y 3

Una vez definidos los parámetros de funcionamiento, el siguiente paso es efectuar los cálculos de los esfuerzos y el resto de parámetros que intervienen en la fatiga.

a) Duración mínima de ciclos:
A partir de los datos proporcionados en el enunciado, procedemos a calcular el número de ciclos mínimos que debe soportar el eje. Empleando de las leyes de la cinemática, la relación entre la velocidad lineal a la que se desplaza la motocicleta y la velocidad angular es la siguiente:

$$V = \omega r \rightarrow \omega = \frac{V}{r} = \frac{80 \frac{\mathrm{km}}{\mathrm{h}} \frac{1000 \,\mathrm{m}}{1 \,\mathrm{km}} \frac{1}{3600} \frac{\mathrm{h}}{\mathrm{s}}}{0{,}45 \,\mathrm{m}} = 49{,}383 \text{ rad/s}$$

La longitud avanzada en cada vuelta de la rueda es:

$$l = \pi D = \pi \cdot 0{,}9 = 2{,}8274 \text{ m}$$

Para realizar un total de 100.000 km, el número de ciclos necesarios es el siguiente:

$$c = \frac{10^8}{2{,}8274} \approx 35 \cdot 10^6 \text{ ciclos}$$

El número de ciclos requerido es superior al millón, y estamos por lo tanto dentro de la zona de vida infinita del diagrama de Whöler. La duración mínima del eje en horas es de:

$$t = \frac{c}{\omega} = \frac{35 \cdot 10^6 \, \cancel{\text{ciclos}}}{49{,}383 \, \cancel{\frac{\text{rad}}{\text{s}}} \, \frac{1}{2\pi} \, \cancel{\frac{\text{ciclos}}{\text{rad}}} \, \frac{3.600 \, \cancel{s}}{1 \, h}} = 1.237 \text{ h}$$

b) Cálculo a la fatiga en los puntos 1, 3

1) Componentes media/alternante Teniendo en cuenta que la carga es estática y que el que gira es el eje, este está sometido a un estado de flexión puramente alternante cuya tensión es igual a la tensión estática calculada anteriormente.

$$\sigma_m = 0$$
$$\sigma_a = \sigma_{x_1} = 28{,}7 \text{ MPa}$$

2) Concentrador de tensiones corregido a la fatiga:
   - Constante de Neuber: $\sqrt{a} = 0{,}0634 + 101{,}97946 \cdot 200^{-0{,}81409} = 1{,}43$
   - Sensibilidad a la entalla:

$$q = \frac{1}{1 + \frac{\sqrt{a}}{\sqrt{r}}} = \frac{1}{1 + \frac{1{,}43}{\sqrt{3}}} = 0{,}548$$

   - Concentrador de tensiones geométricos:

$$\left.\begin{array}{l} \dfrac{D}{d} = \dfrac{30}{22} = 1{,}36 \\[1em] \dfrac{r}{d} = \dfrac{3}{22} = 0{,}136 \end{array}\right\} \to K_t = 1{,}644.$$

   - Concentrador de tensiones corregido a la fatiga:

$$K_f = 1 + q(K_t - 1) = 1 + 0{,}548(1{,}644 - 1) = 1{,}35$$

3) Límite de fatiga:
   - Límite estándar: $S'_{f_{5E8}} = 0{,}4 S_{ut} = 0{,}4 \cdot 200 = 80$ MPa
   - Factor de acabado: $C_{\text{acabado}} = 4{,}51 \cdot 200^{-0{,}265} = 1{,}108 \to 1$
   - Factor de tamaño: $C_{\text{tamaño}} = 1{,}189 \cdot 30^{-0{,}097} = 0{,}8549$
   - Factor de carga: $C_{\text{carga}} = 1$
   - Factor de confiabilidad: $C_{\text{confiabilidad}} = 0{,}814$
   - Límite de resistencia a la fatiga corregido:

$$S_{f_{5E8}} = 80 \cdot 1 \cdot 0{,}8549 \cdot 1 \cdot 0{,}814 = 55{,}7 \text{ MPa}$$

   - Límite de resistencia a la fatiga corregido por concentradores:

$$S_{f_{5E8_K}} = \frac{S_{f_{5E8}}}{K_f} = \frac{55{,}7}{1{,}35} = 41{,}3 \text{ MPa}$$

Una vez obtenidos todos los parámetros necesarios para efectuar los cálculos a la fatiga, tenemos dos caminos para solucionar el problema:
- Realizar el cálculo del coeficiente de seguridad a la fatiga.
- Realizar el cálculo de la duración a la fatiga y compararlo con las especificaciones de partida.

En el primer caso, el número de cálculos es inferior, pero en contrapartida, solo aseguramos una duración infinita para ciertos materiales, y el aluminio no es uno de ellos. Por otro lado, lo que sí asegura este coeficiente es una duración, como mínimo, igual a la duración para la cual se definió el límite de fatiga. En nuestro caso, $5 \cdot 10^8$ ciclos está muy por encima de los $35 \cdot 10^6$ ciclos y, por lo tanto, podemos emplear, inicialmente, este método para evitar los cálculos. Para determinar el coeficiente de seguridad a fatiga, emplearemos la teoría de Goodmann.

4) Aplicación de la teoría de Goodman:

$$\frac{\sigma_m}{S_{ut}} + \frac{\sigma_a}{S_{f_{5E8_K}}} = 0 + \frac{28{,}7}{41{,}3} \leq \frac{1}{n_f} \rightarrow n_f = 1{,}44 > 1 \rightarrow N \geq 5 \cdot 10^8$$

El coeficiente de seguridad es superior a la unidad y, por lo tanto, en esta sección, la duración es superior a los 500 millones de ciclos, lo que supera el mínimo exigido.

c) Cálculo a la fatiga en el punto 2

1) Componentes media/alternante:
   Teniendo en cuenta que la carga es estática y que el que gira es el eje, éste está sometido a un estado de flexión puramente alternante cuya tensión es igual a la tensión estática calculada anteriormente:

$$\sigma_m = 0 \ ; \ \sigma_a = \sigma_{x_2} = 50{,}9 \text{ MPa}$$

2) Concentrador de tensiones corregido a la fatiga:
   En este caso, el factor de concentración de tensiones viene dado por el uso de un ajuste a presión para montar la rueda sobre el eje. Por este motivo, tomamos un valor típico de concentración de tensiones bajo fatiga, que es para uniones a presión: $K_f = 1{,}8$.

3) Límite de fatiga:

$$S_{f_{5E8_K}} = \frac{S_{f_{5E8}}}{K_f} = \frac{55{,}7}{1{,}8} = 30{,}9 \text{ MPa}$$

4) Aplicación de la teoría de Goodman:
   De la misma manera que en el apartado anterior, para determinar el coeficiente de seguridad a la fatiga, tomamos la teoría de Goodman:

$$\frac{\sigma_m}{S_{ut}} + \frac{\sigma_a}{S_{f_{5E8_K}}} = 0 + \frac{50{,}93}{30{,}9} \leq \frac{1}{n_f} \rightarrow n_f = 0{,}61 < 1 \rightarrow N < 5 \cdot 10^8$$

El coeficiente de seguridad es inferior a la unidad y, por lo tanto, no podemos garantizar una duración de $5 \cdot 10^8$ ciclos. El siguiente paso es determinar la duración del eje. Para ello, empleamos la ecuación que nos relaciona la duración de un eje con los esfuerzos aplicados a este, en la zona de fatiga de ciclos altos con vida limitada.

5) Duración:

$$N = N_1 \left[\frac{S_1}{\sigma_{a_0}}\right]^{\frac{\log \frac{N_2}{N_1}}{\log \frac{S_1}{S_2}}} = 10^3 \left[\frac{180}{30,9}\right]^{\frac{\log \frac{510^8}{10^3}}{\log \frac{180}{30,9}}} = 12,1 \cdot 10^6 \text{ ciclos } < 35 \cdot 10^6$$

Donde:

$$S_1 = 0,9 S_{ut} = 0,9 \cdot 200 = 180 \text{ MPa}$$
$$S_2 = S_{f_{5E8_K}} = 30,9 \text{ MPa}$$
$$N_1 = 10^3 \; ; \; N_2 = 510^8$$

La duración es inferior a la deseada y, por lo tanto, la conclusión es que el eje está diseñado incorrectamente.

2.9 Cálculo de una ballesta

La ballesta de la Figura 2.15 pertenece a un semirremolque. La masa que descansa sobre esta ejerce una fuerza que varia entre los 28.154 N y 52.287 N. Como hipótesis de cálculo, se considera que la carga actúa en el centro de la ballesta, y que uno de los extremos actúa como pivote y el otro, como soporte vertical simple. La ballesta está construida por medio de flejes de acero para muelles laminados en caliente $S_{ut} = S_{uc} = 1040$ MPa, de un espesor de 15 mm y un ancho de 100 mm.

A partir de los datos anteriores, se quiere calcular lo siguiente:

1. El número de láminas que tiene que tener la ballesta para soportar la carga máxima, con un coeficiente de seguridad a la rotura es de $n_u = 3$.

2. A partir del resultado anterior, determinar, con una confiabilidad del 99 %, si la ballesta tendrá una duración infinita, y en caso contrario, calcular la duración. Aplicar la teoría de Goodman.

NOTA. La tensión de flexión máxima que soporta cada lámina se calcula por medio de la ecuación siguiente:

$$\sigma_x = \frac{3}{2}\frac{FL}{Nbe^2}$$

Donde:

- F: es la fuerza que actua sobre la ballesta.
- L: es distancia entre soportes de la ballesta.
- N: es el número de láminas de la ballesta.
- b: es el ancho de la lámina.
- e: es el espesor de la lámina.

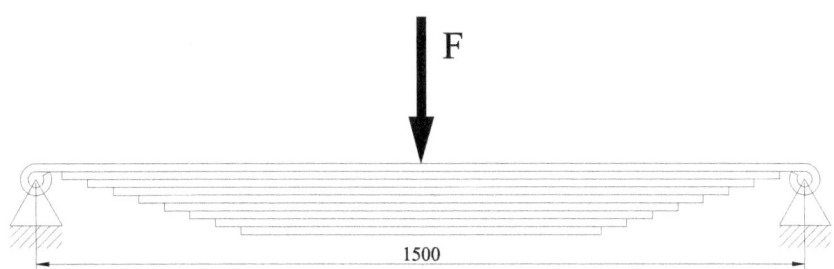

Figura 2.15: Ballesta

Resolución

1. Número de láminas pares que soportan la carga, con $n_r = 3$.
   La tensión máxima que tiene que soportar cada lámina es la siguiente:

$$\sigma_{x\text{máx}} = \frac{M/Nc}{I} = \frac{M/N}{\frac{1}{12}be^3}\frac{e}{2} = \frac{6M}{Nbe^2} = \frac{6\frac{FL}{4}}{Nbe^2} = \frac{3}{2}\frac{FL}{Nbe^2}$$

El material es frágil y homogéneo, por lo tanto, para comprobar la resistencia, es suficiente con comparar la tensión con la resistencia a la rotura.

$$\sigma_{x\text{máx}} \leq \frac{S_{\text{ut}}}{n_u} \rightarrow \frac{3}{2}\frac{FL}{Nbe^2} \leq \frac{S_{\text{ut}}}{n_u}$$

$$N \geq \frac{3}{2}\frac{FLn_u}{S_{ut}be^2} = \frac{3}{2}\frac{52.287 \cdot 1.500 \cdot 3}{1.040 \cdot 100 \cdot 15^2} \approx 15$$

2. Número de láminas para duración ilimitada
   a) Componentes de tensión:
   La Figura 2.16 muestra la evolución temporal de la fuerza sobre la ballesta.

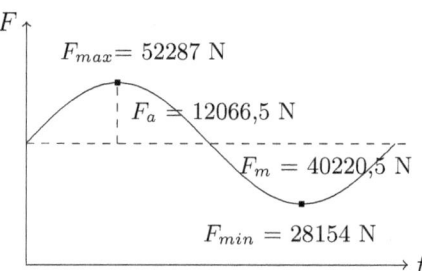

Figura 2.16: Distribución temporal de la fuerza

$$\sigma_{x\text{máx}} = \frac{3}{2}\frac{F_{\text{máx}}L}{Nbe^2}$$

$$\sigma_{x\text{mín}} = \frac{3}{2}\frac{F_{\text{mín}}L}{Nbe^2}$$

$$\sigma_{x_m} = \frac{\sigma_{x\text{máx}} + \sigma_{x\text{mín}}}{2} = \frac{3}{4}\frac{L}{Nbe^2}(F_{\text{máx}} + F_{\text{mín}})$$

$$\sigma_{x_a} = \frac{\sigma_{x\text{máx}} - \sigma_{x\text{mín}}}{2} = \frac{3}{4}\frac{L}{Nbe^2}(F_{\text{máx}} - F_{\text{mín}})$$

b) Límite de resistencia a fatiga corregido:
   - Límite estándar: $S'_e = 0{,}504 S_{ut} = 0{,}504 \cdot 1.040 = 524{,}2$ MPa
   - Factor de acabado: $C_{\text{acabado}} = 57{,}7 \cdot 1.040^{-0{,}718} = 0{,}3935$
   - Factor de tamaño: $C_{\text{tamaño}} = 1{,}189 \cdot 31{,}29^{-0{,}097} = 0{,}8514$
   Diámetro equivalente: $d_{\text{eq}} = \sqrt{\frac{0{,}05bh}{0{,}0766}} = \sqrt{\frac{0{,}05 \cdot 100 \cdot 15}{0{,}0766}} = 31{,}29$ mm

- Factor de carga: $C_{\text{carga}} = 1$
- Factor de confiabilidad: $C_{\text{confiabilidad}} = 0{,}814$
- Límite de resistencia a la fatiga corregido:

$$S_e = 524{,}2 \cdot 0{,}3925 \cdot 0{,}8514 \cdot 1 \cdot 0{,}814 = 142{,}94 \text{ MPa}$$

c) Aplicación de la teoría de Goodman:

$$\frac{\sigma_m}{S_{ut}} + \frac{\sigma_a}{S_e} \leq \frac{1}{n_f}$$

$$\frac{3}{4}\frac{L}{Nbe^2}\left[\frac{F_{\text{máx}} + F_{\text{mín}}}{S_{ut}} + \frac{F_{\text{máx}} - F_{\text{mín}}}{S_e}\right] \leq \frac{1}{n_f}$$

$$N \geq \frac{3}{4}\frac{Ln_f}{be^2}\left[\frac{F_{\text{máx}} + F_{\text{mín}}}{S_{ut}} + \frac{F_{\text{máx}} - F_{\text{mín}}}{S_e}\right]$$

$$N \geq \frac{3}{4}\frac{1.500 \cdot 1}{100 \cdot 15^2}\left[\frac{52.287 + 28.154}{1.040} + \frac{52.287 - 28.154}{142{,}94}\right]$$

$$N \geq 12{,}3 \approx 13$$

2.10 Eje de la hélice de un barco

El eje de la hélice de un barco gira a 200 rpm. Está fabricado de acero dúctil S355, con una tensión de rotura de tracción S_{ut}= 520 MPa y una tensión de fluencia S_y = 355 MPa, y transmite una potencia de 5 megawatios. Las fluctuaciones del par torsor son del 10 %. A causa de las masas acopladas al eje, este está sometido a un momento flector alternante de ±10.000 N·m. Se asume que los factores de concentración de esfuerzos y de fatiga son iguales a la unidad, y que el factor de seguridad n = 2. Determinar el diámetro mínimo que debe tener el eje para evitar la fatiga, empleando la teoría de Goodman, con una confiabilidad del 99 %.

Resolución

1. Determinación de la velocidad angular
   La velocidad angular es la siguiente:

$$\omega = 200 \frac{\text{rev}}{\text{min}} \frac{1}{60} \frac{\text{min}}{\text{s}} \frac{2\pi}{1} \frac{\text{rad}}{\text{rev}} = 20{,}94 \text{ rad/s}$$

2. Determinación de los componentes del momento flector y del par torsor:
   El par torsor medio, calculado mediante la potencia transmitida por el eje, es el siguiente:

$$T_m = \frac{P}{\omega} = \frac{5 \cdot 10^6}{20{,}94} \frac{\text{N·m/s}}{\text{rad/s}} = 2{,}388 \cdot 10^5 \text{ N·m} = 2{,}388 \cdot 10^8 \text{ N·mm}$$

El par alternante es el siguiente:

$$T_a = 0{,}1 T_m = 0{,}1 \cdot 2{,}388 \cdot 10^5 \text{ N·m} = 2{,}388 \cdot 10^4 \text{ N·m} = 2{,}388 \cdot 10^7 \text{ N·mm}$$

La Figura 2.17 nos muestra la evolución temporal del par torsor y del momento flector:

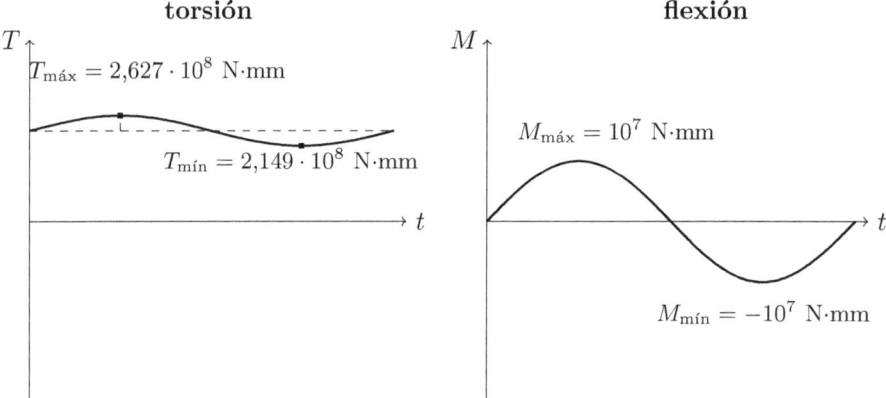

Figura 2.17: Evolución temporal del par torsor y el momento flector

3. Límite de resistencia a la fatiga:
   - Límite estándar: $S'_e = 0{,}504 S_{ut} = 0{,}504 \cdot 520 = 262{,}1$ MPa
   - Factor de acabado: $C_{\text{acabado}} = 4{,}51 \cdot 520^{-0{,}265} = 0{,}8599$
   - Factor de tamaño: $C_{\text{tamaño}} = 1$. El factor de tamaño es desconocido, ya que el diámetro también lo es, y por eso, inicialmente, tomamos el factor igual a la unidad.
   - Factor de carga: $C_{\text{carga}} = 1$
   - Factor de confiabilidad: $C_{\text{confiabilidad}} = 0{,}814$
   - Límite de resistencia a la fatiga corregido:

   $$S_{e_{\text{flexión}}} = S_{e_{\text{torsión}}} = S_e = 262{,}1 \cdot 0{,}8599 \cdot 1 \cdot 1 \cdot 0{,}814 = 183{,}4 \text{ MPa}$$

4. El diámetro del eje, según la teoría de la elipse ASME, es el siguiente:

$$d \geq \sqrt[3]{\frac{32n}{\pi} \sqrt{\frac{M_m^2 + \frac{3}{4} T_m^2}{S_{ut}^2} + \left[\frac{M_a}{S_{e_{K_{\text{flexión}}}}}\right]^2 + \frac{3}{4}\left(\frac{T_a}{S_{e_{K_{\text{torsión}}}}}\right)^2}} =$$

$$= \sqrt[3]{\frac{32 \cdot 2}{\pi} \sqrt{\frac{0 + \frac{3}{4}(2{,}388 \cdot 10^8)^2}{520^2} + \left[\frac{10^7}{183{,}4}\right]^2 + \frac{3}{4}\left(\frac{2{,}388 \cdot 10^7}{183{,}4}\right)^2}} =$$

$$= 203{,}4 \approx 204 \text{ mm}$$

Una vez calculado el diámetro procedemos a volver a calcular el factor de tamaño. El factor de tamaño es el siguiente:

$$C_{\text{tamaño}} = 1{,}189 d^{-0{,}097} = 1{,}189 \cdot 204^{-0{,}097} = 0{,}7098$$

El límite de resistencia a la fatiga corregido es el siguiente:

$$S_{e_{\text{flexión}}} = S_{e_{\text{torsión}}} = S_e = 183{,}4 \cdot 0{,}7098 = 130{,}2 \text{ MPa}$$

Volviendo a calcular el diámetro:

$$d \geq \sqrt[3]{\frac{32 \cdot 2}{\pi} \sqrt{\frac{0 + \frac{3}{4}(2{,}388 \cdot 10^8)^2}{520^2} + \left[\frac{10^7}{130{,}2}\right]^2 + \frac{3}{4}\left(\frac{2{,}388 \cdot 10^7}{130{,}2}\right)^2}} =$$

$$= 205{,}842 \approx 206 \text{ mm} \neq 204 \text{ mm}$$

Volviendo a iterar con el diámetro de 206 mm:

$$C_{\text{tamaño}} = 1{,}189 d^{-0{,}097} = 1{,}189 \cdot 206^{-0{,}097} = 0{,}70915$$

$$S_{e_{\text{flexión}}} = S_{e_{\text{torsión}}} = S_e = 183{,}4 \cdot 0{,}70915 = 130{,}1 \text{ MPa}$$

$$d \geq \sqrt[3]{\frac{32 \cdot 2}{\pi} \sqrt{\frac{0 + \frac{3}{4}(2{,}388 \cdot 10^8)^2}{520^2} + \left[\frac{10^7}{130{,}1}\right]^2 + \frac{3}{4}\left(\frac{2{,}388 \cdot 10^7}{130{,}1}\right)^2}} =$$

$$= 205{,}85 \approx 206 \text{ mm}$$

5. El diámetro del eje, según la teoría de Goodman, es siguiente:

$$d \geq \sqrt[3]{\frac{32n}{\pi}\left[\frac{\sqrt{M_m{}^2 + \frac{3}{4}T_m^2}}{S_{ut}} + \sqrt{\left[\frac{M_a}{S_{e_{K_{\text{flexión}}}}}\right]^2 + \frac{3}{4}\left(\frac{T_a}{S_{e_{K_{\text{torsión}}}}}\right)^2}\right]} =$$

$$= \sqrt[3]{\frac{32 \cdot 2}{\pi}\left[\frac{\sqrt{0 + \frac{3}{4}(2{,}388 \cdot 10^8)^2}}{520} + \sqrt{\left[\frac{10^7}{183{,}4}\right]^2 + \frac{3}{4}\left(\frac{2{,}388 \cdot 10^7}{183{,}4}\right)^2}\right]} =$$

$$= 218{,}25 \approx 219 \text{ mm}$$

Una vez calculado el diámetro procedemos a volver a calcular el factor de tamaño. El factor de tamaño es, por lo tanto, el siguiente:

$$C_{\text{tamaño}} = 1{,}189 d^{-0{,}097} = 1{,}189 \cdot 219^{-0{,}097} = 0{,}70495$$

El límite de resistencia a la fatiga corregido es el siguiente:

$$S_{e_{\text{flexión}}} = S_{e_{\text{torsión}}} = S_e = 183{,}4 \cdot 0{,}70495 = 129{,}3 \text{ MPa}$$

Volviendo a calcular el diámetro:

$$d \geq \sqrt[3]{\frac{32 \cdot 2}{\pi}\left[\frac{\sqrt{0 + \frac{3}{4}(2{,}388 \cdot 10^8)^2}}{520} + \sqrt{\left[\frac{10^7}{129{,}3}\right]^2 + \frac{3}{4}\left(\frac{2{,}388 \cdot 10^7}{129{,}3}\right)^2}\right]} =$$

$$= 224{,}78 \approx 225 \text{ mm} \neq 219 \text{ mm}.$$

Volviendo a iterar con el diámetro de 225 mm:

$$C_{\text{tamaño}} = 1{,}189 d^{-0{,}097} = 1{,}189 \cdot 225^{-0{,}097} = 0{,}7031$$

$$S_{e_{\text{flexión}}} = S_{e_{\text{torsión}}} = S_e = 183{,}4 \cdot 0{,}7031 = 129 \text{ MPa}$$

$$d \geq \sqrt[3]{\frac{32 \cdot 2}{\pi}\left[\frac{\sqrt{0 + \frac{3}{4}(2{,}388 \cdot 10^8)^2}}{520} + \sqrt{\left[\frac{10^7}{129}\right]^2 + \frac{3}{4}\left(\frac{2{,}388 \cdot 10^7}{129}\right)^2}\right]} \approx 225 \text{ mm}$$

2.11 Cálculo del eje de una bomba

El eje que se muestra en la Figura 2.18 ha sido fabricado de acero de construcción laminado (S_{ut}= 550 MPa, S_y= 460 MPa). Todas las superficies han sido rectificadas. El eje lleva montado en el extremo, un engranaje helicoidal y se encarga de mover una bomba de 1200 rpm. Los factores de concentración de esfuerzos en el cambio de sección son: $K_{f_{\text{flexión}}} = 2, K_{f_{\text{torsión}}} = 1{,}8, K_{f_{axial}} = 1{,}8$.

Se quiere determinar el factor de seguridad frente a la falla por fluencia y fatiga en el cambio de sección, según Von Mises y Goodman, con una confiabilidad del 99 %.

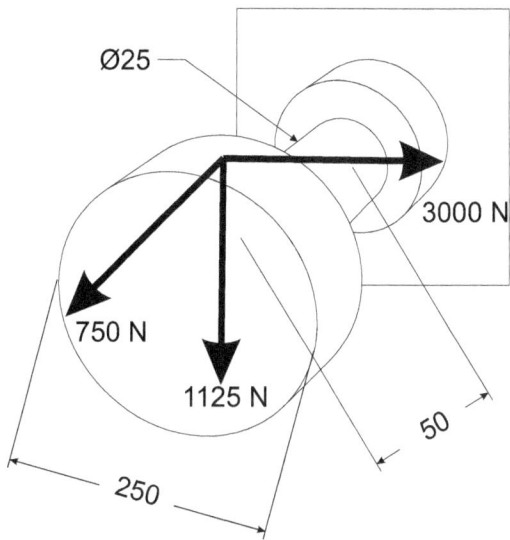

Figura 2.18: Eje de una bomba

Resolución

La Figura 2.19, Figura 2.20 y Figura 2.21 muestran los esfuerzos generados por cada una de las componentes de la fuerza aplicada sobre el eje.

1. Coeficiente de seguridad a la fluencia

    a) Determinación de los esfuerzos

    1) Fuerza radial $F_r = 1.125$ N.
       Genera una flexión en el plano yz. El momento flector se genera sobre el plano x (rotación alrededor de x): $M_{x_1} = 1.125$ N $\cdot$ 50 mm $= 56.250$ N·mm
    2) Fuerza tangencial $F_t = 3.000$ N.
       - Genera una torsión alrededor del eje x:
         $T_x = 3.000$ N $\cdot$ 125 mm $= 375.000$ N·mm
       - Genera una flexión en el plano xz. El momento flector se genera sobre el eje y (rotación alrededor del eje y): $M_y = 3.000$ N $\cdot$ 50 mm $= 150.000$ N·mm.
    3) Fuerza axial $F_a = 750$ N.

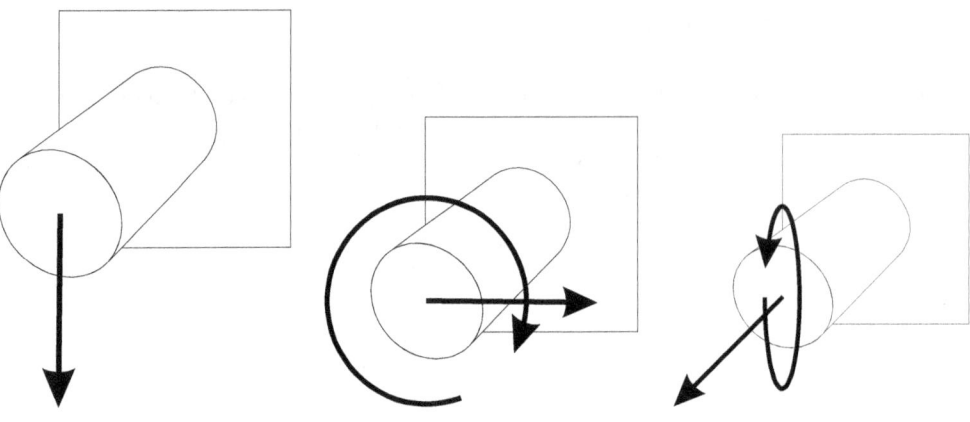

Figura 2.19: Fuerza radial   **Figura 2.20:** Fuerza tang.   **Figura 2.21:** Fuerza axial

- Genera una tracción a lo largo del eje x: $F_x = 750$ N.
- Genera una flexión en el plano yz. El momento flector se genera sobre el eje x (rotación alrededor de x): $M_{x_2} = 750$ N $\cdot$ 125 mm $= 93.750$ N·mm Nmm.

La flexión se localiza, por lo tanto, en dos planos, y se debe calcular el momento flector resultante.

Primeramente, calculamos el momento flector resultante sobre el eje x:

$$M_x = M_{x_1} + M_{x_2} = 56.250 + 93.750 = 150.000 \text{ N·mm}$$

A continuación, calculamos el momento flector resultante: [1]

$$M^* = \sqrt{M_x^2 + M_y^2} = \sqrt{150.000^2 + 150.000^2} = 212.132 \text{ N·mm}$$

resumiendo los esfuerzos que actúan en la sección, tenemos lo siguiente:
- Tracción: $F_x = 750$ N N.
- Flexión: $M^* = 212.132$ N N·mm
- Torsión: $T_x = 375.000$ N N·mm

b) Determinación de tensiones

1) Tracción: $\sigma_{x_1} = \frac{F_x}{A} = \frac{F_x}{\frac{\pi d^2}{4}} = \frac{4F_x}{\pi d^2} = \frac{4 \cdot 750 \text{ N}}{\pi \cdot 25^2 \text{ mm}^2} = 1{,}5$ MPa

2) Flexión: $\sigma_{x_2} = \frac{Mc}{I} = \frac{32M}{\pi d^3} = \frac{32 \cdot 212.132 \text{ N·mm}}{\pi \cdot 25^3 \text{ mm}^3} = 138{,}3$ MPa

La tensión axial resultante es la siguiente:

$$\sigma_x = \sigma_{x_1} + \sigma_{x_2} = 1{,}5 + 138{,}3 = 139{,}8 \text{ MPa}$$

3) Torsión:

$$\tau_{xz} = \frac{16T}{\pi d^3} = \frac{16 \cdot 375.000 \text{ N·mm}}{\pi \cdot 25^3 \text{ mm}^3} = 122{,}2 \text{ MPa}$$

---

[1] El momento resultante se calcula por medio del teorema de Pitágoras, porque los dos momentos son perpendiculares entre sí (ortogonales).

2.11 Cálculo del eje de una bomba

4) Determinación de la tensión equivalente:
Como el material es dúctil, aplicamos la teoría de Von Misses:

$$\sigma_{eq} = \sqrt{\sigma_x^2 + 3\tau_{xz}^2} = \sqrt{139{,}8^2 + 3 \cdot 122{,}2^2} = 253{,}7 \text{ MPa}$$

5) Cálculo del coeficiente de seguridad a la fluencia:

$$n_y = \frac{S_y}{\sigma_{eq}} = \frac{460}{253{,}7} = 1{,}81$$

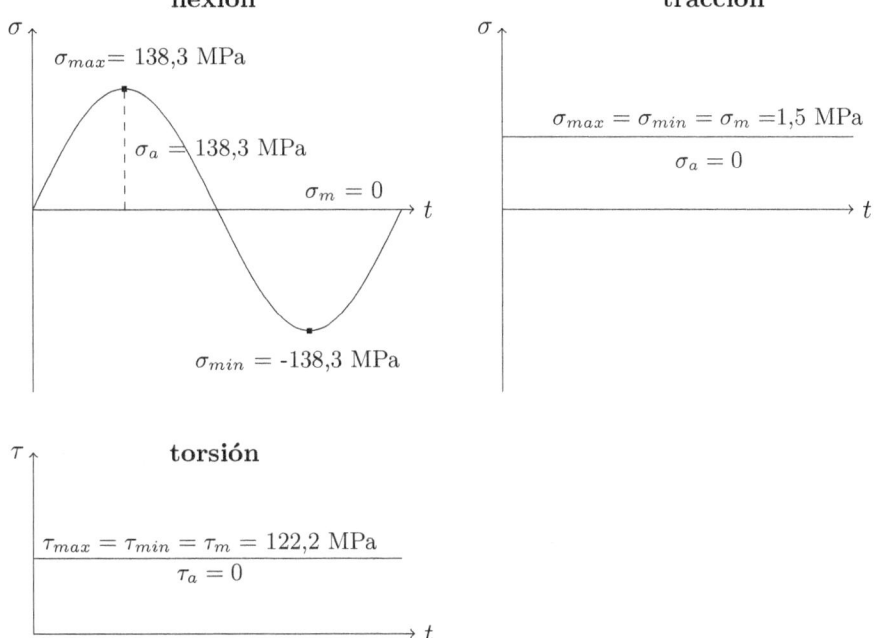

Figura 2.22: Componentes de la tensión

2. Coeficiente de seguridad a la fatiga
   a) Componente media/alternante
      1) Componentes máxima y mínima.
      Para calcular estas componentes, primeramente, observamos la evolución temporal de cada uno en la Figura 2.22 y después, calcularemos las tensiones máxima/mínima:

$$\sigma_{x1\,máx} = \frac{F_{máx}}{A} = \frac{F}{A} = 1{,}5 \text{ MPa}$$

$$\sigma_{x1\,mín} = \sigma_{x1\,máx} = 1{,}5 \text{ MPa}$$

$$\sigma_{x2\,máx} = \frac{M_{máx}c}{I} = \frac{Mc}{I} = 138{,}3 \text{ MPa}$$

$$\sigma_{x2\,mín} = \frac{-M_{máx}c}{I} = \frac{Mc}{I} = -138{,}3 \text{ MPa}$$

$$\tau_{xz\,\text{máx}} = \frac{Tr}{I_o} = 122{,}2 \text{ MPa}$$

$$\tau_{xz\,\text{mín}} = \tau_{xz\,\text{máx}} = 122{,}2 \text{ MPa}$$

2) Componentes media y alternante

$$\sigma_{x_1 m} = \frac{\sigma_{x_1\,\text{máx}} + \sigma_{x_1\,\text{mín}}}{2} = \frac{1{,}5 + 1{,}5}{2} = 1{,}5 \text{ MPa}$$

$$\sigma_{x_1 a} = \frac{\sigma_{x_1\,\text{máx}} - \sigma_{x_1\,\text{mín}}}{2} = \frac{1{,}5 - 1{,}5}{2} = 0 \text{ MPa}$$

$$\sigma_{x_2 m} = \frac{\sigma_{x_2\,\text{máx}} + \sigma_{x_2\,\text{mín}}}{2} = \frac{138{,}3 + (-138{,}3)}{2} = 0 \text{ MPa}$$

$$\sigma_{x_2 a} = \frac{\sigma_{x_2\,\text{máx}} - \sigma_{x_2\,\text{mín}}}{2} = \frac{138{,}3 - (-138{,}3)}{2} = 138{,}3 \text{ MPa}$$

$$\tau_{xz_m} = \frac{\tau_{xz\,\text{máx}} + \tau_{xz\,\text{mín}}}{2} = \frac{122{,}2 + 122{,}2}{2} = 122{,}2 \text{ MPa}$$

$$\tau_{xz_a} = \frac{\tau_{xz\,\text{máx}} - \tau_{xz\,\text{mín}}}{2} = \frac{122{,}2 - 122{,}2}{2} = 0 \text{ MPa}$$

Las tensiones equivalente media y alternante son las siguientes: [2]

$$\sigma_{\text{eq}_m} = \sqrt{\sigma_m^2 + 3\tau_m^2} = \sqrt{(1{,}5+0)^2 + 3 \cdot 122{,}2^2} = 211{,}6 \text{ MPa}$$

$$\sigma_{\text{eq}_a} = \sqrt{\sigma_a^2 + 3\tau_a^2} = \sqrt{(0+138{,}3)^2 + 3 \cdot 0} = 138{,}3 \text{ MPa}$$

b) Concentradores de tensiones $K_{f\text{tracción}} = 1{,}8$; $K_{f\text{flexión}} = 2$; $K_{f\text{torsión}} = 1{,}8$.

c) Límites de resistencia a la fatiga por flexión i torsión:
- Límite estándar: $S'_e = 0{,}504 S_{ut} = 0{,}504 \cdot 550 = 277{,}2 \text{ MPa}$
- Factor de acabado: $C_{\text{acabado}} = 1{,}58 \cdot 550^{-0{,}085} = 0{,}924$
- Factor de confiabilidad: $C_{\text{confiabilidad}} = 0{,}814$
- Factor de carga: $C_{\text{carga}} = 1$
- Factor de tamaño: $C_{\text{tamaño}} = 1{,}189 \cdot 25^{-0{,}097} = 0{,}87$
- Límite de resistencia a la fatiga corregido:

$$S_e = \frac{182{,}3 \cdot 1 \cdot 0{,}87}{0{,}8742 \cdot 1} = 181{,}4 \text{ MPa}$$

- Límite de resistencia a la fatiga corregido por el concentrador de tensiones a flexión:

$$S_{eK\text{flexión}} = \frac{S_e}{K_{f\text{flexión}}} = \frac{181{,}4}{2} = 90{,}7 \text{ MPa}$$

d) Determinación del coeficiente de seguridad a fatiga:

$$\frac{\sigma_{\text{eq}_m}}{S_{ut}} + \frac{\sigma_{\text{eq}_a}}{S_e} = \frac{211{,}6}{550} + \frac{138{,}3}{90{,}7} \leq \frac{1}{n_e} \rightarrow n_e \leq 0{,}523 < 1 \rightarrow N \neq \infty$$

---

[2] El cálculo no incluye los concentradores de tensión, porque el material es dúctil.

2.12 Expresión genérica para el cálculo de ejes a fatiga

Elaborar una ecuación de diseño bajo cargas variables de un árbol sometido a flexión, torsión y carga axial, en el que la solución sea el coeficiente de seguridad n, tomando como parámetros T, M, S_{ut} y d, considerando el comportamiento del material como dúctil y empleando las teorías de Von Mises, de Goodman o la elipse de la ASME.

Resolución

1. Determinación de los componentes de esfuerzo:

   a) Flexión: $\sigma_{x_1} = \dfrac{M_y}{I_{yy}} c = \dfrac{32 M_y}{\pi d^3}$

   b) Tracción: $\sigma_{x_2} = \dfrac{F}{A} = \dfrac{4F}{\pi d^2}$

   c) Torsión: $\tau_{xz} = \dfrac{T}{I_0} c = \dfrac{16T}{\pi d^3}$

2. Determinación de los componentes de tensión media y alternante equivalentes.

   a) Las tensiones generadas por flexión y la torsión son las siguientes:

   $$\sigma_{x_m} = \frac{32 M_m}{\pi d^3} + \frac{4 F_m}{\pi d^2} = \frac{32}{\pi d^3}\left[M_m + \frac{F_m d}{8}\right]$$

   $$\sigma_{x_a} = \frac{32 M_a}{\pi d^3} + \frac{4 F_a}{\pi d^2} = \frac{32}{\pi d^3}\left[M_a + \frac{F_a d}{8}\right]$$

   $$\tau_{xz_m} = \frac{16 T_m}{\pi d^3}$$

   $$\tau_{xz_a} = \frac{16 T_a}{\pi d^3}$$

   b) Las tensiones media y alternante equivalentes son las siguientes:

   $$\sigma_{eq_m} = \sqrt{\sigma_{x_m}^2 + 3\tau_{xz_m}^2}$$

   $$= \sqrt{\left(\frac{32}{\pi d^3}\right)^2 \left[\left(M_m + \frac{F_m d}{8}\right)^2 + 3\left(\frac{16 T_m}{\pi d^3}\right)^2\right]}$$

   $$= \frac{32}{\pi d^3}\sqrt{\left[M_m + \frac{F_m d}{8}\right]^2 + \frac{3}{4} T_m^2}$$

   $$\sigma_{eq_a} = \sqrt{\sigma_{x_a}^2 + 3\tau_{xz_a}^2} = \frac{32}{\pi d^3}\sqrt{\left[M_a + \frac{F_a d}{8}\right]^2 + \frac{3}{4} T_a^2}$$

3. Coeficiente de seguridad según la teoría de la elipse de la ASME:

$$\left(\frac{\sigma_m}{S_y}\right)^2 + \left(\frac{\sigma_a}{S_{e_K}}\right)^2 \leq \frac{1}{n^2}$$

Capítulo 2. Cargas variables: Fatiga

$$\left[\frac{\frac{32}{\pi d^3}\sqrt{\left[M_m + \frac{F_m d}{8}\right]^2 + \frac{3}{4}T_m^2}}{S_y}\right]^2 + \left[\frac{\frac{32}{\pi d^3}\sqrt{\left[M_a + \frac{F_a d}{8}\right]^2 + \frac{3}{4}T_a^2}}{S_{e_K}}\right]^2 \leq \frac{1}{n^2}$$

$$\left(\frac{32}{\pi d^3}\right)^2 \left[\frac{\left[M_m + \frac{F_m d}{8}\right]^2 + \frac{3}{4}T_m^2}{S_y^2} + \left[\frac{M_a}{S_{e_{K_{\text{flexión}}}}} + \frac{F_a d}{8 S_{e_{K_{\text{axial}}}}}\right]^2 + \right.$$

$$\left. + \frac{3}{4}\left[\frac{T_a}{S_{e_{K_{\text{torsión}}}}}\right]^2\right] \leq \frac{1}{n^2}$$

$$n \leq \frac{\pi d^3}{32}\left[\frac{\left[M_m + \frac{F_m d}{8}\right]^2 + \frac{3}{4}T_m^2}{S_y^2} + \left[\frac{M_a}{S_{e_{K_{\text{flexión}}}}} + \frac{F_a d}{8 S_{e_{K_{\text{axial}}}}}\right]^2 + \right.$$

$$\left. + \frac{3}{4}\left(\frac{T_a}{S_{e_{K_{\text{torsión}}}}}\right)^2\right]^{-1/2}$$

Donde:

$S_{e_{K_{\text{axial}}}} = \frac{S_{e_{\text{axial}}}}{K_{f_{\text{axial}}}}$: es el límite de resistencia a fatiga axial corregido por el concentrador de tensiones axial

$S_{e_{K_{\text{flexión}}}} = \frac{S_{e_{\text{flexión}}}}{K_{f_{\text{flexión}}}}$: es el límite de resistencia a fatiga por flexión corregido por el concentrador de tensiones por flexión

$S_{e_{K_{\text{torsión}}}} = \frac{S_{e_{\text{torsión}}}}{K_{f_{\text{torsión}}}}$: es el límite de resistencia a fatiga por torsión corregido por el concentrador de tensiones por torsión

4. Coeficiente de seguridad según la teoría de Goodman:

$$\frac{\sigma_m}{S_{ut}} + \frac{\sigma_a}{S_{e_K}} \leq \frac{1}{n}$$

$$\frac{\frac{32}{\pi d^3}\sqrt{\left[M_m + \frac{F_m d}{8}\right]^2 + \frac{3}{4}T_m^2}}{S_{ut}} + \frac{\frac{32}{\pi d^3}\sqrt{\left[M_a + \frac{F_a d}{8}\right]^2 + \frac{3}{4}T_a^2}}{S_{e_K}} \leq \frac{1}{n}$$

2.12 Expresión genérica para el cálculo de ejes a fatiga

$$\frac{32}{\pi d^3}\left[\frac{\sqrt{\left[M_m+\frac{F_m d}{8}\right]^2+\frac{3}{4}T_m^2}}{S_{ut}}+\sqrt{\left[\frac{M_a}{S_{e_{K_{\text{flexión}}}}}+\frac{F_a d}{8S_{e_{K_{\text{axial}}}}}\right]^2+\frac{3}{4}\left(\frac{T_a}{S_{e_{K_{\text{torsión}}}}}\right)^2}\right]\leq\frac{1}{n}$$

$$n\leq\frac{\pi d^3}{32}\left[\frac{\sqrt{\left[M_m+\frac{F_m d}{8}\right]^2+\frac{3}{4}T_m^2}}{S_{ut}}+\sqrt{\left[\frac{M_a}{S_{e_{K_{\text{flexión}}}}}+\frac{F_a d}{8S_{e_{K_{\text{axial}}}}}\right]^2+\frac{3}{4}\left(\frac{T_a}{S_{e_{K_{\text{torsión}}}}}\right)^2}\right]^{-1}$$

2.13 Tornillo de potencia

La Figura 2.23 muestra la cabeza de un tornillo de potencia. La pieza está sometida a un esfuerzo axial fluctuante, que varía entre 2 y 15 kN, y a un par torsor, también fluctuante, que varía entre -50 y 200 Nm. El tornillo está fabricado de un acero de construcción laminado en caliente S-235JR (S_y= 235 MPa; S_{ut}= 400 MPa), las superficies tienen un acabado de mecanizado (N8) y la confiabilidad requerida debe ser del 99 %. En base a los datos anteriores, se pide determinar lo siguiente:

1. El coeficiente de seguridad a la fluencia.
2. El coeficiente de seguridad a la fatiga.

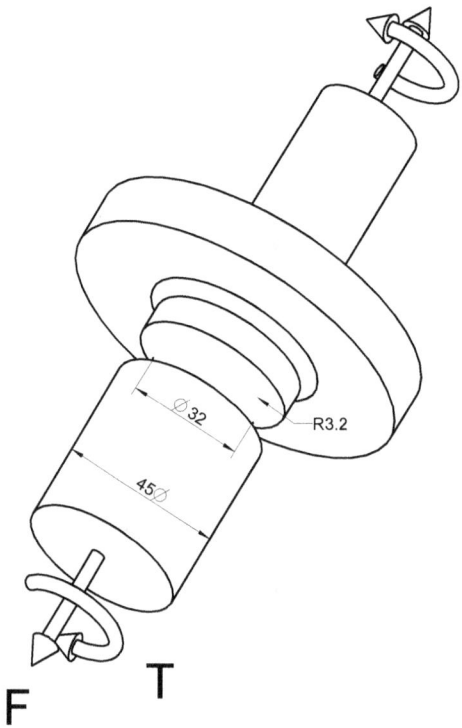

Figura 2.23: Tornillo de potencia

Resolución

1. Coeficiente de seguridad a la fluencia:

    Sustituyendo la fórmula de cálculo de ejes, tenemos lo siguiente:

$$n \leq \frac{S_x}{\frac{32}{\pi d^3}\sqrt{\left(M+\frac{Fd}{8}\right)^2 + \frac{3}{4}T^2}} = \frac{235}{\frac{32}{\pi 32^3}\sqrt{\left(0+\frac{15.000 \cdot 32}{8}\right)^2 + \frac{3}{4}200.000^2}} \approx 4{,}12$$

2. El coeficiente de seguridad a la fatiga:

   a) Componentes media y alternante de la fuerza y del par.

   $$F_m = \frac{F_{\text{máx}} + F_{\text{mín}}}{2} = \frac{15 + 2}{2} = 8{,}5 \text{ kN}$$

   $$F_a = \frac{F_{\text{máx}} - F_{\text{mín}}}{2} = \frac{15 - 2}{2} = 6{,}5 \text{ kN}$$

   $$T_m = \frac{T_{\text{máx}} + T_{\text{mín}}}{2} = \frac{200 + 50}{2} = 75 \text{ N·m} = 75.000 \text{ N·mm}$$

   $$T_a = \frac{T_{\text{máx}} - T_{\text{mín}}}{2} = \frac{200 - (-50)}{2} = 125 \text{ N·m} = 125.000 \text{ N·mm}$$

   b) Cálculo de los concentradores de tensión.
   1) A tracción:
      - Concentrador de tensiones geométricas:

      $$\left. \begin{array}{l} \dfrac{D}{d} = \dfrac{45}{32} = 1{,}41 \\[6pt] \dfrac{r}{d} = \dfrac{3{,}2}{32} = 0{,}1 \end{array} \right\} \rightarrow K_t = 2{,}34.$$

      - Constante de Neuber: $\sqrt{a} = -0{,}32865 + 34{,}5452 \cdot 400^{-0{,}60977} = 0{,}566\sqrt{\text{mm}}$
      - Sensibilidad a la entalla:

      $$q = \frac{1}{1 + \dfrac{\sqrt{a}}{\sqrt{r}}} = \frac{1}{1 + \dfrac{0{,}566}{\sqrt{3{,}2}}} = 0{,}7596$$

      - Concentrador de tensiones corregido a la fatiga axial:

      $$K_f = 1 + q\,(K_t - 1) = 1 + 0{,}7596\,(2{,}34 - 1) = 2{,}02$$

   2) A torsión:
      - Concentrador de tensiones geométrico:

      $$\left. \begin{array}{l} \dfrac{D}{d} = \dfrac{45}{32} = 1{,}41 \\[6pt] \dfrac{r}{d} = \dfrac{3{,}2}{32} = 0{,}1 \end{array} \right\} \rightarrow K_t = 1{,}53.$$

      - Constante de Neuber: Ídem anterior $\sqrt{a} = 0{,}566\sqrt{\text{mm}}$
      - Sensibilidad a la entalla: Ídem anterior $q = 0{,}7596$
      - Concentrador de tensiones corregido a la fatiga torsional:

      $$K_f = 1 + q\,(K_t - 1) = 1 + 0{,}7596\,(1{,}53 - 1) = 1{,}4$$

c) Límite de resistencia a la fatiga:

Teniendo en cuenta que los factores de carga para la tracción y torsión son diferentes, pasamos a calcular el límite de fatiga para cada esfuerzo.

1) Límite de resistencia a la fatiga axial:
   - Límite estándar: $S'_e = 0{,}504 S_{ut} = 0{,}504 \cdot 400 = 201{,}6$ MPa
   - Factor de acabado: $C_{\text{acabado}} = 4{,}51 \cdot 400^{-0{,}265} = 0{,}9218$
   - Factor de tamaño: $C_{\text{tamaño}} = 1$ (carga axial).
   - Factor de carga: $C_{\text{carga}} = 1{,}189 \cdot 400^{-0{,}078} = 0{,}8961$.
   - Factor de confiabilidad: $C_{\text{confiabilidad}} = 0{,}814$
   - Límite de resistencia a la fatiga axial corregido:

   $$S_{e_{\text{axial}}} = 201{,}6 \cdot 0{,}9218 \cdot 1 \cdot 0{,}8961 \cdot 0{,}814 = 135{,}6 \text{ MPa}$$

   - Límite de resistencia a la fatiga axial corregido por el concentrador de tensiones:

   $$S_{e_{K_{f\,\text{axial}}}} = \frac{S_e}{K_f} = \frac{176{,}7}{2{,}02} = 67{,}1 \text{ MPa}$$

2) Límite de resistencia a la fatiga torsional:
   - Límite estándar: $S'_e = 201{,}6$ MPa
   - Factor de acabado: $C_{\text{acabado}} = 0{,}9218$
   - Factor de tamaño: $C_{\text{tamaño}} = 1{,}189 \cdot 45^{-0{,}097} = 0{,}8219$
   - Factor de carga: $C_{\text{carga}} = 1$ (torsión).
   - Factor de confiabilidad: $C_{\text{confiabilidad}} = 0{,}814$
   - Límite de resistencia a la fatiga corregido:

   $$S_{e_{\text{torsión}}} = 201{,}6 \cdot 0{,}9218 \cdot 0{,}8219 \cdot 1 \cdot 0{,}814 = 124{,}3 \text{ MPa}$$

   - Límite de resistencia a la fatiga torsional corregido por el concentrador de tensiones:

   $$S_{e_{K_{\text{torsión}}}} = \frac{S_e}{K_f} = \frac{124{,}3}{1{,}4} = 88{,}8 \text{ MPa}$$

3. Coeficiente de seguridad a la fatiga

   a) Según la teoría de la elipse de ASME:

   $$n \leq \frac{\pi d^3}{32} \left[\frac{\left[M_m + \frac{F_m d}{8}\right]^2 + \frac{3}{4}T_m^2}{S_y^2} + \left[\frac{M_a}{S_{e_{K_{\text{flexión}}}}} + \frac{F_a d}{8 S_{e_{K_{\text{axial}}}}}\right]^2 + \frac{3}{4}\left(\frac{T_a}{S_{e_{K_{\text{torsión}}}}}\right)^2 \right]^{-1/2}$$

$$n \le \frac{\pi \cdot 32^3}{32} \left[\frac{\left[0 + \frac{8500 \cdot 32}{8}\right]^2 + \frac{3}{4} \cdot 75.000^2}{235^2} + \left[0 + \frac{6500 \cdot 32}{8 \cdot 67,1}\right]^2 + \right.$$

$$\left. + \frac{3}{4}\left(\frac{125.000}{88,8}\right)^2 \right]^{-1/2} \approx 2,44$$

b) Según la teoría de Goodman:

$$n \le \frac{\pi d^3}{32} \left[\frac{\sqrt{\left[M_m + \frac{F_m d}{8}\right]^2 + \frac{3}{4} T_m^2}}{S_{ut}} + \right.$$

$$\left. + \sqrt{\left[\frac{M_a}{S_{e_{K_{\text{flexión}}}}} + \frac{F_a d}{8 S_{e_{K_{\text{axial}}}}}\right]^2 + \frac{3}{4} \cdot \left(\frac{T_a}{S_{e_{K_{\text{torsión}}}}}\right)^2} \right]^{-1}$$

$$n \le \frac{\pi \cdot 32^3}{32} \left[\frac{\sqrt{\left[0 + \frac{8500 \cdot 32}{8}\right]^2 + \frac{3}{4} \cdot 75.000^2}}{400} + \right.$$

$$\left. + \sqrt{\left[0 + \frac{6500 \cdot 32}{8 \cdot 67,1}\right]^2 + \frac{3}{4} \cdot \left(\frac{125.000}{88,8}\right)^2} \right]^{-1} \approx 2,19$$

2.14 Cálculo de un cilindro a fluencia y a fatiga

Para un cilindro que debe efectuar una fuerza de 5,6 toneladas a 200 bar, teniendo que soportar una presión de prueba de 300 bares, fabricado con un tubo de acero laminado en caliente S-275-J (S_y= 300 MPa, S_{ut}= 470 MPa) de 3 mm de grueso. El régimen de trabajo previsto es de 1 ciclo por minuto. Se pide determinar la camisa:

1. El coeficiente de seguridad a fluencia.
2. El coeficiente de seguridad a fatiga o, si es el caso, la duración, considerando una confiabilidad del 99 %.
3. Si accidentalmente se sobrecarga el cilindro desde una puesta en marcha, con una presión de 300 bares durante 1800 horas, se debe determinar lo siguiente:
    a) El nuevo límite de resistencia a la fatiga.
    b) Una vez detectada la anomalía, se debe determinar si se ha producido daño, y si es el caso, la duración restante hasta la rotura.

NOTAS:

- Resolver empleando la teoría de fallo de Von Mises y la teoría e la elipse de ASME.
- Tensiones en cilindros de pared delgada sometidos a presión:

$$\sigma_{\text{axial}} = \sigma_x = \frac{pR}{2e} \; ; \; \sigma_{\text{tangencial}} = \sigma_y = \frac{pR}{e}$$

Resolución

1. El coeficiente de seguridad a fluencia.

   a) Determinación del diámetro interior de la camisa:

$$p = \frac{F}{A} = \frac{F}{\frac{\pi D^2}{4}} = \frac{4F}{\pi D^2} \rightarrow D = \sqrt{\frac{4F}{\pi p}}$$

$$F = 5.600 \cdot 9{,}81 = 54.936 \text{ N}$$

$$p = 200 \frac{kg}{cm^2} \frac{9{,}81}{1} \frac{N}{kg} \frac{1}{10^2} \frac{cm^2}{mm^2} = 200 \cdot 0{,}98 = 19{,}6 \text{ MPa}$$

$$D = \sqrt{\frac{4 \cdot 54.936}{\pi \cdot 19{,}6}} \approx 60 \text{ mm}$$

b) Determinación de la tensión equivalente trabajando a la presión de prueba:

$$\sigma_{eq} = \sqrt{\sigma_1^2 + \sigma_2^2 - \sigma_1\sigma_2} = \sqrt{\left(\frac{pR}{2e}\right)^2 + \left(\frac{pR}{e}\right)^2 - \frac{pR}{2e}\frac{pR}{e}} =$$

$$= \sqrt{\frac{(pR)^2 + 4(pR)^2 - 2(pR)^2}{4e^2}} = \sqrt{\frac{3(pR)^2}{4e^2}} = \frac{\sqrt{3}}{2}\frac{pR}{e} =$$

$$= \frac{\sqrt{3}}{2}\frac{30 \cdot 0{,}98 \text{ MPa} \cdot 30 \text{ mm}}{3 \text{ mm}} = 254{,}6 \text{ MPa}$$

c) Determinación del coeficiente de seguridad:

$$n \leq \frac{S_y}{\sigma_{eq}} = \frac{300}{254{,}6} = 1{,}178$$

2. Coeficiente de seguridad a la fatiga:
    a) Cálculo de las tensiones máxima y mínima:

       El cilindro trabaja realizando una fuerza máxima en el avance y nula o casi nula (tiene que vencer rozamientos) en el retroceso.

       $$\sigma_{máx} = \frac{\sqrt{3}}{2}\frac{p_{máx}R}{e} = \frac{\sqrt{3}}{2}\frac{19{,}6 \text{ MPa} \cdot 30 \text{ mm}}{3 \text{ mm}} = 169{,}7 \text{ MPa}$$

       $$\sigma_{mín} = \frac{\sqrt{3}}{2}\frac{p_{mín}R}{e} = 0$$

       El tipo de carga que soporta es por lo tanto, una carga pulsante, cuya evolución temporal puede apreciarse en la Figura 2.24.

    b) Cálculo de las tensiones media y alternante:

       $$\sigma_m = \frac{\sigma_{máx} + \sigma_{mín}}{2} = \frac{169{,}7 + 0}{2} = 84{,}9 \text{ MPa}$$

       $$\sigma_a = \frac{\sigma_{máx} - \sigma_{mín}}{2} = \frac{169{,}7 - 0}{2} = 84{,}9 \text{ MPa}$$

    c) Cálculo del límite de resistencia a la fatiga:
       - Límite estándar: $S'_e = 0{,}504 S_{ut} = 0{,}504 \cdot 470 = 236{,}9$ MPa
       - Factor de acabado: como tenemos dos acabados en la camisa, debemos calcular dos factores y, por lo tanto, dos límites, uno para el exterior y otro para el interior.
           - $C_{\text{acabado exterior}} = 57{,}7 \cdot 470^{-0{,}718} = 0{,}696$
           - $C_{\text{acabado interior}} = 1{,}58 \cdot 470^{-0{,}085} = 0{,}936$
       - Factor de tamaño: $C_{\text{tamaño}} = 1$ (carga axial)
       - Factor de carga: $C_{\text{carga}} = 1{,}43 \cdot 470^{-0{,}078} = 0{,}885$
       - Factor de confiabilidad: $C_{\text{confiabilidad}} = 0{,}814$
       - Factor de efectos diversos: tenemos dos factores, uno para el exterior (sin cromar) y otro para el interior (cromado):

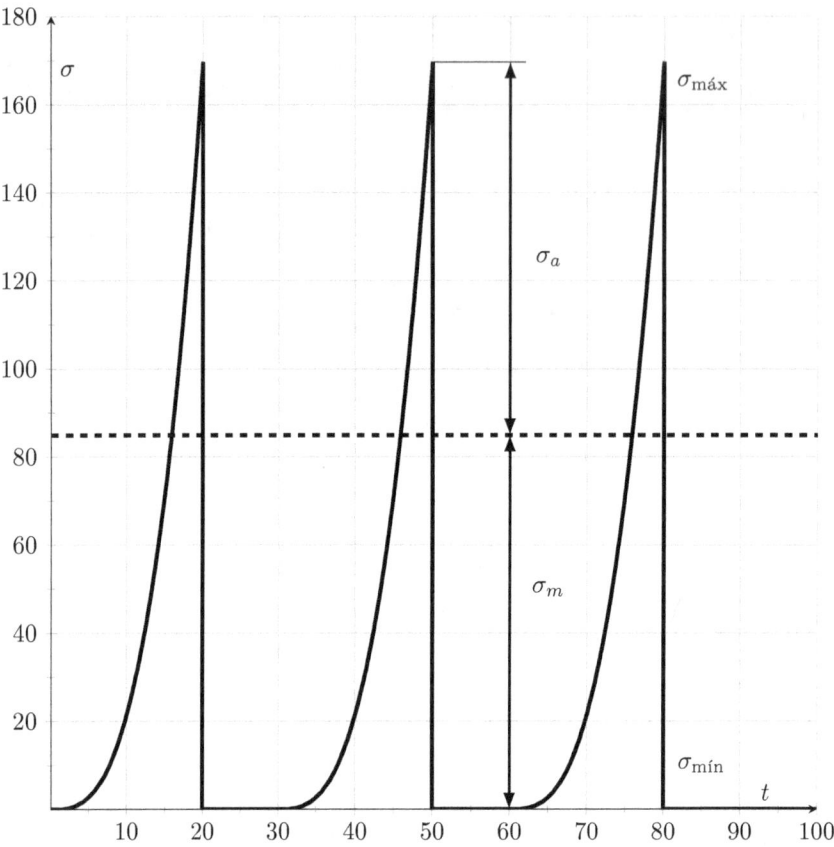

Figura 2.24: Ciclo de trabajo de un cilindro. Tensiones en la camisa

- $C_{\text{efectos diversos exterior}} = 1$
- $C_{\text{efectos diversos interior}} = 0{,}7$

- Límite de resistencia a la fatiga en el exterior de la camisa:

$$S_e = 236{,}9 \cdot 0{,}696 \cdot 1 \cdot 0{,}885 \cdot 1 \cdot 0{,}814 = 118{,}8 \text{ MPa}$$

- Límite de resistencia a la fatiga en el interior de la camisa:

$$S_e = 118{,}8 \cdot (0{,}936/0{,}696) \cdot (0{,}7/1) = 111{,}8 \text{ MPa}$$

Como se puede apreciar, dos límites son muy parecidos, y el de la zona interior es ligeramente inferior.

d) Determinación de la duración de la camisa:
En primer lugar, aplicamos la teoría de la elipse de ASME para saber si la duración es limitada o ilimitada.

$$\left(\frac{\sigma_m}{S_{ut}}\right)^2 + \left(\frac{\sigma_a}{S_e}\right)^2 = \left(\frac{84{,}9}{470}\right)^2 + \left(\frac{84{,}9}{111{,}8}\right)^2 \leq \frac{1}{n_e^2} \rightarrow n_e = 1{,}28 > 1 \rightarrow N = \infty$$

2.14 Cálculo de un cilindro a fluencia y a fatiga

Por lo tanto la duración de la camisa será ilimitada.

3. Cálculo de la sobrecarga sobre la camisa:

   a) Cálculo de las tensiones máxima y mínima con sobrecarga:
   A causa de la sobrecarga, la presión máxima pasa a ser de 300 bares y, por lo tanto, los componentes máximo y mínimo de la tensión son los siguientes:

   $$\sigma^*_{máx} = \frac{\sqrt{3}}{2}\frac{p_{máx}R}{e} = \frac{\sqrt{3}}{2}\frac{30 \cdot 0{,}98 \text{ MPa} \cdot 30 \text{ mm}}{3 \text{ mm}} = 254{,}6 \text{ MPa}$$

   $$\sigma^*_{mín} = \frac{\sqrt{3}}{2}\frac{p_{mín}R}{e} = 0$$

   b) Cálculo de las tensiones media y alternante con sobrecarga:

   $$\sigma^*_m = \frac{\sigma_{máx} + \sigma_{mín}}{2} = \frac{254{,}6 + 0}{2} = 127{,}3 \text{ MPa}$$

   $$\sigma^*_a = \frac{\sigma_{máx} - \sigma_{mín}}{2} = \frac{254{,}6 - 0}{2} = 127{,}3 \text{ MPa}$$

   c) Determinación de la duración de la camisa con sobrecarga:
   En primer lugar, aplicamos la teoría de la elipse de ASME para saber si la duración es limitada o ilimitada.

   $$\left(\frac{\sigma^*_m}{S_{ut}}\right)^2 + \left(\frac{\sigma^*_a}{S_e}\right)^2 = \left(\frac{127{,}3}{470}\right)^2 + \left(\frac{127{,}3}{111{,}8}\right)^2 \leq \frac{1}{n_e^{*2}} \rightarrow n_e^* = 0{,}854 < 1 \rightarrow N \neq \infty$$

   Por lo tanto la duración de la camisa será limitada. Si mantenemos la sobrecarga, la duración que tendrá es limitada y, por lo tanto, sufrirá daño.

   d) Determinación de la tensión alternante equivalente:

   $$\sigma^*_{a_0} = \frac{\sigma^*_a}{\sqrt{1 - \left(\frac{\sigma^*_m}{S_{ut}}\right)^2}} = \frac{127{,}3}{\sqrt{1 - \left(\frac{127{,}3}{470}\right)^2}} = 132{,}2 \text{ MPa}$$

   e) Determinación del número de ciclos hasta la rotura:

   $$N_{rotura} = N_1 \left[\frac{S_1}{\sigma_{a_0}}\right]^{\frac{\log \frac{N_2}{N_1}}{\log \frac{S_1}{S_2}}} = 10^3 \left[\frac{352{,}5}{132{,}2}\right]^{\frac{\log \frac{10^6}{10^3}}{\log \frac{352{,}5}{111{,}8}}} = 363.317 \text{ ciclos}$$

   Donde:

   $$S_1 = 0{,}75 S_{ut} = 0{,}75 \cdot 470 = 352{,}5 \text{ MPa}$$
   $$S_2 = S_e = 111{,}8 \text{ MPa}$$
   $$N_1 = 10^3 \ ; \ N_2 = 10^6$$

Capítulo 2. Cargas variables: Fatiga

f) Nuevo límite de resistencia a la fatiga a causa del daño:
- Número de ciclos de sobrecarga:
  Trabajando a 1 c/min, el número de ciclos totales de sobrecarga es el siguiente:
$$N^* = 1\frac{c}{\text{min}} \cdot 1.800\,h \cdot 60\frac{\text{min}}{h} = 108.000 \text{ ciclos}$$

- El número de ciclos hasta la rotura si no se consigue la sobrecarga:
$$N_{\text{restantes}} = N_{\text{rotura}} - N^* = 363.317 - 108.000 = 255.317 \text{ ciclos}$$

Como se corrige la sobrecarga, no hay rotura, pero si que hay daño permanente en el límite de resistencia a fatiga.

- Nuevo límite de resistencia a fatiga:

$$S_e^* = S_1 \left[\frac{S_1}{\sigma_{a_0}^*}\right]^{\frac{\log \frac{N_1}{N_2}}{\log \frac{N_{\text{restantes}}}{N_1}}} = 352,5 \left[\frac{352,5}{132,2}\right]^{\frac{\log \frac{10^3}{10^6}}{\log \frac{255.317}{10^3}}} = 103,9 \text{ MPa}$$

A continuación, comprobamos si, en reponer el servicio, hay vida ilimitada.

g) Reposición del servicio

Al reponer el servicio, volvemos a tener $\sigma_a = \sigma_m = 84,9$ MPa. Aplicando la teoría de la elipse de ASME tenemos:

$$\left(\frac{\sigma_m}{S_{ut}}\right)^2 + \left(\frac{\sigma_a}{S_e^*}\right)^2 = \left(\frac{84,9}{470}\right)^2 + \left(\frac{84,9}{103,9}\right)^2 \leq \frac{1}{\hat{n}_e^2} \rightarrow \hat{n}_e = 1,19 > 1 \rightarrow N = \infty$$

Por lo tanto, tras reponer el servicio, continuamos teniendo vida ilimitada para la camisa.

2.15 Cálculo del eje de una caja reductora

La Figura 2.25 representa el eje de entrada una caja reductora de dos etapas de las siguientes características:

- El eje debe de transmitir del engranaje 1 al engranaje 2, una potencia de 7,36 kW a una velocidad de 750 rpm, siendo su régimen de trabajo constante, durante 24h/dia, sin inversiones de giro ni paradas y arrancadas frecuentes.
- La calidad superficial de todas las superficies es N7.
- La confiabilidad en los cálculos a fatiga del eje debe ser del 99 %.
- El material empleado para fabricar el eje y los engranajes es C45 y llevará un tratamiento de temple superficial que le proporciona las siguientes características mecánicas son: S_y= 700 MPa, S_{ut}= 900 MPa, 270 HB.
- El extremo del eje soporta una carga radial, aplicada en el centro del chavetero, de 5 kN.

Nota: Para el cálculo de las tensiones tomar como diámetro efectivo el diámetro del eje menos la profundidad del chavetero.

A partir de los datos anteriores se pide calcular:

1. Coeficiente de seguridad a la fatiga para la sección 1 según la teoría de Goodman.
2. Si, debido a una sobrecarga, los esfuerzos de flexión y torsión sobre el eje se incrementan un 30 % durante 200.000 ciclos, determinar la duración restante hasta la rotura.

Resolución

1. Cálculo del coeficiente de seguridad a la fatiga según la teoría de Goodman.

    a) Componentes de tensión máxima:
    - Par torsor:

    $$\omega_1 = n_1 \frac{\pi}{30} = 78{,}54 \text{ rad/s}$$

    $$T_1 = \frac{P}{\omega_1} 1.000 = 93.710{,}4 \text{ N·mm}$$

    - Tensión de flexión:

    $$M_{\text{máx}} = F45 = 225.000 \text{ N·mm}$$

    $$\sigma_{x_{\text{máx}}} = \frac{32 M_{\text{máx}}}{\pi (d-t)^3} = \frac{32 \cdot 225.000}{(35-5)^3 \pi} = 84{,}9 \text{ MPa}$$

    - Tensión de torsión.

    $$T_{\text{máx}} = T_1 = 93.710{,}4 \text{ N·mm}$$

    $$\tau_{xz_{\text{máx}}} = \frac{16 T_{\text{máx}}}{\pi (d-t)^3} = \frac{16 \cdot 93.710{,}4}{(35-5)^3 \pi} = 17{,}7 \text{ MPa}$$

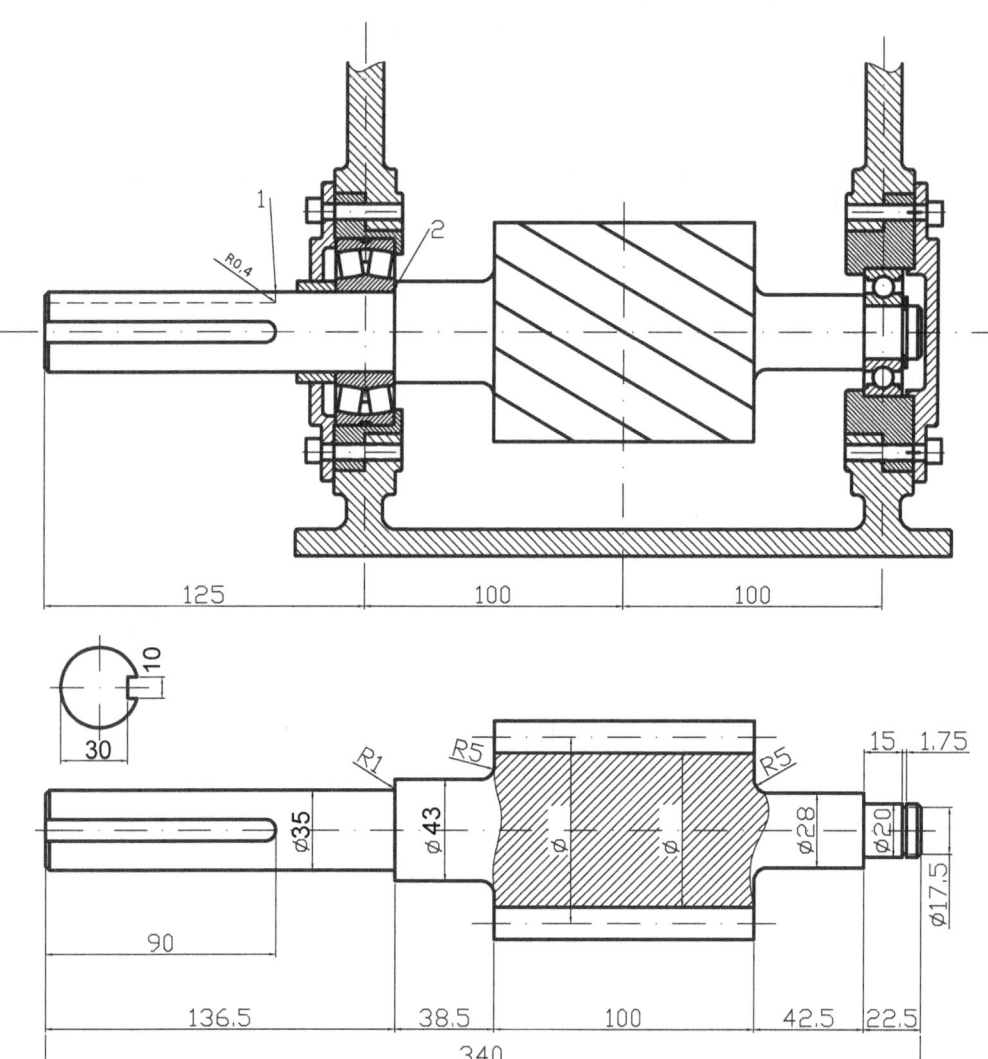

Figura 2.25: Caja reductora

2.15 Cálculo del eje de una caja reductora

- Tensión equivalente máxima:

$$\sigma_{eq_{\text{máx}}} = \sqrt{\frac{1}{2}\left[(\sigma_{x_{\text{máx}}} - 0)^2 + (\sigma_{x_{\text{máx}}} - 0)^2 + 6\tau_{xz_{\text{máx}}}^2\right]}$$

$$\sigma_{eq_{\text{máx}}} = 90{,}2 \text{ MPa}$$

- Coeficiente de seguridad a fluencia

$$n = \frac{S_y}{\sigma_{eq_{\text{máx}}}} = 7{,}76$$

b) Cálculo de las tensiones medias y alternantes
  - Tensiones normales y cortantes medias y alternantes.

$$M_{\text{mín}} = -M_{\text{máx}} = -225.000 \text{ N·mm}$$

$$M_m = \frac{M_{\text{máx}} + M_{\text{mín}}}{2} = 0$$

$$M_a = \frac{M_{\text{máx}} + M_{\text{mín}}}{2} = 225.000 \text{ N·mm}$$

$$T_{\text{mín}} = T_{\text{máx}} = 93710{,}4$$

$$T_m = \frac{T_{\text{máx}} + T_{\text{mín}}}{2} = 93.710{,}4 \text{ N·mm}$$

$$T_a = \frac{T_{\text{máx}} + T_{\text{mín}}}{2} = 0 \text{ N·mm}$$

$$\sigma_{x_m} = \frac{32 M_m}{\pi (d-t)^3} = 0 \text{ MPa}$$

$$\sigma_{x_a} = \frac{32 M_a}{\pi (d-t)^3} = \frac{32 \cdot 400.000}{\pi (35-5)^3} = 84{,}9 \text{ MPa}$$

$$\tau_{xz_m} = \frac{16 T_m}{\pi (d-t)^3} = \frac{16 \cdot 93.710{,}4}{\pi (35-5)^3} = 17{,}7 \text{ MPa}$$

$$\tau_{xz_a} = \frac{16 T_a}{\pi (d-t)^3} = 0$$

- Tensiones equivalentes medias y alternantes.

$$\sigma_{eq_m} = \sqrt{\frac{1}{2}\left[(\sigma_{x_m} - 0)^2 + (\sigma_{x_m} - 0)^2 + 6\tau_{xz_m}^2\right]} = 30{,}6 \text{ MPa}$$

$$\sigma_{eq_a} = \sqrt{\frac{1}{2}\left[(\sigma_{x_a} - 0)^2 + (\sigma_{x_a} - 0)^2 + 6\tau_{xz_a}^2\right]} = 84{,}9 \text{ MPa}$$

Capítulo 2. Cargas variables: Fatiga

c) Cálculo del concentrador de tensión a fatiga:
   - Concentrador de tensiones geométrico.

   $$\frac{r}{d} = \frac{d}{D_e} = 0{,}011 \rightarrow K_{t_{\text{flexión}}} = 2{,}718$$

   - Concentrador de tensiones a fatiga.

   $$\sqrt{a} = -0{,}329 + 34{,}545 S_{ut}^{-0{,}610} = 0{,}217$$

   $$q = \frac{1}{1 + \dfrac{\sqrt{a}}{\sqrt{r}}} = 0{,}744$$

   $$K_{f_{\text{flexión}}} = 1 + q\,(K_t - 1) = 2{,}279$$

d) Cálculo del límite de fatiga por flexión corregido:
   - Se obtiene el límite de fatiga estándar: $S'_e = 0{,}504 S_{ut} = 0{,}504 \cdot 900 = 453{,}6$ MPa
   - Factor de acabado: $C_{\text{acabado}} = 0{,}744$
   - Factor de tamaño: $C_{\text{tamaño}} = 1{,}189 D_e^{-0{,}097} = 1{,}189 \cdot 35^{-0{,}097} = 0{,}842$
   - Factor de carga: $C_{\text{carga}} = 1$
   - Factor de confiabilidad: $C_{\text{confiabilidad}} = 0{,}814$
   - Cálculo del límite de resistencia a fatiga:

   $$S_e = S_e^* C_{\text{acabado}} C_{\text{tamaño}} C_{\text{carga}} C_{\text{confiabilidad}}$$
   $$S_e = 453{,}6 \text{ MPa} \cdot 0{,}743536 \cdot 0{,}842185 \cdot 1 \cdot 0{,}814 = 231{,}2 \text{ MPa}$$

   - Cálculo del límite de resistencia a fatiga corregido por el concentrador de tensión a fatiga:

   $$S_{e_{K_{\text{flexión}}}} = \frac{S_e}{K_{f_{\text{flexión}}}} = 101{,}45 \text{ MPa}$$

e) Cálculo del coeficiente de seguridad a fatiga según la teoría de Goodman:

   $$\frac{\sigma_m}{S_{ut}} + \frac{\sigma_a}{S_e} = \frac{30{,}6}{900} + \frac{84{,}9}{231{,}2} \leq \frac{1}{n_e} \rightarrow n_e = 1{,}15 > 1 \rightarrow N = \infty$$

2. Cálculo de la duración tras la sobrecarga
   - Tensión media y alternante tras la sobrecarga del 20 %:

   $$\sigma_{eq_a}^* = 1{,}3 \sigma_{eq_a} = 39{,}8 \text{ MPa}$$
   $$\sigma_{eq_m}^* = 1{,}3 \sigma_{eq_m} = 110{,}4 \text{ MPa}$$

2.15 Cálculo del eje de una caja reductora

- Recalculamos la tensión alternante pura con el nuevo valor de tensión alternante tras la sobrecarga:

$$\sigma_{a_0}^* = \frac{\sigma_{eq_a}^*}{1 - \dfrac{\sigma_{eq_m}^*}{S_{ut}}} = \frac{39{,}8}{1 - \dfrac{110{,}4}{900}} = 115{,}45 \text{ MPa}$$

- Cálculo de la duración considerando los 200.000 ciclos de duración de la sobrecarga:

$$N_{\text{rotura}} = N_1 \left[\frac{S_1}{\sigma_{a_0}^*}\right]^{\frac{\log \frac{N_2}{N_1}}{\log \frac{S_1}{S_2}}} = 650.500 \text{ ciclos}$$

$$N_{\text{restantes}} = N_{\text{rotura}} - N^* = 650.500 - 200.000 = 450.500 \text{ ciclos}$$

Donde:

$$S_1 = 0{,}9 S_{ut} = 0{,}9 \cdot 900 = 810 \text{ MPa}$$
$$S_2 = S_{e_K} = 101{,}45 \text{ MPa}$$
$$N_1 = 10^3 \; ; \; N_2 = 10^6$$

2.16 Cálculo de un cigüeñal

El cigüeñal de un generador diesel de 30 CV entrega un par nominal máximo de 3000 rpm y un régimen máximo aconsejable de 4500 rpm. El par presenta fluctuaciones de ±10 %. El diámetro del cigüeñal es de 20 mm, y las tensiones de flexión son, aproximadamente, iguales a las de torsión. El material empleado es acero de construcción S275-JR, con S_{ut}= 450 MPa, S_y= 275 MPa. El acabado de la sección es un mecanizado de desbaste. A partir de los datos anteriores, se pide determinar lo siguiente:

1. El coeficiente de seguridad a la fluencia.

2. La duración esperada del cigüeñal (trabajando a par máximo), teniendo en cuenta los datos siguientes:

    - Factor de efectos diversos: $C_{\text{efectos diversos}} = 1/2{,}3$.
    - Confiabilidad del 99 %.

    Aplicar el criterio de Goodman, considerando Sut como límite para la componente media.

3. Si a causa de un mal funcionamiento del carburador, el generador sobrecarga el cigüeñal durante 25 minutos, y durante este período proporciona 30 CV a 1700 rpm. Calculad el nuevo límite de resistencia a la fatiga y el tiempo restante hasta que se produzca la rotura, una vez repuesto el servicio. Aplicad el criterio de Goodman, considerando Sut como el límite de resistencia para la componente media.

Resolución

1. Coeficiente de seguridad a fluencia.

    - Cálculo del esfuerzo de torsión.
      El par transmitido por el cigüeñal es el siguiente:

    $$T_{\text{nominal}} = \frac{P}{\omega} = \frac{30 \cdot 736 \frac{\text{N·m}}{\cancel{s}}}{3.000 \frac{\cancel{\text{rev}}}{\cancel{\text{min}}} \frac{1 \cancel{\text{min}}}{60 \cancel{s}} \frac{2\pi \text{ rad}}{1 \cancel{\text{rev}}}} = 70{,}28 \text{ N·m}$$

    $$T_{\text{máx}} = 1{,}1 T_{\text{nominal}} = 77{,}31 \text{ N·m} = 77.310 \text{ N·mm}$$
    $$T_{\text{mín}} = 0{,}9 T_{\text{nominal}} = 63{,}25 \text{ N·m} = 63.250 \text{ N·mm}$$

    La tensión cortante asociada a la transmisión del par es la siguiente:

    $$\tau_{xz} = \frac{16T}{\pi d^3}$$

    - Cálculo del esfuerzo de flexión:
      Según el enunciado, se aproxima al de torsión: $\sigma_x \approx \tau_{xz}$
    - Cálculo de la tensión equivalente:
      Teniendo en cuenta que el material es dúctil, aplicamos la teoría de Von Mises. Para una pieza sometida a flexión-torsión, la fórmula siguiente relaciona la tensión

equivalente con las tensiones normal y cortante:

$$\sigma_{eq} = \sqrt{\sigma_x^2 + 3\tau_{xz}^2} \approx \sqrt{\tau_{xz}^2 + 3\tau_{xz}^2} = \sqrt{4\tau_{xz}^2} = 2\tau_{xz} = \frac{32T}{\pi d^3}$$

$$= \frac{32 \cdot 77.310}{\pi \cdot 20^3} = 98,4 \text{ MPa}$$

- Cálculo del coeficiente de seguridad a fluencia:

$$n = \frac{S_y}{\sigma_{eq}} = \frac{275}{98,4} \approx 2,8$$

2. Duración del cigüeñal:

   a) Determinación de los componentes de esfuerzo media y alternante.
   - Componentes de la torsión:
     El par torsor no es constante, y presenta una variación del 10 %, aproximadamente. Con eso, los valores de tensión cortante media y alternante tienen que ser lo siguiente:

$$\tau_{xz_m} = \frac{\tau_{xz\text{máx}} + \tau_{xz\text{mín}}}{2} = \frac{\dfrac{16T_{\text{máx}}}{\pi d^3} + \dfrac{16T_{\text{mín}}}{\pi d^3}}{2}$$

$$= \frac{8}{\pi d^3}[T_{\text{máx}} + T_{\text{mín}}] = \frac{8}{\pi \cdot 20^3}[77.310 + 63.250] = 44,76 \text{ MPa}$$

$$\tau_{xz_a} = \frac{\tau_{xz\text{máx}} - \tau_{xz\text{mín}}}{2} = \frac{\dfrac{16T_{\text{máx}}}{\pi d^3} - \dfrac{16T_{\text{mín}}}{\pi d^3}}{2}$$

$$= \frac{8}{\pi d^3}[T_{\text{máx}} - T_{\text{mín}}] = \frac{8}{\pi \cdot 20^3}[77.310 - 63.250] = 4,49 \text{ MPa}$$

   - Componentes de la flexión:
     La flexión del cigüeñal es rotativa y fluctuante, pero a falta de datos adicionales, la suponemos puramente alternante:

$$\sigma_{x_m} = \frac{\sigma_{x\text{máx}} + \sigma_{x\text{mín}}}{2} = \frac{\tau_{xz\text{máx}} + (-\tau_{xz\text{máx}})}{2} = 0$$

$$\sigma_{x_a} = \frac{\sigma_{x\text{máx}} - \sigma_{x\text{mín}}}{2} = \frac{\tau_{xz\text{máx}} - (-\tau_{xz\text{máx}})}{2} = \tau_{xz\text{máx}}$$

$$= \frac{16T_{\text{máx}}}{\pi d^3} = \frac{16 \cdot 77.310}{\pi \cdot 20^3} = 49,25 \text{ MPa}$$

   - Componentes resultantes de esfuerzo media y alternante:
     Aplicando la teoría de Von Mises para cada componente, tenemos lo siguiente:

$$\sigma_{eq_m} = \sqrt{\sigma_{x_m}^2 + 3\tau_{xz_m}^2} = \sqrt{0 + 3 \cdot 44,76^2} = 77,5 \text{ MPa}$$

$$\sigma_{eq_a} = \sqrt{\sigma_{x_a}^2 + 3\tau_{xz_a}^2} = \sqrt{49,25^2 + 3 \cdot 4,49^2} = 49,3 \text{ MPa}$$

b) El coeficiente de seguridad a la fatiga.
- Límite de resistencia a la fatiga a flexión y torsión.
  - Límite estándar: $S'_e = 0{,}504 S_{ut} = 0{,}504 \cdot 450 = 226{,}8$ MPa
  - Factor de acabado: $C_{\text{acabado}} = 4{,}51 \cdot 450^{-0{,}265} = 0{,}889$
  - Factor de tamaño: $C_{\text{tamaño}} = 1{,}189 \cdot 20^{-0{,}097} = 0{,}8892$
  - Factor de carga: $C_{\text{carga}} = 1$ (carga axial).
  - Factor de confiabilidad: $C_{\text{confiabilidad}} = 0{,}814$
  - Factor de efectos diversos $C_{\text{diversos}} = 1/2{,}3$
  - Límite de resistencia la fatiga axial corregido:

$$S_{e_{\text{flexión}}} = S_{e_{\text{torsión}}} = 226{,}8 \cdot 0{,}889 \cdot 0{,}8892 \cdot 1 \cdot 0{,}814 \cdot 1/2{,}3 = 59{,}3 \text{ MPa}$$

- Determinación del coeficiente de seguridad a la fatiga:

$$\frac{\sigma_m}{S_{ut}} + \frac{\sigma_a}{S_e} = \frac{77{,}5}{450} + \frac{49{,}3}{59{,}3} \leq \frac{1}{n_e} \rightarrow n_e \approx 1$$

Teniendo en cuenta que el coeficiente de seguridad es, aproximadamente, igual a la unidad, la pieza tiene una duración ilimitada. No obstante, a causa del valor tan ajustado que presenta, cualquier sobrecarga hace que no se tenga una duración infinita.

3. Si a causa de un mal funcionamiento del carburador, se sobrecarga el cigüeñal durante 25 min, y durante este período proporciona 30 CV a 1700 rpm. Determinar la disminución en la vida del cigüeñal y el tiempo restante hasta que se produzca la rotura.

a) Cálculo del par torsor.

El par transmitido por el cigüeñal es el siguiente:

$$T^*_{\text{nominal}} = \frac{P}{\omega^*} = = \frac{30 \cdot 736 \dfrac{\text{N·m}}{\cancel{s}}}{1.700 \dfrac{\cancel{\text{rev}}}{\cancel{\text{mín}}} \dfrac{1}{60} \dfrac{\cancel{\text{mín}}}{\cancel{s}} \dfrac{2\pi}{1} \dfrac{\text{rad}}{\cancel{\text{rev}}}} = 124 \text{ N·m}$$

$$T^*_{\text{máx}} = 1{,}1 T^*_{\text{nominal}} = 136{,}4 \text{ N·m}$$
$$T^*_{\text{mín}} = 0{,}9 T^*_{\text{nominal}} = 111{,}6 \text{ N·m}$$

b) Determinación de los componentes de esfuerzo medio y alternante:
- Componentes de tensión de torsión:
  El par torsor no es constante, y presenta una variación del 10 %, aproximadamente. Con eso, los valores de tensión cortante media y alternante tienen que ser los siguientes:

$$\tau^*_{xz_m} = \frac{\tau^*_{xz_{\text{máx}}} + \tau^*_{xz_{\text{mín}}}}{2} = \frac{8}{\pi d^3}[T^*_{\text{máx}} + T^*_{\text{mín}}]$$

$$= \frac{8}{\pi \cdot 20^3}[136{,}4 + 111{,}6] = 79 \text{ MPa}$$

2.16 Cálculo de un cigüeñal

$$\tau^*_{xz_a} = \frac{\tau^*_{xz\text{máx}} - \tau^*_{xz\text{mín}}}{2} = \frac{8}{\pi d^3}[T^*_{\text{máx}} - T^*_{\text{mín}}]$$

$$= \frac{8}{\pi \cdot 20^3}[136{,}4 - 111{,}6] = 7{,}9 \text{ MPa}$$

- Componentes de tensión de flexión:
  La flexión del cigüeñal es rotativa y fluctuante, pero a falta de datos adicionales, la suponemos puramente alternante:

$$\sigma^*_{x_m} = \frac{\sigma^*_{x\text{máx}} + \sigma^*_{x\text{mín}}}{2} = \frac{\tau_{xz\text{máx}} + (-\tau_{xz\text{máx}})}{2} = 0$$

$$\sigma^*_{x_a} = \frac{\sigma^*_{x\text{máx}} - \sigma^*_{x\text{mín}}}{2} = \frac{\tau^*_{xz\text{máx}} - (-\tau^*_{xz\text{máx}})}{2} = \tau^*_{xz\text{máx}}$$

$$= \frac{16 T^*_{\text{máx}}}{\pi d^3} = \frac{16 \cdot 136{,}4}{\pi \cdot 20^3} = 86{,}85 \text{ MPa}$$

- Componentes resultante de esfuerzo medio y alternante:
  Aplicando la teoría de Von Mises para cada componente, tenemos lo siguiente:

$$\sigma^*_{eq_m} = \sqrt{\sigma^{*2}_{x_m} + 3\tau^{*2}_{xz_m}} = \sqrt{0 + 3 \cdot 79^2} = 137 \text{ MPa}$$

$$\sigma^*_{eq_a} = \sqrt{\sigma^{*2}_{x_a} + 3\tau^{*2}_{xz_a}} = \sqrt{86{,}85^2 + 3 \cdot 7{,}9^2} = 87{,}9 \text{ MPa}$$

c) Determinación del coeficiente de seguridad a la fatiga:

$$\frac{\sigma^*_m}{S_{\text{ut}}} + \frac{\sigma^*_a}{S_e} = \frac{137}{450} + \frac{87{,}9}{59{,}3} \leq \frac{1}{n^*_e} \rightarrow n^*_e \approx 0{,}56 \rightarrow N \neq \infty$$

La pieza queda dañada, con lo cual, se debe calcular el nuevo límite de fatiga para determinar si, una vez restaurado el servicio, continua teniendo una duración ilimitada

d) Determinación del nuevo límite de resistencia a la fatiga:
  - Tensión alternante equivalente:

$$\sigma^*_{a_0} \leq \frac{\sigma^*_a}{1 - \dfrac{\sigma^*_m}{S_{\text{ut}}}} = \frac{87{,}9}{1 - \dfrac{137}{450}} = 126 \text{ MPa}$$

- Determinación del número de ciclos hasta la rotura:

$$N = N_1 \left[\frac{S_1}{\sigma^*_{a_0}}\right]^{\frac{\log \frac{N_2}{N_1}}{\log \frac{S_1}{S_2}}} = 10^3 \left[\frac{405}{126}\right]^{\frac{\log \frac{10^6}{10^3}}{\log \frac{405}{59{,}3}}} = 65.950 \text{ ciclos}$$

$$S_1 = 0{,}9 S_{ut} = 0{,}9 \cdot 450 = 405 \text{ MPa}$$
$$S_2 = S_e = 59{,}3 \text{ MPa}$$
$$N_1 = 10^3 \; ; \; N_2 = 10^6$$

- Número de ciclos de sobrecarga:
  Teniendo en cuenta que el cigüeñal gira a 1700 ciclos/min, el número de ciclos que han de trabajar con sobrecarga son los siguientes:

$$N^* = 1.700\frac{c}{\text{mín}} \cdot 25\text{mín} = 42.500 \text{ ciclos}$$

- Número de ciclos restantes hasta la rotura si no se repone el servicio:

$$N_{\text{restantes}} = N_{\text{rotura}} - N^* = 65.950 - 42.500 = 23.450 \text{ ciclos}$$

Como se corrige la sobrecarga, no habrá rotura, pero sí que hay daño permanente sobre el límite de resistencia a la fatiga.

- Nuevo límite de resistencia a la fatiga:

$$S_e^* = S_1 \left[\frac{S_1}{\sigma_{a_0}^*}\right]^{\frac{\log \frac{N_1}{N_2}}{\log \frac{N_{\text{restantes}}}{N_1}}} = 405 \left[\frac{405}{126}\right]^{\frac{\log \frac{10^6}{10^3}}{\log \frac{23.450}{10^3}}} = 31{,}6 \text{ MPa}$$

A continuación, comprobamos si, en reponer el servicio, hay vida ilimitada:

e) Reposición del servicio

Tras reponer el servicio, volvemos a tener $\sigma_a = 49{,}3$

- Aplicación de la teoría de Goodman:

$$\frac{\sigma_m}{S_{\text{ut}}} + \frac{\sigma_a}{S_e^*} = \frac{77{,}5}{450} + \frac{49{,}3}{31{,}6} \leq \frac{1}{n_e} \rightarrow n_e \approx 0{,}577 < 1 \rightarrow N \neq \infty$$

Por tanto, se produce daño en el cigüeñal:

- Tensión alternante equivalente:

$$\sigma_{a_0} \leq \frac{\sigma_a}{1 - \frac{\sigma_m}{S_{\text{ut}}}} = \frac{49{,}3}{1 - \frac{77{,}5}{450}} = 60 \text{ MPa}$$

- Determinación del número de ciclos hasta la rotura:

$$N_{\text{rotura}} = N_1 \left[\frac{S_1}{\sigma_{a_0}}\right]^{\frac{\log \frac{N_1}{N_2}}{\log \frac{S_1}{S_2^*}}} = 10^3 \left[\frac{405}{60}\right]^{\frac{\log \frac{10^6}{10^3}}{\log \frac{405}{31{,}62}}} = 1{,}798 \cdot 10^5 \text{ ciclos}$$

- Tiempo restante hasta la rotura de la pieza:

$$t = \frac{1{,}798 \cdot 10^5}{1.700\frac{c}{\text{mín}}} \frac{60 \text{ mín}}{1 \text{ h}} \approx 1 \text{ h } 45\text{min}$$

2.17 Eje de una transmisión automática

El eje de una transmisión automática está sometido a las siguientes cargas:

1. Una carga torsional (T), que varía de 340 a 860 N·m
2. Una carga axial (P), que varía entre 5.900 y 21.000 N.

El eje tubular tiene un diámetro exterior de 32,8 mm e interior de 27,5 mm. Está hecho de un acero dúctil con una resistencia a la rotura de $S_{ut}= 1000$ MPa. Los factores de concentración de tensiones corregido a la fatiga que afectan a la pieza son $K_{f\,\text{torsión}} = 3{,}67$ y $K_{f\,\text{axial}} = 3{,}14$ respectivamente. El acabado superficial de la pieza es un torneado N8.

En base a estos datos se debe determinar:

1. El coeficiente de seguridad a la rotura.
2. El número de ciclos de duración por medio de la teoría de Goodman, con una confiabilidad del 99,9 %.

Datos:
Tensión cortante de torsión de un tubo vacío: $\tau_{xz} = \dfrac{16T}{\pi}\dfrac{d_{\text{ext}}}{d_{\text{ext}}^4 - d_{\text{int}}^4}$

Resolución

1. Coeficiente de seguridad a la rotura.

    a) Determinación de las tensiones normales y cortantes.
    - Tensión cortante de torsión:

    $$\tau_{xz} = \frac{16T_{\text{máx}}}{\pi}\frac{d_{\text{ext}}}{d_{\text{ext}}^4 - d_{\text{int}}^4} = \frac{16 \cdot 860.000}{\pi}\frac{32{,}8}{32{,}8^4 - 27{,}5^4} = 245{,}4 \text{ MPa}$$

    - Tensión axial de tracción:

    $$\sigma_x = \frac{F}{A} = \frac{4F}{\pi\left(d_{\text{ext}}^2 - d_{\text{int}}^2\right)} = \frac{4 \cdot 21.000}{\pi\left(32{,}8^2 - 27{,}5^2\right)} = 83{,}7 \text{ MPa}$$

    b) Determinación de la tensión equivalente de Von Mises.

    $$\sigma_{\text{eq}} = \sqrt{\sigma_x^2 + 3\tau_{xz}^2} = \sqrt{83{,}7^2 + 3 \cdot 245{,}4^2} = 433{,}1 \text{ MPa}$$

    c) Coeficiente de seguridad a la rotura.

    $$n_{\text{ut}} = \frac{S_{\text{ut}}}{\sigma_{\text{eq}}} = \frac{1.000}{433{,}1} = 2{,}3$$

Capítulo 2. Cargas variables: Fatiga

2. El coeficiente de seguridad a fatiga.

   a) Componentes media y alternante de la fuerza axial y del par torsor

   $$F_m = \frac{M_{\text{máx}} + M_{\text{mín}}}{2} = \frac{21.000 + 5.900}{2} = 13.450 \text{ N}$$

   $$F_a = \frac{M_{\text{máx}} - M_{\text{mín}}}{2} = \frac{21.000 - 5.900}{2} = 7.550 \text{ N}$$

   $$T_m = \frac{T_{\text{máx}} + T_{\text{mín}}}{2} = \frac{860 + 340}{2} = 600 \text{ N·m}$$

   $$T_a = \frac{T_{\text{máx}} - T_{\text{mín}}}{2} = \frac{860 - 340}{2} = 260 \text{ N·m}$$

   b) Componentes de tensión media / alternante
   - Tensión cortante de torsión:

   $$\tau_{xzm} = \frac{16T_m}{\pi} \frac{d_{\text{ext}}}{d_{\text{ext}}^4 - d_{\text{int}}^4} = \frac{16 \cdot 600.000}{\pi} \frac{32,8}{32,8^4 - 27,5^4} = 171,2 \text{ MPa}$$

   $$\tau_{xza} = \frac{16T_a}{\pi} \frac{d_{\text{ext}}}{d_{\text{ext}}^4 - d_{\text{int}}^4} = \frac{16 \cdot 260.000}{\pi} \frac{32,8}{32,8^4 - 27,5^4} = 74,2 \text{ MPa}$$

   - Tensión axial de tracción:

   $$\sigma_{xm} = \frac{F_m}{A} = \frac{4F_m}{\pi(d_{\text{ext}}^2 - d_{\text{int}}^2)} = \frac{4 \cdot 13.450}{\pi(32,8^2 - 27,5^2)} = 53,6 \text{ MPa}$$

   $$\sigma_{xa} = \frac{F_a}{A} = \frac{4F_a}{\pi(d_{\text{ext}}^2 - d_{\text{int}}^2)} = \frac{4 \cdot 7.550}{\pi(32,8^2 - 27,5^2)} = 30,1 \text{ MPa}$$

   - Tensiones equivalentes:

   $$\sigma_{\text{eq}_m} = \sqrt{\sigma_{xm}^2 + 3\tau_{xzm}^2} = \sqrt{53,6^2 + 3 \cdot 171,2^2} = 301,3 \text{ MPa}$$

   $$\sigma_{\text{eq}_a} = \sqrt{\sigma_{xa}^2 + 3\tau_{xza}^2} = \sqrt{30,1^2 + 3 \cdot 74,2^2} = 132 \text{ MPa}$$

   c) Límite de resistencia a la fatiga:
   Dado que los factores de carga a tracción y torsión son diferentes, pasamos a calcular un límite de fatiga para cada esfuerzo.
   1) Límite de resistencia a la fatiga axial:
      - Límite estándar: $S'_e = 0{,}504 S_{ut} = 0{,}504 \cdot 1.000 = 504$ MPa
      - Factor de acabado: $C_{\text{acabado}} = 4{,}51 \cdot 1.000^{-0{,}265} = 0{,}723$
      - Factor de tamaño: $C_{\text{tamaño}} = 1$ (carga axial).
      - Factor de carga: $C_{\text{carga}} = 1{,}43 \cdot 1.000^{-0{,}078} = 0{,}8343$
      - Factor de confiabilidad: $C_{\text{confiabilidad}} = 0{,}753$
      - Límite de resistencia a la fatiga axial corregido:

      $$S_{e_{\text{axial}}} = 504 \cdot 0{,}723 \cdot 1 \cdot 0{,}8343 \cdot 0{,}753 = 228{,}9 \text{ MPa}$$

- Límite de resistencia a la fatiga axial corregido por concentradores:

$$S_{e_{K_{\text{axial}}}} = \frac{S_e}{K_f} = \frac{228{,}9}{3{,}14} = 72{,}9 \text{ MPa}$$

2) Límite de resistencia a la fatiga torsional:
   - Límite estándar: $S'_e = 0{,}504 S_{ut} = 0{,}504 \cdot 1.000 = 504$ MPa
   - Factor de acabado: $C_{\text{acabado}} = 4{,}51 \cdot 1.000^{-0{,}265} = 0{,}723$
   - Factor de tamaño: $C_{\text{tamaño}} = 1{,}189 \cdot 32{,}8^{-0{,}097} = 0{,}8475$
   - Factor de carga: $C_{\text{carga}} = 1$ (torsión).
   - Factor de confiabilidad: $C_{\text{confiabilidad}} = 0{,}753$
   - Límite de resistencia a la fatiga corregido:

$$S_{e_{\text{torsión}}} = 504 \cdot 0{,}723 \cdot 0{,}8475 \cdot 1 \cdot 0{,}753 = 232{,}5 \text{ MPa}$$

- Límite de resistencia a la fatiga torsional corregido por los concentradores:

$$S_{e_{K_{\text{torsión}}}} = \frac{S_e}{K_f} = \frac{232{,}5}{3{,}67} = 63{,}4 \text{ MPa}$$

- Límite de resistencia a la fatiga equivalente:

$$\frac{\sigma_{\text{eq}_a}}{S_{e_{K_{eq}}}} = \sqrt{\left(\frac{\sigma_{xa}}{S_{e_{K_{\text{axial}}}}}\right)^2 + 3\left(\frac{\tau_{xza}}{S_{e_{K_{\text{torsión}}}}}\right)^2} = \sqrt{\left(\frac{30{,}1}{72{,}9}\right)^2 + 3\left(\frac{74{,}2}{63{,}4}\right)^2}$$

$$= \approx 2{,}07$$

$$S_{e_{K_{eq}}} = \frac{\sigma_{\text{eq}}}{2{,}07} = \frac{132}{2{,}07} = 63{,}9 \text{ MPa}$$

3. Determinación de la duración

   a) Aplicación de la teoría de Goodman:

   $$\frac{\sigma_{\text{eq}_m}}{S_{ut}} + \frac{\sigma_{\text{eq}_a}}{S_{e_{K_{eq}}}} = \frac{301{,}3}{1.000} + 2{,}07 \leq \frac{1}{n_e} \rightarrow n_e = 0{,}42 < 1 \rightarrow N \neq \infty$$

   Por lo tanto tendrá vida limitada.

   b) Duración hasta la rotura:
   Dado que la fatiga es generada por una tensión con componentes media y alternate, se deberá calcular la tensión alternante pura equivalente, con el fin de poder realizar los cálculos de duración según el diagrama de Whöler:

   $$\sigma_{a_0} = \frac{\sigma_a}{1 - \dfrac{\sigma_m}{S_{ut}}} = \frac{132}{1 - \dfrac{301{,}3}{1.000}} = 188{,}9 \text{ MPa}$$

   El cálculo de la duración requiere de la determinación del parámetro S_1, el cual varía del 72 % del límite de rotura por torsión hasta el 90 % por flexión. Un criterio de distribución puede ser evaluar la influencia de cada componente en la tensión alternante pura. Si solo actúa la carga axial, las componentes media y alternante son:

$$\sigma_{eq_m} = \sigma_{x_m} = 53{,}6 \text{ MPa}$$
$$\sigma_{eq_a} = \sigma_{x_a} = 30{,}1 \text{ MPa}$$

Dado que $\sigma_{eq_m} \neq 0$, la proporción que representa la carga axial sobre la componente alternante pura total es:

$$\frac{\sigma_{a_{0_{\text{flexión}}}}}{\sigma_{a_0}} = \frac{31{,}8}{188{,}9} \approx 16{,}8\,\%$$

S_1 se obtiene aplicando las proporciones correspondientes:

$$S_1 = (0{,}168 \cdot 0{,}9 + 0{,}832 \cdot 0{,}72)\, S_{\text{ut}} \approx 725 \text{ MPa}$$

La duración tras la sobrecarga será

$$N_{\text{restantes}} = N_1 \left[\frac{S_1}{\sigma_{a_0}}\right]^{\frac{\log \frac{N_2}{N_1}}{\log \frac{S_1}{S_2}}} = 10^3 \left[\frac{725}{188{,}9}\right]^{\frac{\log \frac{10^6}{10^3}}{\log \frac{750}{63{,}9}}} = 45.731 \text{ ciclos}$$

Donde:

$$S_2 = S_e = 63{,}9 \text{ MPa}$$
$$N_1 = 10^3 \;;\; N_2 = 10^6$$

2.18 Cálculo de una barra con un orificio a flexotorsión

La barra circular de la figura presenta un orificio transversal, tiene un acabado superficial N10 y está fabricada de un acero S355 con $S_y = 355$ MPa y $S_{ut} = 520$ MPa. Esta se encuentra sometida a un momento flector alternante de ± 350 N·m, un momento flector constante de 20 N·m, y un par torsor constante de 150 N·m. Las dimensiones de la barra son $D = 42$ mm, $d = 10$ mm.

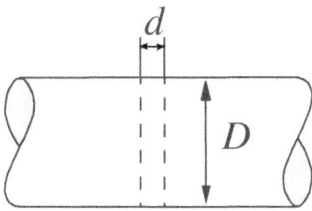

En base a los datos anteriores se desea determinar, con una confiabilidad del 99,9 %:

1. Coeficiente de seguridad a la fatiga según la teoría de Goodman
2. Duración
3. Si, debido a una sobrecarga, el momento flector alternante se incrementa un 20 % durante 30.000 ciclos, determina la duración restante hasta la rotura.

Notas:

- El cálculo de las tensiones de flexión y torsión, para un eje con un agujero, se realizan mediante las siguientes expresiones:

$$\sigma_x \approx \frac{M}{\pi D^3/32 - dD^2/6}$$

$$\tau_{xz} \approx \frac{T}{\pi D^3/16 - dD^2/6}$$

- Para el cálculo del concentrador de tensiones a torsión se tomará el factor K_{t_A} (en la superficie del eje).

Resolución

1. Cálculo del coeficiente de seguridad a la fatiga según la teoría de Goodman.

   a) Componentes de tensión:
   En primer lugar debemos calcular las tensiones equivalentes media y alternante. Para ello, debemos obtener primeramente las componentes de tensión:
   - Tensión normal de flexión.

$$M_{\text{máx}} = M_m + M_a = 350.000 + 20.000 = 370.000 \text{ N·mm}$$

$$\sigma_{x_{\text{máx}}} = \frac{M_{\text{máx}}}{\pi D^3/32 - dD^2/6} = \frac{370.000}{\pi 42^3/32 - 10 \cdot 42^2/6} = 85{,}4 \text{ MPa}$$

- Tensión cortante de torsión.

$$T_{\text{máx}} = T_m + T_a = 150.000 + 0 = 150.000 \text{ N·mm}$$

$$\tau_{xz_{\text{máx}}} = \frac{T_{\text{máx}}}{\pi D^3/16 - dD^2/6} = \frac{150.000}{\pi 42^3/16 - 10 \cdot 42^2/6} = 12,9 \text{ MPa}$$

- Tensión equivalente máxima a partir de las tensiones anteriores:

$$\sigma_{eq_{\text{máx}}} = \sqrt{\frac{1}{2}\left[(\sigma_{x_{\text{máx}}} - 0)^2 + (\sigma_{x_{\text{máx}}} - 0)^2 + 6\tau_{xz_{\text{máx}}}^2\right]} = 88,3 \text{ MPa}$$

- Coeficiente de seguridad a fluencia

$$n_y = \frac{S_y}{\sigma_{eq_{\text{máx}}}} = 4,02$$

- Tensiones medias y alternantes

$$\sigma_{x_m} = \frac{M_m}{\pi D^3/32 - dD^2/6} = \frac{20.000}{\pi 42^3/32 - 10 \cdot 42^2/6} = 4,6 \text{ MPa}$$

$$\sigma_{x_a} = \frac{M_a}{\pi D^3/32 - dD^2/6} = \frac{350.000}{\pi 42^3/32 - 10 \cdot 42^2/6} = 80,8 \text{ MPa}$$

$$\tau_{xz_m} = \frac{T_m}{\pi D^3/16 - dD^2/6} = \frac{150.000}{\pi 42^3/16 - 10 \cdot 42^2/6} = 12,9 \text{ MPa}$$

$$\tau_{xz_a} = \frac{T_a}{\pi D^3/16 - dD^2/6} = 0$$

- Cálculo de las tensiones equivalentes medias y alternantes

$$\sigma_{\text{eq}_m} = \sqrt{\frac{1}{2}\left[(\sigma_{x_m} - 0)^2 + (\sigma_{x_m} - 0)^2 + 6\tau_{xz_m}^2\right]} = 22,85 \text{ MPa}$$

$$\sigma_{\text{eq}_a} = \sqrt{\frac{1}{2}\left[(\sigma_{x_a} - 0)^2 + (\sigma_{x_a} - 0)^2 + 6 \cdot 0^2\right]} = \sigma_{x_a} = 80,8 \text{ MPa}$$

b) Concentrador de tensión a fatiga:
- Concentrador de tensión geométrico:

$$\frac{d}{D} = 0,238 \rightarrow K_{t_{\text{flexión}}} = 1,986$$

- Concentrador de tensión a fatiga:

$$\sqrt{a} = -0,32865 + 34,5452 S_{ut}^{-0,60977}$$

$$q = \frac{1}{1\frac{\sqrt{a}}{\sqrt{r}}} = 0,8375$$

$$K_{f_{\text{flexión}}} = 1 + q\left(K_t - 1\right) = 1,826$$

c) Cálculo del límite de fatiga por flexión corregido
   - Límite de resistencia a la fatiga estándar del material:

$$S'_e = 0{,}504 S_{ut} = 0{,}504 \cdot 520 = 260{,}1 \text{ MPa}$$

   - Factor de acabado: $C_{\text{acabado}} = 0{,}647$
   - Factor de tamaño: $C_{\text{tamaño}} = 1{,}189 d^{-0{,}097} = 0{,}8274$
   - Factor de carga: $C_{\text{carga}} = 1$
   - Factor de confiabilidad: $C_{\text{confiabilidad}} = 0{,}753$
   - Cálculo del límite de resistencia a fatiga

$$S_e = S'_e C_{\text{acabado}} C_{\text{tamaño}} C_{\text{carga}} C_{\text{confiabilidad}}$$
$$S_e = 260{,}1 \cdot 0{,}647 \cdot 0{,}8274 \cdot 1 \cdot 0{,}753 = 105{,}7 \text{ MPa}$$

   - Cálculo del límite de resistencia a fatiga corregido por el concentrador de tensión a fatiga:

$$S_{e_{K_{\text{flexión}}}} = \frac{S_e}{K_{f_{\text{flexión}}}} = 57{,}9 \text{ MPa}$$

d) Cálculo del coeficiente de seguridad a fatiga según la teoría de Goodman:

$$\frac{S_e}{\sigma_a} + \frac{S_{ut}}{\sigma_m} \leq \frac{1}{n_e} \rightarrow n_e \leq 0{,}695 \rightarrow N \neq \infty$$

2. Cálculo de la duración.
Se realiza mediante la ecuación de Whööler, para lo cual necesitamos conocer la tensión alternate pura.

   - Cálculo de la tensión alternante pura de Goodman:

$$\sigma_{a_0} = \frac{\sigma_a}{1 - \dfrac{\sigma_m}{S_{ut}}} = 84{,}5 \text{ MPa}$$

   - Cálculo del número de ciclos hasta la rotura. Ecuación de Basquin:

$$N_{\text{rotura}} = N_1 \left[\frac{S_1}{\sigma_{a_0}} \right]^{\dfrac{\log \frac{N_2}{N_1}}{\log \frac{S_1}{S_2}}} = 286.726 \text{ ciclos}$$

Donde:

$$S_1 = 0{,}9 S_{ut} = 468 \text{ MPa}$$
$$S_2 = S_{e_{K\text{flexión}}} = 57{,}9$$
$$N_1 = 10^3 \,;\, N_2 = 10^6$$

3. Cálculo de la duración tras la sobrecarga
   - Tensión alternante tras la sobrecarga del 20 %:

   $$\sigma^*_{\text{eq}_m} = \sigma_{\text{eq}m} = 22{,}85 \text{ MPa}$$

   $$\sigma^*_{\text{eq}_a} = \sqrt{\frac{1}{2}\left[(1{,}2\sigma_{x_a} - 0)^2 + (1{,}2\sigma_{x_a} - 0)^2 + 6 \cdot 0^2\right]} = 1{,}2\sigma_{x_a} = 96{,}9 \text{ MPa}$$

   - Recalculamos la tensión alternante pura con el nuevo valor de tensión alternante tras la sobrecarga:

   $$\sigma^*_{a_0} = \frac{\sigma^*_{\text{eq}_a}}{1 - \dfrac{\sigma^*_{\text{eq}_m}}{S_{ut}}} = 101{,}4 \text{ MPa}$$

   - Cálculo del número de ciclos hasta la rotura con sobrecarga. Ecuación de Basquin:

   $$N^*_{\text{rotura}} = N_1 \left[\frac{S_1}{\sigma^*_{a_0}}\right]^{\dfrac{\log \frac{N_2}{N_1}}{\log \frac{S_1}{S_2}}} = 10^3 \left[\frac{468}{101{,}4}\right]^{\dfrac{\log \frac{10^6}{10^3}}{\log \frac{468}{57{,}9}}} = 156.947 \text{ ciclos}$$

   Donde los parametros N_1, N_2, S_1, S_2 son los calculados anteriormente

   - Cálculo de la duración considerando los 30.000 ciclos de duración de la sobrecarga:

   $$N_{\text{restante}} = N^*_{\text{rotura}} - N_{\text{sobrecarga}} = 156.947 - 30.000 = 126.947 \text{ ciclos}$$

2.19 Cálculo de barra de acero con chavetero sometida a flexotorsión

La barra circular de la figura presenta un chavetero, tiene un acabado superficial N8 y está fabricada de un acero C45 con $S_y = 430$ MPa y $S_{ut} = 725$ MPa. Esta se encuentra sometida a un momento flector alternante de ± 400 N·m, un momento flector constante de 20 N·m, y un par torsor constante de 200 N·m. Las dimensiones de la barra son $d = 42$ mm, $t = 5$ mm y el radio de fondo del chavetero en el plano longitudinal y transversal $r = 0,3$ mm.

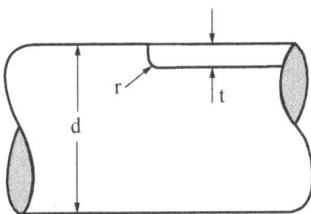

Nota: para el cálculo de las tensiones tomar como diámetro efectivo el diámetro del eje menos la profundidad del chavetero: $d_{\text{efectivo}} = d - t$.

En base a los datos anteriores se desea determinar, con una confiabilidad del 99,9 %:

1. Coeficiente de seguridad a la fatiga según la teoría de Goodman
2. Duración
3. Si, debido a una sobrecarga, el momento flector alternante se incrementa un 20 % durante 150.000 ciclos, determinar la duración restante hasta la rotura

Resolución

1. Cálculo del coeficiente de seguridad a la fatiga según la teoría de Goodman.

    a) Cálculo de las componentes de tensión.
    En primer lugar debemos calcular las tensiones equivalente medias y alternantes. Para ello, debemos obtener primeramente las componentes de tensión:
    - Tensión de flexión.

    $$M_{\text{máx}} = M_m + M_a = 400.000 + 20.000 = 420.000 \text{ N·mm}$$

    $$\sigma_{x\text{máx}} = \frac{32 M_{\text{máx}}}{\pi (d-t)^3} = \frac{32 \cdot 420.000}{\pi (42-5)^3} = 84,5 \text{ MPa}$$

    - Tensión de torsión.

    $$T_{\text{máx}} = T_m + T_a = 200.000 + 0 = 200.000 \text{ N·mm}$$

    $$\tau_{xz\text{máx}} = \frac{16 T_{\text{máx}}}{\pi (d-t)^3} = \frac{16 \cdot 200.000}{\pi (45-5)^3} = 20,1 \text{ MPa}$$

- Calculamos la tensión equivalente máxima a partir de las tensiones anteriores:

$$\sigma_{\text{eq máx}} = \sqrt{\frac{1}{2}\left[(\sigma_{x\text{máx}} - 0)^2 + (\sigma_{x\text{máx}} - 0)^2 + 6\tau_{xz\text{máx}}^2\right]} = 91{,}4 \text{ MPa}$$

- Calculamos el coeficiente de seguridad a fluencia

$$n = \frac{S_y}{\sigma_{\text{eq máx}}} = 4{.}707$$

- Cálculo de las tensiones medias y alternantes

$$\sigma_{xm} = \frac{32 M_m}{\pi (d-t)^3} = \frac{32 \cdot 20.000}{\pi (42-5)^3} = 4{,}02 \text{ MPa}$$

$$\sigma_{xa} = \frac{32 M_a}{\pi (d-t)^3} = \frac{32 \cdot 400.000}{\pi (42-5)^3} = 80{,}44 \text{ MPa}$$

$$\tau_{xzm} = \frac{16 T_m}{\pi (d-t)^3} = \frac{16 \cdot 200.000}{\pi (45-5)^3} = 20{,}11 \text{ MPa}$$

$$\tau_{xza} = \frac{16 T_a}{\pi (d-t)^3} = 0$$

- Cálculo de las tensiones equivalentes medias y alternantes

$$\sigma_{\text{eq}m} = \sqrt{\frac{1}{2}\left[(\sigma_{xm} - 0)^2 + (\sigma_{xm} - 0)^2 + 6\tau_{xzm}^2\right]} = 35{,}1 \text{ MPa}$$

$$\sigma_{\text{eq}a} = \sqrt{\frac{1}{2}\left[(\sigma_{xa} - 0)^2 + (\sigma_{xa} - 0)^2 + 6\tau_{xza}^2\right]} = 80{,}4 \text{ MPa}$$

b) Cálculo del concentrador de tensión a fatiga:
- Concentrador de tensión geométrico

$$\frac{d}{D_e} = 0{,}00714 \rightarrow K_{t\text{flexión}} = 3{,}3538$$

- Coeficiente de Neuber:

$$\sqrt{a} = -0{,}32865 + 34{,}5452 S_{ut}^{-0{,}60977} = 0{,}294$$

- Sensibilidad a la entalla

$$q = \frac{1}{1 + \dfrac{\sqrt{a}}{\sqrt{r}}} = 0{,}6507$$

- Concentrador de tensión a fatiga

$$K_{f\text{flexión}} = 1 + q(K_t - 1) = 2{,}53$$

2.19 Cálculo de barra de acero con chavetero sometida a flexotorsión

c) Límite de resistencia a fatiga corregido por el concentrador de tensión a fatiga
- Límite de resistencia a la fatiga estandard: $S_e' = 0{,}504 S_{ut} = 0{,}504 \cdot 520 = 365{,}4$ MPa
- Factor de acabado: $C_{\text{acabado}} = 0{,}787$
- Factor de tamaño: $C_{\text{tamaño}} = 1{,}189 d^{-0{,}097} = 0{,}8274$
- Factor de carga: $C_{\text{carga}} = 1$
- Factor de confiabilidad: $C_{\text{confiabilidad}} = 0{,}753$
- Cálculo del límite de resistencia a fatiga

$$S_e = S_e' C_{\text{acabado}} C_{\text{tamaño}} C_{\text{carga}} C_{\text{confiabilidad}}$$
$$S_e = 365{,}4 \cdot 0{,}787 \cdot 0{,}8274 \cdot 1 \cdot 0{,}753 = 179{,}3 \text{ MPa}$$

- Cálculo del límite de resistencia a fatiga corregido por el concentrador de tensión a fatiga:

$$S_{eK\,\text{flexión}} = \frac{S_e}{K_{f\,\text{flexión}}} = 70{,}8 \text{ MPa}$$

d) Cálculo del coeficiente de seguridad a fatiga según la teoría de Goodman:

$$\frac{\sigma_m}{S_{ut}} + \frac{\sigma_a}{S_{eK\,\text{flexión}}} = \frac{35{,}1}{520} + \frac{80{,}4}{70{,}8} \leq \frac{1}{n_e} \rightarrow n_e \leq 0{,}844 < 1 \rightarrow N \neq \infty$$

2. Cálculo de la duración.
- Cálculo de la tensión alternante pura de Goodman:

$$\sigma_{a_0} = \frac{\sigma_a}{1 - \frac{\sigma_m}{S_{ut}}} = 84{,}5 \text{ MPa}$$

- Cálculo del número de ciclos hasta la rotura. Ecuación de Basquin:

$$N_{\text{rotura}} = N_1 \left[\frac{S_1}{\sigma_{a_0}} \right]^{\frac{\log \frac{N_2}{N_1}}{\log \frac{S_1}{S_2}}} = 10^3 \left[\frac{652{,}5}{84{,}5} \right]^{\frac{\log \frac{10^6}{10^3}}{\log \frac{652{,}5}{70{,}8}}} = 576{.}465 \text{ ciclos}$$

Donde:

$$S_1 = 0{,}9 S_{ut} = 652{,}5 \text{ MPa}$$
$$S_2 = S_{eK\,\text{flexión}} = 70{,}8 \text{ MPa}$$
$$N_1 = 10^3 \; ; \; N_2 = 10^6$$

3. Cálculo de la duración tras la sobrecarga
- Tensión alternante tras la sobrecarga del 20 %:

$$\sigma_{\text{eq}_a}^* = 1{,}2 \sigma_{\text{eq}_a} = 96{,}9 \text{ MPa}$$
$$\sigma_{\text{eq}_m}^* = \sigma_{\text{eq}_m} = 35{,}1 \text{ MPa}$$

- Tensión alternante pura tras la sobrecarga:

$$\sigma_{a_0}^* = \frac{\sigma_{\text{eq}_a}^*}{1 - \dfrac{\sigma_{\text{eq}_m}^*}{S_{ut}}} = 101{,}4 \text{ MPa}$$

- Número de ciclos hasta la rotura trabajando bajo sobrecarga. Ecuación de Basquin:

$$N_{\text{rotura}}^* = N_1 \left[\frac{S_1}{\sigma_{a_0}^*}\right]^{\frac{\log \frac{N_2}{N_1}}{\log \frac{S_1}{S_2}}} = 326.956 \text{ ciclos}$$

- Duración restante tras 150.000 ciclos de sobrecarga:

$$N_{\text{restante}} = N_{\text{rotura}}^* - N_{\text{sobrecarga}} = 326.956 - 150.000 = 176.956 \text{ ciclos}$$

2.20 Cálculo de barra de acero sometida a flexotorsión

La Figura 2.28 representa un árbol de acero S235J2 con las siguientes características mecánicas: S_y= 235 MPa , S_{ut}= 370 MPa. El eje soporta una carga transversal F = 7 kN y transmite un par de torsión constante (sin variaciones) de 125 N·m entre el centro del chavetero situado más a la derecha hasta el punto de aplicación de la carga. El árbol presenta un acabado superficial N8 en todas las superficies, excepto en los asientos de los rodamientos y los chaveteros que es de N6. La velocidad de giro es de1.500rpm (sentido horario). La confiabilidad debe ser del 99 %.

A partir de los datos anteriores se pide calcular:

1. Reacción en el rodamiento izquierdo (en N)
2. Cálculo estático en la sección 1
3. El coeficiente de seguridad a fluencia
4. Cálculo a fatiga en la sección 1. Coeficiente de seguridad a la fatiga según la teoría de Goodman
5. Si, debido a una sobrecarga, los esfuerzos de flexión y torsión sobre el eje se incrementan un 30 % durante 200.000 ciclos, determinar la duración restante hasta la rotura

Resolución

1. Cálculo de las reacciones en el rodamiento izquierdo. A partir de las ecuaciones de equilibrio de fuerzas aplicadas al eje obtenemos las reacciones en los rodamientos:

$$\Sigma F_y = F - R_A - R_B = 0$$
$$\Sigma M_A = R_B L - F L_F = 0$$

Operando se obtiene que:

$$R_B = \frac{7.000\,(375 - 30 - 15)}{155 - 15} = 3.111{,}11 \text{ N}$$
$$R_A = 3.888{,}89 \text{ N}$$

2. Cálculo estático en la sección 1.
    - Momento flector máximo del rodamiento izquierdo:

$$M_{\text{máx}} = R_B\,(150 - 45) = 32.6.667 \text{ N·mm}$$

    - Tensión de flexión:

$$\sigma_{x\,\text{máx}} = \frac{32 M_{\text{máx}}}{\pi d^3} = \frac{32 \cdot 326.667}{\pi 40^3} = 52 \text{ MPa}$$

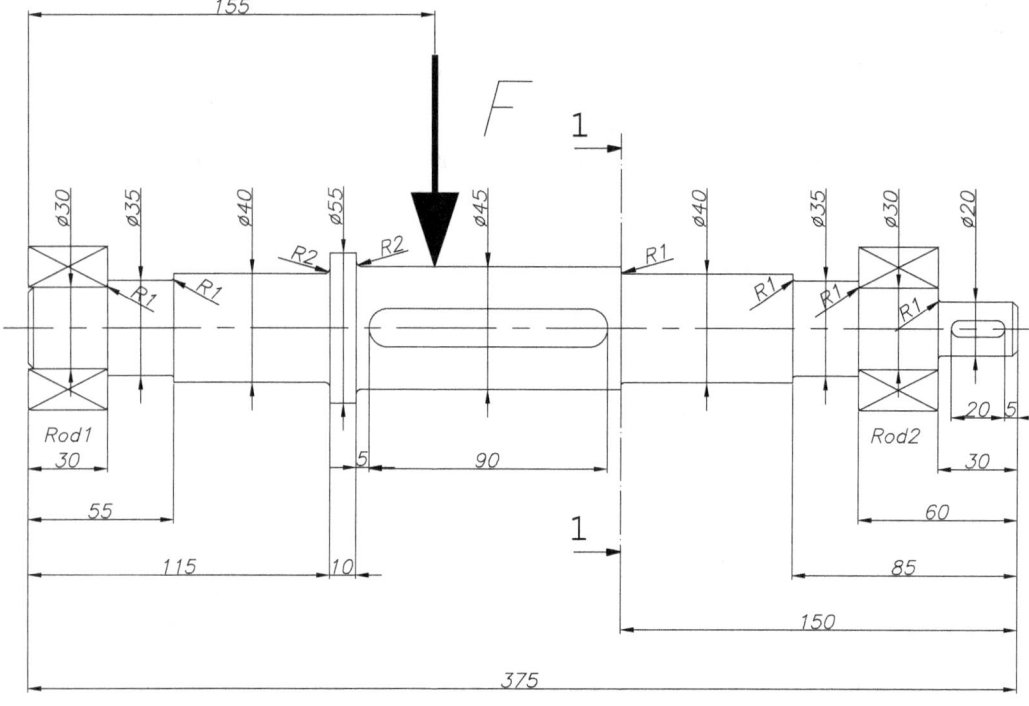

Figura 2.26: Árbol de transmisión

- Tensión de torsión:

$$T_{\text{máx}} = 125.000 \text{ N·mm}$$

$$\tau_{xz\,\text{máx}} = \frac{16T_{\text{máx}}}{\pi d^3} = \frac{16 \cdot 125.000}{\pi 40^3} = 9{,}95 \text{ MPa}$$

- Calculo de la tensión equivalente máxima:

$$\sigma_{\text{eq}\,\text{máx}} = \sqrt{\frac{1}{2}\left[(\sigma_{x\,\text{máx}} - 0)^2 + (\sigma_{x\,\text{máx}} - 0)^2 + 6\tau_{xz\,\text{máx}}^2\right]} = 54{,}8 \text{ MPa}$$

- Coeficiente de seguridad a fluencia:

$$n = \frac{S_y}{\sigma_{\text{eq}\,\text{máx}}} = 4{,}4$$

3. Cálculo del coeficiente de seguridad a la fatiga según la teoría de Goodman
    a) Componentes de tensión
        - Pares medios y alternantes

$$M_{\text{mín}} = -M_{\text{máx}} = -326.667 \text{ N·mm}$$
$$M_m = \frac{M_{\text{máx}} + M_{\text{mín}}}{2} = 0$$
$$M_a = \frac{M_{\text{máx}} + M_{\text{mín}}}{2} = 326.667 \text{ N·mm}$$
$$T_{\text{mín}} = T_{\text{máx}} = 125.000$$
$$T_m = \frac{T_{\text{máx}} + T_{\text{mín}}}{2} = 125.000 \text{ N·mm}$$
$$T_a = \frac{T_{\text{máx}} + T_{\text{mín}}}{2} = 0 \text{ N·mm}$$

- Tensiones medias y alternantes

$$\sigma_{xm} = \frac{32 M_m}{\pi d^3} = 0$$
$$\sigma_{xa} = \frac{32 M_a}{\pi d^3} = \frac{32 \cdot 326.667}{\pi 40^3} = 52 \text{ MPa}$$
$$\tau_{xzm} = \frac{16 T_m}{\pi d^3} = \frac{16 \cdot 125.000}{\pi 40^3} = 9{,}95 \text{ MPa}$$
$$\tau_{xza} = \frac{16 T_a}{\pi d^3} = 0$$

- Cálculo de las tensiones equivalentes medias y alternantes

$$\sigma_{\text{eq}_m} = \sqrt{\frac{1}{2}\left[(\sigma_{xm} - 0)^2 + (\sigma_{xm} - 0)^2 + 6\tau_{xzm}^2\right]} = 17{,}2 \text{ MPa}$$
$$\sigma_{\text{eq}_a} = \sqrt{\frac{1}{2}\left[(\sigma_{xa} - 0)^2 + (\sigma_{xa} - 0)^2 + 6\tau_{xza}^2\right]} = 52 \text{ MPa}$$

b) Cálculo del concentrador de tensión a fatiga:
    - Concentrador de tensiones geométrico:

$$\left. \begin{array}{l} \dfrac{D}{d} = \dfrac{45}{40} = 1{,}125 \\[2mm] \dfrac{r}{d} = \dfrac{1}{40} = 0{,}025 \end{array} \right\} \to K_{t\,\text{flexión}} = 2{,}2$$

- Coeficiente de Neuber:

$$\sqrt{a} = -0{,}32865 + 34{,}5452 S_{ut}^{-0,60977} = 0{,}6097$$

- Sensibilidad a la entalla:

$$q = \frac{1}{1+\frac{\sqrt{a}}{\sqrt{r}}} = \frac{1}{1+\frac{0{,}6097}{\sqrt{1}}} = 0{,}6212$$

- Concentrador de tensiones a fatiga:

$$K_{f\,\text{flexión}} = 1 + q\,(K_t - 1) = 1{,}745$$

c) Cálculo del límite de fatiga por flexión corregido:
  - Limite de resistencia a la fatiga estándar:
    $S_e' = 0{,}504 S_{ut} = 0{,}504 \cdot 370 = 186{,}5$ MPa
  - Factor de acabado: $C_{\text{acabado}} = 0{,}9410$
  - Factor de tamaño. $C_{\text{tamaño}} = 1{,}189 d^{-0{,}097} = 0{,}8219$
  - Factor de carga. $C_{\text{carga}} = 1$
  - Factor de confiabilidad. $C_{\text{confiabilidad}} = 0{,}814$
  - Cálculo del límite de resistencia a fatiga

$$S_e = S_e' C_{\text{acabado}} C_{\text{tamaño}} C_{\text{carga}} C_{\text{confiabilidad}}$$
$$S_e = 186{,}5 \cdot 0{,}941029 \cdot 0{,}821902 \cdot 1 \cdot 0{,}814 = 117{,}4 \text{ MPa}$$

  - Cálculo del límite de resistencia a fatiga corregido por el concentrador de tensión a fatiga:

$$S_{eK\,\text{flexión}} = \frac{S_e}{K_{f\,\text{flexión}}} = 67{,}3 \text{ MPa}$$

d) Cálculo del coeficiente de seguridad a fatiga según la teoría de Goodman:

$$\frac{\sigma_m}{S_{ut}} + \frac{\sigma_a}{S_{eK\,\text{flexión}}} = \frac{52}{67{,}3} + \frac{17{,}2}{370} \leq \frac{1}{n_e} \rightarrow n_e \leq 1{,}22 > 1 \rightarrow N = \infty$$

4. Cálculo de la duración tras la sobrecarga
  - Tensión media y alternante tras la sobrecarga del 30 %:

$$\sigma_{eq_m}^* = 1{,}3\sigma_{eq_m} = 22{,}4 \text{ MPa} \; ; \; \sigma_{eq_a}^* = 1{,}3\sigma_{eq_a} = 67{,}6 \text{ MPa}$$

  - Tensión alternante pura tras la sobrecarga:

$$\sigma_{a_0}^* = \frac{\sigma_{eq_a}^*}{1 - \frac{\sigma_{eq_m}^*}{S_{ut}}} = 71{,}9 \text{ MPa}$$

  - La duración hasta la rotura trabajando bajo sobrecarga sera:

$$N_{\text{rotura}}^* = N_1 \left[\frac{S_1}{\sigma_{a_0}^*}\right]^{\frac{\log \frac{N_2}{N_1}}{\log \frac{S_1}{S_2}}} = 10^3 \left[\frac{333}{71{,}9}\right]^{\frac{\log \frac{10^6}{10^3}}{\log \frac{333}{67{,}3}}} = 747{.}847 \text{ ciclos}$$

$$S_1 = 0{,}9 S_{ut} = 333 \text{ MPa}$$
$$S_2 = S_{e_{K_{\text{flexión}}}} = 67{,}3 \text{ MPa}$$
$$N_1 = 10^3 \ ; \ N_2 = 10^6$$

- Duración restante tras 200 000 ciclos de sobrecarga:

$$N_{\text{restantes}} = N^*_{\text{rotura}} - N_{\text{sobrecarga}} = 747.847 - 200.000 = 547.847 \text{ ciclos}$$

2.21 Cálculo de eje de martillo compresor

La Figura 2.27 muestra el esquema de funcionamiento de un martillo compresor. El eje percutor K, mostrado en la Figura 2.28 tiene un acabado superficial N8 y está fabricado de un acero al carbono no aleado C45 con $S_y = 430$ MPa y $S_{ut} = 725$ MPa. Dicho eje se encuentra sometido a una carga alternante de compresión que oscila entre 0 y - 50.000 N. El radio de entalla debe ser de $r = 7$ mm. En base a los datos anteriores se desea determinar:

1. El diámetro mínimo en mm, redondeando al entero inmediatamente superior, que debe tener para asegurar que es capaz de soportar los esfuerzos descritos con un coeficiente de seguridad a la fluencia de $n_y = 4$

2. Coeficiente de seguridad a la fatiga según la teoría de Goodman

3. Duración (si procede)

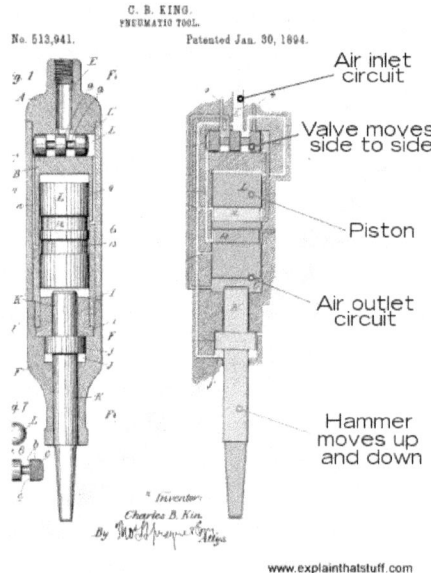

Figura 2.27: Esquema de martillo neumático

Resolución

1. Cálculo del diámetro necesario.
   En primer lugar calculamos las tensiones máximas en función del diámetro para poder despejarlo posteriormente de la condición de resistencia:

   - Tensión sobre el eje: $\sigma_x = \dfrac{4F}{\pi d^2}$

   - Cálculo del diámetro.
     Aplicando la condición de resistencia:

   $$\sigma_x = \frac{4F}{\pi d^2} \leq \frac{S_y}{n_y} \rightarrow d \geq \sqrt{\frac{4Fn_y}{\pi S_y}} = \sqrt{\frac{4 \cdot 50.000 \cdot 2{,}3}{\pi \cdot 430}} = 24{,}33 \approx 25 \text{ mm}$$

2.21 Cálculo de eje de martillo compresor

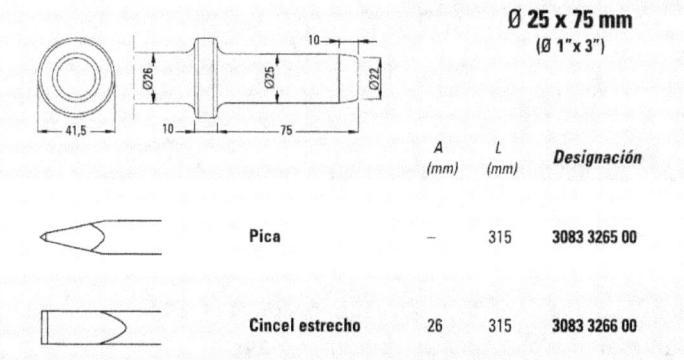

Figura 2.28: Eje martillo neumático

2. Cálculo del coeficiente de seguridad a fatiga según la teoría de Goodman:

   a) Componentes de tensión
   - Tensiones máxima y mínima

   $$F_{\text{máx}} = 0 \text{ N}$$
   $$\sigma_{x\,\text{máx}} = \frac{4F}{\pi d^2} = 0$$
   $$F_{\text{mín}} = -50.000 \text{ N}$$
   $$\sigma_{x\,\text{mín}} = \frac{4F}{\pi d^2} = \frac{4 \cdot (-50.000)}{\pi 25^2} = -101,8 \text{ MPa}$$

   - Cálculo de las tensiones medias y alternantes

   $$\sigma_m = \frac{\sigma_{\text{máx}} + \sigma_{\text{mín}}}{2} = \frac{0 + (-101,8)}{2} = -50,9 \text{ MPa}$$
   $$\sigma_a = \frac{\sigma_{\text{máx}} - \sigma_{\text{mín}}}{2} = \frac{0 - (-101,8)}{2} = 50,9 \text{ MPa}$$

   b) Cálculo del concentrador de tensión a fatiga:
   - Concentrador de tensiones geométrico:

   $$\left. \begin{array}{l} \dfrac{D}{d} = \dfrac{41,5}{25} = 1,66 \\[6pt] \dfrac{r}{d} = \dfrac{1}{40} = 0,28 \end{array} \right\} \to K_{t\,\text{axial}} = 1,45$$

   - Constante de Neuber:

   $$\sqrt{a} = -0{,}32865 + 34{,}5452 S_{ut}^{-0,60977} = 0{,}294$$

- Sensibilidad a la entalla:

$$q = \cfrac{1}{1+\cfrac{\sqrt{a}}{\sqrt{r}}} = 0{,}6507$$

- Concentrador de tensiones a fatiga:

$$K_{f_{\text{axial}}} = 1 + q\left(K_t - 1\right) = 1{,}398$$

c) Cálculo del límite de fatiga por compresión corregido
   - Limite de resistencia a la fatiga estándar:
   $S'_e = 0{,}504 S_{ut} = 0{,}504 \cdot 520 = 365{,}4$ MPa
   - Factor de acabado: $C_{\text{acabado}} = 0{,}787$
   - Factor de tamaño: $C_{\text{tamaño}} = 1$
   - Factor de carga: $C_{\text{carga}} = 1$
   - Factor de confiabilidad: $C_{\text{confiabilidad}} = 0{,}814$
   - Cálculo del límite de resistencia a fatiga

$$S_e = S'_e C_{\text{acabado}} C_{\text{tamaño}} C_{\text{carga}} C_{\text{confiabilidad}}$$
$$S_e = 365{,}4 \cdot 0{,}787 \cdot 1 \cdot 1 \cdot 0{,}814 = 234{,}2 \text{ MPa}$$

- Cálculo del límite de resistencia a fatiga corregido por el concentrador de tensión a fatiga:

$$S_{e_K \text{ compresión}} = \cfrac{S_e}{K_{f_{\text{axial}}}} = 167{,}6 \text{ MPa}$$

d) Cálculo del coeficiente de seguridad a fatiga según la teoría de Goodman:
   Dado que la componente media de tensión es de compresión, nos encontramos situados a la parte izquierda del diagrama, donde las cargas son solo de compresión

$$n_e = \cfrac{S_e}{\sigma_a} = \cfrac{167{,}7}{50{,}9} = 3{,}29 \rightarrow N = \infty$$

3
Mecánica de la fractura

3.1 Grieta en unión soldada

Las chapas de la Figura 3.1, de 10 mm de espesor, están sometidas a un esfuerzo de flexión. Tras su puesta en servicio, se verifica que se producen roturas en la zona de la soldadura, cuando estas alcanzan los 2 mm de longitud. Las chapas se han fabricado de un acero con las siguientes características mecánicas: límite de fluencia, $S_y = 800$ MPa, tenacidad a la fractura de Modo I: $K_I = 90$ MPa$\sqrt{m}$.

Basándose en los datos anteriores, se pide determinar lo siguiente:

1. El valor de la tensión que produce la fractura.

   A fin de incrementar la seguridad de la unión, se plantea emplear uno de los siguientes materiales:

   - Primer material: límite de fluencia $S_y = 600$ MPa, tenacidad a la fractura de Modo I: $K_I = 120$ MPa$\sqrt{m}$
   - Segundo material: límite de fluencia $S_y = 1000$ MPa, tenacidad a la fractura de Modo I: $K_I = 60$ MPa$\sqrt{m}$
   - Basándose en los datos anteriores:

     a) ¿Qué material elegirías para incrementar la resistencia a la fractura?

     b) ¿Cuál sería la longitud máxima de la grieta que se generaría antes de la fractura, en este caso?

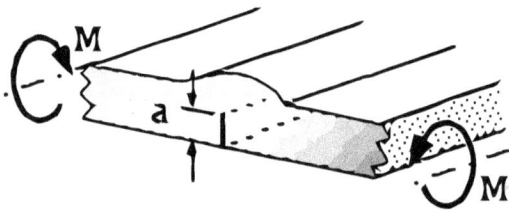

Figura 3.1: Grieta en unión soldada

Resolución

1. Valor de la tensión que produce la fractura.

   La condición de resistencia frente a la fractura según la LEFM es:

   $$K_I = Y\sigma\sqrt{\pi a} \leq K_{IC}$$

   Donde factor Y se calcula según la siguiente expresión:

   $$Y = \frac{1{,}12 + \alpha\,(2{,}62\alpha - 1{,}59)}{1 - 0{,}7\alpha}$$

   Cuando $\alpha <<< W$, α tiende a ser cero, por lo tanto, tenemos lo siguiente:

   $$Y = \lim_{\alpha \to 0} \frac{1{,}12 + 2{,}62\alpha^2 - 1{,}59\alpha}{1 - 0{,}7\alpha} = \frac{1{,}12 + 0 - 0}{1 - 0} = 1{,}12$$

Despejando el valor de α tenemos lo siguiente:

$$\sigma = \frac{K_{IC}}{Y\sqrt{\pi a}} = \frac{90}{1{,}12\sqrt{\pi 0{,}002}} = 1013{,}76 \text{ MPa}$$

2. Selección del material.

   Seleccionaríamos un material con más tenacidad a la fractura, lo cual nos permitiría incrementar el tamaño de la grieta antes de que se produzca la fractura, es decir, seleccionaríamos el primer material con $K_{IC} = 120$ MPa$\sqrt{\text{m}}$.

3. Longitud de la grieta crítica.

   El tamaño máximo de la grieta es, en este caso, el siguiente:

   $$Y\sigma\sqrt{\pi a_{cr}} \leq K_{IC}$$

   $$a_{cr} \geq \frac{1}{\pi}\left(\frac{K_{IC}}{Y\sigma}\right)^2 = \frac{1}{\pi}\left(\frac{120}{Y1013{,}76}\right)^2 = 3{,}56 \cdot 10^{-3} \text{ m} = 3{,}56 \text{ mm}$$

3.2 Barra rectangular agrietada

La barra rectangular de la Figura 3.2 está fabricada de un material con una tenacidad a la fractura de 60 MPa√m. Durante una revisión del mantenimiento, se ha detectado una grieta de 20 mm de profundidad. Suponiendo un comportamiento según la LEFM, ¿es seguro mantener la barra en servicio sin hacer ninguna reparación?

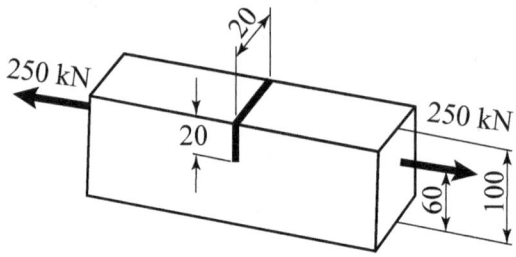

Figura 3.2: Barra rectangular agrietada

Resolución

La carga no está aplicada en el centro, y por lo tanto no se trata de un caso simple. Sin embargo, podemos calcular este caso complejo mediante la superposición de efectos:

1. Fuerza alineada con el eje longitudinal de la barra:

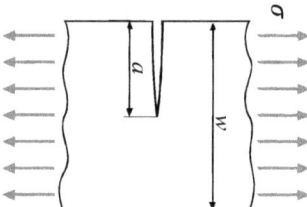

Figura 3.3: Fleje infinito con grieta al extremo sometido a tracción

De acuerdo con la posición de la grieta en la pieza, tenemos los valores siguientes:

$$\alpha = \frac{a}{w} = \frac{20}{100} = 0{,}2$$

$$Y = \frac{\sqrt{\frac{2}{\pi\alpha} \tan\left(\frac{\pi\alpha}{2}\right)}}{\cos\left(\frac{\pi\alpha}{2}\right)} \left[0{,}752 + 2{,}02\alpha + 0{,}37\left(1 - \sin\left(\frac{\pi\alpha}{2}\right)\right)^4\right] =$$

$$= \frac{\sqrt{\frac{2}{0{,}2\pi} \tan\left(\frac{0{,}2\pi}{2}\right)}}{\cos\left(\frac{0{,}2\pi}{2}\right)} \left[0{,}752 + 2{,}02 \cdot 0{,}2 + 0{,}37\left(1 - \sin\left(\frac{0{,}2\pi}{2}\right)\right)^4\right] \approx 1{,}326$$

La tensión generada por la fuerza es:

$$\sigma = \frac{F}{A} = \frac{250.000}{100 \cdot 20} = 125 \text{ MPa}$$

El factor de intensidad de esfuerzos generado es:

$$K_{I_{\text{axial}}} = Y\sigma\sqrt{\pi a} = 1{,}326 \cdot 125\sqrt{\pi 0{,}02} = 41{,}56 \text{ MPa}\sqrt{\text{m}}$$

2. Momento flector alineado con el eje longitudinal de la barra:

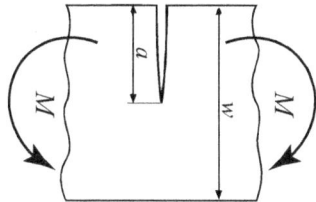

Figura 3.4: Fleje infinito con grieta al extremo sometido a flexión

De acuerdo con la posición de la grieta en la pieza, tenemos los siguientes valores:

$$\alpha = \frac{a}{w} = \frac{20}{100} = 0{,}2$$

$$Y = \frac{1{,}12 + \alpha(2{,}62\alpha - 1{,}59)}{1 - 0{,}7\alpha} = \frac{1{,}12 + 0{,}2(2{,}62 \cdot 0{,}2 - 1{,}59)}{1 - 0{,}7 \cdot 0{,}2} \approx 1{,}0544$$

El momento generado por la fuerza es: $M = Fd = 2{,}5 \cdot 10^5 \cdot 10 = 2{,}5 \cdot 10^5$ N·mm.

La tensión generada por la fuerza es:

$$\sigma = \frac{6M}{bw^2} = \frac{6 \cdot 2{,}5 \cdot 10^6}{20 \cdot 100^2} = 75 \text{ MPa}$$

El factor de intensidad de esfuerzos generado es:

$$K_{I_{\text{flexión}}} = Y\sigma\sqrt{\pi a} = 1{,}0544 \cdot 75\sqrt{\pi 0{,}02} = 19{,}82 \text{ MPa}\sqrt{\text{m}}$$

3. Superposición de efectos:

El factor de intensidad de esfuerzos global se obtiene agregando los dos factores:

$$K_{I_{\text{global}}} = K_{I_{\text{axial}}} + K_{I_{\text{flexión}}} = 41{,}56 + 19{,}82 = 61{,}38 \text{ MPa}\sqrt{\text{m}}$$

El coeficiente de seguridad a la rotura es:

$$n \leq \frac{K_{IC}}{K_{I_{\text{global}}}} = \frac{60}{61{,}38} = 0{,}98 < 1$$

El coeficiente de seguridad es claramente insuficiente y por lo tanto se ha de reparar.

3.3 Duración de una placa agrietada

Un acero martensítico con una tenacidad a la fractura de $K_{IC} = 66$ MPa$\sqrt{m}$, se ha sometido a un esfuerzo $\sigma_{máx} = 275{,}8$ MPa, $\sigma_{mín} = 68{,}95$ MPa, y se ha detectado una grieta en el centro de las siguiente medida: $2a_0 = 6{,}35$ mm.

Se pide determinar el número de ciclos hasta la rotura.

Resolución

1. Tensión crítica: La condición de resistencia es la siguiente: $K_I = Y\sqrt{\pi a} < K_{IC}$ Despejando la longitud de la grieta, tenemos lo siguiente:

$$a_{cr} = \left(\frac{K_{IC}}{Y\sigma_{máx}}\right)^2 \frac{1}{\pi} = \left(\frac{66}{1 \cdot 275{,}8}\right)^2 \frac{1}{\pi} \approx 18{,}19 \text{ mm}$$

2. Número de ciclos hasta la rotura.

   El margen de tensiones que soporta la pieza es: $\Delta\sigma = \sigma_{máx} - \sigma_{mín} = 275{,}8 - 68{,}95 = 206{,}85$ MPa Aplicando la ecuación de Paris:

$$N = \int_{a_0}^{a_{cr}} \frac{da}{C(\Delta\sigma\sqrt{\pi a})^m} = \int_{a_0}^{a_{cr}} \frac{a^{-m/2} da}{C(\Delta\sigma)^m \pi^{m/2}} = \frac{1}{C(\Delta\sigma)^m \pi^{m/2}} \int_{a_0}^{a_{cr}} a^{-m/2} da =$$

$$= \frac{1}{C(\Delta\sigma)^m \pi^{m/2} (1-m/2)} \left[a_{cr}^{1-m/2} - a_0^{1-m/2}\right] =$$

$$= \frac{0{,}01819^{-0{,}125} - 0{,}003175^{-0{,}125}}{1{,}35 \cdot 10^{-10} (206{,}85\sqrt{\pi})^{2{,}25} (-0{,}125)} = 40.536 \text{ ciclos}$$

Donde:

$C = 1{,}35 \cdot 10^{-10}$: para aceros martensíticos (ver Tabla B.18).

$m = 2{,}25$: para aceros martensíticos (ver Tabla B.18).

3.4 Grieta en chapa

En una chapa laminada en caliente, construida de un acero de construcción laminado en caliente, construida de un acero de construcción laminado en caliente de alta resistencia S-355-JR (S_y= 355 MPa; S_{ut}= 615 MPa; K_{IC} = 104 MPa$\sqrt{m}$; ΔK_{th} = 7 MPa$\sqrt{m}$) se ha detectado una grieta en el centro de 5 mm de longitud ($2a_o$ = 5 mm). Si la chapa se somete a una tensión axial que oscila entre 0 y 200 MPa, se pide determinar:

1. Si la grieta seguirá creciendo.
2. La longitud de la grieta crítica (a_{cr}) que ha de producir la rotura de la chapa.
3. El número de ciclos hasta la rotura:

Resolución

1. Determinar si la grieta seguirá creciendo.
   Para precisar, debemos calcular la variación del factor de intensidad de esfuerzos:

$$K_I = Y\sigma\sqrt{\pi a} \rightarrow \Delta K_I = Y\Delta\sigma\sqrt{\pi a}$$

Cuando la grieta se localiza en el centro$\rightarrow Y = 1$

$$\Delta\sigma = \sigma_{máx} - \sigma_{mín} = 200 - 0 = 200 \text{ MPa}.$$
$$a = l/2 = 5/2 = 2,5 \text{ mm} = 2,5 10^{-3} \text{ m}$$
$$\Delta K_I = 1 \cdot 200(\pi \cdot 2,5 \cdot 10^{-3}) = 17,7 \text{ MPa}\sqrt{m} > \Delta K_{th} = 7 \text{ MPa}\sqrt{m}$$

Teniendo en cuenta que $\Delta K_I > \Delta K_{th}$ la grieta seguirá haciéndose más grande.

2. Longitud de la grieta crítica (a_{cr}) que ha de producir la rotura de la chapa:

La tenacidad a la fractura es una característica mecánica que empleamos para predecir la rotura. Cuando el factor de intensidad de esfuerzos iguala o supera este valor, se produce la fractura. El factor de intensidad de esfuerzos, en el instante en que la grieta adquiere su valor crítico (a_{cr}), es el siguiente:

$$K_I = Y\sigma\sqrt{\pi a_{cr}}$$

La condición de la fractura requiere que: $K_I \leq K_{IC}$

$$Y\sigma\sqrt{\pi a_{cr}} \leq K_{IC} \rightarrow a_{cr} \geq \frac{1}{\pi}\left(\frac{K_{IC}}{Y\sigma}\right)^2$$

Sustituyendo numéricamente, tenemos que:

$$a_{cr} \geq \frac{1}{\pi}\left(\frac{104}{1 \cdot 200}\right)^2 = 0,861 \text{ m} = 86,1 \text{ mm}$$

Por lo tanto longitud crítica es: $l_{cr} = 2a_{cr} = 2 \cdot 86,1 = 172,2$ mm

Capítulo 3. Mecánica de la fractura

3. Número de ciclos hasta la rotura: La determinación del número de ciclos hasta la rotura se realiza empleando la ecuación de Paris:

$$\frac{da}{dN} = C\left(\Delta K\right)^m = C\left(Y\sigma\sqrt{\pi a}\right)^m$$

$$N = \int_{a_0}^{a_{cr}} \frac{da}{CY^m \Delta\sigma^m \pi^{\frac{m}{2}} a^{\frac{m}{2}}} = \frac{1}{CY^m \Delta\sigma^m \pi^{\frac{m}{2}}} \int_{a_0}^{a_{cr}} a^{-\frac{m}{2}} da =$$

$$= \frac{1}{CY^m \Delta\sigma^m \pi^{\frac{m}{2}}} \left[\frac{a^{1-\frac{m}{2}}}{1-\frac{m}{2}}\right]_{a_0}^{a_{cr}}$$

Sustituyendo numéricamente y extrayendo las constantes de integración, tenemos lo siguiente:

$$N = \frac{1}{6{,}9 \cdot 10^{-12} \cdot 1^3 \cdot 200^3 \pi^{\frac{3}{2}}} \left[\frac{a^{1-\frac{m}{2}}}{1-\frac{m}{2}}\right]_{0{,}0025}^{0{,}0861}$$

$$= -3.253{,}4 \left[\frac{0{,}0861^{-0{,}5} - 0{,}00025^{-0{,}5}}{0{,}5}\right] = 107.960 \text{ ciclos}$$

3.5 Placa agrietada

La placa de la ?? tiene un ancho de 100 mm. Se ha detectado unas grietas de tamaño $2a_1 = 40$ mm i $a_2 = 15$ mm. La placa está fabricada de un acero de construcción laminado en caliente S275JR (S_y= 275 MPa, S_{ut}= 450 MPa, K_{IC}= 75 MPa$\sqrt{m}$). Si la carga está cargada progresivamente en tensión, se pide determinar

1. La tensión máxima que puede soportar antes de producirse la rotura.
2. Por donde se producirá la fractura.

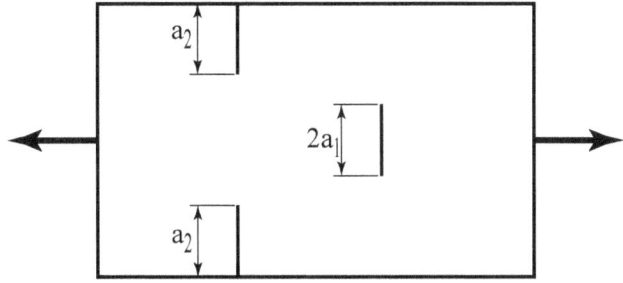

Figura 3.5: Placa agrietada

Resolución

1. Tensión máxima que puede soportar antes de producirse loa fractura.

    - Tensión máxima a la que se puede llegar en el centro:
      De acuerdo con la posición de la grieta en la pieza, tenemos los valores siguientes:

    $$a_1 = 20; W = 100$$
    $$\alpha = \frac{a_1}{W} = \frac{20}{100} = \frac{1}{5} = 0{,}2 < 0{,}7$$

    Después, podemos aplicar la formulación siguiente:

    $$Y_1 = \sqrt{\sec(\pi\alpha/2)} = \frac{1}{\sqrt{\cos(\pi 0{,}2/2)}} = 1{,}0254$$

    La condición de resistencia es la siguiente: $K_I = Y\sqrt{\pi a} < K_{IC}$.
    Despejando la tensión, tenemos lo siguiente:

    $$\sigma_{\text{centre}} \leq \frac{K_{IC}}{Y_1\sqrt{\pi a_1}} = \frac{75}{1{,}0254\sqrt{\pi 0{,}02}} \frac{\text{MPa}\sqrt{m}}{\sqrt{m}} = 291{,}7 \text{ MPa}$$

- Tensión máxima a la que se puede llegar en los extremos De acuerdo con la posición de las grietas en la pieza, tenemos los valores siguientes:

$$a_2 = 15; W = 100$$

$$\alpha = \frac{a_2}{W} = \frac{15}{100} = \frac{1}{5} = 0{,}15 < 0{,}7$$

Después, podemos aplicar la formulación siguiente:

$$Y_2 = \frac{1{,}122 - 0{,}561\alpha - 0{,}205\alpha^2 + 0{,}471\alpha^3 - 0{,}190\alpha^4}{\sqrt{1-\alpha}}$$

Despejando α en la fórmula anterior, tenemos

$$Y_2 = \frac{1{,}122 - 0{,}561\cdot 0{,}15 - 0{,}205\cdot 0{,}15^2 + 0{,}471\cdot 0{,}15^3 - 0{,}190\cdot 0{,}15^4}{\sqrt{1-0{,}15}}$$

$$= 1{,}1223$$

La tensión máxima en los extremos es la siguiente:

$$\sigma_{\text{extremo}} \leq \frac{K_{IC}}{Y_2\sqrt{\pi a_2}} = \frac{75}{1{,}1223\sqrt{\pi 0{,}015}}\frac{\text{MPa}\sqrt{\text{m}}}{\sqrt{\text{m}}} = 307{,}8 \text{ MPa}$$

2. Por donde se producirá la fractura. La tensión máxima que soporta la pieza en el centro es de 291,7 MPa, mientras en los extremos soporta hasta 307,8 MPa. Por lo tanto, la fractura se produce en primer lugar en la zona central y la tensión máxima que soportará la pieza será de 291,7 MPa (porque es la menor de las dos).

4
Tribología

4.1 Cálculo de un patín

Se pretende diseñar un carro de traslación que deberá soportar una carga de 1000 N a una velocidad de 0,5 m/s, la cual se transmitirá a través de cuatro patines de bronce a unos carriles de acero. Se considerará que el patín trabajará en condiciones de lubricación mixta, por lo que la tasa de desgaste entre el acero y el bronce será: $k_w = 4 \cdot 10^{-11}$ mm^3/ N $\cdot$ mm.

Se desea determinar la superficie en mm^2 que debe tener cada patín para asegurar que el desgaste de los mismos no excede de 0,2 mm en 1800 h bajo las condiciones de trabajo descritas.

Resolución

Para calcular la superficie del patín emplearemos la ecuación de Archad. Para ello debemos calcular primeramente una serie de parámetros:

- Longitud recorrida:

$$L = vt = 500 \frac{\text{mm}}{\cancel{s}} \cdot 1800 \cancel{h} \cdot \frac{3600 \cancel{s}}{1 \cancel{h}} = 3{,}24 \cdot 10^9 \text{ mm}$$

- Volumen desgastado:

$$V = Se = 0{,}2S \text{ mm}^2$$

Donde S es la superficie del patín.

Aplicando la ecuación de Archard, expresada en función de la tasa de desgaste, despejamos el valor de la superficie S:

$$V = k_w P_n L$$
$$0{,}2S = 4 \cdot 10^{-11} \frac{1000}{4} \cdot 3{,}24 \cdot 10^9$$
$$S = 162 \text{ mm}^2$$

4.2 Cálculo de un cojinete de fricción

Un eje de acero gira a 50rpm dentro de un cojinete de fricción de bronce (60 HB) de 50 mm de ancho. La fuerza de reacción transmitida por el eje sobre el cojinete es: $P_n = 100$ N.

Se pretende el periodo mínimo de inspecciones para detectar un incremento en la holgura diametral (total) del cojinete de 0,6 mm.

Resolución

Para calcular el desgaste del cojinete emplearemos la ecuación de Archad. Para ello hemos de calcular primeramente una serie de parámetros:

- Longitud recorrida:
$$L = vt = \omega r t$$

- Volumen desgastado:
$$V = 2\pi r e b$$

Sustituyendo en la ecuación de Archard y despejando el tiempo:

$$V = K\frac{P_n L}{3H}$$

$$2\pi r e = K\frac{P_n \omega r t}{3H}$$

$$t = \frac{6\pi H e b}{K P_n \omega}$$

Sustituyendo numéricamente:

$$t = \frac{6\pi 60 \cdot 9{,}81 \cdot 0{,}3 \cdot 50}{10^{-3} \cdot 100 \cdot 50\frac{\pi}{30}} = 317.844 \text{ s} = 88{,}29 \text{ h}$$

4.3 Cálculo de los rodillos de una cadena de tracción

Las Figuras 7.12, 4.2 y 4.3 muestran el despiece y montaje de una cadena de rodillos en una cinta transportadora metálica. La carga de la cinta transportadora es transmitida sobre las mallas, de esta a los ejes, de estos a los rodillos y finalmente, de estos al carril.

El material del carril, ejes y rodillos es acero al carbono. El módulo de Young y coeficiente de Poisson de los aceros son respectivamente E = $2 \cdot 10^5$ MPa y $\nu = 0.3$.

El peso que debe soportar cada rodillo es de 66 kN. El diámetro exterior de los rodillos es de 36 mm, el interior de 8,6 mm y el ancho de 19 mm. El diámetro del eje sobre el que deslizan los rodillos es de 8,5 mm.

A partir de los datos anteriores se pide:

1. Para la **superficie exterior del rodillo**:

   a) Determinar la dureza necesaria para soportar el peso sin sufrir plasticidad.

   b) Determinar si es necesario realizar un tratamiento de temple superficial sobre dicha superficie para evitar el fallo por fatiga superficial antes de 10^7 ciclos. En caso afirmativo:
   - Determinar la dureza mínima que debe tener el temple superficial.
   - Determinar la profundidad mínima (en mm) que deberá alcanzar el temple en dicha superficie.

2. Para la **superficie interior del rodillo**:

   a) Determinar la dureza necesaria para soportar el peso sin sufrir plasticidad.

   b) Determinar si es necesario realizar un tratamiento de temple superficial sobre dicha superficie para evitar el fallo por fatiga superficial antes de 10^7 ciclos. En caso afirmativo:
   - Determinar la dureza mínima que debe tener el temple superficial.
   - Determinar la profundidad mínima (en mm) que deberá alcanzar el temple en dicha superficie.

   c) Determinar la dureza que debe tener el temple de la superficie interior del rodillo para asegurar que la **holgura diametral** no supera el medio milímetro en 1800 horas si la velocidad de la cadena es de 13 m/min y la constante de Archard entre el rodillo y el eje es $K = 1 \cdot 10^{-7}$.

Resolución

1. Para la superficie exterior del rodillo

   a) Determinar la dureza necesaria para soportar el peso sin sufrir plasticidad.

   En primer lugar para la resolución del primer apartado debemos considerar que la superficie exterior del rodillo estará sometida a un contacto cilíndrico.

   El tamaño de la huella que es función de la carga P, el ancho L, el diámetro equivalente y el módulo de elasticidad equivalente. El valor de P y L es conocido por lo tanto, determinamos los dos últimos valores anteriores de la siguiente manera:

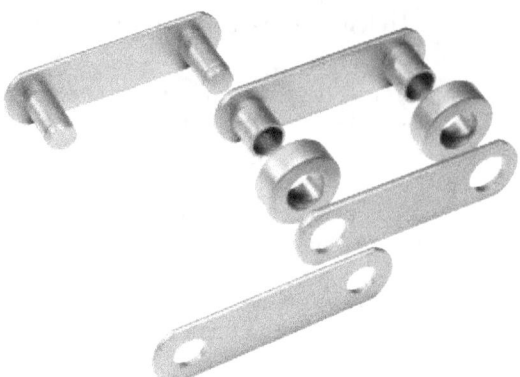

Figura 4.1: Despiece de una cadena de rodillos

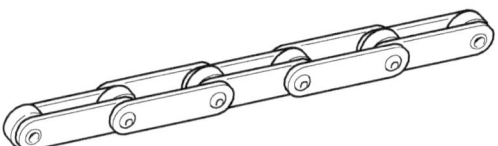

Figura 4.2: Detalle cadena de rodillos

- Diámetro equivalente:

$$D_{eq} = \frac{1}{1/D_1 + 1/D_2} = \frac{1}{1/36 + 1/\infty} = 36 \text{ mm}$$

- Modulo de Young equivalente:

$$E_{eq} = \frac{1}{(1-\nu_1^2/E_1) + (1-\nu_2^2/E_2)}$$
$$= \frac{1}{(1-0{,}3^2/2\cdot 10^5) + (1-0{,}3^2/2\cdot 10^5)} = 109.890 \text{ MPa}$$

Conocidos estos valores podemos determinar el valor de la semihuella producida para este tipo de contacto cilíndrico:

$$a = \sqrt{\frac{2PD_{eq}}{\pi L E_{eq}}} = \sqrt{\frac{2\cdot 66000 \cdot 36}{\pi \cdot 19 \cdot 109890}} = 0{,}851 \text{ mm}$$

El valor de la huella total será: $h = 2a = 2 \cdot 0{,}851 = 1{,}702$ mm.

A partir del tamaño de la semihuella, es posible calcular el valor de la presión máxima del siguiente modo:

$$p_{máx} = \frac{2P}{\pi a L} = \frac{2 \cdot 66.000}{\pi \cdot 0{,}851152 \cdot 19} = 2598{,}1 \text{ MPa}$$

4.3 Cálculo de los rodillos de una cadena de tracción

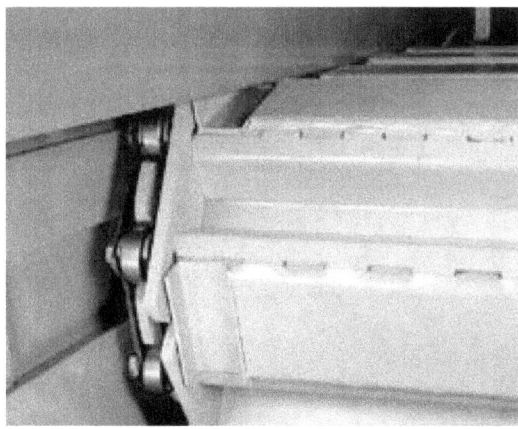

Figura 4.3: Detalle de montaje de la cadena de rodillos en la cinta

Por otro lado, a partir de la presión máxima, se calculan las distribuciones de tensiones principales y a partir de estas la distribución de tensión equivalente:

$$\sigma_{eq}(\lambda) = \sqrt{\frac{(\sigma_1^2 - \sigma_2^2) + (\sigma_1^2 - \sigma_3^2) + (\sigma_2^2 - \sigma_3^2)}{2}} =$$

$$= p_{máx}\sqrt{\frac{\left(1 + 2\lambda(\lambda - \sqrt{1+\lambda^2})\right)\left((1-2\nu_1)^2 + 4\lambda^2(1+(-1+\nu_1)\nu_1)\right)}{1+\lambda^2}} =$$

$$= 2598{,}1\sqrt{\frac{(0.16 + 3.16\lambda^2)\left(1 + 2\lambda\left(\lambda - \sqrt{1+\lambda^2}\right)\right)}{1+\lambda^2}}$$

La determinación del valor de λ donde se produce la máxima tensión equivalente, se puede realizar de dos maneras:

- Representando gráficamente la expresión anterior en función de la tensión equivalente y el parámetro λ, tal y como se muestra en la Figura 4.4.
  De forma aproximada y a partir de la Figura 4.4, se puede observar que el valor de λ para el que la tensión equivalente es máxima es de aproximadamente 0,7.
- Realizando la primera derivada de la tensión equivalente y calculando sus raíces:
$$\frac{d\sigma_{eq}(\lambda)}{d\lambda} = 0 \rightarrow \lambda = 0{,}704$$

Una vez calculado el valor de λ para el cual se produce la σ_{eq} máxima procedemos a calcular la tensión equivalente máxima en este punto:

$$\sigma_{eq}(0{,}704) = 2598{,}1\sqrt{\frac{(0{,}16 + 3{,}16\lambda^2)\left(1 + 2\cdot 0{,}704\left(0{,}704 - \sqrt{1+0{,}704^2}\right)\right)}{1+0{,}704^2}}$$

$$= 1448{,}5 \text{ MPa}$$

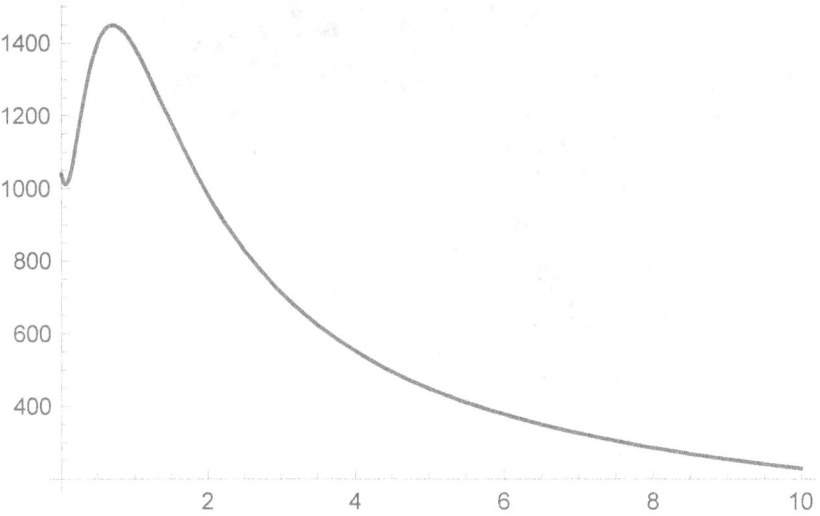

Figura 4.4: Tensión equivalente en función del parámetro λ

En cuanto a la dureza requerida para soportar la carga estáticamente, esta será:

$$n_c \leq \frac{H}{\sigma_{\text{eq}}} \rightarrow H \geq n_c \sigma_{\text{eq}}$$

Dado que en este caso no se especifica un coeficiente de seguridad mínimo, $n_c = 1$ por lo que la dureza superficial requerida se corresponderá con la tensión equivalente máxima.

Por otro lado, considerando que la relación entre dureza-tensión de fluencia de un acero convencional es de aproximadamente $H \approx 3S_y$, el límite de fluencia necesario será:

$$S_y > \frac{H}{3} = \frac{1448{,}5}{3} \approx 482{,}6 \text{ MPa}$$

Este límite de fluencia resulta bastante elevado para un acero convencional, por lo que resulta indicativo de que se deberá emplear un acero templable con elevadas prestaciones mecánicas como el C45 o superior. La dureza requerida, expresada en grados Brinell será:

$$HB = H \frac{\cancel{N}}{\text{mm}^2} \frac{1}{9{,}81} \frac{\text{kg}}{\cancel{N}} = \frac{H}{9{,}81} = \frac{1.448{,}5}{9{,}81} \approx 148 \frac{\text{kg}}{\text{mm}^2}$$

b) Determinar si es necesario realizar un tratamiento de temple superficial sobre la superficie exterior del rodillo y su profundidad en su caso:

La relación entre la tensión equivalente máxima y la resistencia a la fatiga superficial requerida viene determinada por el coeficiente de seguridad a la fatiga superficial:

$$n_H \leq \frac{S_H}{\sigma_{\text{eq}}} \rightarrow S_H \geq n_H \sigma_{\text{eq}}$$

Dado que en este caso no se especifica un coeficiente de seguridad mínimo, $n_H = 1$ por lo que la resistencia a la fatiga superficial coincidirá con la tensión equivalente máxima.

La Figura B.3 muestra la relación entre la resistencia a la fatiga superficial para 10^7 ciclos y la dureza superficial requerida. Como puede apreciarse, para alcanzar los 1448,5 MPa de resistencia a la fatiga superficial necesitamos aplicar algún tipo de tratamiento superficial como el temple superficial.

Por otro lado, el valor de la profundidad a la que habrá que realizar un temple superficial viene determinado por el valor de λ:

$$z = \lambda a = 0{,}704 \cdot 0{,}851 = 0{,}596 \text{ mm}$$

2. Para la superficie interior del rodillo

   a) Determinar la dureza necesaria para soportar el peso sin sufrir plasticidad.

   La forma de proceder es la misma que en el apartado anterior solo que en este caso el contacto se produce entre la parte interior del rodillo y el eje sobre el que deslizan. El tamaño de la huella que es función de la carga P, el ancho L, el diámetro equivalente y el módulo de elasticidad equivalente. El valor de P y L es conocido por lo tanto, determinamos los dos últimos valores anteriores de la siguiente manera:

   - Diámetro equivalente:

   $$D_{eq} = \frac{1}{1/D_1 + 1/D_2} = \frac{1}{\frac{1}{8{,}5} + \frac{1}{-8{,}6}} = 731 \text{ mm}$$

   Modulo de Young equivalente:

   $$E_{eq} = \frac{1}{(1 - \nu_1^2/E_1) + (1 - \nu_2^2/E_2)}$$
   $$= \frac{1}{(1 - 0{,}3^2/2 \cdot 10^5) + (1 - 0{,}3^2/2 \cdot 10^5)} = 109.890 \text{ MPa}$$

   Conocidos estos valores podemos determinar el valor de la semihuella producida para este tipo de contacto cilíndrico:

   $$a = \sqrt{\frac{2PD_{eq}}{\pi L E_{eq}}} = \sqrt{\frac{2 \cdot 66.000 \cdot 731}{\pi \cdot 19 \cdot 109.890}} = 3{,}835 \text{ mm}$$

   El valor de la huella total será: $h = 2a = 2 \cdot 3{,}835 = 7{,}671$ mm A partir del tamaño de la semihuella, es posible calcular el valor de la presión máxima del siguiente modo:

   $$p_{\text{máx}} = \frac{2P}{\pi a L} = \frac{2 \cdot 66.000}{\pi \cdot 3{,}835 \cdot 19} = 576{,}6 \text{ MPa}$$

Por otro lado, a partir de la presión máxima, se calculan las distribuciones de tensiones principales tal y a partir de esta la distribución de tensión equivalente:

$$\sigma_{eq}(\lambda) = \sqrt{\frac{(\sigma_1^2 - \sigma_2^2) + (\sigma_1^2 - \sigma_3^2) + (\sigma_2^2 - \sigma_3^2)}{2}} =$$

$$= p_{\text{máx}} \sqrt{\frac{\left(1 + 2\lambda(\lambda - \sqrt{1 + \lambda^2})\right)\left((1 - 2\nu_1)^2 + 4\lambda^2(1 + (-1 + \nu_1)\nu_1)\right)}{1 + \lambda^2}} =$$

$$= 576{,}6 \sqrt{\frac{(0.16 + 3.16\lambda^2)\left(1 + 2\lambda\left(\lambda - \sqrt{1 + \lambda^2}\right)\right)}{1 + \lambda^2}}$$

Dado que los parámetros que conforman la distribución de tensión equivalente son iguales (interior de la raíz), el valor de λ será el mismo que en el apartado anterior, con lo que la la σ_{eq} máxima será:

$$\sigma_{eq}(0{,}704) = 576{,}6 \sqrt{\frac{(0{,}16 + 3{,}16\lambda^2)\left(1 + 2 \cdot 0{,}704\left(0{,}704 - \sqrt{1 + 0{,}704^2}\right)\right)}{1 + 0{,}704^2}} =$$

$$= 325{,}45 \text{ MPa}$$

Al igual que en la superficie externa del rodillo, la dureza superficial requerida se corresponderá con la tensión equivalente máxima.

Por otro lado, considerando que la relación entre dureza-tensión de fluencia de un acero convencional es aproximadamente $H \approx 3S_y$, el límite de fluencia necesario sería:

$$S_y > \frac{H}{3} = \frac{325{,}45}{3} \approx 108{,}5 \text{ MPa}$$

A diferencia de la superficie exterior del rodillo, el agujero no requiere de un material especial para soportar estáticamente la presión de contacto sin deformarse.

b) Determinar si es necesario realizar un tratamiento de temple superficial sobre la superficie exterior del rodillo y su profundidad en su caso:

Al igual que en la superficie exterior del rodillo, no se especifica un coeficiente de seguridad mínimo, $n_H = 1$ por lo que la resistencia a la fatiga superficial coincidirá con la tensión equivalente máxima.

La Figura B.3 muestra la relación entre la resistencia a la fatiga superficial para 10^7 ciclos y la dureza superficial requerida. Como puede apreciarse, para alcanzar los 325,5 MPa de resistencia a la fatiga superficial no necesitamos aplicar ningún tipo de tratamiento superficial.

3. Determinar la dureza que debe tener el temple de la superficie interior del rodillo para asegurar que la **holgura diametral** no supera el medio milímetro en 1800 horas si la velocidad de la cadena es de 13 m/min, y la constante de Archard entre el rodillo y el eje es $K = 1 \cdot 10^{-7}$.

La dureza necesaria H para no desgastar el espesor la podemos obtener de la ecuación de Archard:

$$\frac{V}{L} = K \frac{P_n}{3H}$$

Para ello necesitamos conocer los valores de volumen desgastado V y longitud recorrida L. El volumen desgastado puede calcularse en función del diámetro interior, el ancho del rodillo, y del espesor desgastado de la siguiente manera:

$$V = \pi deb = \pi \cdot 8{,}6 \cdot 0{,}25 \cdot 19 = 128{,}3 \text{ mm}^3$$

Por otro lado la longitud recorrida L depende de la velocidad periférica en el punto de contacto entre el rodillo y su eje, y el tiempo transcurrido. Para obtener la velocidad periférica en este punto, previamente calculamos la velocidad angular de giro del rodillo:

$$\omega = \frac{v}{D/2} = \frac{13.000 \frac{\text{mm}}{\text{min}} \frac{\text{min}}{s} \frac{1}{60}}{36/2 \text{ mm}} = \frac{216{,}66}{18} = 12{,}04 \text{ rad/s}$$

$$n = \omega \frac{30}{\pi} = 114{,}95 \text{ rev/min}$$

Multiplicando las rpm por el tiempo transcurrido obtenemos el número total de giros efectuado. Finalmente, si multiplicamos el número de revoluciones total por el desarrollo total por revolución obtenemos la longitud recorrida:

$$L = \pi dn 60 t = \pi \cdot 8{,}6 \cdot 114{,}95 \cdot 1800 \cdot 60 = 3{,}354 \cdot 10^8 \text{ mm}$$

Despejando la dureza H de la ecuación de Archard:

$$H = K \frac{P_n L}{3V} = 10^{-7} \frac{66.000 \cdot 3{,}354 \cdot 10^8}{3 \cdot 128{,}334} = 5.749{,}7 \text{ N/ mm}^2$$

Expresando el resultado anterior en unidades de dureza Brinell HB:

$$HB = 5749{,}7/9{,}8 \approx 586 \text{ Kg/mm}^2$$

4.4 Cálculo de dos rodillos de un laminador de papel

Dos rodillos de un laminador de papel deben de ejercer una fuerza de 1.500 kN entre sí (cada uno) mientras giran a una velocidad de 60 rpm. Los rodillos tienen el mismo diámetro y están fabricados de acero C45 cementado, con las siguientes características mecánicas: S_y= 700 MPa, S_{ut}= 900 MPa, 500HB. El ancho de los rodillos es de un metro. El módulo de Young y coeficiente de Poisson de los aceros son respectivamente E = $2 \cdot 10^5$ MPa y $\nu = 0.3$.

A partir de los datos anteriores se desea determinar:

1. El diámetro **mínimo** (en mm) que deben tener los rodillos para evitar el fallo por fatiga superficial antes de 10^7 ciclos, teniendo en cuenta que éste solo puede tomar uno de estos valores: 25, 30, 35, 40, 45 ó 50 mm.

2. La profundidad (en mm) que deberá alcanzar el cementado para asegurar que se logra la dureza requerida en el punto de máxima tensión equivalente.

3. Para el diámetro calculado, el tiempo (en horas) que tardaría en desgastar la superficie cementada si la constante de Archard entre los rodillos y el papel es $K = 10^{-3}$ y el deslizamiento entre ambos es del 0,25 %.

4. Para el diámetro calculado, si el accionamiento gira a 1.500 rpm, la relación de reducción necesaria para lograr que los rodillos giren a la velocidad requerida.

Resolución

1. El diámetro **mínimo** (en mm) que deben tener los rodillos para evitar el fallo por fatiga superficial antes de 10^7 ciclos.
   Este diámetro se obtiene realizando diversas iteraciones con los diferentes diámetros hasta obtener un coeficiente de seguridad a la fatiga superficial $n_H > 1$, el primer diámetro que cumple con esta condición es el de 35 mm. Seguidamente se muestra los resultados obtenidos para este diámetro.

2. La profundidad (en mm) que deberá alcanzar el cementado.
    a) Coeficiente de seguridad frente al fallo por fatiga superficial.
       Si despreciamos la influencia del papel en el contacto, ya que su rigidez es insignificante frente a la de los rodillos, podemos considerar que el contacto se produce entre los dos cilindros de laminación. El cálculo de la huella resultante entre los rodillos requiere de cálculo de los siguientes parámetros intermedios:
       • Diámetro equivalente:
       $$D_{eq} = \frac{1}{1/D_1 + 1/D_2} = \frac{1}{1/35 + 1/35} = 17,5 \text{ mm}$$
       • Modulo de Young equivalente:
       $$E_{eq} = \frac{1}{(1-\nu_1^2/E_1) + (1-\nu_2^2/E_2)} =$$
       $$= \frac{1}{(1-0,3^2/2 10^5) + (1-0,3^2/2 10^5)} = 109.890 \text{ MPa}$$

4.4 Cálculo de dos rodillos de un laminador de papel

Conocidos estos valores podemos determinar el valor de la semihuella producida para este tipo de contacto cilíndrico:

$$a = \sqrt{\frac{2PD_{eq}}{\pi LE_{eq}}} = \sqrt{\frac{2 \cdot 1.500.00017,5}{\pi 1.000 \cdot 109.890}} = 0{,}390 \text{ mm}$$

El valor de la huella total será: $h = 2a = 2 \cdot 0{,}390 = 0{,}780$ mm A partir del tamaño de la semihuella, es posible calcular el valor de la presión máxima del siguiente modo:

$$p_{\text{máx}} = \frac{2P}{\pi aL} = \frac{2 \cdot 1.500.000}{(\pi \cdot 0{,}780 \cdot 1.000)} = 2.448{,}8 \text{ MPa}$$

Por otro lado, a partir de la presión máxima, se calculan las distribuciones de tensiones principales tal y a partir de estas la distribución de tensión equivalente:

$$\sigma_{eq}(\lambda) = \sqrt{\frac{(\sigma_1^2 - \sigma_2^2) + (\sigma_1^2 - \sigma_3^2) + (\sigma_2^2 - \sigma_3^2)}{2}} =$$

$$= p_{\text{máx}} \sqrt{\frac{\left(1 + 2\lambda(\lambda - \sqrt{1+\lambda^2})\right)\left((1-2\nu_1)^2 + 4\lambda^2(1+(-1+\nu_1)\nu_1)\right)}{1+\lambda^2}} =$$

$$= 2.448{,}8 \sqrt{\frac{(0.16 + 3.16\lambda^2)\left(1 + 2\lambda\left(\lambda - \sqrt{1+\lambda^2}\right)\right)}{1+\lambda^2}}$$

Para poder obtener el valor de λ para el cual se obtiene la tensión equivalente máxima, hay que realizar la primera derivada de la ecuación anterior y calcular sus raíces:

$$\frac{d\sigma_{eq}(\lambda)}{d\lambda} = 0 \rightarrow \lambda = 0{,}704$$

Una vez calculado el valor de λ para el cual se produce la σ_{eq} máxima procedemos a calcular la tensión equivalente máxima en este punto:

$$\sigma_{eq}(0{,}704) = 2.448{,}8 \sqrt{\frac{(0.16+3.16\lambda^2)\left(1+2\cdot 0{,}704\left(0{,}704 - \sqrt{1+0{,}704^2}\right)\right)}{1+0{,}704^2}} =$$

$$= 1.365{,}2 \text{ MPa}$$

El coeficiente de seguridad a la fatiga superficial se calcula como el cociente entre la resistencia a la fatiga superficial, para una duración determinada, y la tensión equivalente máxima aplicada. La Figura B.3 muestra que para la resistencia a la fatiga superficial mínima de un acero cementado es $S_H = 1.400$ MPa para una dureza de 500 HB. De este modo el coeficiente de seguridad mínimo será

$$n_H \leq \frac{S_H}{\sigma_{eq}} = \frac{1.400}{1.395} \approx 1$$

Se verifica por lo tanto que el diámetro de 35 mm es el primero que cumple la condición de resistencia a la fatiga superficial.

b) La profundidad (en mm) que deberá alcanzar el cementado.

El valor de la profundidad a la que habrá que realizar un temple superficial viene determinado por el valor de λ:

$$z = \lambda a = 0{,}7 \cdot 0{,}390 = 0{,}275 \text{ mm}$$

3. Tiempo en desgastar la superficie cementada.

El cálculo de desgaste se realiza mediante la aplicación de la ecuación de Archard, para lo cual se requiere del cálculo previo de los siguientes parámetros:

- Volumen desgastado:

$$V = \pi d e b = \pi 35 \cdot 0{,}275 \cdot 1.000 = 30.199{,}2 \text{ mm}^3$$

- Longitud (en mm) recorrida en t (horas):
Dado que el movimiento relativo es de rodadura, no debería existir ningún desgaste ya que la velocidad relativa en el punto de contacto entre los dos rodillos es nula. Sin embargo, existe un pequeño deslizamiento del 0,25 % entre los rodillos que provoca la aparición de una velocidad de deslizamiento entre los mismos. Esta velocidad de deslizamiento será la responsable del desgaste de los rodillos.

La velocidad periférica de los rodillos puede calcularse en función del radio de los rodillos y la velocidad angular de giro, según la ecuación:

$$\omega = \frac{\pi n}{30} = 6{,}28 \text{ rad/s}$$

$$v = \frac{\omega d}{2} = 109{,}96 \text{ mm·s}$$

La velocidad de deslizamiento entre los rodillos será entonces:

$$v_g = \frac{0{,}25}{100} v = 0{,}275 \text{ mm·s}$$

La longitud recorrida a una velocidad v_g en t (horas) será:

$$L = v_g \frac{\text{mm}}{\cancel{s}} \frac{3.600 \cancel{s}}{1 \cancel{h}} t \cancel{h} = 989{,}6t \text{ mm}$$

- Tiempo requerido en alcanzar el desgaste:
Una vez disponemos de todos los datos empleamos la ecuación de Archard para despejar el valor de t:

$$L = \frac{3HV}{KP_n}$$

$$989{,}6t = \frac{3 \cdot 500 \cdot 9{,}81 \cdot 30.199{,}2}{10^{-3} \cdot 1{,}5 \cdot 10^6}$$

$$t = 299{,}4 \text{ h}$$

4. Relación de reducción necesaria: $i = \dfrac{\omega_{\text{salida}}}{\omega_{\text{entrada}}} = \dfrac{60}{1.500} = 1/25$

4.5 Cálculo de un carro de translación

El carro de translación de la Figura 4.5 debe desplazar una carga de 400 kN a una velocidad de 0,3 m/s. El carro es soportado por cuatro ruedas de acero C45, templado superficialmente, con las siguientes características mecánicas: S_y= 700 MPa, S_{ut}= 900 MPa, 650 HB. Las ruedas se desplazan sobre unos carriles de perfil IPE cuya ala vuela 58 mm a cada lado y están fabricados de acero al carbono laminado en frío S275JR, con las siguientes características mecánicas: S_y= 275 MPa, S_{ut}= 440 MPa, 150 HB. El módulo de Young y coeficiente de Poisson de los aceros son respectivamente $E = 210^5$ MPa y $\nu = 0,3$.

A partir de los datos anteriores se desea determinar:

1. El diámetro **mínimo** (en mm) que deben tener las ruedas para evitar el fallo por fatiga superficial antes de 10^7 ciclos, de las **ruedas o los carriles**, teniendo en cuenta que éste solo puede tomar uno de estos valores: 80, 90, 100, 110, 120, 140 ó 160 mm.

2. La profundidad (en mm) a la que se debe asegurar que se logra la dureza requerida para evitar el fallo por fatiga superficial.

3. Para el diámetro calculado, calcular el tiempo (en horas) que tardaría en desgastar la superficie endurecida si el porcentaje de deslizamiento entre ambos es del 1 % y la constante de Archard entre la rueda y el carril es $K = 5 \cdot 10^{-4}$.

4. Para el diámetro calculado, si el accionamiento del carro gira a 1.500 rpm, la relación de reducción necesaria para lograr el desplazamiento del carro a la velocidad requerida.

Resolución

1. El diámetro **mínimo** (en mm) que deben tener las ruedas para evitar el fallo por fatiga superficial antes de 10^7 ciclos.
   Este diámetro se obtiene realizando diversas iteraciones con los diferentes diámetros hasta obtener un coeficiente de seguridad a la fatiga superficial $n_H > 1$, el primer diámetro que cumple con esta condición es el de 90 mm. Seguidamente se muestra los resultados obtenidos para este diámetro.

2. La profundidad (en mm) a la que se debe asegurar que se logra la dureza requerida para evitar el fallo por fatiga superficial.
    a) Coeficiente de seguridad frente al fallo por fatiga superficial.
       El tipo de contacto entre la rueda y el carril es un contacto de tipo cilíndrico. El cálculo de la huella resultante entre la rueda y el carril requiere de cálculo de los siguientes parámetros intermedios:
       - Diámetro equivalente:

$$D_{eq} = \frac{1}{1/D_1 + 1/D_2} = \frac{1}{1/90 + 1/\infty} = 90 \text{ mm}$$

Capítulo 4. Tribología

Figura 4.5: Carro de traslación

- Modulo de Young equivalente:

$$E_{eq} = \frac{1}{(1-\nu_1^2/E_1) + (1-\nu_2^2/E_2)}$$

$$E_{eq} = \frac{1}{(1-0{,}3^2/210^5) + (1-0{,}3^2/210^5)} = 109.890 \text{ MPa}$$

Conocidos estos valores podemos determinar el valor de la semihuella producida para este tipo de contacto cilíndrico:

$$a = \sqrt{\frac{2PD_{eq}}{\pi L E_{eq}}} = \sqrt{\frac{210000090}{\pi 58 \cdot 109.890}} = 0{,}9481 \text{ mm}$$

El valor de la huella total será: $h = 2a = 2 \cdot 0{,}9481 = 1{,}896$ mm A partir del tamaño de la semihuella, es posible calcular el valor de la presión máxima del siguiente modo:

$$p_{máx} = \frac{2P}{\pi a L} = \frac{2 \cdot 100000}{\pi \cdot 0{,}94813 \cdot 58} = 1.157{,}7 \text{ MPa}$$

Por otro lado, a partir de la presión máxima, se calculan las distribuciones de tensiones principales tal y a partir de estas la distribución de tensión equivalente:

$$\sigma_{eq}(\lambda) = \sqrt{\frac{(\sigma_1^2 - \sigma_2^2) + (\sigma_1^2 - \sigma_3^2) + (\sigma_2^2 - \sigma_3^2)}{2}} =$$

$$= p_{máx} \sqrt{\frac{\left(1 + 2\lambda(\lambda - \sqrt{1+\lambda^2})\right)\left((1-2\nu_1)^2 + 4\lambda^2(1 + (-1+\nu_1)\nu_1)\right)}{1+\lambda^2}} =$$

$$= 1.157{,}7 \sqrt{\frac{(0{,}16 + 3{,}16\lambda^2)\left(1 + 2\lambda\left(\lambda - \sqrt{1+\lambda^2}\right)\right)}{1+\lambda^2}}$$

Para poder obtener el valor de λ para el cual se obtiene la tensión equivalente máxima, hay que realizar la primera derivada de la ecuación anterior y calcular sus raíces:

$$\frac{d\sigma_{eq}(\lambda)}{d\lambda} = 0 \rightarrow \lambda = 0{,}704$$

Una vez calculado el valor de λ para el cual se produce la σ_{eq} máxima procedemos a calcular la tensión equivalente máxima en este punto:

$$\sigma_{eq}(0{,}704) = 1.157{,}7\sqrt{\frac{(0{,}16 + 3{,}16\lambda^2)\left(1 + 2 \cdot 0{,}704\left(0{,}704 - \sqrt{1+0{,}704^2}\right)\right)}{1+0{,}704^2}}$$

$$= 645{,}4 \text{ MPa}$$

De los dos elementos en contacto, el que tiene mayor probabilidad de fallo es el de menor dureza superficial, en este caso el carril. El coeficiente de seguridad a la fatiga superficial se calcula como el cociente entre la resistencia a la fatiga superficial, para una duración determinada, y la tensión equivalente máxima aplicada.

La Figura B.3 muestra que para la resistencia a la fatiga superficial mínima de un acero al carbono sin tratamiento (material del carril) es $S_H = 650$ MPa para una dureza de 150 HB. De este modo el coeficiente de seguridad mínimo será

$$n_H \leq \frac{S_H}{\sigma_{eq}} = \frac{650}{645{,}4} \approx 1$$

Se verifica por lo tanto que el diámetro de 90 mm es el primero que cumple la condición de resistencia a la fatiga superficial.

b) La profundidad (en mm) que deberá alcanzar el tratamiento.
El endurecimiento de la superficie del carril no es debido a un tratamiento de temple o cementado, sino a la deformación plástica producida durante su proceso de fabricación. Dicha deformación plástica incrementa superficialmente la dureza del material, manteniendo un núcleo más blando y dúctil. El valor de la profundidad a la que se tendrá que asegurar la dureza de 150 HB viene determinado por el valor de λ:

$$z = \lambda a = 0{,}704 \cdot 0{,}9481 = 0{,}6678 \text{ mm}$$

3. Tiempo en desgastar la superficie endurecida.

A la hora de calcular el desgaste, es la rueda la que sufre un mayor desgaste que el carril. El cálculo de desgaste se realiza mediante la aplicación de la ecuación de Archard, para lo cual se requiere del cálculo previo de los siguientes parámetros:

- Volumen desgastado:
$$V = \pi d e b = 10.950{,}7 \text{ mm}^3$$

- Longitud (en mm) recorrida en t (horas):
Dado que el movimiento relativo es de rodadura, no debería existir ningún desgaste ya que la velocidad relativa en el punto de contacto entre la rueda y el carril. Sin embargo, existe un pequeño deslizamiento de un 1 % entre ambos que provoca la aparición de una velocidad de deslizamiento entre los mismos. Esta velocidad de deslizamiento será la responsable del desgaste de los rodillos.
La velocidad de deslizamiento entre la rueda y el carril será entonces:

$$v_g = \frac{1}{100} v = 3 \text{ mm·s}$$

La longitud recorrida a una velocidad v_g en t (horas) será:

$$L = v_g \frac{\text{mm}}{\cancel{s}} \frac{3.600 \, \cancel{s}}{1 \, \cancel{h}} t \cancel{h} = 10.800 t \text{ mm}$$

- Tiempo requerido en alcanzar el desgaste:

4.5 Cálculo de un carro de translación

Una vez disponemos de todos los datos obtenemos a partir de la ecuación de Archard despejamos el valor de t:

$$L = \frac{3HV}{KP_n}$$

$$10.800 t = \frac{3 \cdot 650 \cdot 9{,}81 \cdot 10.950{,}7}{5 \cdot 10^{-4} 100.000}$$

$$t = 387{,}9 \text{ h}$$

4. La relación de reducción necesaria para lograr el desplazamiento del carro a la velocidad requerida: La velocidad a la salida la obtenemos a partir de la relación entre la velocidad lineal de avance y la angular de giro de la rueda:

$$v = \omega_{\text{salida}} R_1$$

$$\omega_{\text{salida}} = \frac{v}{R_1} = \frac{300}{90/2} = 6{,}6 \text{ rad/s}$$

A partir de las velocidades de entrada y salida:

$$i = \frac{\omega_{\text{salida}}}{\omega_{\text{entrada}}} = \frac{6{,}6}{1.500 \frac{30}{\pi}} = 1/23{,}56$$

4.6 Cálculo de una leva

La Figura 4.8 muestra un esquema leva-seguidor de un árbol de levas. El **radio** de la leva oscila entre un valor mínimo de 15,975 mm hasta un máximo de 24,235 mm. El ancho de la leva es de 7 mm. El seguidor ejerce una fuerza sobre la leva de 300 N. El material de la leva y el seguidor es acero. A partir de los datos anteriores se pide determinar:

1. La tensión máxima que se producirá en el contacto (en MPa)
2. La profundidad a la que se produce la tensión máxima (en mm)
3. Si es necesario realizar algún tipo de tratamiento sobre las superficies para prevenir el fallo por fatiga superficial

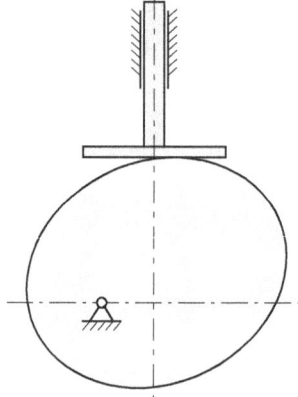

Figura 4.6: Leva-seguidor de un árbol de levas

Resolución

1. La tensión máxima que se producirá en el contacto (en MPa)

    En primer lugar para la resolución del primer apartado debemos considerar que la superficie exterior de la leva estará sometida a un contacto cilíndrico. En primer lugar se ha de determinar el ancho de la huella que es función de la carga P, el ancho L, el diámetro equivalente y el módulo de elasticidad equivalente. El valor de P y L es conocido por lo tanto, los valores anteriores se determinan de la siguiente manera:

    - Diámetro equivalente:

    $$D_{\text{eq}} = \frac{1}{1/D_1 + 1/D_2} = \frac{1}{1/31{,}95 + 1/48{,}59} = 19{,}276 \text{ mm}$$

    - Modulo de Young equivalente:

    $$E_{\text{eq}} = \frac{1}{(1-\nu_1^2/E_1) + (1-\nu_2^2/E_2)}$$
    $$= \frac{1}{(1-0{,}3^2/2\cdot 10^5) + (1-0{,}3^2/2\cdot 10^5)} = 109.890 \text{ MPa}$$

Conocidos estos valores podemos determinar el valor de la semihuella producida para este tipo de contacto cilíndrico:

$$a = \sqrt{\frac{2PD_{eq}}{\pi L E_{eq}}} = \sqrt{\frac{2 \cdot 300 \cdot 31{,}95}{\pi \cdot 7 \cdot 109890}} = 0{,}069 \text{ mm}$$

El valor de la huella total será: $h = 2a = 2 \cdot 0{,}069 = 0{,}138$ mm.

A partir del tamaño de la semihuella, es posible calcular el valor de la presión máxima del siguiente modo:

$$p_{\max} = \frac{2P}{\pi a L} = \frac{2 \cdot 300}{\pi \cdot 0{,}06918 \cdot 7} = 394{,}4 \text{ MPa}$$

Por otro lado, a partir de la presión máxima, se calculan las distribuciones de tensiones principales tal y a partir de estas la distribución de tensión equivalente:

$$\sigma_{eq}(\lambda) = \sqrt{\frac{(\sigma_1^2 - \sigma_2^2) + (\sigma_1^2 - \sigma_3^2) + (\sigma_2^2 - \sigma_3^2)}{2}} =$$

$$= p_{\text{máx}} \sqrt{\frac{\left(1 + 2\lambda(\lambda - \sqrt{1+\lambda^2})\right)\left((1-2\nu_1)^2 + 4\lambda^2(1+(-1+\nu_1)\nu_1)\right)}{1+\lambda^2}} =$$

$$= 394{,}4 \sqrt{\frac{(0{,}16 + 3{,}16\lambda^2)\left(1 + 2\lambda\left(\lambda - \sqrt{1+\lambda^2}\right)\right)}{1+\lambda^2}}$$

Para poder obtener el valor de λ para el cual se obtiene la tensión equivalente máxima, hay que realizar la primera derivada de la ecuación anterior y calcular sus raíces:

$$\frac{d\sigma_{eq}(\lambda)}{d\lambda} = 0 \rightarrow \lambda = 0{,}704$$

Una vez calculado el valor de λ para el cual se produce la σ_{eq} máxima procedemos a calcular la tensión equivalente máxima en este punto:

$$\sigma_{eq}(0{,}704) = 1157{,}7 \sqrt{\frac{(0{,}16 + 3{,}16\lambda^2)\left(1 + 2 \cdot 0{,}704\left(0{,}704 - \sqrt{1+0{,}704^2}\right)\right)}{1+0{,}704^2}}$$

$$= 645{,}4 \text{ MPa}$$

2. Profundidad a la que se alcanza la tensión equivalente máxima:

   El valor de la profundidad viene determinado por el valor de λ:

   $$z = \lambda a = 0{,}7 \cdot 0{,}06918 = 0{,}0487 \text{ mm}$$

3. Determinar si es necesario realizar un tratamiento de temple superficial sobre la superficie de la leva.

El coeficiente de seguridad frente al fallo estático de la superficie viene dado por la relación entre la dureza de los materiales y la tensión aplicada:

$$n_c \leq \frac{H}{\sigma_{\text{eq}}} \rightarrow H \geq n_c \sigma_{\text{eq}}$$

Dado que en este caso no se especifica un coeficiente de seguridad mínimo, $n_c = 1$ por lo que la dureza superficial requerida se corresponderá con la tensión equivalente máxima.

Por otro lado, considerando que la relación entre dureza-tensión de fluencia de un acero convencional es aproximadamente $H \approx 3S_y$, el límite de fluencia necesario sería:

$$S_y > \frac{H}{3} = \frac{645{,}4}{3} \approx 215 \text{ MPa}$$

Este límite de fluencia se corresponde con el de un acero de construcción convencional, por lo que no se requerirá de ningún tipo de tratamiento o temple superficial en especial.

4.7 Cálculo de una rótula de bolas

Se desea diseñar una rótula a bolas como la de la Figura 4.7 que debe soportar una fuerza radial de 1 kN. La pista interior de la rótula debe girar a 120 rpm. El diámetro de la pista exterior es de 60 mm, mientras que el de las bolas es de 12 mm. El material a emplear para las bolas será un acero aleado nitrurado con una dureza de 600 HB, mientras que para las pistas se empleará un acero templado superficialmente con una dureza de 650 HB. El módulo de Young y coeficiente de Poisson de los aceros son respectivamente $E = 210^5$ MPa y $\nu = 0{,}3$.

A partir de los datos anteriores se desea determinar:

- El **número mínimo total de bolas por hilera** necesario para evitar el fallo por fatiga superficial ($n \geq 1$) de las **bolas o las pistas** antes de 10^7 ciclos, si la carga sobre la bola más esforzada es, según la ecuación de Stribeck: $F_{\text{máx}} = \dfrac{5F}{kZ}$, donde F es la carga total sobre el rodamiento, k el número de hileras y Z es el número de bolas por hilera. El **número de bolas por hilera** empleadas debe ser obligatoriamente **par**.

- Para el número de bolas definido, la profundidad (en mm) que deberá alcanzar el temple o nitrurado para asegurar que se logra la dureza requerida en el punto de máxima tensión equivalente.

- Para el número de bolas definido, el tiempo (en horas) que tardaría en desgastar la superficie tratada si la constante de Archad entre las bolas y las pistas es $K = 5 \cdot 10^{-4}$, el volumen desgastado es $V = 4\pi e(d/2)^2$ y el deslizamiento entre las bolas y las pistas es del 0,25 %.

Notas:

- Recuérdese que para contactos interiores el diámetro de esfera mayor debe tomar signo negativo.

- Nótese que la velocidad periférica de las bolas es $v = \omega(\frac{D-2d}{2})$ donde D es el diámetro de la pista exterior y d el de las bolas.

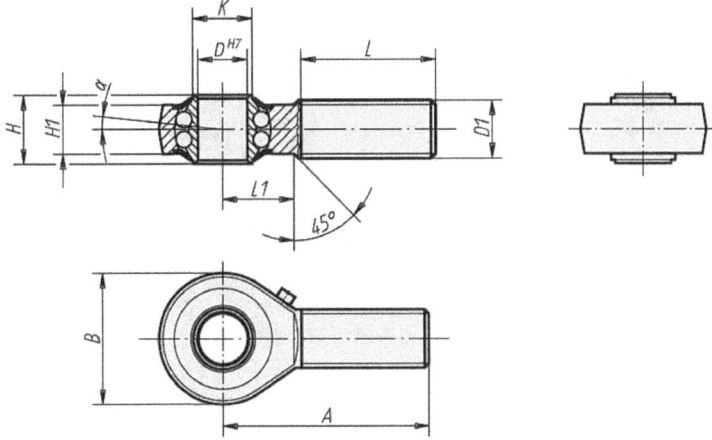

Figura 4.7: Rótula a bolas

Resolución

1. Número mínimo de bolas requerido.

   a) Tensión equivalente máxima (tensión de contacto).

   En primer lugar para la resolución de este apartado debemos considerar que el contacto entre elementos es de tipo esférico.

   Considerando que se van a emplear 12 bolas, la fuerza que soportará la bola más esforzada será:

   $$F_{\text{máx}} = \frac{5F}{kZ} = \frac{5 \cdot 1.000}{2Z} = \frac{2.500}{Z}$$

   El tamaño de la huella que es función de la carga sobre la esfera $F_{\text{máx}}$, el diámetro equivalente y el módulo de elasticidad equivalente. El valor de $F_{\text{máx}}$ y L es conocido por lo tanto, determinamos los dos últimos valores anteriores de la siguiente manera:

   - Diámetro equivalente:

   $$D_{\text{eq}} = \frac{1}{\frac{1}{D_1} + \frac{1}{D_2}} = \frac{1}{\frac{1}{12} + \frac{1}{-60}} = 15 \text{ mm}$$

   - Modulo de Young equivalente:

   $$E_{\text{eq}} = \frac{1}{(1 - \nu_1^2/E_1) + (1 - \nu_2^2/E_2)}$$
   $$= \frac{1}{(1 - 0{,}3^2/2 \cdot 10^5) + (1 - 0{,}3^2/2 \cdot 10^5)} = 109.890 \text{ MPa}$$

   Conocidos estos valores podemos determinar el valor de la semihuella producida para este tipo de contacto cilíndrico:

   $$a = \sqrt[3]{\frac{3PD_{\text{eq}}}{8E_{\text{eq}}}} = \sqrt[3]{\frac{3\frac{2.500}{Z} 15}{8 \cdot 109.890}} = \frac{0{,}5039}{Z^{1/3}} \text{ mm}$$

   A partir del tamaño de la semihuella, es posible calcular el valor de la presión máxima del siguiente modo:

   $$p_{\text{máx}} = \frac{3P}{\pi a^2} = \frac{3\frac{2.500}{Z}}{\pi \left(\frac{0{,}5039}{Z^{1/3}}\right)^2} = \frac{4.700{,}5}{Z^{1/3}}$$

Por otro lado, a partir de la presión máxima, se calculan las distribuciones de tensiones principales y a partir de estas la distribución de tensión equivalente:

$$\sigma_{eq}(\lambda) = \sqrt{\frac{(\sigma_1^2 - \sigma_2^2) + (\sigma_1^2 - \sigma_3^2) + (\sigma_2^2 - \sigma_3^2)}{2}} =$$

$$= \frac{p_{\text{máx}}}{2}\left(1 - 2\nu + \frac{\lambda(2(1+\nu) + \lambda^2(-1+2\nu))}{(1+\lambda^2)^{2/3}}\right) =$$

$$= \frac{4.700,5}{2Z^{1/3}}\left(1 - 2\cdot 0,3 + \frac{\lambda(2(1+0,3) + \lambda^2(-1+2\cdot 0,3))}{(1+\lambda^2)^{2/3}}\right) =$$

$$= \frac{2.350,25}{Z^{1/3}}\left(0,4 + \frac{\lambda(2,6 - 0,4\lambda^2)}{(1+\lambda^2)^{2/3}}\right)$$

Para poder obtener el valor de λ para el cual se obtiene la tensión equivalente máxima, hay que realizar la primera derivada de la ecuación anterior y calcular sus raíces:

$$\frac{d\sigma_{eq}(\lambda)}{d\lambda} = 0 \rightarrow \lambda = 0,637$$

Una vez calculado el valor de λ para el cual se produce la σ_{eq} máxima procedemos a calcular la tensión equivalente máxima en este punto:

$$\sigma_{eq}(0,637) = \frac{2.350,25}{Z^{1/3}}\left(0,4 + \frac{0,637(2,6 - 0,40,637^2)}{(1+0,637^2)^{2/3}}\right) = \frac{3.129,7}{Z^{1/3}}$$

b) Número mínimo de bolas para evitar el fallo estático.

Una vez calculada la tensión equivalente máxima en función del número de bolas por hilera Z, podemos proceder a calcular el número mínimo de bolas en función del fallo estático. La condición de resistencia en este caso requiere que $\sigma_{eq} \leq H$. Por otro lado, de los dos elementos en contacto, las bolas tienen menor dureza y por lo tanto son más susceptible de sufrir un fallo estático. Aplicando la condición de resistencia:

$$\frac{3.129,7}{Z^{1/3}} \leq H \rightarrow Z \geq \left(\frac{3.129,7}{H}\right)^3 = \left(\frac{3.129,7}{600 \cdot 9,81}\right)^3 = 0,15 \approx 1$$

Luego tendríamos suficiente con una bola por hilera para soportar estáticamente la carga.

c) Número mínimo de bolas para evitar el fallo por fatiga superficial (picado) antes de 10^7 ciclos.

En este caso la condición de resistencia requiere que la tensión subsuperficial no supere el límite de fatiga superficial para 0^7 ciclos. La Figura B.3 muestra la relación entre la resistencia a la fatiga superficial para 10^7 ciclos y la dureza superficial. Dado que tenemos dos materiales con tratamientos y dureza suficiente, habrá que comprobar la resistencia al picado de ambos, tomando el de menor resistencia. En este caso, el material con menor resistencia es el acero templado dela pista con un límite de fatiga superficial de $S_H = 1.400$ MPa (frente a los casi

1.450 de la bola). La condición de resistencia en este caso requiere que $\sigma_{eq} \leq S_H$:

$$\frac{3.129{,}7}{Z^{1/3}} \leq S_H \rightarrow Z \geq \left(\frac{3.129{,}7}{S_H}\right)^3 = \left(\frac{3.129{,}7}{1.400}\right)^3 = 11{,}17 \approx 12$$

Luego se requieren 12 bolas para poder alcanzar la duración requerida. Seguidamente se calculará la fuerza máxima, así como la tensión equivalente máxima para dicho número.

- Fuerza máxima.

$$F_{\text{máx}} = \frac{5F}{kZ} = \frac{5 \cdot 1.000}{2Z} = \frac{2.500}{12} = 208{,}3 \text{ N}$$

- Tamaño de la huella.

$$a = \sqrt[3]{\frac{3PD_{\text{eq}}}{8E_{\text{eq}}}} = \sqrt[3]{\frac{3 \cdot 208{,}3 \cdot 15}{8 \cdot 109.890}} = 0{,}22 \text{ mm}$$

- Presión máxima.

$$p_{\text{máx}} = \frac{3P}{\pi a^2} = \frac{3 \cdot 208{,}3}{\pi 0{,}22^2} = 2.053{,}1 \text{ MPa}$$

- Tensión equivalente máxima:

$$\sigma_{\text{eq}}(\lambda) = \frac{p_{\text{máx}}}{2}\left(1 - 2\nu + \frac{\lambda(2(1+\nu) + \lambda^2(-1+2\nu))}{(1+\lambda^2)^{2/3}}\right) =$$

$$= \frac{2.053{,}1}{2}\left(0{,}4 + \frac{\lambda(2{,}6 - 0{,}4\lambda^2)}{(1+\lambda^2)^{2/3}}\right) = 1.367 \leq 1.400$$

Como puede observarse la tensión equivalente no supera la admisible para el material

d) Determinar la profundidad del tratamiento de temple superficial o nitrurado.
El valor de la profundidad a la que habrá que realizar un temple superficial viene determinado por el valor de λ:

$$z = \lambda a = 0{,}637 \cdot 0{,}851 = 0{,}14 \text{ mm}$$

2. Para el número de bolas definido, el tiempo (en horas) que tardaría en desgastar la superficie tratada.

El cálculo de desgaste se realiza mediante la aplicación de la ecuación de Archard, para lo cual se requiere del cálculo previo de los siguientes parámetros:

- Volumen desgastado:

$$V = 4\pi e(d/2)^2 = 4\pi 0{,}14 \cdot 6^2 = 63{,}467 \text{ mm}^3$$

- Longitud (en mm) recorrida en t (horas):
Dado que el movimiento relativo es de rodadura, no debería existir ningún desgaste ya que la velocidad relativa en el punto de rodadura es nula. Sin embargo,

existe un pequeño deslizamiento del 0,25 % entre las bolas y la pista que provoca la aparición de una velocidad de deslizamiento entre los mismos. Esta velocidad de deslizamiento será la responsable del desgaste de las bolas y las pistas.

La velocidad periférica de las bolas es:

$$v = \omega \frac{D-2d}{2} = 120 \frac{\pi}{30} \frac{60-212}{2} = 226{,}2 \text{ mm·s}$$

La velocidad de deslizamiento entre los rodillos será entonces:

$$v_g = \frac{0{,}25}{100} v = 0{,}5655 \text{ mm·s}$$

La longitud recorrida a una velocidad v_g en t (horas) será:

$$L = v_g \frac{\text{mm}}{\cancel{s}} \frac{3.600 \cancel{s}}{1 \cancel{h}} t \cancel{h} = 2.035{,}75 t \text{ mm}$$

- Tiempo requerido en alcanzar el desgaste:

De los dos elementos en contacto, las pistas tienen menor dureza, luego serán las que sufran fundamentalmente el desgaste. Por esta razón tomamos la menor dureza para evaluar el desgaste. Una vez disponemos de todos los datos empleamos la ecuación de Archard para despejar el valor de t:

$$L = \frac{3HV}{KP_n}$$

$$2.035{,}75 t = \frac{3 \cdot 600 \cdot 9{,}81 \cdot 63{,}467}{5 \cdot 10^{-4} \cdot 208{,}33}$$

$$t \approx 5.285 \text{ h}$$

Capítulo 4. Tribología

4.8 Cálculo de una leva con seguidor de rodillo

La Figura 4.8 muestra un esquema de leva-seguidor de rodillo. Con el fin de eliminar la necesidad de alinear de forma precisa el eje de la leva y el seguidor, este tiene un radio suave en la dirección transversal. El seguidor ejerce una fuerza sobre la leva de 1.100 N. El material de la leva y el seguidor es acero.

Dada la siguiente geometría:

- Diámetro del rodillo: 51 mm.
- Radio transversal del rodillo: 1.016 mm.
- Radio de la leva en el punto de máxima carga: 88 mm.
- Radio transversal de la leva: ∞.

Se desea determinar:

1. La tensión máxima que se producirá en el contacto (en MPa)
2. La profundidad a la que se produce la tensión máxima (en mm)
3. Si es necesario realizar algún tipo de tratamiento sobre las superficies para prevenir el fallo por fatiga superficial

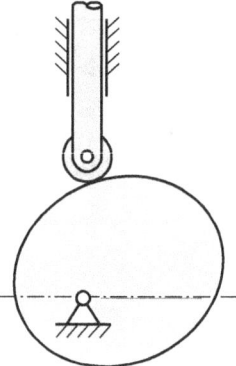

Figura 4.8: Leva con seguidor de rodillo

Resolución

1. La tensión máxima que se producirá en el contacto (en MPa) En primer lugar para la resolución del primer apartado debemos considerar que la superficie exterior de la leva estará sometida a un contacto de tipo general, debido a la curvatura que tiene el seguidor en la dirección transversal. En primer lugar se ha de determinar el ancho de la huella, la cual requiere de los siguientes parámetros:

    - Diámetro equivalente en el plano frontal (XZ):

$$D_x = \frac{1}{1/D_{x_1} + 1/D_{x_2}} = \frac{1}{1/51 + 1/176} = 39{,}54 \text{ mm}$$

- Diámetro equivalente en el plano transversal (YZ):

$$D_y = \frac{1}{1/D_{y_1} + 1/D_{y_2}} = \frac{1}{1/1.016 + 1/\infty} = 1.016 \text{ mm}$$

- Diámetro equivalente:

$$D_{\text{eq}} = \frac{1}{1/D_x + 1/D_y} = \frac{1}{1/39{,}54 + 1/1.016} = 38{,}06 \text{ mm}$$

- Modulo de Young equivalente:

$$E_{\text{eq}} = \frac{1}{(1-\nu_1^2/E_1) + (1-\nu_2^2/E_2)}$$
$$= \frac{1}{(1-0{,}3^2/210^5) + (1-0{,}3^2/210^5)} = 109.890 \text{ MPa}$$

- Relación de radios de curvatura:

$$\alpha_r = \frac{D_y}{D_x} = 25{,}69$$

- Ratio de excentricidad:

$$k_e = \alpha_r^{2/\pi} = 25{,}69^{2/\pi} = 7{,}898$$

- Parámetros de contacto:

$$\Psi = \frac{\pi}{2} + \left(\frac{\pi}{2}-1\right)\ln\alpha_r = 3{,}424$$
$$\Upsilon = 1 + \frac{\frac{\pi}{2}-1}{\alpha_r} = 1{,}022$$

Conocidos estos valores podemos determinar el valor de las dos semihuellas producida en el contacto de tipo general:

$$a = \sqrt[3]{\frac{3k_e^2\Upsilon}{2\pi}\frac{FD_{\text{eq}}}{E_{\text{eq}}}} = 2{,}264 \text{ mm}$$

$$b = \sqrt[3]{\frac{3\Upsilon}{2\pi k_e}\frac{FD_{\text{eq}}}{E_{\text{eq}}}} = 0{,}2866 \text{ mm}$$

A partir del tamaño de las semihuellas, es posible calcular el valor de la presión máxima del siguiente modo:

$$p_{\text{máx}} = \frac{3P}{2\pi ab} = \frac{3 \cdot 1.100}{2\pi \cdot 2{,}264 \cdot 0{,}2866} = 809{,}5 \text{ MPa}$$

Por otro lado, a partir de la presión máxima, se calculan las tensiones principales en la superficie y a partir de estas la tensión equivalente de Von Mises en la superficie:

$$\sigma_{\text{eq}} = p_{\text{máx}} \frac{b(2\nu - 1)}{a + b} = 271{,}1 \text{ MPa}$$

Dado que no es posible obtener la distribución de tensiones para el contacto de tipo general, no podemos obtener directamente el valor de la tensión equivalente máxima a nivel subsuperficial ni tampoco su profundidad. Para poder estimarla, debemos de realizar la aproximación entre los dos tipos de contacto extremos: el contacto cilíndrico y el contacto esférico. El contacto de tipo general se encontrará entre ambos extremos. El valor de $1/\alpha_r$ determina la proporción entre ambos contactos. Seguidamente se obtienen los parámetros de λ y $\sigma_{\text{eq}_{\text{máx}}}$ mediante interpolación entre ambos extremos:

	Cilíndrico	General	Esférico
$1/\alpha_r$	0	0,0389	1
λ	0,704	0,6955	0,637
$\sigma_{\text{eq}_{\text{máx}}}$	$0{,}5575 p_{\text{máx}}$	$0{,}5712 p_{\text{máx}}$	$0{,}6658 p_{\text{máx}}$
	451,3 MPa	462,4 MPa	539 MPa

La tensión resultante será por tanto de 462,4 MPa.

2. Profundidad a la que se alcanza la tensión equivalente máxima:

    El valor de la profundidad viene determinado por el valor de λ:

    $$z = \lambda a = 0{,}6955 \cdot 0{,}2867 = 0{,}199 \text{ mm}$$

3. Determinar si es necesario realizar un tratamiento de temple superficial sobre la superficie de la leva.

    La condición de resistencia frente al fallo estático requiere que: $H \geq n_c \sigma_{\text{eq}}$.

    Dado que en este caso no se especifica un coeficiente de seguridad mínimo, $n_c = 1$ por lo que la dureza superficial requerida se corresponderá con la tensión equivalente máxima.

    Por otro lado, considerando que la relación entre dureza-tensión de fluencia de un acero convencional es aproximadamente $H \approx 3S_y$, el límite de fluencia necesario será:

    $$S_y > \frac{H}{3} = \frac{462{,}4}{3} \approx 154 \text{ MPa}$$

    Este límite de fluencia se corresponde con el de un acero de construcción convencional, por lo que no se requerirá de ningún tipo de tratamiento o temple superficial en especial.

4.9 Cálculo de rodamientos

La Figura 4.9 muestra el eje de entrada de una caja reductora de engranajes helicoidales, donde se desea transmitir una potencia de 7,36 kW a 750 rpm. Dicho reductor puede ser accionado directamente mediante acoplamiento elástico o bien mediante poleas. Se considera que la fuerza máxima ejercida por las poleas sobre el eje de entrada será de 3.100 N. Dicho eje tiene mecanizado sobre el mismo un engranaje helicoidal con un ángulo de presión $\alpha = 20°$ y un ángulo de hélice $\beta = 30°$. Se pide determinar los siguientes apartados:

1. Determinar de las fuerzas de contacto entre engranajes y las reacciones sobre los apoyos.
2. Seleccionar los tipos de rodamientos más adecuados.
3. Determinar que rodamiento actúa como libre y que rodamiento actúa como fijo.
4. Determinar los rodamientos adecuados para soportar las cargas aplicadas en los apoyos con una duración mínima de 30.000h.

Resolución

1. Cálculo de las fuerzas de contacto y las reacciones:

   - Fuerzas de contacto:
     - Par: $T = \frac{P}{\omega} = \frac{7.360}{750\frac{30}{\pi}} = 93{,}71$ N·m $= 93.710$ N·mm
     - Fuerza tangencial: $F_t = \frac{T}{r_1} = \frac{93.710}{70/2} = 2.677{,}4$ N
     - Fuerza radial: $F_r = F_t \cos \alpha_0 = 2.516$ N
     - Fuerza axial: $F_a = F_t \tan \beta = 1.546$ N
     - Momento axial: $M_a = F_a r_1 = 54.103{,}7$ N·mm

   - Reacciones en los rodamientos:

     Dado la variedad de posiciones en las que se puede montar el reductor, la posición más desfavorable será aquella donde la resultante de las fuerzas radial y tangencial esté contenida en el mismo plano que la fuerza resultante de la correa. Aunque no resulta estrictamente cierto, por simplificar el cálculo, consideramos también el momento generado por la carga axial contenido en el mismo plano.

     La fuerza resultante en el engranaje será:

     $$F = \sqrt{F_t^2 + F_r^2} = \sqrt{2.677{,}4^2 + 2.516^2} = 3.674 \text{ N}$$

     La Figura 4.10 muestra el equilibrio de fuerzas en el eje de entrada del reductor. Aplicando el equilibrio de fuerzas:

     $$\Sigma M_A = -R_B \cdot 200 + 3.674 \cdot 100 - 3.100 \cdot (125 - (90 - 14/2)/2) - M_a = 0$$

     $$R_B = \frac{900 \cdot 83{,}5 - 3.674 \cdot 10}{20} - 54.103{,}7 = 272{,}3 \text{ N}$$

Capítulo 4. Tribología

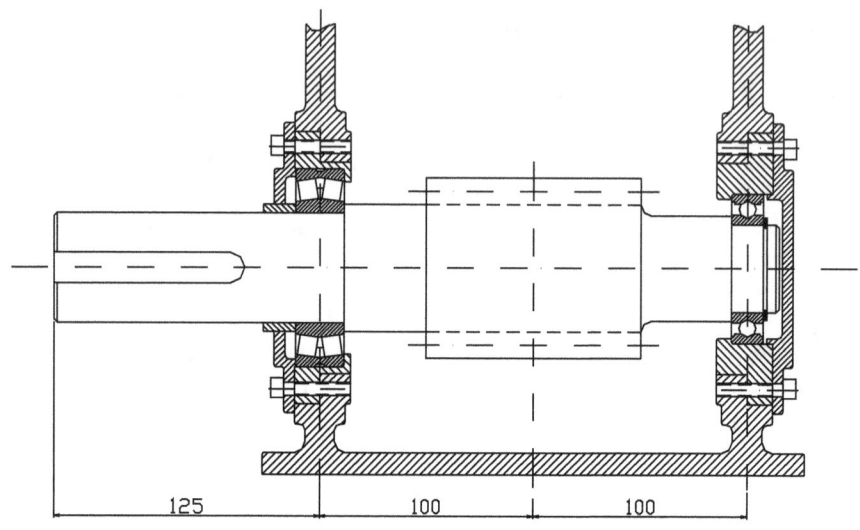

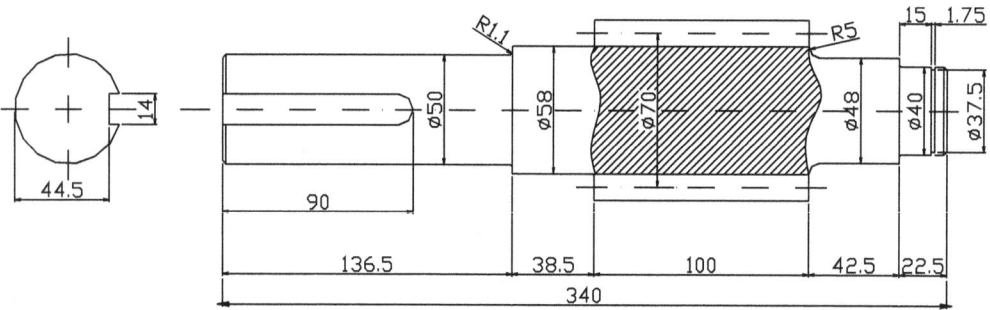

Figura 4.9: Eje reductora

$$\Sigma M_B = -9.000 \cdot 282 + R_A \cdot 200 - 3.674 \cdot 100 - M_a = 0$$
$$R_A = \frac{3.674 \cdot 100 + 3.100 \cdot 283,5}{200} - 54.103,7 = 6.501,8 \text{ N}$$

2. Selección del tipo de rodamientos:

   Debido a la gran diferencia de cargas entre apoyos, está bastante claro que tendremos que tendremos que emplear un rodamiento de rodillos para el lado más cargado y uno de bolas para el menos cargado (el B).

   Debido al posible funcionamiento discontinuo del reductor, es previsible que las fuerzas de contacto sean variables en el tiempo y lógicamente los ángulos de flexión del eje también, por lo que seleccionaremos un rodamiento de rodillos de rótula que nos permitirá una mayor adaptabilidad angular y capacidad de autoalineamiento.

3. Determinación de los rodamientos libre y fijo:

4.9 Cálculo de rodamientos

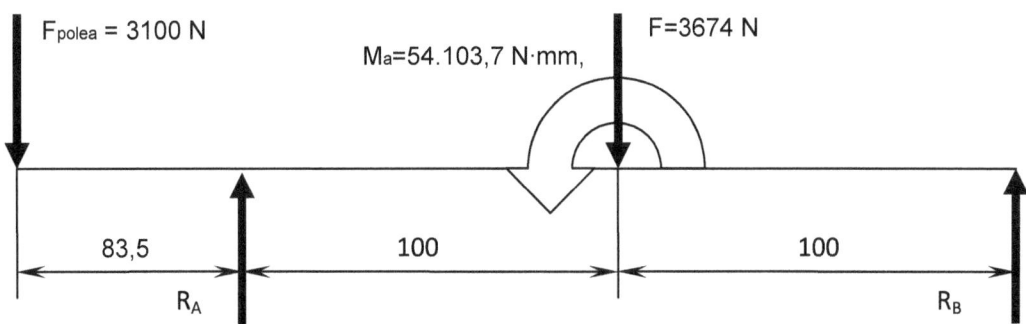

Figura 4.10: Equilibrio de fuerzas en el eje del reductor

El rodamiento fijo es el responsable de absorber la carga axial. Por lo tanto es bastante recomendable seleccionar el rodamiento de rodillos esféricos como fijo en función de:
- Presenta mayor capacidad de carga axial que el de bolas.
- Por ser el más cargado es conveniente que sea el más rígido para evitar ruidos.

4. Cálculo de los rodamientos:
   - Rodamiento A: Por ser el rodamiento fijo será el responsable de absorber las cargas axiales y las radiales:

$$\left. \begin{array}{l} F_a = 1.546 \text{ N} \\ F_r = R_A = 6.501,8 \text{ N} \end{array} \right\} \frac{F_a}{F_r} = 0{,}238$$

Nótese que F_a y F_r hace referencia a la fuerza axial y radial aplicada al rodamiento y no a la fuerza axial y radial del engranaje. Se utiliza esta nomenclatura por ser la habitual en el cálculo de rodamientos.

Seguidamente seleccionamos el rodamiento en base a su capacidad de carga:
- Dimensionamiento por carga estática:
  Dado que el rodamiento debe soportar una carga axial y otra radial, el primer paso es calcular la carga estática equivalente:

$$P_0 = X_0 F_r + Y_0 F_a = 1 \cdot 6.501{,}8 + 2{,}8 \cdot 1.546 = 10.830 \text{ N} = 10{,}83 \text{ kN}$$

Los valores de X_0 e Y_0 se obtienen del catálogo de fabricante de rodamientos, en este caso del catálogo de SKF.

La capacidad de carga estática requerida depende de la carga estática equivalente y del factor de servicio requerido, que en este caso se toma $f_s = 2$ dado que las exigencia de trabajo del reductor puede ser elevada. De este modo la capacidad estática requerida será:

$$C_0 = f_s P_0 = 2 \cdot 10{,}83 = 21{,}66 \text{ kN}$$

Tomando el rodamiento más pequeño con diámetro interior 50 mm, el 22.210, este tiene una capacidad de carga $C_0 = 108$ kN la cual es muy superior a la capacidad requerida P_0, luego podría soportar holgadamente la carga requerida.

- Dimensionamiento por carga dinámica:
Dado que el rodamiento debe soportar una carga axial y otra radial, el primer paso es calcular la carga dinámica equivalente:

$$P = XF_r + YF_a = 1 \cdot 6.501,8 + 2,8 \cdot 1.546 = 18.830 \text{ N} = 10,83 \text{ kN}$$

Donde los valores de X e Y se obtienen del catálogo de fabricante de rodamientos. Para este tipo de rodamientos, dichos valores dependen de la proporción de la fuerza radial y axial obtenida anteriormente. Dado que $\dfrac{F_a}{F_r} = 0{,}238 < e = 0{,}24$, $X = 1$ e $Y = 2{,}8$.

Una vez obtenida la carga dinámica equivalente, se procede a determinar la capacidad de carga dinámica requerida para el rodamiento:

$$C = P \sqrt[p]{\frac{L_{10h} n 60}{10^6}} = 10{,}67 \sqrt[10/3]{\frac{30.000 \cdot 750 \cdot 60}{10^6}} = 94{,}1 \text{ kN}$$

La capacidad de carga dinámica del rodamiento 22210 es de 108 kN y por lo tanto es suficiente para asegurar la duración requerida al rodamiento.

- Rodamiento B:

Este rodamiento es el rodamiento libre y por lo tanto solo soportará cargas radiales:

$$F_r = R_B = 272 \text{ N}$$

Seguidamente seleccionamos el rodamiento en base a su capacidad de carga:
- Dimensionamiento por carga estática:
Siguiendo el mismo criterio de factor de servicio que en el otro rodamiento, la capacidad estática requerida será:

$$C_0 = f_s P_0 = 2 \cdot 0{,}272 = 0{,}544 \text{ kN}$$

Tomando el rodamiento de bolas más pequeño con diámetro interior 20 mm, el 16008, este tiene una capacidad de carga $C_0 = 9{,}15$ kN la cual es superior a la capacidad requerida P_0, luego podría soportar holgadamente la carga requerida.

- Dimensionamiento por carga dinámica:
La capacidad de carga dinámica requerida para el rodamiento:

$$C = P \sqrt[p]{\frac{L_{10h} n 60}{10^6}} = 0{,}272 \sqrt[3]{\frac{30.000 \cdot 750 \cdot 60}{10^6}} = 3 \text{ kN}$$

La capacidad de carga del rodamiento 16008 (13,8 kN) es superior a la requerida, por lo que este rodamiento es adecuado.

5
Transmisiones

5.1 Diseño y cálculo de un engranaje cilíndrico helicoidal

Dada la siguiente pareja de engranajes:

	Piñon	Corona
z	24	120
x	0,3	0
n	1500	
S_{ut}	1100	900
HB	350	280
b	\multicolumn{2}{c}{300 mm}
m_0	\multicolumn{2}{c}{8 mm}
α_0	\multicolumn{2}{c}{20°}
β	\multicolumn{2}{c}{15°}
Calidad	\multicolumn{2}{c}{ISO 7 sin corrección flancos}
Servicio	\multicolumn{2}{c}{12h/día sin sobrecarga}
Accionamiento	\multicolumn{2}{c}{Motor eléctrico}
Duración	\multicolumn{2}{c}{25000 h}

Se desea determinar:

1. Si es posible montarlos con un entrecentros de 600 mm.

2. El par y potencia máximos transmisible para entrecentros de 600 mm

Resolución

En primer lugar determinamos los parámetros básicos y relacionados con la geometría a partir de los datos que disponemos:

1. Distancia entre centros de funcionamiento. Parámetros geométricos:

    - Ángulo de presión transversal:

$$\alpha_t = \arctan\left[\frac{\tan \alpha_0}{\cos \beta}\right] = \arctan\left[\frac{\tan 20°}{\cos 15°}\right] = 20{,}65°$$

    - Diámetros primitivos:

$$d_1 = \frac{m_0 z_1}{\cos \beta} = \frac{8 \cdot 24}{\cos 15°} = 198{,}77 \text{ mm}$$

$$d_2 = \frac{m_0 z_2}{\cos \beta} = \frac{8 \cdot 120}{\cos 15°} = 993{,}86 \text{ mm}$$

    - Relación de reducción y velocidad de salida:

$$i = \frac{\omega_s}{\omega_e} = \frac{n_s}{n_e} = \frac{z_1}{z_2} = \frac{24}{120} = \frac{1}{5}$$

$$n_s = n_e i = 1500 \frac{1}{5} = 300 \text{ rpm}$$

- Diámetros de cabeza:

$$d_{a_1} = \left[\frac{z_1}{\cos\beta} + 2(1+x_1)\right] m_0 = \left[\frac{24}{\cos 15} + 2(1+0{,}3)\right] 8 = 219{,}57 \text{ mm}$$

$$d_{a_2} = \left[\frac{z_2}{\cos\beta} + 2(1+x_2)\right] m_0 = \left[\frac{120}{\cos 15} + 2(1+0)\right] 8 = 1009{,}86 \text{ mm}$$

- Diámetros de base:

$$d_{b_1} = \frac{z_1 m_0}{\cos\beta}\cos\alpha = \frac{24 \cdot 8}{\cos 15}\cos 20{,}65 = 186 \text{ mm}$$

$$d_{b_2} = \frac{z_2 m_0}{\cos\beta}\cos\alpha = \frac{120 \cdot 8}{\cos 15}\cos 20{,}65 = 930 \text{ mm}$$

- Número mínimo de dientes del piñón:

$$z_{\text{mín}} = \frac{2(1-x_1)\cos\beta}{\sin^2\alpha_t} = \frac{2(1-0{,}3)\cos 15}{\sin^2 20{,}65} = 10{,}87 < z_1$$

- Ángulo mínimo de funcionamiento

$$\text{inv}\alpha_{\text{mín}} = \text{inv}\alpha_t + 2\tan\alpha_0 \frac{x_1+x_2}{z_1+z_2}$$

$$\tan\alpha_{\text{mín}} - \alpha_{\text{mín}} = \tan 20{,}65 - 20{,}65\frac{\pi}{180} + 2\cdot\tan 20°\cdot\frac{0{,}3+0}{24+120} = 17{,}9776\cdot 10^{-3}$$

$$\alpha_{\text{mín}} = 21{,}24°$$

- Distancia mínima entre centros:

$$a_{\text{mín}} = \frac{d_{b_1}+d_{b_2}}{2\cos\alpha_{\text{mín}}} = \frac{186+930}{2\cos 21{,}24} = 598{,}686 \text{ mm}$$

- Distancia de funcionamiento:
La distancia de funcionamiento a' debe ser igual o superior a $a_{\text{mín}}$. Por lo general suele ser igual a este valor ya que las imperfecciones en la fabricación de los dientes se compensan con espesores de dientes más pequeños al del perfil de referencia (se trabaja con intervalos de tolerancia negativos). No obstante en determinados casos pueden ser superiores por requerimientos de la posición de los cojinetes o rodamientos (aunque no es recomendable ya que se reduce el recubrimiento).

En el caso que nos ocupa, se nos plantea la posibilidad de montarlos con un entre-centros de 600 mm y por lo tanto sí sería factible (a falta de comprobar si existe suficiente recubrimiento). Dado que se nos pide realizar los cálculos con este valor, la distancia de centros de funcionamiento no será la mínima sino $a' = 600$ mm.

- Ángulo de funcionamiento:
Dado que los engranajes se montan a una distancia entre-centros superior a la mínima, hay que calcular el ángulo de presión en la posición de funcionamiento $a' = 600$ mm. Este ángulo se obtiene a partir de los diámetros de base y la

5.1 Diseño y cálculo de un engranaje cilíndrico helicoidal

distancia entre-centros de funcionamiento:

$$\alpha' = \arccos\left(\frac{d_{b_1} + d_{b_2}}{2a'}\right) = \arccos\left(\frac{186 + 930}{2 \cdot 600}\right) = 21{,}56°$$

- Grado de recubrimiento:

    - Grado de recubrimiento lateral:

    $$\varepsilon_\beta = \frac{b \sin \beta}{\pi m_0} = \frac{300 \sin 15°}{\pi 8} = 3{,}089$$

    - Grado de recubrimiento frontal:

    $$\varepsilon_\alpha = \frac{z_1 \left[\sqrt{\left(\frac{d_{a_1}}{d_{b_1}}\right)^2 - 1} - \tan\alpha'\right] + z_2 \left[\sqrt{\left(\frac{d_{a_2}}{d_{b_2}}\right)^2 - 1} - \tan\alpha'\right]}{2\pi} =$$

    $$= \frac{24\left[\sqrt{\left(\frac{219{,}57}{186}\right)^2 - 1} - \tan 21{,}56\right] + 120\left[\sqrt{\left(\frac{1009{,}865}{930}\right)^2 - 1} - \tan 21{,}56\right]}{2\pi}$$

    $$= 1{,}57$$

    - Grado de recubrimiento total:

    $$\varepsilon_r = \varepsilon_\alpha + \varepsilon_\beta = 3{,}089 + 1{,}422 = 4{,}511$$

2. Par y potencia máximos transmisibles

    a) Cálculo resistente a rotura por fatiga en el pie del diente.

    Para ello se requiere determinar las características resistentes del material y los factores correspondientes que obtendremos a continuación:

    - Resistencia a la fatiga en el pie del diente: A partir de la Figura B.2 y en función del límite de rotura del material y el tratamiento térmico empleado obtenemos el valor de resistencia a fatiga en el pie del diente. Los datos obtenidos se muestran a continuación:
        - Piñón: $S_{F_1} = 295{,}3$ MPa
        - Rueda: $S_{F_2} = 258{,}3$ MPa
    - Factor de forma Y_F:
        - Número de dientes equivalentes:

        $$z_{e_1} = \frac{z_1}{\cos^3 \beta} = \frac{24}{\cos^3 15} \approx 27$$

        $$z_{e_2} = \frac{z_2}{\cos^3 \beta} = \frac{120}{\cos^3 15} \approx 133$$

- Factor de forma:
  Mediante interpolación en la Tabla B.11, empleando los números de dientes equivalentes, podemos obtener los valores del factor de forma del dentado:
  ◦ Piñón: $Y_{F_1} = 2{,}34$
  ◦ Corona: $Y_{F_2} = 2{,}17$
- Factor de conducción (recubrimiento): $Y_\varepsilon = \frac{1}{4} + \frac{3}{4\varepsilon_\alpha} = \frac{1}{4} + \frac{3}{4 \cdot 1{,}57} = 0{,}7775$
- Factor de inclinación: Teniendo en cuenta que el valor $\varepsilon_\alpha = 1{,}57 \geq 1$ y que el ángulo $\beta = 15° < 30°$ empleamos la siguiente expresión para obtener el factor de inclinación:

$$Y_\beta = 1 - \frac{\beta(°)}{120°} = 1 - \frac{15}{120} = 0{,}875$$

- Factor de velocidad: El cálculo del factor de velocidad requiere de los siguientes parámetros:
  - Velocidad periférica del engranaje:

$$v = \omega r = 1500 \frac{\text{rev}}{\text{min}} \frac{1}{60} \frac{\text{min}}{s} \frac{2\pi}{1} \frac{\text{rad}}{\text{rev}} \frac{0{,}199}{2} = 15{,}7 \text{ m/s}$$

  - Factor λ: $\lambda = \frac{vz_1}{100} = \frac{15{,}7 \cdot 24}{100} = 3{,}77 \leq 10$
  - Constante de precisión ISO. Depende del tipo de dentado y del grado de acabado ISO. Para un dentado helicoidal y un grado ISO7: $K_2 = 0{,}048$
  - Factor de velocidad:

$$K_v = \frac{1}{1 + K_2 \lambda} = \frac{1}{1 + 0{,}048 \cdot 3{,}77} = 0{,}8468$$

- Factor de duración K_{bl}
  - Número de ciclos de carga:
    ◦ Piñón: $N_1 = n_1 60 t = 1500 \cdot 60 \cdot 25000 = 2{,}25 \cdot 10^9$ ciclos
    ◦ Corona: $N_2 = N_1 \frac{z_1}{z_2} = 2{,}25 \cdot 10^9 \frac{24}{120} = 4{,}5 \cdot 10^8$ ciclos
  - Factor de duración:
    ◦ Piñón: $K_{bl1} = 0{,}65$
    ◦ Corona: $K_{bl2} = \left(\frac{10^7}{N}\right)^{1/10} = \left(\frac{10^7}{4{,}5 \cdot 10^8}\right)^{1/10} = 0{,}6834$
- Factor de distribución de carga:
  - Relación ancho/diámetro δ: $\delta = \frac{b}{d_1} = \frac{300}{198{,}77} = 1{,}5$
  - Factor de distribución de la carga:

$$K_M = 1{,}043 - 4{,}356 \cdot 10^{-2} \delta^{2{,}209} = 1{.}043 - 4{,}356 \cdot 10^{-2} \cdot 1{,}5^{2{,}209} = 0{,}936$$

5.1 Diseño y cálculo de un engranaje cilíndrico helicoidal

- Factor de servicio K_A:
  A partir de la Tabla B.16 y considerando que el accionamiento es mediante motor eléctrico, con un grado de choques moderado y que trabaja durante 12 horas/diarias, tomamos como valor $K_A = 0{,}8$.
- Fuerzas tangenciales máximas transmisibles en el piñón y en la corona.

$$F_{t_1} = S_{F_1} b m_0 \frac{K_v K_{bl1} K_M K_A}{Y_\varepsilon Y_{F_1} Y_\beta} = 300 \cdot 300 \cdot 8 \frac{0{,}8468 \cdot 0{,}65 \cdot 0{,}936 \cdot 0{,}8}{0{,}7775 \cdot 2{,}34 \cdot 0{,}875} =$$
$$= 183{,}6 \text{ kN}$$
$$F_{t_2} = S_{F_2} b m_0 \frac{K_v K_{bl2} K_M K_A}{Y_\varepsilon Y_{F_2} Y_\beta} = 260 \cdot 300 \cdot 8 \frac{0{,}8468 \cdot 0{,}6834 \cdot 0{,}936 \cdot 0{,}8}{0{,}7775 \cdot 2{,}17 \cdot 0{,}875} =$$
$$= 181{,}9 \text{ kN}$$

En este caso la fuerza tangencial máxima transmisible vendrá limitada por la corona, si bien es cierto que ambas fuerzas están muy equilibradas:

$$F_{t\text{máx}} = 181{,}9 \text{ kN}$$

- Pares máximos transmimibles por fatiga en el pie del diente: Estos están limitados por la fuerza tangencial máxima admisible en la corona.

$$T_1 = F_{t\text{máx}} r_1 = 181{,}9 \text{ kN} \frac{198{,}77}{2} \text{ mm} = 18.193 \text{ N·m}$$
$$T_2 = F_{t\text{máx}} r_2 = 181{,}9 \text{ kN} \frac{993{,}865}{2} \text{ mm} = 90.966 \text{ N·m}$$

b) Cálculo resistente a rotura por fatiga superficial (picado) en el flanco del diente:
  - Resistencia a la fatiga superficial (picado) en el flanco del diente S_H.
    A partir de la Figura B.3 y en función del límite de rotura del material y el tratamiento térmico empleado obtenemos el valor de resistencia a fatiga superficial (picado) en el flanco del diente. Los datos obtenidos se muestran a continuación:
    - Piñón: $S_{H_1} = 1100{,}6$ MPa
    - Corona: $S_{H_2} = 1006{,}2$ MPa
  - Factor de conducción:

$$u = \frac{z_2}{z_1} = 5$$
$$C_r = \frac{u}{u+1} = \frac{5}{5+1} = \frac{5}{6} = 0{,}833$$

  - Factor de elasticidad del material:

$$Z_E^2 = \frac{1}{\pi\left[\dfrac{1-\nu_1^2}{E_1} + \dfrac{1-\nu_2^2}{E_2}\right]} = \frac{1}{\pi\left[\dfrac{1-0{,}26_1^2}{2 \cdot 10^5} + \dfrac{1-0{,}26^2}{2 \cdot 10^5}\right]} = 35.853{,}6 \text{ MPa}^2$$

- Factor geométrico

$$\tan \beta_b = \tan \beta \cos \alpha_t = \tan 15 \cdot \cos 20{,}65 = 0{,}2507 \rightarrow \beta_b = 14{,}08$$

$$Z_H^2 = \frac{2\cos\beta_b}{\cos^2 \alpha_t \tan \alpha_t} = \frac{2 \cdot 14{,}08}{\cos^2 20{,}65 \tan 21{,}24} = 5{,}607$$

- Factor de contacto: $Z_\varepsilon^2 = \dfrac{1}{\varepsilon_\alpha} = \dfrac{1}{1{,}57} = 0{,}70333$
- Factor de inclinación $Z_\beta^2 = \cos\beta = \cos 15 = 0{,}9659$
- Factor de velocidad base. Como la velocidad de entrada es 1500 rpm $>$ 200 rpm tomamos como factor de velocidad base $\gamma = 1$.
- Factor de duración. Para obtener estos valores empleamos las mismas expresiones que para el apartado anterior:
    - Piñón: $K_{hl1} = 0{,}5$
    - Corona: $K_{hl2} = \left(\dfrac{10^7}{N}\right)^{1/6} = \left(\dfrac{10^7}{4{,}5 \cdot 10^8}\right)^{1/6} = 0{,}5302$
- Cálculo de las fuerzas tangenciales máximas en el piñón y en la corona:

$$F_{t_1} = S_{H_1}^2 bd_1 C_r \frac{K_v K_{hl2} K_M K_A}{\gamma Z_E^2 Z_H^2 Z_\varepsilon^2 Z_\beta^2} =$$

$$= 1100{,}6^2 \cdot 300 \cdot 198{,}77 \cdot 0{,}833 \frac{0{,}8468 \cdot 0{,}5 \cdot 0{,}93 \cdot 0{,}8}{1 \cdot 35853{,}6 \cdot 5{,}607 \cdot 0{,}70333 \cdot 0{,}9659} =$$

$$= 139{,}8 \text{ kN}$$

$$F_{t_2} = S_{H_2}^2 bd_1 C_r \frac{K_v K_{hl2} K_M K_A}{\gamma Z_E^2 Z_H^2 Z_\varepsilon^2 Z_\beta^2} =$$

$$= 1006{,}2^2 \cdot 300 \cdot 198{,}77 \cdot 0{,}833 \frac{0{,}8468 \cdot 0{,}5302 \cdot 0{,}93 \cdot 0{,}8}{1 \cdot 35853{,}6 \cdot 5{,}607 \cdot 0{,}70333 \cdot 0{,}9659} =$$

$$= 123{,}9 \text{ kN}$$

En este caso la fuerza tangencial máxima transmisible vendrá limitada por la corona, si bien es cierto que ambas fuerzas están muy equilibradas.

$$F_{t\text{máx}} = 123{,}9 \text{ kN}$$

- Pares máximos transmisibles por fatiga superficial: Estos están limitados por la fuerza tangencial máxima admisible en la corona.

$$T_1 = F_{t\text{máx}} r_1 = 123{,}9 \text{ kN} \frac{198{,}77}{2} \text{ mm} = 12.390{,}3 \text{ N·m}$$

$$T_2 = F_{t\text{máx}} r_2 = 123{,}9 \text{ kN} \frac{993{,}865}{2} \text{ mm} = 61.951{,}4 \text{ N·m}$$

- Pares máximos transmisibles: Estos están limitados por la resistencia a la fatiga superficial de la corona

$$T_1 = 12.390,3 \text{ N·m}$$
$$T_2 = 61.951,4 \text{ N·m}$$

- Potencia máxima transmisible:

$$P = T_2 \omega_2 = 61.951,4 \text{ N·m} \cdot 300\frac{\pi}{30} \text{ rad/s} = 1946 \text{ kW}$$

5.2 Selección de los engranajes de una transmisión

Se pretende dimensionar una etapa de reducción mediante engranajes, de forma que para una velocidad de entrada $n_1 = 1100$ rpm, se obtenga una velocidad de salida $n_2 = 710 \pm 20$ rpm.

Para ello deberán utilizarse alguno de los engranajes que aparecen en la siguiente tabla:

z	m_0	z	m_0
29	1,25	53	1
31	1,25	58	1
50	1,25	79	1
57	1,25	89	1

Todos estos comparten las siguientes característica geométricas:

- Sin desplazamiento del dentado.
- Ancho b = 25 mm.
- Ángulo de presión: $\alpha_0 = 20°$
- Ángulo de hélice: $\beta = 10°$.
- Calidad del dentado: ISO 7, sin corrección de los flancos.
- Material: Acero templado superficialmente. Límite de rotura S_{ut}=800 MPa y dureza 650 HB.

Las condiciones de trabajo requeridas serán:

- Accionamiento mediante motor eléctrico, 12h/dia con choques moderados.
- Duración: mas de 20000 h.

En base a los datos anteriores se desea determinar:

1. La pareja de engranajes requerida para realizar la reducción: número de dientes del piñón z_1 y la rueda z_2.

2. Para la pareja de engranajes seleccionada, montados a la distancia mínima entre centros, determinar el par (en N·m) y potencia (en kW) máximos transmisibles.

Resolución

1. Cálculo del número de dientes del piñón y la corona.

    El número de dientes del piñón y la corona vendrá determinado por la relación de transmisión, por lo que en primer lugar calcularemos el rango de relaciones de transmisión permisibles:

    a) Relación de transmisión máxima y mínima.

A partir de las velocidades de salida, obtenemos el rango de relaciones de reducción posibles:

$$i_{\text{mín}} = \frac{n_{2\text{máx}}}{n_1} = \frac{730}{1100} = \frac{1}{1{,}507}$$

$$i_{\text{máx}} = \frac{n_{2\text{mín}}}{n_1} = \frac{690}{1100} = \frac{1}{1{,}594}$$

b) Relaciones de dientes disponibles.

A partir de los engranajes disponibles, calculamos las relaciones posibles para cada módulo:

- Relaciones de reducción para engranajes de $m_0 = 1{,}25$ mm.

Corona	Piñón			
	29	31	50	57
29	1	1,069	1,724	1,966
31	1/1,069	1	1,613	1,839
50	1/1,724	1/1,613	1	1,140
57	1/1,966	1/1,839	1/1,140	1

Como puede apreciarse, ninguna de las combinaciones de engranajes de módulo $m_0 = 1{,}25$ mm cumple con los requerimientos de relación de transmisión establecidos.

- Relaciones de reducción para engranajes de $m_0 = 1$ mm.

Corona	Piñón			
	53	58	79	89
53	1	1,094	1,491	1,679
58	1/1,094	1	1,362	1,534
79	1/1,491	1/1,362	1	1,127
89	1/1,679	**1/1,534**	1/1,127	1

En este caso, solo una de las posibles combinaciones es posible, siendo la solución al primer apartado $z_1 = 58$ y $z_2 = 89$. Para finalizar, comprobamos que la velocidad de salida se encuentra dentro del rango especificado:

$$n_2 = n_1 i = n_e \frac{z_1}{z_2} = 1100 \frac{58}{89} = 716{,}6 \text{ rpm} < 730$$

2. El par y potencia máximos transmisibles.
   a) Parámetros geométricos:
      - Ángulo de presión transversal:

$$\alpha_t = \arctan\left[\frac{\tan \alpha_0}{\cos \beta}\right] = \arctan\left[\frac{\tan 20°}{\cos 10°}\right] = 20{,}28°$$

- Diámetros primitivos:

$$d_1 = \frac{m_0 z_1}{\cos \beta} = \frac{0,7 \cdot 58}{\cos 10°} = 58,89 \text{ mm}$$

$$d_2 = \frac{m_0 z_2}{\cos \beta} = \frac{0,7 \cdot 89}{\cos 10°} = 90,37 \text{ mm}$$

- Diámetros de cabeza:

$$d_{a_1} = \left[\frac{z_1}{\cos \beta} + 2(1 + x_1)\right] m_0 = \left[\frac{58}{\cos 10} + 2(1+0)\right] 0,7 = 60,89 \text{ mm}$$

$$d_{a_2} = \left[\frac{z_2}{\cos \beta} + 2(1 + x_2)\right] m_0 = \left[\frac{89}{\cos 10} + 2(1+0)\right] 0,7 = 92,37 \text{ mm}$$

- Diámetros de base:

$$d_{b_1} = \frac{z_1 m_0}{cos\beta} \cos \alpha = \frac{58 \cdot 0,7}{\cos 10} \cos 20,28 = 55,24 \text{ mm}$$

$$d_{b_2} = \frac{z_2 m_0}{cos\beta} \cos \alpha = \frac{89 \cdot 0,7}{\cos 10} \cos 20,28 = 84,77 \text{ mm}$$

- Número mínimo de dientes del piñón:

$$z_{\text{mín}} = \frac{2(1-x_1)\cos \beta}{\sin^2 \alpha_t} = \frac{2(1-0)\cos 10}{\sin^2 20,28} = 16,4 < z_1$$

- Ángulo mínimo de funcionamiento

$$\text{inv}\alpha_{\text{mín}} = \text{inv}\alpha_t + 2\tan \alpha_0 \frac{x_1 + x_2}{z_1 + z_2}$$

$$\tan \alpha_{\text{mín}} - \alpha_{\text{mín}} = \tan 20,28 - 20,28\frac{\pi}{180} + 2 \cdot \tan 20° \cdot \frac{0+0}{58+89} = 3,540 \cdot 10^{-1}$$

$$\alpha_{\text{mín}} = 20,28°$$

- Distancia mínima entre centros:

$$a_{\text{mín}} = \frac{d_{b_1} + d_{b_2}}{2 \cos \alpha_{\text{mín}}} = \frac{55,24 + 84,77}{2 \cos 20,28} = 74,634 \text{ mm}$$

- Distancia de funcionamiento:
La distancia de funcionamiento a' debe ser igual o superior a $a_{\text{mín}}$. En este caso se especifica que sea igual a la mínima: $a' = a_{\text{mín}}$:
- Ángulo de funcionamiento:
Dado que se monta a la distancia mínima, el ángulo de presión de funcionamiento se corresponde con el ángulo de presión mínimo: $\alpha' = \alpha_{\text{mín}}$:
- Grado de recubrimiento:

- Grado de recubrimiento frontal:

$$\varepsilon_\alpha = \frac{z_1 \left[\sqrt{\left(\frac{d_{a_1}}{d_{b_1}}\right)^2 - 1} - \tan \alpha' \right] + z_2 \left[\sqrt{\left(\frac{d_{a_2}}{d_{b_2}}\right)^2 - 1} - \tan \alpha' \right]}{2\pi} =$$

$$= \frac{58 \left[\sqrt{\left(\frac{60{,}89}{55{,}24}\right)^2 - 1} - \tan 21{,}56 \right] + 120 \left[\sqrt{\left(\frac{92{,}37}{84{,}77}\right)^2 - 1} - \tan 21{,}56 \right]}{2\pi}$$

$$= 1{,}767$$

- Grado de recubrimiento lateral:

$$\varepsilon_\beta = \frac{b \sin \beta}{\pi m_0} = \frac{10 \sin 10°}{\pi 8} = 1{,}382$$

- Grado de recubrimiento total:

$$\varepsilon_r = \varepsilon_\alpha + \varepsilon_\beta = 1{,}382 + 1{,}767 = 3{,}14916$$

- Deslizamiento específico del piñón y la corona:

$$g_{s_1 \text{máx}} = \frac{z_1 \sqrt{\left(\frac{d_{a_2}}{2}\right)^2 - \left(\frac{d_{b_2}}{2}\right)^2}}{z_2 \left[a' \sin \alpha' - \sqrt{\left(\frac{d_{a_2}}{2}\right)^2 - \left(\frac{d_{b_2}}{2}\right)^2} \right]} - 1 =$$

$$= \frac{58 \sqrt{\left(\frac{92{,}37}{2}\right)^2 - \left(\frac{84{,}77}{2}\right)^2}}{89 \left[74{,}634 \sin 20{,}28 - \sqrt{\left(\frac{92{,}37}{2}\right)^2 - \left(\frac{84{,}77}{2}\right)^2} \right]} - 1 = 0{,}59$$

$$g_{s_2 \text{máx}} = \frac{z_2 \sqrt{\left(\frac{d_{a_1}}{2}\right)^2 - \left(\frac{d_{b_1}}{2}\right)^2}}{z_1 \left[a' \sin \alpha' - \sqrt{\left(\frac{d_{a_1}}{2}\right)^2 - \left(\frac{d_{b_1}}{2}\right)^2} \right]} - 1 =$$

$$= \frac{89 \sqrt{\left(\frac{60{,}89}{2}\right)^2 - \left(\frac{55{,}24}{2}\right)^2}}{10 \left[74{,}634 \sin 20{,}28 - \sqrt{\left(\frac{60{,}89}{2}\right)^2 - \left(\frac{55{,}24}{2}\right)^2} \right]} - 1 = 0{,}51$$

Como puede apreciarse, ambos deslizamientos específicos se encuentran bastante equilibrados y son bastante bajos.

b) Cálculo resistente a rotura por fatiga en el pie del diente.

Para ello se requiere determinar las características resistentes del material y los factores correspondientes que obtendremos a continuación:

- Resistencia a la fatiga en el pie del diente: A partir de la Figura B.2 y en función del límite de rotura del material y el tratamiento térmico empleado obtenemos el valor de resistencia a fatiga en el pie del diente. Los datos obtenidos se muestran a continuación:
  - Piñón: $S_{F_1} = 150{,}1$ MPa
  - Rueda: $S_{F_2} = 150{,}1$ MPa
- Factor de forma Y_F:
  - Número de dientes equivalentes:

$$z_{e_1} = \frac{z_1}{\cos^3 \beta} = \frac{58}{\cos^3 10} \approx 61$$

$$z_{e_2} = \frac{z_2}{\cos^3 \beta} = \frac{89}{\cos^3 10} \approx 94$$

  - Factor de forma:
  Mediante interpolación en la Tabla B.11, empleando los números de dientes equivalentes, podemos obtener los valores del factor de forma del dentado:
    ◦ Piñón: $Y_{F_1} = 2{,}31$
    ◦ Corona: $Y_{F_2} = 2{,}22$
- Factor de conducción (recubrimiento): $Y_\varepsilon = \frac{1}{4} + \frac{3}{4\varepsilon_\alpha} = \frac{1}{4} + \frac{3}{4 \cdot 1{,}767} = 0{,}6744$
- Factor de inclinación: Teniendo en cuenta que el valor $\varepsilon_\alpha = 1{,}767 \geq 1$ y que el ángulo $\beta = 10° < 30°$ empleamos la siguiente expresión para obtener el factor de inclinación:

$$Y_\beta = 1 - \frac{\beta(°)}{120°} = 1 - \frac{58}{120} = 0{,}9167$$

- Factor de velocidad: El cálculo del factor de velocidad requiere de los siguientes parámetros:
  - Velocidad periférica del engranaje:

$$v = \omega r = 1100 \frac{\text{rev}}{\text{min}} \frac{1}{60} \frac{\text{min}}{s} \frac{2\pi}{1} \frac{\text{rad}}{\text{rev}} \frac{0{,}0112}{2} = 3{,}39 \text{ m/s}$$

  - Factor λ: $\lambda = \frac{v z_1}{100} = \frac{3{,}39 \cdot 58}{100} = 1{,}967 \leq 10$
  - Constante de precisión ISO. Depende del tipo de dentado y del grado de acabado ISO. Para un dentado helicoidal y un grado ISO 8: $K_2 = 0{,}07$
  - Factor de velocidad:

$$K_v = \frac{1}{1 + K_2 \lambda} = \frac{1}{1 + 0{,}07 \cdot 1{,}967} = 0{,}8789$$

- Factor de duración K_{bl}
  - Número de ciclos de carga:
    - Piñón: $N_1 = n_1 \cdot 60 \cdot t = 1100 \cdot 60 \cdot 10000 = 1{,}32 \cdot 10^9$ ciclos
    - Corona: $N_2 = N_1 \dfrac{z_1}{z_2} = 1{,}32 \cdot 10^9 \dfrac{58}{89} = 8{,}6 \cdot 10^8$ ciclos
  - Factor de duración:
    - Piñón: $K_{bl1} = 0{,}65$
    - Corona: $K_{bl2} = \left(\dfrac{10^7}{N}\right)^{1/10} = \left(\dfrac{10^7}{8{,}6 \cdot 10^8}\right)^{1/10} = 0{,}645$
- Factor de distribución de carga:
  - Relación ancho/diámetro δ:

$$\delta = \frac{b}{d_1} = \frac{10}{58{,}89} < 1$$

  - Factor de distribución de la carga: $K_M = 1$
- Factor de servicio K_A:
  A partir de la Tabla B.16 y considerando que el accionamiento es mediante motor eléctrico, con un grado de choques moderado y que trabaja durante 12 horas/diarias, tomamos como valor $K_A = 0{,}8$.
- Fuerzas tangenciales máximas transmisibles en el piñón y en la corona.

$$F_{t_1} = S_{F_1} b m_0 \frac{K_v K_{bl1} K_M K_A}{Y_\varepsilon Y_{F_1} Y_\beta} = 150{,}13 \cdot 10 \cdot 0{,}7 \frac{0{,}8789 \cdot 0{,}65 \cdot 1 \cdot 0{,}8}{0{,}6744 \cdot 2{,}31 \cdot 0{,}9167} =$$
$$= 1199{,}8 \text{ N}$$
$$F_{t_2} = S_{F_2} b m_0 \frac{K_v K_{bl2} K_M K_A}{Y_\varepsilon Y_{F_2} Y_\beta} = 150{,}1 \cdot 10 \cdot 0{,}7 \frac{0{,}8789 \cdot 0{,}645 \cdot 1 \cdot 0{,}8}{0{,}6744 \cdot 2{,}22 \cdot 0{,}9167} =$$
$$= 1231{,}3 \text{ N}$$

En este caso la fuerza tangencial máxima transmisible vendrá limitada por la el piñón:

$$F_{t\text{máx}} = 1199{,}8 \text{ N}$$

- Pares máximos transmimibles por fatiga en el pie del diente: Estos están limitados por la fuerza tangencial máxima admisible en la corona.

$$T_1 = F_{t\text{máx}} r_1 = 1{,}1998 \text{ kN} \frac{58{,}89}{2} \text{ mm} = 35{,}33 \text{ N·m}$$
$$T_2 = F_{t\text{máx}} r_2 = 1{,}1998 \text{ kN} \frac{90{,}37}{2} \text{ mm} = 54{,}21 \text{ N·m}$$

c) Cálculo resistente a rotura por fatiga superficial (picado) en el flanco del diente:
  - Resistencia a la fatiga superficial (picado) en el flanco del diente S_H.
    A partir de la Figura B.3 y en función del límite de rotura del material y el tratamiento térmico empleado obtenemos el valor de resistencia a fatiga superficial (picado) en el flanco del diente. Los datos obtenidos se muestran

a continuación:
$$S_{H_1} = 1411{,}4 \text{ MPa}$$
$$S_{H_2} = 1411{,}4 \text{ MPa}$$

- Factor de conducción:
$$u = \frac{z_2}{z_1} = \frac{89}{58} = 1{,}5345$$
$$C_r = \frac{u}{u+1} = \frac{1{,}5345}{1{,}5345+1} = \frac{1{,}5345}{2{,}4667} = 0{,}6054$$

- Factor de elasticidad del material:
$$Z_E^2 = \frac{1}{\pi\left[\dfrac{1-\nu_1^2}{E_1} + \dfrac{1-\nu_2^2}{E_2}\right]} = \frac{1}{\pi\left[\dfrac{1-0{,}26_1^2}{2\cdot 10^5} + \dfrac{1-0{,}26^2}{2\cdot 10^5}\right]} = 35.853{,}6 \text{ MPa}^2$$

- Factor geométrico
$$\tan\beta_b = \tan\beta\cos\alpha_t = \tan 10 \cdot \cos 20{,}28 = 0{,}1639 \to \beta_b = 9{,}39$$
$$Z_H^2 = \frac{2\cos\beta_b}{\cos^2\alpha_t \tan\alpha_t} = \frac{2\cdot 9{,}39}{\cos^2 20{,}28 \tan 20{,}28} = 6{,}068$$

- Factor de contacto: $Z_\varepsilon^2 = \dfrac{1}{\varepsilon_\alpha} = \dfrac{1}{1{,}767} = 0{,}9848$
- Factor de inclinación $Z_\beta^2 = \cos\beta = \cos 10 = 0{,}94$
- Factor de velocidad base. Como la velocidad de entrada es 1100 rpm > 200 rpm tomamos como factor de velocidad base $\gamma = 1$.
- Factor de duración. Para obtener estos valores empleamos las mismas expresiones que para el apartado anterior:
  - Piñón: $K_{hl1} = 0{,}5$
  - Corona: $K_{hl2} = \left(\dfrac{10^7}{N}\right)^{1/6} = \left(\dfrac{10^7}{8{,}6\cdot 10^8}\right)^{1/6} = 0{,}4759$
- Cálculo de las fuerzas tangenciales máximas en el piñón y en la corona:

$$F_{t_1} = S_{H_1}^2 b d_1 C_r \frac{K_v K_{hl2} K_M K_A}{\gamma Z_E^2 Z_H^2 Z_\varepsilon^2 Z_\beta^2} =$$
$$= 1411{,}4^2 \cdot 10 \cdot 58{,}89 \cdot 0{,}6054 \frac{0{,}8789 0{,}7 \cdot 0{,}5 \cdot 0{,}93 \cdot 0{,}8}{1\cdot 35853{,}6 \cdot 6{,}068 \cdot 0{,}9848 \cdot 0{,}94} =$$
$$= 5149{,}7 \text{ N}$$

$$F_{t_2} = S_{H_2}^2 b d_1 C_r \frac{K_v K_{hl2} K_M K_A}{\gamma Z_E^2 Z_H^2 Z_\varepsilon^2 Z_\beta^2} =$$
$$= 1411{,}4^2 \cdot 10 \cdot 58{,}89 \cdot 0{,}6054 \frac{0{,}8789 0{,}7 \cdot 0{,}4759 \cdot 0{,}93 \cdot 0{,}8}{1\cdot 35853{,}6 \cdot 6{,}068 \cdot 0{,}9848 \cdot 0{,}94} =$$
$$= 4902 \text{ N}$$

En este caso la fuerza tangencial máxima transmisible vendrá limitada por la corona:

$$F_{t\text{máx}} = 4902 \text{ N}$$

- Pares máximos transmisibles por fatiga superficial: Estos están limitados por la fuerza tangencial máxima admisible en la corona.

$$T_1 = F_{t\text{máx}} r_1 = 4{,}902 \text{ kN} \frac{58{,}89}{2} \text{ mm} = 144{,}35 \text{ N·m}$$
$$T_2 = F_{t\text{máx}} r_2 = 4{,}902 \text{ kN} \frac{90{,}37}{2} \text{ mm} = 221{,}5 \text{ N·m}$$

d) Pares máximos transmisibles: Estos están limitados por la resistencia a la fatiga en el pie del piñón

$$T_1 = 35{,}33 \text{ N·m}$$
$$T_2 = 54{,}21 \text{ N·m}$$

e) Potencia máxima transmisible (sin considerar rendimiento):

$$P = T_2 \omega_2 = 54{,}21 \text{ N·m} \cdot 1100 \frac{\pi}{30} \frac{58}{89} = 4{,}07 \text{ kW}$$

5.3 Dimensionamiento de una transmisión de engranajes

Se pretende dimensionar una etapa de reducción mediante engranajes, de forma que para una velocidad de entrada $n_1 = 1500$ rpm, se obtenga una velocidad de salida n_2 entre 1000 y 1025 rpm. Con objeto de que la transmisión sea lo más compacta posible, se desea que el piñón tenga el número de dientes mínimo, sin que se produzca socavamiento del dentado. Así mismo, la distancia de funcionamiento será la mínima posible.

Los dientes del piñón y la corona deberán tener las siguientes características:

- Sin desplazamiento del dentado.
- Ancho b=10 mm.
- Ángulo de presión $\alpha_0 = 20°$.
- Ángulo de hélice $\beta = 20°$.
- Calidad del dentado ISO7, sin abombado longitudinal en los flancos.
- Material piñón: Acero cementado. Límite de rotura 800 MPa, y dureza 600 HB
- Material corona: Acero templado superficialmente. Límite de rotura 700 MPa, y dureza 550 HB
- Las condiciones de trabajo requeridas serán:
    - Accionamiento mediante motor eléctrico, 12h/día con choques moderados.
    - Duracion: mas de 10000 h.

En base a los datos anteriores se desea determinar:

1. El número de dientes del piñón z_1.
2. El número de dientes de la corona z_2 para cumplir con la relación de transmisión y que la marcha sea fina
3. Para el número de dientes calculados en los apartados anteriores, el módulo normal m_0 mínimo de la serie preferente necesario para transmitir un par de salida de 2 N·m.
4. Si con el fin de mejorar el comportamiento al desgaste, se decidiera realizar un desplazamiento del dentado sin variar el numero de dientes del apartado anterior, ¿que desplazamiento debería darse al piñón x_1 y a la corona x_2.
5. ¿Cual sería el par máximo transmisible en caso de realizar dicho desplazamiento?

Resolución

1. Cálculo del número de dientes del piñón.

    Dado que se desea que el piñón sea lo más compacto posible, y debe estar limitado por la geometría descrita, deberá realizarse con el número mínimo de dientes posible. Este número mínimo viene determinado por la expresión:

$$z_1 = z_{\text{mín}} = \frac{2(1-x_1)\cos\beta}{\sin^2 \alpha_t} = \frac{2(1-0)\cos 0°}{\sin^2 21{,}17°} \approx 15$$

Donde $\alpha_t = \arctan\left[\dfrac{\tan\alpha_0}{\cos\beta}\right] = \arctan\left[\dfrac{\tan 20°}{\cos 20°}\right] = 21{,}17°$

2. El número de dientes de la corona z_2 para cumplir con la relación de transmisión y que la marcha sea fina: A partir de las velocidades de salida, obtenemos el rango de relaciones de reducción posibles:

$$i_{\text{mín}} = \frac{n_{2\text{máx}}}{n_1} = \frac{1025}{1500} = \frac{1}{1{,}46341}$$

$$i_{\text{máx}} = \frac{n_{2\text{mín}}}{n_1} = \frac{1000}{1500} = \frac{1}{1{,}5}$$

Conocido el rango de relaciones de reducción, podemos obtener el número de máximo y mínimo de dientes que puede tomar la corona:

$$z_{2\text{máx}} = \frac{z_1}{i_{\text{máx}}} = \frac{15}{\frac{1000}{1500}} = 22{,}5 \to 22$$

$$z_{2\text{mín}} = \frac{z_1}{i_{\text{mín}}} = \frac{15}{\frac{1025}{1500}} = 21{,}95 \to 22$$

Dado que no podemos superar el número máximo de dientes indicado para no exceder la relación, este será de 22. Por otro lado, tampoco podemos seleccionar un número de dientes inferior al indicado, por el mismo motivo. En este caso el número de dientes es de 22. Por otro lado la relación 15/22 es coprima, por lo que no existen divisores comunes y se considera que la marcha será más silenciosa que en otros casos con divisores comunes.

Para finalizar, comprobamos que la velocidad de salida se encuentra dentro del rango especificado:

$$n_2 = n_1 i = n_e \frac{z_1}{z_2} = 1500 \frac{15}{22} = 1022{,}7 \text{ rpm} < 1025$$

3. Cálculo del módulo normal m_0 necesario para efectuar la transmisión del par requerido.

El cálculo del módulo se realiza mediante un proceso iterativo, donde se van probando diferentes módulos (de menor a mayor) hasta obtener el primer módulo que es capaz de transmitir el módulo requerido. A continuación se muestran los resultados obtenidos para un módulo $m_0 = 0{,}7$, el cual es el resultado del apartado.

   a) Parámetros geométricos:
   - Ángulo de presión transversal:

$$\alpha_t = \arctan\left[\frac{\tan\alpha_0}{\cos\beta}\right] = \arctan\left[\frac{\tan 20°}{\cos 20°}\right] = 21{,}17°$$

z

- Diámetros primitivos:

$$d_1 = \frac{m_0 z_1}{\cos \beta} = \frac{0{,}7 \cdot 15}{\cos 20°} = 11{,}17 \text{ mm}$$

$$d_2 = \frac{m_0 z_2}{\cos \beta} = \frac{0{,}7 \cdot 22}{\cos 20°} = 16{,}39 \text{ mm}$$

- Diámetros de cabeza:

$$d_{a_1} = \left[\frac{z_1}{\cos \beta} + 2(1+x_1)\right] m_0 = \left[\frac{15}{\cos 20} + 2(1+0)\right] 0{,}7 = 12{,}57 \text{ mm}$$

$$d_{a_2} = \left[\frac{z_2}{\cos \beta} + 2(1+x_2)\right] m_0 = \left[\frac{22}{\cos 20} + 2(1+0)\right] 0{,}7 = 17{,}79 \text{ mm}$$

- Diámetros de base:

$$d_{b_1} = \frac{z_1 m_0}{\cos\beta} \cos \alpha = \frac{15 \cdot 0{,}7}{\cos 20} \cos 21{,}17 = 10{,}42 \text{ mm}$$

$$d_{b_2} = \frac{z_2 m_0}{\cos\beta} \cos \alpha = \frac{22 \cdot 0{,}7}{\cos 20} \cos 21{,}17 = 15{,}28 \text{ mm}$$

- Número mínimo de dientes del piñón:

$$z_{\text{mín}} = \frac{2(1-x_1)\cos\beta}{\sin^2 \alpha_t} = \frac{2(1-0)\cos 20}{\sin^2 21{,}17} = 14{,}4 < z_1$$

- Ángulo mínimo de funcionamiento

$$\text{inv}\alpha_{\text{mín}} = \text{inv}\alpha_t + 2\tan\alpha_0 \frac{x_1+x_2}{z_1+z_2}$$

$$\tan\alpha_{\text{mín}} - \alpha_{\text{mín}} = \tan 21{,}17 - 21{,}17\frac{\pi}{180} + 2\cdot\tan 20° \cdot \frac{0+0}{15+22} = 3{,}695 \cdot 10^{-1}$$

$$\alpha_{\text{mín}} = 21{,}17°$$

- Distancia mínima entre centros:

$$a_{\text{mín}} = \frac{d_{b_1}+d_{b_2}}{2\cos\alpha_{\text{mín}}} = \frac{10{,}42+15{,}28}{2\cos 21{,}17} = 13{,}781 \text{ mm}$$

- Distancia de funcionamiento:
La distancia de funcionamiento a' debe ser igual o superior a $a_{\text{mín}}$. En este caso se especifica que sea igual a la mínima: $a' = a_{\text{mín}}$:
- Ángulo de funcionamiento:
Dado que se monta a la distancia mínima, el ángulo de presión de funcionamiento se corresponde con el ángulo de presión mínimo: $\alpha' = \alpha_{\text{mín}}$:
- Grado de recubrimiento:

- Grado de recubrimiento lateral:
$$\varepsilon_\beta = \frac{b \sin \beta}{\pi m_0} = \frac{10 \sin 15°}{\pi 8} = 1{,}555$$

- Grado de recubrimiento frontal:
$$\varepsilon_\alpha = \frac{z_1 \left[\sqrt{\left(\frac{d_{a_1}}{d_{b_1}}\right)^2 - 1} - \tan \alpha'\right] + z_2 \left[\sqrt{\left(\frac{d_{a_2}}{d_{b_2}}\right)^2 - 1} - \tan \alpha'\right]}{2\pi} =$$
$$= \frac{15 \left[\sqrt{\left(\frac{12{,}57}{10{,}42}\right)^2 - 1} - \tan 21{,}56\right] + 120 \left[\sqrt{\left(\frac{17{,}795}{15{,}28}\right)^2 - 1} - \tan 21{,}56\right]}{2\pi}$$
$$= 1{,}418$$

- Grado de recubrimiento total:
$$\varepsilon_r = \varepsilon_\alpha + \varepsilon_\beta = 1{,}555 + 1{,}418 = 2{,}539$$

- Deslizamiento específico del piñón y la corona:

$$g_{s_1 \text{máx}} = \frac{z_1 \sqrt{\left(\frac{d_{a_2}}{2}\right)^2 - \left(\frac{d_{b_2}}{2}\right)^2}}{z_2 \left[a' \sin \alpha' - \sqrt{\left(\frac{d_{a_2}}{2}\right)^2 - \left(\frac{d_{b_2}}{2}\right)^2}\right]} - 1 =$$

$$= \frac{15 \sqrt{\left(\frac{17{,}79}{2}\right)^2 - \left(\frac{15{,}28}{2}\right)^2}}{22 \left[13{,}781 \sin 21{,}17 - \sqrt{\left(\frac{17{,}79}{2}\right)^2 - \left(\frac{15{,}28}{2}\right)^2}\right]} - 1 = 6{,}295$$

$$g_{s_2 \text{máx}} = \frac{z_2 \sqrt{\left(\frac{d_{a_1}}{2}\right)^2 - \left(\frac{d_{b_1}}{2}\right)^2}}{z_1 \left[a' \sin \alpha' - \sqrt{\left(\frac{d_{a_1}}{2}\right)^2 - \left(\frac{d_{b_1}}{2}\right)^2}\right]} - 1 =$$

$$= \frac{22 \sqrt{\left(\frac{12{,}57}{2}\right)^2 - \left(\frac{10{,}42}{2}\right)^2}}{10 \left[13{,}781 \sin 21{,}17 - \sqrt{\left(\frac{12{,}57}{2}\right)^2 - \left(\frac{10{,}42}{2}\right)^2}\right]} - 1 = 2{,}539$$

Como puede apreciarse, ambos deslizamientos específicos se encuentran bastante desequilibrados, siendo el valor del deslizamiento del piñón inadmisible ya que se recomienda que $|g_{s\,\text{máx}}| < 3$

b) Cálculo resistente a rotura por fatiga en el pie del diente.

Para ello se requiere determinar las características resistentes del material y los factores correspondientes que obtendremos a continuación:

- Resistencia a la fatiga en el pie del diente: A partir de la Figura B.2 y en función del límite de rotura del material y el tratamiento térmico empleado obtenemos el valor de resistencia a fatiga en el pie del diente. Los datos obtenidos se muestran a continuación:
    - Piñón: $S_{F_1} = 313{,}1$ MPa
    - Rueda: $S_{F_2} = 134{,}3$ MPa
- Factor de forma Y_F:
    - Número de dientes equivalentes:

$$z_{e_1} = \frac{z_1}{\cos^3 \beta} = \frac{15}{\cos^3 15} \approx 18$$

$$z_{e_2} = \frac{z_2}{\cos^3 \beta} = \frac{22}{\cos^3 15} \approx 27$$

  - Factor de forma:
    Mediante interpolación en la Tabla B.11, empleando los números de dientes equivalentes, podemos obtener los valores del factor de forma del dentado:
    ○ Piñón: $Y_{F_1} = 3{,}02$
    ○ Corona: $Y_{F_2} = 2{,}68$
- Factor de conducción (recubrimiento): $Y_\varepsilon = \frac{1}{4} + \frac{3}{4\varepsilon_\alpha} = \frac{1}{4} + \frac{3}{4 \cdot 1{,}418} = 0{,}7791$
- Factor de inclinación: Teniendo en cuenta que el valor $\varepsilon_\alpha = 1{,}418 \geq 1$ y que el ángulo $\beta = 15° < 30°$ empleamos la siguiente expresión para obtener el factor de inclinación:

$$Y_\beta = 1 - \frac{\beta(°)}{120°} = 1 - \frac{15}{120} = 0{,}595$$

- Factor de velocidad: El cálculo del factor de velocidad requiere de los siguientes parámetros:
    - Velocidad periférica del engranaje:

$$v = \omega r = 1500 \frac{\cancel{\text{rev}}}{\cancel{\text{min}}} \frac{1}{60} \frac{\cancel{\text{min}}}{s} \frac{2\pi}{1} \frac{\text{rad}}{\cancel{\text{rev}}} \frac{0{,}0112}{2} = 0{,}8776 \text{ m/s}$$

  - Factor λ: $\lambda = \frac{v z_1}{100} = \frac{0{,}8776 \cdot 15}{100} = 0{,}1316 \leq 10$
  - Constante de precisión ISO. Depende del tipo de dentado y del grado de acabado ISO. Para un dentado helicoidal y un grado ISO 7: $K_2 = 0{,}048$
  - Factor de velocidad:

$$K_v = \frac{1}{1 + K_2 \lambda} = \frac{1}{1 + 0{,}048 \cdot 0{,}1316} = 0{,}9937$$

- Factor de duración K_{bl}
  - Número de ciclos de carga:
    - Piñón: $N_1 = n_1 60 t = 1500 \cdot 60 \cdot 10000 = 2 \cdot 10^8$ ciclos
    - Corona: $N_2 = N_1 \dfrac{z_1}{z_2} = 2 \cdot 10^8 \dfrac{15}{22} = 6{,}14 \cdot 10^8$ ciclos
  - Factor de duración:
    - Piñón: $K_{bl1} = \left(\dfrac{10^7}{N}\right)^{1/10} = \left(\dfrac{10^7}{2 \cdot 10^8}\right)^{1/10} = 0{,}6376$
    - Corona: $K_{bl2} = \left(\dfrac{10^7}{N}\right)^{1/10} = \left(\dfrac{10^7}{6{,}14 \cdot 10^8}\right)^{1/10} = 0{,}6625$
- Factor de distribución de carga:
  - Relación ancho/diámetro: $\delta = \dfrac{b}{d_1} = \dfrac{10}{10} = 1$
  - Factor de distribución de la carga: $K_M = 1$
- Factor de servicio K_A:
  A partir de la Tabla B.16 y considerando que el accionamiento es mediante motor eléctrico, con un grado de choques moderado y que trabaja durante 12 horas/diarias, tomamos como valor $K_A = 0{,}8$.
- Fuerzas tangenciales máximas transmisibles en el piñón y en la corona.

$$F_{t_1} = S_{F_1} b m_0 \dfrac{K_v K_{bl1} K_M K_A}{Y_\varepsilon Y_{F_1} Y_\beta} = 313{,}13 \cdot 10 \cdot 0{,}7 \dfrac{0{,}9937 cdot 0{,}6376 \cdot 1 \cdot 0{,}8}{0{,}7791 \cdot 3{,}02 \cdot 0{,}595} =$$
$$= 567{,}3 \text{ N}$$
$$F_{t_2} = S_{F_2} b m_0 \dfrac{K_v K_{bl2} K_M K_A}{Y_\varepsilon Y_{F_2} Y_\beta} = 134{,}3 \cdot 10 \cdot 0{,}7 \dfrac{0{,}9937 \cdot 0{,}6625 \cdot 1 \cdot 0{,}8}{0{,}7791 \cdot 2{,}68 \cdot 0{,}595} =$$
$$= 284{,}6 \text{ N}$$

En este caso la fuerza tangencial máxima transmisible vendrá limitada por la corona:

$$F_{t\text{máx}} = 284{,}6 \text{ N}$$

- Pares máximos transmimibles por fatiga en el pie del diente: Estos están limitados por la fuerza tangencial máxima admisible en la corona.

$$T_1 = F_{t\text{máx}} r_1 = 0{,}2846 \text{ kN} \dfrac{11{,}17}{2} \text{ mm} = 1{,}59 \text{ N·m}$$
$$T_2 = F_{t\text{máx}} r_2 = 0{,}2846 \text{ kN} \dfrac{16{,}39}{2} \text{ mm} = 2{,}33 \text{ N·m}$$

c) Cálculo resistente a rotura por fatiga superficial (picado) en el flanco del diente:
  - Resistencia a la fatiga superficial (picado) en el flanco del diente S_H.
    A partir de la Figura B.3 y en función del límite de rotura del material y el tratamiento térmico empleado obtenemos el valor de resistencia a fatiga superficial (picado) en el flanco del diente. Los datos obtenidos se muestran

a continuación:

$$S_{H_1} = 1514 \text{ MPa}$$
$$S_{H_2} = 1320 \text{ MPa}$$

- Factor de conducción:

$$u = \frac{z_2}{z_1} = \frac{22}{15} = 1{,}4667$$

$$C_r = \frac{u}{u+1} = \frac{1{,}4667}{1{,}4667+1} = \frac{1{,}4667}{2{,}4667} = 0{,}595$$

- Factor de elasticidad del material:

$$Z_E^2 = \frac{1}{\pi \left[\dfrac{1-\nu_1^2}{E_1} + \dfrac{1-\nu_2^2}{E_2}\right]} = \frac{1}{\pi \left[\dfrac{1-0{,}26_1^2}{2\cdot 10^5} + \dfrac{1-0{,}26^2}{2\cdot 10^5}\right]} = 35.853{,}6 \text{ MPa}^2$$

- Factor geométrico

$$\tan\beta_b = \tan\beta \cos\alpha_t = \tan 15 \cdot \cos 21{,}17 = 0{,}327 \rightarrow \beta_b = 18{,}75$$

$$Z_H^2 = \frac{2\cos\beta_b}{\cos^2\alpha_t \tan\alpha_t} = \frac{2\cdot 18{,}75}{\cos^2 21{,}17 \tan 21{,}17} = 5{,}62$$

- Factor de contacto: $Z_\varepsilon^2 = \dfrac{1}{\varepsilon_\alpha} = \dfrac{1}{1{,}418} = 0{,}7054$
- Factor de inclinación $Z_\beta^2 = \cos\beta = \cos 20 = 0{,}94$
- Factor de velocidad base. Como la velocidad de entrada es 1500 rpm > 200 rpm tomamos como factor de velocidad base $\gamma = 1$.
- Factor de duración. Para obtener estos valores empleamos las mismas expresiones que para el apartado anterior:

  - Piñón: $K_{hl1} = \left(\dfrac{10^7}{N}\right)^{1/6} = \left(\dfrac{10^7}{2\cdot 10^8}\right)^{1/6} = 0{,}4724$

  - Corona: $K_{hl2} = \left(\dfrac{10^7}{N}\right)^{1/6} = \left(\dfrac{10^7}{4{,}5\cdot 10^8}\right)^{1/6} = 0{,}5035$

- Cálculo de las fuerzas tangenciales máximas en el piñón y en la corona:

$$F_{t_1} = S_{H_1}^2 b d_1 C_r \frac{K_v K_{hl2} K_M K_A}{\gamma Z_E^2 Z_H^2 Z_\varepsilon^2 Z_\beta^2} =$$

$$= 1514^2 \cdot 10 \cdot 11{,}17 \cdot 0{,}595 \frac{0{,}9937 \cdot 0{,}7 \cdot 0{,}4724 \cdot 0{,}93 \cdot 0{,}8}{1\cdot 35853{,}6 \cdot 5{,}62 \cdot 0{,}7054 \cdot 0{,}94} =$$

$$= 427{,}9 \text{ N}$$

$$F_{t_2} = S_{H_2}^2 b d_1 C_r \frac{K_v K_{hl2} K_M K_A}{\gamma Z_E^2 Z_H^2 Z_\varepsilon^2 Z_\beta^2} =$$

$$= 1320^2 \cdot 10 \cdot 11{,}17 \cdot 0{,}595 \frac{0{,}9937 \cdot 0{,}7 \cdot 0{,}5035 \cdot 0{,}93 \cdot 0{,}8}{1 \cdot 35853{,}6 \cdot 5{,}62 \cdot 0{,}7054 \cdot 0{,}94} =$$

$$= 346{,}6 \text{ N}$$

En este caso la fuerza tangencial máxima transmisible vendrá limitada por la corona:

$$F_{t\text{máx}} = 346{,}6 \text{ N}$$

- Pares máximos transmisibles por fatiga superficial: Estos están limitados por la fuerza tangencial máxima admisible en la corona.

$$T_1 = F_{t\text{máx}} r_1 = 0{,}3466 \text{ kN} \frac{11{,}17}{2} \text{ mm} = 1{,}94 \text{ N·m}$$

$$T_2 = F_{t\text{máx}} r_2 = 0{,}3466 \text{ kN} \frac{16{,}39}{2} \text{ mm} = 2{,}84 \text{ N·m}$$

d) Pares máximos transmisibles: Estos están limitados por la resistencia a la fatiga en el pie de la corona

$$T_1 = 1{,}59 \text{ N·m}$$
$$T_2 = 2{,}33 \text{ N·m}$$

e) Potencia máxima transmisible (sin considerar rendimiento):

$$P = T_2 \omega_2 = 2{,}33 \text{ N·m} \cdot 1500 \frac{\pi}{30} \frac{15}{22} \text{ rad/s} = 0{,}25 \text{ kW}$$

4. Optimización de los deslizamientos del piñón y corona.

Una vez determinada la geometría inicial de la corona y el piñón se procede a optimizar los desplazamientos del dentado para minimizar la velocidad de deslizamiento específico de la transmisión, de acuerdo con el método de Henriot.

$$\left. \begin{array}{r} z_1 + z_2 = 10 + 22 = 32 \\ z_1 = 10 \\ u = 1/i \approx 1{,}5 \end{array} \right\} \rightarrow x_1 = 0{,}52 \; ; \; x_2 = 0{,}38$$

El punto se encuentra localizado en el extremo del diagrama de de Henriot, por lo que se debe extrapolar ligeramente las curvas AB y $i = 1{,}5$.

Tras aplicar estos desplazamientos al dentado se obtiene, volviendo a calcular de nuevo toda la geometría, un deslizamiento específico para el piñón: $g_{s1\text{máx}} = 1{,}61$ y para la corona $g_{s1\text{máx}} = 1{,}71$ quedando dentro de un rango más que aceptable.

5. Par máximo transmisible en caso de realizar el desplazamiento.

Volviendo a recalcular toda la geometría y diversos factores, se obtiene que el par máximo transmisible es de $T_2 = 2{,}70$ N·m, mientras que la potencia transmisible es de 0,29 kW (sin considerar rendimiento). Esta variación, como no podría ser de otro modo, es muy pequeña y es debida fundamentalmente al incrementos del entrecentros debida al desplazamiento del dentado positivo, la cual a su vez modifica los diámetros de funcionamiento. El incremento de diámetro disminuye la fuerza sobre el diente y por lo tanto su capacidad para transmitir el par aumenta.

6
Elementos de unión

6.1 Cálculo de una chaveta paralela

Se desean transminir 20 CV a 100 rpm mediante una chaveta paralela en una transmisión de las siguientes características:

- Geometría: Diámetro del eje: d = 60 mm
- Régimen de trabajo: un solo sentido, con choques moderados.
- Material:
    - Piñón: Fundición EN-GJL-300 (GG30). S_{ut}= 300 MPa
    - Eje: Acero C45 (F1140). S_{ut}= 520MPa , S_y= 370 MPa.
    - Chaveta: Acero S275JR (St44), S_{ut}= 430 MPa, S_y= 275 MPa.

En base a los datos anteriores se desea determinar la longitud de chaveta necesaria

Resolución

Los datos referidos a la geometría de la chaveta se obtienen de las tablas de la norma para chavetas planas DIN 6885 a partir del diámetro del eje, que en este caso es de 60 mm.

1. Parámetros geométricos.

    - Altura de la fuerza resultante en el chavetero del eje:

    $$h_e = h_1 - \frac{d}{2} - r_1 + \sqrt{\left(\frac{d}{2}\right)^2 - \left(\frac{b}{2}\right)^2} = 7 - \frac{60}{2} - 0{,}4 + \sqrt{\left(\frac{60}{2}\right)^2 - \left(\frac{18}{2}\right)^2}$$

    $$h_e = 5{,}21 \text{ mm}$$

    - Diámetro de la fuerza resultante en el chavetero del eje:

    $$d_e = \sqrt{(d - 2h_1 + 2r_1 + h_e)^2 + b^2} = \sqrt{(60 - 2 \cdot 7 + 2 \cdot 0{,}4 + 5{,}21)^2 + 18^2} =$$
    $$= 55{,}04 \text{ mm}$$

    - Altura de la fuerza resultante en el chavetero del cubo:

    $$h_c = h - h_e - 2r_1 = 11 - 5{,}21 - 2 \cdot 0{,}4 = 4{,}98 \text{ mm}$$

    - Diámetro de la fuerza resultante en el chavetero del cubo:

    $$d_c = \sqrt{(d - 2h_1 + 2r_1 + dh_e + h_c)^2 + b^2} =$$
    $$= \sqrt{(60 - 2 \cdot 6 + 2 \cdot 0{,}4 + 60 \cdot 5{,}21 + 4{,}98)^2 + 18^2} =$$
    $$= 64{,}76 \text{ mm}$$

2. Cálculo de la longitud de chaveta necesaria:

Capítulo 6. Elementos de unión

- Par a transmitir:

$$\omega = n\frac{\pi}{30} = 100 \cdot \frac{\pi}{30} = 10{,}48 \text{ rad/s}$$

$$T = \frac{736P}{\omega} = 1405{,}66 \text{ N·m} = 1{,}406 \cdot 10^6 \text{ N·mm}$$

- Longitud de chaveta necesaria para soportar el esfuerzo por cortadura:

$$L_{\text{cortadura}} = \frac{2\sqrt{3}n_B T}{zbdS_{y \text{ chaveta}}}\sqrt{1-\left(\frac{b}{d}\right)^2} =$$

$$= \frac{2\sqrt{3}\cdot 1{,}5 \cdot 1{,}406 \cdot 10^6}{1 \cdot 18 \cdot 60 \cdot 275}\sqrt{1-\left(\frac{18}{60}\right)^2} = 23{,}45 \text{ mm}$$

- Longitud de chaveta necesaria para soportar el esfuerzo por aplastamiento en el chavetero del eje:

Para calcular la longitud necesaria, debemos determinar previamente la resistencia al aplastamiento de cada uno de los componentes de la unión.

$$S_{\text{p chaveta}} = 0{,}5 S_{\text{ut chaveta}} = 0{,}5 \cdot 430 = 215 \text{ MPa}$$
$$S_{\text{p eje}} = 0{,}5 S_{\text{ut eje}} = 0{,}5 \cdot 520 = 260 \text{ MPa}$$
$$S_{\text{p cubo}} = 0{,}7 S_{\text{ut cubo}} = 0{,}7 \cdot 300 = 210 \text{ MPa}$$

$$L_{\text{eje}} = \frac{2n_B T}{zh_e d_e \min(S_{\text{p chaveta}}, S_{\text{p eje}})}\sqrt{1-\left(\frac{b}{d_e}\right)^2} =$$

$$= \frac{2 \cdot 1{,}5 \cdot 1{,}406 \cdot 10^6}{1 \cdot 5{,}21 \cdot 55{,}04 \min(215, 260)}\sqrt{1-\left(\frac{18}{55{,}04}\right)^2} = 64{,}53 \text{ mm}$$

- Longitud de chaveta necesaria para soportar el esfuerzo por aplastamiento en el chavetero del cubo

$$L_{\text{cubo}} = \frac{2n_B T}{zh_c d_c \min(S_{\text{p chaveta}}, S_{\text{p cubo}})}\sqrt{1-\left(\frac{b}{d_c}\right)^2} =$$

$$= \frac{2 \cdot 1{,}5 \cdot 1{,}406 \cdot 10^6}{1 \cdot 4{,}98 \cdot 64{,}76 \min(215, 210)}\sqrt{1-\left(\frac{18}{64{,}76}\right)^2} = 59{,}78 \text{ mm}$$

3. Cálculo de la longitud de chaveta necesaria.

   La longitud de esta será la más restrictiva entre los valores calculados anteriormente de $L_{\text{cortadura}}$, L_{eje} y L_{cubo}. Por lo tanto el valor de la longitud de la chaveta será L = 64,53 mm.

6.2 Cálculo de una chaveta de cuña

Se desean transminir 20 CV a 100 rpm mediante una chaveta de cuña en una transmisión de las siguientes características:

- Geometría: Diámetro del eje: d = 60 mm
- Régimen de trabajo: un solo sentido, con choques moderados.
- Material:
    - Piñón: Fundición EN-GJL300 (GG30). Sut=300 MPa
    - Eje: Acero C45 (F1140). Sut = 520MPa , Sy=370 MPa.
    - Chaveta: Acero S275JR (St44), Sut=430 MPa, Sy= 275 MPa.
- Coeficientes de rozamiento:
    - $\mu_{\text{chaveta-eje}} = 0{,}1$.
    - $\mu_{\text{chaveta-cubo}} = 0{,}1$.

En base a los datos anteriores se desea determinar:

1. La longitud de chaveta necesaria.
2. La fuerza de montaje y desmontaje.

Resolución

Los datos referidos a la geometría de la chaveta se obtienen de las tablas de la norma para chavetas en cuña DIN 141 a partir del diámetro del eje, que en este caso es de 60 mm.

1. Longitud de chaveta necesaria.

    a) Parámetros geométricos.

    - Altura de la fuerza resultante en el chavetero del eje:

    $$h_e = h_1 - \frac{d}{2} - r_1 + \sqrt{\left(\frac{d}{2}\right)^2 - \left(\frac{b}{2}\right)^2} =$$

    $$= 6 - \frac{60}{2} - 0{,}4 + \sqrt{\left(\frac{60}{2}\right)^2 - \left(\frac{18}{2}\right)^2} = 4{,}21 \text{ mm}$$

    - Diámetros de la fuerza resultante en el chavetero del eje:

    $$d_e = \sqrt{(d - 2h_1 + 2r_1 + h_e)^2 + b^2} =$$

    $$= \sqrt{(60 - 2 \cdot 6 + 2 \cdot 0{,}4 + 4{,}21)^2 + 18^2} = 55{,}99 \text{ mm}$$

    - Altura de la fuerza resultante en el chavetero del cubo:

    $$h_c = h - h_e - 2r_1 = 11 - 4{,}21 - 2 \cdot 0{,}4 = 5{,}98 \text{ mm}$$

- Diámetro de la fuerza resultante en el chavetero del cubo:

$$d_c = \sqrt{(d - 2h_1 + 2r_1 + dh_e + h_c)^2 + b^2} =$$
$$= \sqrt{(60 - 2 \cdot 6 + 2 \cdot 0{,}4 + 60 \cdot 4{,}21 + 5{,}98)^2 + 18^2} = 65{,}73 \text{ mm}$$

b) Cálculo de la longitud de chaveta necesaria:
- Par a transmitir:

$$\omega = n\frac{\pi}{30} = 100\frac{\pi}{30} = 10{,}48 \text{ rad/s}$$
$$T = \frac{736P}{\omega} = 1405{,}66 \text{ N·m} = 1{,}406 \cdot 10^6 \text{ N·mm}$$

- Par máximo transmisible por cortadura:

$$T_{\text{cortadura}} = \frac{LzbdS_{\text{y chaveta}}}{2\sqrt{3}n_B\sqrt{1 - \left(\dfrac{b}{d}\right)^2}} = \frac{L \cdot 1 \cdot 18 \cdot 60 \cdot 275}{2\sqrt{3} \cdot 1{,}5\sqrt{1 - \left(\dfrac{18}{60}\right)^2}} = 59.917{,}5L$$

- Par máximo transmisible por aplastamiento en el chavetero del eje:
Para calcular la longitud necesaria, debemos determinar previamente la resistencia al aplastamiento de cada uno de los componentes de la unión.

$$S_{\text{p chaveta}} = 0{,}5 S_{\text{ut chaveta}} = 0{,}5 \cdot 430 = 215 \text{ MPa}$$
$$S_{\text{p eje}} = 0{,}5 S_{\text{ut eje}} = 0{,}5 \cdot 520 = 260 \text{ MPa}$$
$$S_{\text{p cubo}} = 0{,}7 S_{\text{ut cubo}} = 0{,}7 \cdot 300 = 210 \text{ MPa}$$

$$T_{\text{eje}} = \frac{Lzh_e d_e \min(S_{\text{p chaveta}}, S_{\text{p cubo}})}{2n_B\sqrt{1 - \left(\dfrac{b}{d_e}\right)^2}} =$$

$$= \frac{L \cdot 1 \cdot 4{,}21 \cdot 55{,}99 \min(215, 210)}{2 \cdot 1{,}5\sqrt{1 - \left(\dfrac{18}{55{,}99}\right)^2}} = 17.874{,}9L$$

- Par máximo transmisible por aplastamiento en el chavetero del cubo

$$T_{\text{cubo}} = \frac{Lzh_c d_c \min(S_{\text{p chaveta}}, S_{\text{p cubo}})}{2n_B\sqrt{1 - \left(\dfrac{b}{d_c}\right)^2}} =$$

$$= \frac{L \cdot 1 \cdot 5{,}98 \cdot 65{,}73 \min(215, 210)}{2 \cdot 1{,}5\sqrt{1 - \left(\dfrac{18}{65{,}73}\right)^2}} = 28.617{,}2L$$

- El par transmitido por el arrastre de forma será el mínimo entre $T_{\text{cortadura}}$, T_{eje}, y T_{cubo}. Por lo tanto:

$$T_{\text{forma}} = \text{mín}(T_{\text{cortadura}}, T_{\text{eje}}, T_{\text{cubo}}) = 17.874{,}9L$$

- Par transmitido por la cuña:

$$T_{\text{cuña}} = \frac{bL \tan\rho_1 \left(\tan\rho_1 + \tan(\alpha + \rho_2)\right) \text{mín}(S_{\text{p chaveta}}, S_{\text{p eje}}, S_{\text{p cubo}})}{n_B \left(\tan\rho_1 + \tan(\alpha + \rho_2)\right)} \left(\left(\frac{2}{\pi} + \frac{1}{2}\right)d + \frac{h}{2}\right)$$

$$T_{\text{cuña}} = \frac{18L\,0{,}1 \left(0{,}1 + \tan(1{,}0\dot{1}0^{-2} + 0{,}0997)\right) \text{mín}(215, 260, 210)}{1{,}5 \left(\tan 0{,}1 + \tan(10^{-2} + 0{,}0997)\right)} \left(\left(\frac{2}{\pi} + \frac{1}{2}\right)60 + \frac{11}{2}\right) = 18.571{,}7L$$

Donde:

$$\rho_1 = \arctan\mu_1 = \arctan(0{,}1) = 0{,}0997 \text{ rad}$$
$$\rho_2 = \arctan\mu_2 = \arctan(0{,}1) = 0{,}0997 \text{ rad}$$
$$\alpha = \arctan(1/100) = 10^{-2} \text{ rad}$$

- Par total transmitido:

$$T_{\text{total}} = T_{\text{forma}} + T_{\text{cuña}} = 17.874{,}9L + 18.571{,}7L = 36.446{,}6L$$

c) Cálculo de la longitud de la chaveta necesaria.
Esta se obtiene igualando el par a transmitir con el par total transmisible y despejando el valor de la longitud L:

$$T = T_{\text{total}}$$
$$36446{,}6L = 1{,}406 \cdot 10^6$$
$$L = \frac{1{,}406 \cdot 10^6}{36.446{,}6} = 38{,}57 \text{ mm}$$

d) Distribución de pares:

$$T_{\text{forma}} = 689.392 \text{ N·mm}$$
$$T_{\text{cuña}} = 716.264 \text{ N·mm}$$

2. Fuerza de montaje y desmontaje

a) Fuerza de montaje.

$$F_m = \frac{bL\,\text{mín}(S_{\text{p chaveta}}, S_{\text{p eje}}, S_{\text{p cubo}})}{n_B}(\tan\rho_1 + \tan(\alpha+\rho_2))$$

$$= \frac{18\cdot 38{,}57\,\text{mín}(215,260,210)}{1{,}5}\left(0{,}1+\tan\left(10^{-2}+0{,}0997\right)\right) = 20.420{,}46\text{ N}$$

b) Fuerza de desmontaje.

$$F_d = F_m\frac{\tan\rho_1 + \tan(\rho_2-\alpha)}{\tan\rho_1 + \tan(\alpha+\rho_2)}$$

$$= 20.420{,}46\frac{0{,}1+\tan\left(0{,}0997-10^{-2}\right)}{0{,}1+\tan\left(10^{-2}+0{,}0997\right)} = 18.457{,}4\text{ N}$$

6.3 Cálculo de una unión a presión

Se desean transminir 20CV a 100 rpm mediante una unión a presión en una transmisión de las siguientes características:

- Geometría del eje:
    - Diámetro de la unión. d = 60 mm
    - Longitud de la unión: L = 100 mm.
- Geometría de la rueda:
    - Ángulo de presión y de hélice: $\alpha = 20°$, $\beta = 30°$.
    - Diámetro de engrane: $d_0 = 360$ mm
    - Diámetro del cubo: D = 100 mm.
- Régimen de trabajo: un solo sentido, con choques moderados.
- Material:
    - Eje: Acero F1250. S_{ut}= 1.050 MPa , S_y= 900 MPa. $E_{eje} = 2{,}1 \cdot 10^5$ MPa, $\nu_{eje} = 0{,}3$
    - Cubo: Fundición EN-GJL300 (GG30). S_{ut}= 300 MPa. $E_{cubo} = 1{,}07 \cdot 10^5$ MPa, $\nu_{cubo} = 0{,}26$.
    - Coeficiente de rozamiento entre acero y fundición $\mu = 0{,}08$.
    - Coeficiente de dilatación térmica de la fundición: $\alpha_{cubo} = 10{,}5 \frac{\mu m}{m °C}$
- Coeficiente de seguridad frente al deslizamiento requerido: $n_s = 2$
- Se desea determinar
    1. Las tolerancias del ajuste.
    2. El coeficiente de seguridad/rotura para el apriete máximo.
    3. La temperatura de calentamiento/enfriamiento (Temperatura ambiente 25°C)
    4. La fuerza de montaje.

Resolución

1. Cálculo de las tolerancias de ajuste:
    - Cálculo del par torsor a transmitir:

    $$\omega = n\frac{\pi}{30} = 100\frac{\pi}{30} = 10{,}48 \text{ rad/s}$$
    $$T = \frac{736P}{\omega} = 1.405{,}66 \text{ N·m} = 1{,}406 10^6 \text{ N·mm}$$

    - Cálculo de las fuerzas y momentos generadas por el engrane:

$$F_t = \frac{2T}{D} = \frac{2 \cdot 1.406}{0,36} = 7.811,1 \text{ N}$$

$$F_r = F_t \frac{\tan \alpha_0}{\cos \beta} = 7.811,1 \frac{\tan 20}{\cos 30} = 3.282,03 \text{ N}$$

$$F_a = F_t \tan \beta = 7.811,1 \tan 30 = 4.508,65 \text{ N}$$

$$M_a = F_a \frac{d_0}{2} = 4.510 \frac{0,36}{2} = 811.556 \text{ N·m}$$

- Cálculo de la presión necesaria para transmitir el par y la fuerza axial

$$p_1 = \frac{\sqrt{\left(\frac{2T}{d}\right)^2 + F_a^2}}{\pi L d \mu_1} = \frac{\sqrt{\left(\frac{2 \cdot 1,406 \cdot 10^6}{60}\right)^2 + 4.510^2}}{\pi \cdot 100 \cdot 60 \cdot 0,08} = 22,07 \text{ MPa}$$

- Presión necesaria para transmitir la fuerza radial y tangencial:

$$R = \sqrt{F_r^2 + F_t^2} = 8.470,85 \text{ N}$$

$$p_2 = 2\left(1 - \frac{2}{\pi}\right)\frac{R}{Ld} = 2\left(1 - \frac{2}{\pi}\right)\frac{8.470,85}{100 \cdot 60} = 1,026 \text{ MPa}$$

- Presión necesaria para transmitir el momento axial

$$p_3 = \frac{9 M_a}{2 d L^2} = \frac{9 \cdot 811.556}{2 \cdot 60 \cdot 100^2} = 6,086 \text{ MPa}$$

- Presión necesaria para compensar la fuerza centrífuga

$$p_4 = \frac{\rho_{\text{cubo}} (3 + \nu_{\text{cubo}})}{8 (\omega d_0)^2} = 0,045 \text{ MPa}$$

- Presión total necesaria:

$$p = (p_1 + p_2 + p_3 + p_4) n_s = 58,46 \text{ MPa}$$

- Cálculo de la interferencia efectiva.
  Esta será la interferencia necesaria para conseguir asegurar una presión de contacto p en el ajuste de dos piezas, tras realizar el montaje:

$$\delta = pd \left[\frac{1}{E_{\text{eje}}} \left[\frac{d_{e\,\text{eje}}^2 + d_{i\,\text{eje}}^2}{d_{e\,\text{eje}}^2 - d_{i\,\text{eje}}^2} - \nu_{\text{eje}}\right] + \frac{1}{E_{\text{cubo}}} \left[\frac{d_{e\,\text{cubo}}^2 + d_{i\,\text{cubo}}^2}{d_{e\,\text{cubo}}^2 - d_{i\,\text{cubo}}^2} + \nu_{\text{cubo}}\right]\right] =$$

$$= 58,46 \cdot 60 \left[\frac{1}{2,1 \cdot 10^5}\left[\frac{60^2 + 0^2}{60^2 - 0^2} - 0,3\right] + \frac{1}{1,07 \cdot 10^5}\left[\frac{100^2 + 60^2}{100^2 - 60^2} + 0,26\right]\right] =$$

$$= 89,88 \cdot 10^{-3} = 89,88 \text{ μm}$$

- Interferencia Real.

  La interferencia real depende de la rugosidad, y esta depende a su vez de los procesos de fabricación. La fabricación del eje se realiza mediante procesos de torneado y el cubo mediante torneado o taladrado. Tomamos los valores de rugosidad alcanzables para los dos elementos:

  – Para el eje N7: $R_{a\,eje} = 1{,}6\ \mu m$
  – Para el cubo N8: $R_{a\,cubo} = 3{,}2\ \mu m$

  Los valores de rugosidad de pico para estas calidades son los siguientes:

  – Para el eje: $R_{z\,eje} = 6{,}3\ \mu m$
  – Para el cubo: $R_{z\,cubo} = 12{,}5\ \mu m$

  La interferencia real la obtenemos finalmente de la siguiente expresión:

  $$\delta_{real} = \delta + 0{,}8\,(R_{z\,eje} + R_{z\,cubo}) = 89{,}87 + 0{,}8\,(6{,}3 + 12{,}5) = 104{,}92\ \mu m$$

  Elegimos el ajuste h6/U7 mediante las tablas de tolerancias de ajuste de las normas DIN7154 y DIN7155. A partir de la selección de este tipo de apriete se pueden obtener de la misma tabla los siguientes valores de sobremedidas máximas y mínimas.

  $$\delta_{mín} = 106\ \mu m$$
  $$\delta_{máx} = \delta_{mín} + 49 = 155\ \mu m$$

- Presión resultante para la interferencia máxima:

$$p_{máx} = \frac{\delta_{máx}}{d\left[\dfrac{1}{E_{eje}}\left[\dfrac{d_{e\,eje}^2 + d_{i\,eje}^2}{d_{e\,eje}^2 - d_{i\,eje}^2} - \nu_{eje}\right] + \dfrac{1}{E_{cubo}}\left[\dfrac{d_{e\,cubo}^2 + d_{i\,cubo}^2}{d_{e\,cubo}^2 - d_{i\,cubo}^2} + \nu_{cubo}\right]\right]} =$$

$$= \frac{155 \cdot 10^{-3}}{60\left[\dfrac{1}{2{,}1\cdot 10^5}\left[\dfrac{60^2 + 0^2}{60^2 - 0^2} - 0{,}3\right] + \dfrac{1}{1{,}07\cdot 10^5}\left[\dfrac{100^2 + 60^2}{100^2 - 60^2} + 0{,}26\right]\right]} =$$

$$= 100{,}8\ \text{MPa}$$

2. Cálculo de los coeficientes de seguridad/rotura para el apriete máximo

   - Cálculo de las tensiones que actúan sobre el eje:

   $$\sigma_{r\,eje} = -p_{máx} = -100{,}8\ \text{MPa}$$

   $$\sigma_{t\,eje} = p_{máx}\,\frac{d_{i\,eje}^2 + d_{e\,cubo}^2}{d_{i\,eje}^2 - d_{cubo}^2} = 100{,}8\,\frac{0^2 + 60^2}{0^2 - 60^2} = -100{,}8\ \text{MPa}$$

- Cálculo de las tensiones equivalentes sobre el eje teniendo en cuenta que este tiene un comportamiento dúctil. Aplicamos teoría de fallo de Von Mises:

$$\sigma_{\text{eq eje}} = \sqrt{\frac{1}{2}\left[(\sigma_{\text{r eje}} - \sigma_{\text{t eje}})^2 + (\sigma_{\text{r eje}} - 0)^2 + (\sigma_{\text{t eje}} - 0)^2\right]} =$$
$$= \sqrt{\frac{1}{2}\left[(-100{,}8 - (-100{,}8))^2 + (-100{,}8 - 0)^2 + (-100{,}8 - 0)^2\right]} =$$
$$= 100{,}8 \text{ MPa}$$

- Coeficiente de seguridad a fluencia en el eje

$$n_{\text{eje}} = \frac{S_{\text{y eje}}}{\sigma_{\text{eq eje}}} = \frac{900}{100{,}8} = 8{,}926$$

- Cálculo de las tensiones que actúan sobre el cubo:

$$\sigma_{\text{r cubo}} = -p_{\text{máx}} = -100{,}821 \text{ MPa}$$
$$\sigma_{\text{t cubo}} = p_{\text{máx}} \frac{d_{\text{i cubo}}^2 + d_{\text{e cubo}}^2}{d_{\text{e cubo}}^2 - d_{\text{i cubo}}^2} = 100{,}8 \frac{60^2 + 100^2}{60^2 - 100^2} = 214{,}2 \text{ MPa}$$

- Cálculo de el coeficiente de seguridad del cubo:

El cubo está fabricado de un material frágil, por lo que se debe aplicar la teoría de Mohr modificada en su cálculo resistente. Dado que la primera tensión principal (σ_r) es negativa y la segunda (σ_t) es positiva, nos encontramos en el primer tramo del segundo cuadrante, donde la tensión límite viene determinada por S_{ut}, por lo que el coeficiente de seguridad del cubo será:

$$n_{\text{cubo}} = \frac{S_{\text{ut cubo}}}{\sigma_{\text{t cubo}}} = \frac{300}{214{,}2} = 1{,}4$$

3. Cálculo de la temperatura de montaje:

$$T_{\text{calentamiento}} = T_{\text{ambiente}} + \frac{\delta_{\text{máx}} + 50 \ \mu\text{m}}{\alpha_{\text{cubo}} d}$$
$$= 25 + \frac{155 + 50}{10{,}5 \frac{\mu\text{m}}{\text{m}°C} \cdot 60 \text{ mm} \frac{1}{1.000} \frac{\text{m}}{\text{mm}}} \mu\text{m} = 350{,}4°C$$

4. Cálculo de la fuerza de montaje:

$$F_m = \mu_1 p_{\text{máx}} \pi d L = 0{,}08 \cdot 100{,}8\pi \cdot 60 \cdot 100 = 152.034 \text{ N}$$

6.4 Cálculo de los tornillos de la culata de una bomba

La culata de una bomba de émbolo para el bombeo de fluidos debe fijarse a cuatro tornillos tensores. El émbolo tiene un diámetro de 160 mm y está previsto que trabaje a una presión máxima de servicio de 10 bar. La culata soporta la fuerza de reacción del émbolo, que a su vez es transmitida a los tornillos tensores. La fuerza de reacción se supone distribuida entre todos los tornillos de manera uniforme.

Se considera que, para mantener la estanqueidad, se ha de aplicar precarga (apriete) sobre cada tornillo al menos del 150 % del valor de la fuerza que soporta cada tornillo por efecto de la presión.

La fuerza máxima que actúa sobre el tornillo es igual a la suma de la fuerza de reacción que recibe por efecto de la presión más la precarga.

Cuando la cámara de la culata está descargada (p. e., inversión del desplazamiento del pistón), sobre los tornillos actúa solo la fuerza de precarga.

Los tornillos tensores se han obtenido por laminación en frío y son de calidad 8.8 (S_y= 640 MPa, S_{ut}= 800 MPa). El factor de concentrador de tensiones corregido a la fatiga de la rosca es K_f= 3.

Basándose en los datos anteriores, se pide determinar lo siguiente:

1. La rosca métrica que se debe emplear, considerando las condiciones anteriores, para que no se produzca fluencia en los tornillos.

2. La rosca métrica que ha de emplearse para que los tornillos tengan una duración ilimitada ($n_f = 1$).

3. La rosca métrica que ha de emplearse para que, una vez extraídos los tornillos, y en caso de que la presión se duplique, no se produzca fluencia en estos.

Resolución

1. La rosca métrica debe emplearse, considerando las condiciones anteriores, para que no se produzca fluencia en los tornillos:

    a) Determinar la fuerza que actúa sobre cada tornillo:
    La fuerza total, debida a la presión, que actúa sobre la superficie de la culata es ser la siguiente:

    $$p = 10 \frac{kg}{cm^2} \frac{9{,}81}{1} \frac{N}{kg} \frac{1}{10^2} \frac{cm^2}{mm^2} = 0{,}981 \text{ MPa}$$

    $$F_T = pA = p\frac{\pi d^2}{4} = 0{,}981 \frac{\pi 160^2}{4} = 19.724 \text{ N}$$

    La fuerza transmitida a cada tornillo, debida a la presión, es ser la siguiente:

    $$F = \frac{F_T}{N} = \frac{19.724}{4} = 4.931 \text{ N.}$$

Considerando que la fuerza de apriete debe ser del 150 % del anterior, tenemos lo siguiente:
$$F_i = 1{,}5F = 7.396{,}5 \text{ N}$$

La fuerza total que actúa sobre cada tornillo es ser la siguiente:
$$F_b = F + F_i = 4.931 + 7.396{,}5 = 12.327{,}5 \text{ N}$$

b) Determinación de la métrica:

La tensión que soporta cada tornillo debe ser la siguiente: $\sigma = \dfrac{F_b}{A_r}$ [1]. La condición de resistencia requiere que: $\sigma \leq S_y$.

$$A_r \geq \frac{F_b}{S_y} = \frac{12.327{,}5}{640} = 19{,}26 \text{ mm}^2$$

Buscando en las tablas de métricas normalizadas, observamos que, como mínimo, debemos emplear una M8.

2. La rosca métrica que debe emplearse para que el tornillo tenga una duración ilimitada.

a) Determinación de las componentes de tensión media y alternante:
La Figura 6.1 muestra la evolución temporal de la carga en los tornillos.

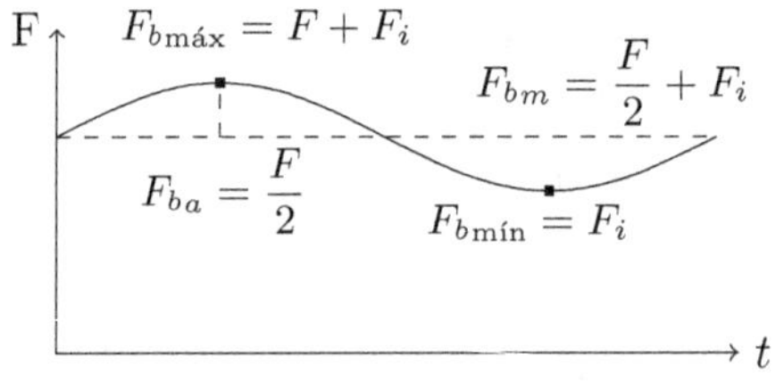

Figura 6.1: Distribució temporal de la força sobre cada caragol

Las fuerzas máxima y mínimas ejercidas sobre el tornillo son las siguientes:
$$F_{b\text{mín}} = F_i$$
$$F_{b\text{máx}} = F_i + F$$

La fuerza media y alternante son las siguientes:
$$F_{bm} = \frac{F_{b\text{máx}} + F_{b\text{mín}}}{2} = \frac{F + F_i + F_i}{2} = \frac{F}{2} + F_i$$
$$F_{ba} = \frac{F_{b\text{máx}} - F_{b\text{mín}}}{2} = \frac{F + F_i - F_i}{2} = \frac{F}{2}$$

---
[1] A_r = área del núcleo

Las tensiones media y alternantes tienen que ser las siguientes:

$$\sigma_m = \frac{F_{bm}}{A_r} = \frac{\dfrac{F}{2} + F_i}{2} = \frac{F + 2F_i}{2A_r}$$

$$\sigma_a = \frac{F_{ba}}{A_r} = \frac{F}{2A_r}$$

b) Determinación del límite de resistencia a fatiga corregido:
- Límite estándar: $S'_e = 0{,}504 S_{ut} = 0{,}504 \cdot 800 = 403{,}2$ MPa.
- Factor de acabado: $C_{\text{acabado}} = 4{,}51 \cdot 800^{-0,265} = 0{,}767$.
- Factor de tamaño: $C_{\text{tamaño}} = 1$.
- Factor de carga: $C_{\text{carga}} = 1{,}43 S_{ut}^{-0,078} = 1{,}43 \cdot 800^{-0,078} = 0{,}85$
- Factor de confiabilidad: $C_{\text{confiabilidad}} = 0{,}814$
- Límite de resistencia a la fatiga corregido:

$$S_e = 403{,}2 \cdot 0{,}767 \cdot 1 \cdot 0{,}85 \cdot 0{,}814 = 214{,}1 \text{ MPa}$$

- Límite de resistencia a la fatiga axial corregido por el concentrador de tensión:

$$S_{e_K} = \frac{S_e}{K_f} = \frac{214{,}1}{3} = 71{,}3 \text{ MPa}$$

c) Determinación de la sección necesaria.
Aplicando la teoría de Goodman para la duración infinita, tenemos lo siguiente:

$$\frac{\sigma_m}{S_{ut}} + \frac{\sigma_a}{S_{e_K}} = \frac{\dfrac{F + 2F_i}{2A_r}}{S_{ut}} + \frac{\dfrac{F}{2A_r}}{S_{e_K}} = \frac{F}{2A_r}\left[\frac{1 + \dfrac{2F_i}{F}}{S_{ut}} + \frac{1}{S_{e_K}}\right] \leq 1$$

Despejando la sección obtenemos:

$$A_r \geq \frac{F}{2}\left[\frac{1 + \dfrac{2F_i}{F}}{S_{ut}} + \frac{1}{S_{e_K}}\right] = \frac{4.931}{2}\left[\frac{1 + 2 \cdot 1{,}5}{800} + \frac{1}{71{,}3}\right] \approx 46{,}9 \text{ mm}^2$$

Buscando en las tablas de las métricas normalizadas, observamos que, como mínimo debemos emplear una M10.

3. La rosca métrica que debe utilizarse para que, una vez apretados los tornillos y en el caso de que la presión se duplique, no se produzca fluencia en estos.

  a) Determinación de la fuerza que actúa sobre cada tornillo:
  La fuerza total, debida a la presión, que actúa sobre la superficie de la culata es la siguiente:

  $$F_T^* = 2F = 2 \cdot 19.724 = 39.448 \text{ N}$$

La fuerza transmitida a cada tornillo, debida a la presión, es la siguiente:

$$F^* = \frac{F_T}{N} = \frac{39.448}{4} = 9.862 \text{ N}$$

Considerando que la fuerza de apriete ya se ha aplicado, tenemos lo siguiente:

$$F_i = 7.396{,}5 \text{ N}$$

La fuerza total que actúa sobre cada tornillo es la siguiente:

$$F_b = F^* + F_i = 9.862 + 7.396{,}5 = 17.258{,}5 \text{ N}$$

b) Determinación de la métrica:
   Teniendo en cuenta que las consideraciones anteriores, la sección necesaria debe ser la siguiente:

$$A_r = \frac{F_b}{S_y} = \frac{17.258{,}5}{640} \approx 26{,}97 \text{ mm}^2$$

Buscando en las tablas de métricas normalizadas, observamos que, como mínimo debemos emplear una métrica M8.

7
Problemas combinados

7.1 Cálculo de un cilindro extractor

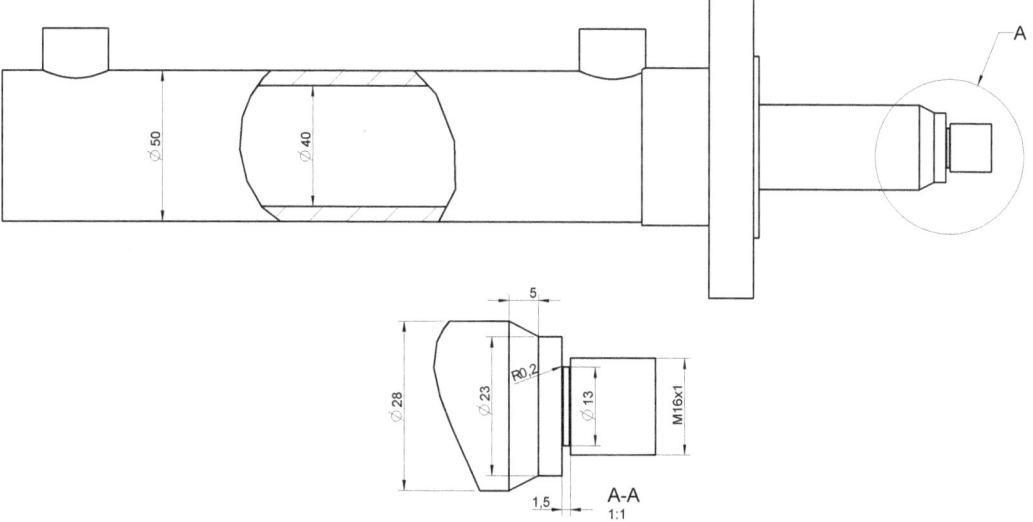

Figura 7.1: Cilindro extractor

El cilindro de la figura se encarga de realizar la extracción de una pieza, posterior a un proceso de sinterizado. Se pretende que este cilindro realice una fuerza máxima de 25 kN.

El material de la camisa es S355JR (antiguamente, St-52), con la siguientes características mecánicas: S_y= 355 MPa, S_{ut}= 520 MPa, K_{IC}= 118 MPa$\sqrt{m}$. El material del vástago es C45R (antiguamente, F114), con las características mecánicas siguientes: S_y= 410 MPa, S_{ut}= 700 MPa.

El vástago tiene un acabado superficial de rectificado (N5) y un tratamiento de cromado, mientras que la camisa tiene, exteriormente, un acabado superficial de laminado en caliente e, interiormente, el mismo acabado que el vástago.

Apartado 1

Se quiere determinar, empleando la teoría de Von Mises:

1. La presión máxima que se puede aplicar al cilindro sin que se produzca el fallo[1] en la camisa o en el vástago, con un coeficiente de seguridad de n_y = 3 para la camisa y de n_y = 2 para el vástago, bajo cargas estáticas. ¿Es posible ejercer la fuerza máxima deseada con este pistón?¿Cuál de los dos elementos es más débil, el vástago o la camisa?.

2. Si puntualmente aplicamos una presión de prueba de 31,5 MPa y apreciamos que algunos de los componentes quede deformado permanentemente, ¿podemos exigir la garantía del fabricante?.

---

[1] Se entiende que se produce el fallo cuando sufre deformaciones permanentes

Apartado 2

Se quiere determinar, empleando la teoría de Goodman, si el cilindro tendrá una duración adecuada, con una confiabilidad del 99 %, trabajando a la fuerza máxima (25kN), bajo las siguientes condiciones de trabajo:

- Régimen de trabajo del cilindro: 8 ciclos/minuto.
- Número de horas anuales trabajadas: 3.500.
- La garantía mínima por ley es de dos años.
- A causa de los orificios de entrada y salida del aceite, el concentrador de tensiones geométrico en este punto es de $K_t= 2$. Los radios de estos orificios son de 7,5 milímetros.
- El tratamiento de cromo genera una disminución de un 30 % sobre el límite de resistencia a la fatiga.

    ¿Donde se producirá antes el fallo por fatiga, en el vástago o en la camisa?. en el caso de no tener una duración adecuada, se quiere determinar cual es la fuerza máxima de desmontaje que podemos aplicar para conseguir la duración deseada.

Apartado 3

Después de la puesta en marcha de la máquina, y por un error de programación, se sobrecarga, accidentalmente, el cilindro, que trabaja a una presión de 30 MPa durante 40 horas. Se quiere determinar si, después de reponer el servicio, será necesario reparar el cilindro, así como el tiempo de que se dispondrá. Emplead la teoría de Goodman.

Apartado 4

Se quiere determinar el tamaño de la grieta crítica que producirá la rotura de la camisa trabajando a la fuerza máxima de (25 kN). Basándose en estos resultados, y teniendo en cuenta que las inspecciones han de ser visuales, ¿es adecuado el diseño del cilindro?. ¿Dónde se producirán las grietas con más probabilidad, en el interior o el exterior de la camisa?

NOTA:

Factor de intensidad de esfuerzos: $K_I = Y\sigma_{\text{tangencial}}\sqrt{\pi a}$

Donde: $Y = \sqrt{1 + 1{,}255\dfrac{a^2}{eR} - 0{,}0135\dfrac{a^4}{e^2 R^2}}$ y e = espesor del cilindro.

Apartado 5

Se quiere determinar el período de tiempo entre inspecciones a fondo sobre el cilindro. Por eso, se pretende calcular el período de tiempo transcurrido desde que la grieta tiene una longitud total de 1 mm hasta la rotura de la pieza.

Datos: los parámetros de la ecuación de Paris son $C = 6{,}9 \cdot 10^{-14}$ (m/ciclo) y m = 3.

NOTA. Se recomienda operar este apartado en metros para no cometer errores de unidades.

Resolución

Apartado 1

1. Cálculo de la presión máxima sobre la camisa
   La relación $\frac{e}{R} = \frac{5}{20} = \frac{1}{4} > \frac{1}{10}$, por lo tanto, los cálculos de tensión deben realizarse con la formulación de cilindros de pared gruesa. El estado tensional generado es tridimensional. Las tres tensiones son normales y, por lo tanto, principales.

$$\sigma_1 = \sigma_{\text{tangencial}} = \sigma_y = p\frac{1+\left(\dfrac{r_e}{r_i}\right)^2}{\left(\dfrac{r_e}{r_i}\right)^2 - 1} = p\frac{1+\varphi^2}{\varphi^2-1} = kp$$

$$\sigma_3 = \sigma_{\text{radial}} = -p$$

$$\sigma_2 = \frac{\sigma_{\text{tangencial}} - \sigma_{\text{radial}}}{2} = \frac{\sigma_1 + \sigma_3}{2} = \frac{kp + (-p)}{2} = p\frac{k-1}{2}$$

A continuación, aplicamos la teoría de Von Mises en función de las tensiones principales:

$$\sigma_{eq} = \sqrt{\frac{(\sigma_1-\sigma_2)^2 + (\sigma_1-\sigma_3)^2 + (\sigma_2-\sigma_3)^2}{2}}$$

Desarrollando de los paréntesis por separado, tenemos lo siguiente:

$$(\sigma_1-\sigma_2)^2 = \left(\sigma_1 - \frac{\sigma_1+\sigma_3}{2}\right)^2 = \left(\frac{2\sigma_1 - \sigma_1 - \sigma_3}{2}\right)^2 = \frac{(\sigma_1-\sigma_3)^2}{4}$$

$$(\sigma_2-\sigma_3)^2 = \left(\frac{\sigma_1+\sigma_3}{2} - \sigma_3\right)^2 = \left(\frac{\sigma_1+\sigma_3 - 2\sigma_3}{2}\right)^2 = \frac{(\sigma_1-\sigma_3)^2}{4}$$

Sustituyendo en la ecuación de Von Mises, tenemos lo siguiente:

$$\sigma_{eq} = \sqrt{\frac{\dfrac{(\sigma_1-\sigma_3)^2}{4} + (\sigma_1-\sigma_3)^2 + \dfrac{(\sigma_1-\sigma_3)^2}{4}}{2}} = \sqrt{\frac{\frac{1}{2}(\sigma_1-\sigma_3)^2 + (\sigma_1-\sigma_3)^2}{2}} =$$

$$= \frac{\sqrt{3}}{2}(\sigma_1-\sigma_3)$$

Sustituyendo los valores de σ_1 i σ_2, tenemos lo siguiente:

$$\sigma_{eq} = \frac{\sqrt{3}}{2}(kp+p) = \frac{\sqrt{3}}{2}p(k+1)$$

La condición de resistencia requiere que no se supere el límite de fluencia: $\sigma_{eq} \leq \frac{S_y}{n_y}$.
Por lo tanto:

$$\frac{\sqrt{3}}{2}p(k+1) \leq \frac{S_y}{n_y}$$

Para determinar la presión máxima que genera la fluencia con $n_y = 3$, despejamos la presión de la ecuación anterior:

$$p \leq \frac{S_y}{n_y} \cdot \left[\frac{\sqrt{3}}{2} p (k+1)\right]^{-1}$$

Sustituyendo los valores del problema, tenemos lo siguiente:

$$\varphi = \frac{r_e}{r_i} = \frac{25}{20} = 1{,}25$$

$$k = \frac{1+\varphi^2}{\varphi^2 - 1} = \frac{1+1{,}25^2}{1{,}25^2 - 1} = 4{,}555$$

$$p \leq \frac{355}{3} \left[\frac{\sqrt{3}}{2}(4{,}555 + 1)\right]^{-1} = 24{,}6 \text{ MPa}$$

2. Cálculo de la presión máxima sobre el vástago.

El vástago tiene que trabajar a compresión, aunque el pandeo es insignificante debido a su pequeña esbeltez (además, lleva una brida delantera y el comportamiento es de apoyo guiado).

La tensión que debe soportar es la siguiente: $\sigma = \dfrac{F}{A_{\text{vástago}_{\text{mín}}}}$.

Teniendo en cuenta que el vástago tiene diferentes secciones, se toma la menor, que se encuentra en la salida de la rosca (d = 13 mm).

Por otra parte, la fuerza depende de la sección del émbolo y de la presión a que trabaja:

$$F = p A_{\text{pistón}} \rightarrow \sigma = p \frac{A_{\text{pistón}}}{A_{\text{vástago}_{\text{mín}}}}$$

Ya que solo tenemos una tensión de tipo normal, es directamente comparable con la resistencia mecánica.

La condición de resistencia, en este caso, requiere que no supere el límite de fluencia: $\sigma \leq \frac{S_y}{n_y}$. Por lo tanto:

$$p \frac{A_{\text{pistón}}}{A_{\text{vástago}_{\text{mín}}}} \leq \frac{S_y}{n_y}$$

Para determinar la presión máxima sobre el vástago con n = 2, despejamos la presión:

$$p \leq \frac{S_y}{n_y} \frac{A_{\text{vástago}_{\text{mín}}}}{A_{\text{pistón}}}$$

Sustituyendo los valores del problema, tenemos lo siguiente:

$$A_{\text{vástago}} = \frac{\pi d^2}{4} = \frac{\pi \cdot 13^2}{4} = 132{,}7 \text{ mm}^2$$

$$A_{\text{pistón}} = \frac{\pi d^2}{4} = \frac{\pi \cdot 40^2}{4} = 1.256{,}6 \text{ mm}^2$$

$$p \leq \frac{410}{2} \frac{132{,}7}{1.256{,}6} = 21{,}7 \text{ MPa}$$

Por lo tanto, la presión máxima aplicable al cilindro es de 21,7 MPa. El elemento más débil es el vástago.

La fuerza máxima que podemos ejercer es la siguiente:

$$F_{\text{máx}} = p A_{\text{pistón}} = 21{,}7 \frac{N}{\text{mm}^2} \cdot 1.256{,}6 \text{ mm}^2 = 27.210 \text{ N} > 25.000 \text{ N}$$

Por lo tanto, si que es posible aplicar la fuerza deseada.

Si aplicamos p = 31,5 MPa, las tensiones del vástago y de la camisa son las siguientes:

$$\sigma_{\text{vástago}} = 31{,}5 \frac{1.256{,}6}{132{,}7} = 298{,}2 \text{ MPa}$$

$$\sigma_{\text{camisa}} = \frac{\sqrt{3}}{2} \cdot 31{,}5 \left(4{,}555 + 1\right) = 151{,}7 \text{ MPa}$$

Por otro lado los coeficientes de seguridad resultantes serán:

$$n_{y_{\text{camisa}}} \leq \frac{S_y}{\sigma_{eq}} = \frac{410}{298{,}2} \leq 1{,}4$$

$$n_{y_{\text{vástago}}} \leq \frac{S_y}{\sigma_{eq}} = \frac{355}{151{,}7} \leq 2{,}3$$

En ambos casos, los coeficientes de seguridad a la fluencia son más grandes que la unidad y, por lo tanto, no debería aparecer ninguna deformación permanente. Si aparecieran, querría decir que el material tenia alguna imperfección o bien que no era el adecuado, con lo cual, por medio de los ensayos pertinentes, sí que podríamos exigir la garantía del fabricante.

Apartado 2

1. Cálculo de la duración de la camisa.

   a) Componentes de la tensión media y alternante.

   El cilindro trabaja realizando una fuerza máxima en el avance y nula o casi nula (debe vencer los rozamientos) en el retroceso.

   La presión necesaria para ejercer los 25.000 N de fuerza será:

   $$p = \frac{F_{\text{máx}}}{A_{\text{pistón}}} = \frac{25.000}{1.256{,}6} = 19{,}9 \text{ MPa}$$

   Las tensiones máxima y mínima que debe soportar la camisa son las siguientes:

   $$\sigma_{\text{máx}} = \frac{\sqrt{3}}{2} p_{\text{máx}} \left(k + 1\right) = \frac{\sqrt{3}}{2} 19{,}9 \left(4{,}55 + 1\right) = 95{,}5 \text{ MPa}$$

   $$\sigma_{\text{mín}} = \frac{\sqrt{3}}{2} p_{\text{mín}} \left(k + 1\right) = \frac{\sqrt{3}}{2} 0 \left(4{,}55 + 1\right) = 0 \text{ MPa}$$

Capítulo 7. Problemas combinados

Las tensiones media y alternante son, por lo tanto, las siguientes:

$$\sigma_m = \frac{\sigma_{\text{máx}} + \sigma_{\text{mín}}}{2} = \frac{95{,}7 + 0}{2} = 47{,}9 \text{ MPa}$$

$$\sigma_a = \frac{\sigma_{\text{máx}} - \sigma_{\text{mín}}}{2} = \frac{95{,}7 - 0}{2} = 47{,}9 \text{ MPa}$$

El tipo de carga que soporta es por lo tanto, una carga pulsante, cuya representación puede observarse en la Figura 7.2.

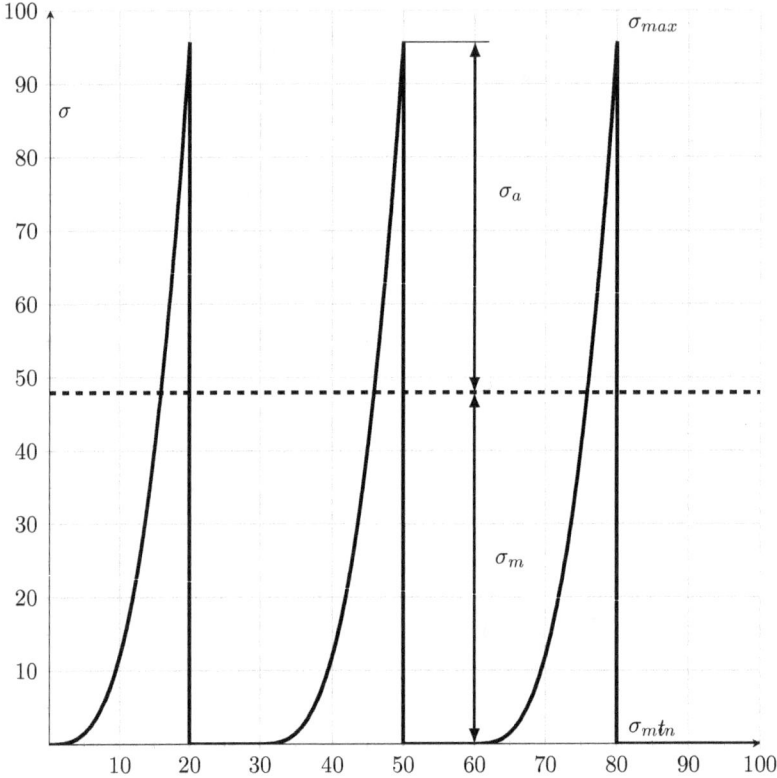

Figura 7.2: Ciclo de trabajo de un cilindro. tensiones de trabajo en la camisa

b) Cálculo del concentrador de tensión a fatiga.

El concentrador de tensiones geométrico, según el enunciado, es és $K_t = 2$. A continuación, lo corregiremos con la sensibilidad a la entalla para obtener el concentrador de tensiones a fatiga K_f.

- Constante de Neuber:

$$\sqrt{a} = -0{,}32865 + 34{,}5452 \cdot 520^{-0{,}60977} = 0{,}4339 \sqrt{\text{mm}}$$

- Sensibilidad a la entalla:

$$q = \frac{1}{1+\dfrac{\sqrt{a}}{\sqrt{r}}} = \frac{1}{1+\dfrac{0{,}4339}{\sqrt{7{,}5}}} = 0{,}8632$$

- Concentrador de tensiones corregido a fatiga:

$$K_f = 1 + q(K_t - 1) = 1 + 0{,}8632(2-1) = 1{,}8632$$

c) Cálculo del límite de resistencia a la fatiga:
  - Límite estándar: $S'_e = 0{,}504 S_{ut} = 0{,}504 \cdot 520 = 262{,}1$ MPa
  - Factor de acabado: como tenemos dos acabados en la camisa, debemos calcular dos factores y, por lo tanto, dos límites, uno para el exterior y otro para el interior.
    - $C_{\text{acabado exterior}} = 57{,}7 \cdot 520^{-0{,}718} = 0{,}6473$
    - $C_{\text{acabado interior}} = 1{,}58 \cdot 520^{-0{,}085} = 0{,}9285$
  - Factor de tamaño: $C_{\text{tamaño}} = 1$ (carga axial)
  - Factor de carga: $C_{\text{carga}} = 1{,}43 \cdot 520^{-0{,}078} = 0{,}8780$
  - Factor de confiabilidad: $C_{\text{confiabilidad}} = 0{,}814$
  - Factor de efectos diversos: tenemos dos factores, uno para el exterior (sin cromar) y otro para el interior (cromado):
    - $C_{\text{efectos diversos exterior}} = 1$
    - $C_{\text{efectos diversos interior}} = 0{,}7$
  - Límite de resistencia a la fatiga en el exterior de la camisa:

$$S_e = 262{,}1 \cdot 0{,}6473 \cdot 1 \cdot 0{,}8780 \cdot 1 \cdot 0{,}814 = 121{,}2 \text{ MPa}$$

  - Límite de resistencia a la fatiga en el interior de la camisa:

$$S_e = 121{,}2 (0{,}9285/0{,}6473)(0{,}7/1) = 121{,}7 \text{ MPa}$$

  Como se puede apreciar, los dos límites son parecidos, y el de la zona exterior es ligeramente inferior. No obstante, y teniendo en cuenta que las tensiones son superiores al interior de la camisa que al exterior (aquí $p_{\text{radial}} = 0$), la grieta se genera con más probabilidad al interior, y este límite, por lo tanto, se debe tomar como el límite de resistencia a la fatiga.
  A continuación, corregimos el límite de resistencia a la fatiga para el concentrador de esfuerzos.
  - Límite de resistencia a la fatiga corregido por el concentrador de esfuerzos:

$$S_{e_K} = \frac{S_e}{K_f} = \frac{121{,}7}{1{,}8632} = 65{,}3 \text{ MPa}$$

Capítulo 7. Problemas combinados

d) Determinación de la duración de la camisa.

En primer lugar, aplicamos la teoría de Goodman para saber si la duración es limitada o ilimitada.

$$\frac{\sigma_m}{S_{ut}} + \frac{\sigma_a}{S_{e_K}} = \frac{47{,}9}{520} + \frac{47{,}9}{65{,}3} \leq \frac{1}{n_e} \rightarrow n_e = 1{,}21 > 1 \rightarrow N = \infty$$

2. Cálculo de la duración del vástago.

   a) Componentes de tensión media y alternante.

   El ciclo de trabajo del vástago es igual al de la camisa. Las tensiones máxima y mínima que debe soportar el vástago son las siguientes:

   $$\sigma_{\text{máx}} = \frac{F_{\text{máx}}}{A_{\text{pistón}}} = \frac{25.000}{132{,}7} = 188{,}4 \text{ MPa}$$

   $$\sigma_{\text{mín}} = 0$$

   Las tensiones media y alternante son, por lo tanto, las siguientes:

   $$\sigma_m = \frac{\sigma_{\text{máx}} + \sigma_{\text{mín}}}{2} = \frac{188{,}4 + 0}{2} = 94{,}2 \text{ MPa}$$

   $$\sigma_a = \frac{\sigma_{\text{máx}} - \sigma_{\text{mín}}}{2} = \frac{188{,}4 - 0}{2} = 94{,}2 \text{ MPa}$$

   b) Cálculo del concentrador de tensiones.

   El concentrador de tensiones se corresponde con el de un cambio de sección, ya que, si se considera la rosca basándose en el diámetro menor que tiene, nos queda una zona cilíndrica continua.

   - Concentrador de tensiones geométrico:

   $$\left.\begin{array}{l} \dfrac{D}{d} = \dfrac{23}{13} = 1{,}76 \\[6pt] \dfrac{r}{d} = \dfrac{0{,}2}{13} = 0{,}01538 \end{array}\right\} \rightarrow K_t = 3{,}407$$

   Donde K_t se obtiene interpolando entre las relaciones $1{,}5 \leq \frac{D}{d} \leq 2$.

   - Constante de Neuber:

   $$\sqrt{a} = -0{,}32865 + 34{,}5452 \cdot 700^{-0{,}60977} = 0{,}3075$$

   - Sensibilidad a la entalla:

   $$q = \frac{1}{1 + \dfrac{\sqrt{a}}{\sqrt{r}}} = \frac{1}{1 + \dfrac{0{,}3075}{\sqrt{0{,}2}}} = 0{,}5926$$

   - Concentrador de tensiones corregido a la fatiga:

   $$K_f = 1 + q(K_t - 1) = 1 + 0{,}5926(3{,}407 - 1) = 2{,}4264$$

c) Cálculo del límite de resistencia a la fatiga:
- Límite Estándar: $S'_e = 0{,}504 S_{ut} = 0{,}504 \cdot 700 = 352{,}8$ MPa
- Factor de acabado: $C_{\text{acabado}} = 1{,}58 \cdot 700^{-0{,}085} = 0{,}9054$
- Factor de tamaño: $C_{\text{tamaño}} = 1$ (carga axial)
- Factor de carga: $C_{\text{carga}} = 1$ (compresión)
- Factor de confiabilidad: $C_{\text{confiabilidad}} = 0{,}814$
- Factor efectos diversos: $C_{\text{efectos diversos}} = 0{,}7$
- Límite de resistencia a fatiga en el exterior de la camisa:

$$S_e = 0{,}9054 \cdot 1 \cdot 1 \cdot 0{,}7 \cdot 1 \cdot 352{,}8 \cdot 0{,}814 = 182 \text{ MPa}$$

- Límite de resistencia a la fatiga corregido por el concentrador de esfuerzos:

$$S_{e_K} = \frac{S_e}{K_f} = \frac{182}{2{,}4264} = 75 \text{ MPa}$$

d) Determinación de la duración del vástago:
- Aplicación de la Teoría de Goodman.
  Para trabajar a compresión, estamos en la zona izquierda del diagrama. La ecuación de Goodman para esta zona es la siguiente:

$$\frac{\sigma_a}{S_{e_K}} = \frac{94{,}2}{75} \leq \frac{1}{n_e} \rightarrow n_e = 0{,}797 \rightarrow N \neq \infty$$

Por otro lado, la duración requerida es la siguiente:

$$N_{\text{requerida}} = 8\frac{c}{\cancel{\text{min}}} \cdot 3.500\frac{\cancel{h}}{\cancel{\text{año}}} \cdot 2\cancel{\text{año}} \cdot 60\frac{\cancel{\text{min}}}{\cancel{h}} = 3{,}36 \cdot 10^6 \text{ ciclos}$$

Por lo tanto, se requiere vida ilimitada. Teniendo en cuenta que el vástago no tiene vida ilimitada, el cilindro no tendrá una duración adecuada. Además, fallará antes el vástago que la camisa.

3. Determinación de la fuerza de desmoldeo máxima para tener una vida ilimitada:

En este caso, para asegurar vida ilimitada se debe cumplir que $\sigma_a = S_{e_K}$.

Por otra parte, la tensión alternante será:

$$\sigma_a = \frac{\sigma_{\text{máx}}}{2} = \frac{\frac{F}{A_{\text{vástago}_{\text{mín}}}}}{2} = S_{e_K}$$

Despejando F tendremos:

$$F \leq 2 A_{\text{vástago}_{\text{mín}}} S_{e_K} = 2 \cdot 132{,}7 \cdot 3 \cdot 75 = 19.905 \text{ N}$$

Por lo tanto, la fuerza máxima de desmontaje es de 19,9 kN.

Apartado 3

1. Cálculo de la sobrecarga sobre la camisa:

   a) Componentes media/alternante.

   A causa de la sobrecarga, la presión máxima pasa a ser de 30 MPa y, por lo tanto, las componentes máxima y mínima de tensión son las siguientes:

   $$\sigma_{\text{máx}} = \frac{\sqrt{3}}{2} p_{\text{máx}} (k+1) = \frac{\sqrt{3}}{2} 30 (4{,}55 + 1) = 144{,}3 \text{ MPa}$$

   $$\sigma_{\text{mín}} = \frac{\sqrt{3}}{2} p_{\text{mín}} (k+1) = \frac{\sqrt{3}}{2} 0 (4{,}55 + 1) = 0 \text{ MPa}$$

   Las tensiones media y alternante son, por lo tanto, las siguientes:

   $$\sigma_m = \frac{\sigma_{\text{máx}} + \sigma_{\text{mín}}}{2} = \frac{144{,}3 + 0}{2} = 72{,}2 \text{ MPa}$$

   $$\sigma_a = \frac{\sigma_{\text{máx}} - \sigma_{\text{mín}}}{2} = \frac{144{,}3 - 0}{2} = 72{,}2 \text{ MPa}$$

   b) Cálculo del concentrador de tensión:
   - Concentrador de tensión geométrico.
     El concentrador de tensiones geométrico, según el enunciado, es $K_t = 2$. A continuación, lo corregimos con la sensibilidad a la entalla para obtener el concentrador de tensiones a fatiga K_f.
   - Constante de Neuber:

   $$\sqrt{a} = -0{,}32865 + 34{,}5452 \cdot 520^{-0{,}60977} = 0{,}4339$$

   - Sensibilidad a la entalla:

   $$q = \frac{1}{1 + \dfrac{\sqrt{a}}{\sqrt{r}}} = \frac{1}{1 + \dfrac{0{,}4339}{\sqrt{0{,}2}}} = 0{,}8632$$

   - Concentrador de tensiones corregido a la fatiga:

   $$K_f = 1 + q(K_t - 1) = 1 + 0{,}8632(2 - 1) = 1{,}8632$$

   c) Cálculo del límite de resistencia a la fatiga:
   - Límite de resistencia a la fatiga: Ídem Apartado 2
   - Límite de resistencia a la fatiga corregido por el concentrador de tensiones.

   $$S_{e_K} = \frac{S_e}{K_f} = \frac{121{,}7}{1{,}8632} = 65{,}3 \text{ MPa}$$

d) Determinación de la duración de la camisa:

- Aplicación de la teoría de Goodman.
  En primer lugar, aplicamos la teoría de Goodman para saber si la duración que tendrá es limitada o ilimitada.

$$\frac{\sigma_m}{S_{ut}} + \frac{\sigma_a}{S_{e_K}} = \frac{72{,}2}{520} + \frac{72{,}2}{65{,}3} \leq \frac{1}{n_e} \rightarrow n_e \leq 0{,}813 < 1 \rightarrow N \neq \infty$$

Si mantenemos la sobrecarga, la duración que tendrá es limitada y, por lo tanto, sufrirá daño.

- Determinación de la tensión alternante equivalente:

$$\sigma_{a_0} = \frac{\sigma_a}{1 - \frac{\sigma_m}{S_{ut}}} = \frac{72{,}2}{1 - \frac{72{,}2}{520}} = 83{,}8 \text{ MPa}$$

- Determinación del número de ciclos hasta la rotura:

$$N_{\text{rotura}} = N_1 \left[\frac{S_1}{\sigma_{a_0}}\right]^{\frac{\log \frac{N_1}{N_2}}{\log \frac{S_1}{S_2}}} = 10^3 \left[\frac{390}{83{,}8}\right]^{\frac{\log \frac{10^6}{10^3}}{\log \frac{390}{65{,}3}}} = 3{,}768 \cdot 10^5 \text{ ciclos}$$

Donde:

$$S_1 = 0{,}75 S_{ut} = 0{,}75 \cdot 520 = 390 \text{ MPa}$$
$$S_2 = S_{e_K} = 65{,}3 \text{ MPa}$$
$$N_1 = 10^3 \; ; \; N_2 = 10^6$$

e) Nuevo límite de fatiga a causa del daño:

- Número de ciclos de sobrecarga.
  El número de ciclos de sobrecarga es el siguiente:

$$N^* = 8 \frac{c}{\cancel{\min}} \cdot 40 \cancel{h} \cdot 60 \frac{\cancel{\min}}{\cancel{h}} = 19.200 \text{ ciclos}$$

- Número de ciclos hasta la rotura si no se corrige la sobrecarga.

$$N_{\text{restantes}} = N_{\text{rotura}} - N^* = 3{,}576 \cdot 10^5 \text{ ciclos}$$

Como se corrige la sobrecarga, no hay rotura, pero si que hay daño permanente sobre el límite de resistencia a fatiga.

- Nuevo límite de resistencia a la fatiga:

$$S_{e_K}^* = S_1 \left[\frac{S_1}{\sigma_{a_0}}\right]^{\frac{\log \frac{N_1}{N_2}}{\log \frac{N_{\text{restantes}}}{N_1}}} = 390 \left[\frac{390}{83{,}8}\right]^{\frac{\log \frac{10^6}{10^3}}{\log \frac{3{,}576 \cdot 10^5}{10^3}}} = 64 \text{ MPa}$$

A continuación, comprobamos si, al reponer el servicio, hay vida ilimitada.

f) Reposición del servicio
   Tras reponer el servicio, volvemos a tener $\sigma_a = \sigma_m = 47{,}9$ MPa.
   Aplicando la teoría de Goodman tenemos:

   $$\frac{\sigma_m}{S_{ut}} + \frac{\sigma_a}{S_e^*} = \frac{47{,}9}{520} + \frac{47{,}9}{64} \leq \frac{1}{n_e} \rightarrow n_e \leq 1{,}19 > 1 \rightarrow N = \infty$$

   Por lo tanto, tras reponer el servicio, continuamos teniendo vida ilimitada en la camisa.

2. Cálculo de la sobrecarga del vástago.

   a) Componentes de la tensión media y alternante.
      A causa de la sobrecarga, la presión pasa a ser de 30 MPa, por lo tanto, la fuerza máxima también variará.

      $$F_{\text{máx}} = pA_{\text{pistón}} = 30 \cdot 1.256{,}6 = 37.680 \text{ N}$$

      Las tensiones máxima y mínima que debe soportar el vástago son las siguientes:

      $$\sigma_{\text{máx}} = \frac{F_{\text{máx}}}{A_{\text{vástago}_{\text{mín}}}} = \frac{37.680}{132{,}7} = 284 \text{ MPa}$$

      $$\sigma_{\text{mín}} = \frac{F_{\text{mín}}}{A_{\text{vástago}_{\text{mín}}}} = 0 \text{ MPa}$$

      Las componentes media y alternante son las siguientes:

      $$\sigma_m = \frac{\sigma_{\text{máx}} + \sigma_{\text{mín}}}{2} = \frac{284 + 0}{2} = 142 \text{ MPa}$$

      $$\sigma_a = \frac{\sigma_{\text{máx}} - \sigma_{\text{mín}}}{2} = \frac{284 - 0}{2} = 142 \text{ MPa}$$

   b) Cálculo del concentrador de tensiones: Ídem Apartado 2
   c) Cálculo del límite de resistencia a la fatiga: Ídem Apartado 2
   d) Determinación de la duración del vástago:
      - Aplicación de la Teoría de Goodman.
        Por estar trabajando a compresión en la zona izquierda del diagrama. La ecuación para esta zona es:

        $$\frac{\sigma_a}{S_{e_K}} = \frac{142}{75} \leq \frac{1}{n_e} \rightarrow n_e = 0{,}528 \rightarrow N \neq \infty$$

      - Determinación de la tensión alternante equivalente pura.
        Teniendo en cuenta que, a compresión, las componentes media no tienen ninguna influencia, la tensión alternante ya puede considerarse como pura, por lo tanto: $\sigma_{a_0} = \sigma_a = 142$ MPa

7.1 Cálculo de un cilindro extractor

- Determinación del número de ciclos hasta la rotura.

  A partir de los resultados anteriores, determinamos la duración que tendrá hasta la rotura:

  $$N_{\text{rotura}} = N_1 \left[\frac{S_1}{\sigma_{a_0}}\right]^{\frac{\log \frac{N_1}{N_2}}{\log \frac{S_1}{S_2}}} = 10^3 \left[\frac{525}{142}\right]^{\frac{\log \frac{10^6}{10^3}}{\log \frac{525}{75}}} = 103.723 \text{ ciclos}$$

  Donde:

  $$S_1 = 0{,}75 S_{ut} = 0{,}75 \cdot 700 = 525 \text{ MPa}$$
  $$S_2 = S_{e_K} = 75 \text{ MPa}$$
  $$N_1 = 10^3 \; ; \; N_2 = 10^6$$

3. Nuevo límite a la fatiga a causa del daño:

   - Número de ciclos de sobrecarga.

     El número de ciclos de sobrecarga es el siguiente:

     $$N^* = 8 \frac{c}{\cancel{\text{mín}}} \cdot 40 \cancel{h} \cdot 60 \frac{\cancel{\text{mín}}}{\cancel{h}} = 19.200 \text{ ciclos}$$

   - Número de ciclos hasta la rotura si no se corrige la sobrecarga.

     $$N_{\text{restantes}} = N_{\text{rotura}} - N^* = 103.723 - 19.200 = 84.523 \text{ ciclos}$$

   Como se corrige la sobrecarga, no hay rotura, y se producirá daño permanente en el límite de resistencia a la fatiga.

   - Nuevo límite de resistencia a la fatiga:

     $$S^*_{e_K} = S_1 \left[\frac{S_1}{\sigma_{a_0}}\right]^{\frac{\log \frac{N_1}{N_2}}{\log \frac{N_{\text{restantes}}}{N_1}}} = 525 \left[\frac{525}{142}\right]^{\frac{\log \frac{10^6}{10^3}}{\log \frac{84.523}{10^3}}} \approx 68{,}57 \text{ MPa}$$

   A continuación, aplicamos la teoría de Goodman para comprobar si, después de reponer el servicio, hay vida limitada (evidentemente, si se ha hecho en el Apartado 2, no hay).

4. Aplicación de la teoría de Goodman.

   Tras reponer el servicio, volvemos a tener $\sigma_m = \sigma_a = 94{,}2$ MPa. Por estar trabajando a compresión estamos en la zona izquierda del diagrama. La ecuación de Goodman para esta zona es:

   $$\frac{\sigma_a}{S^*_{e_K}} = \frac{94{,}2}{68{,}57} \leq \frac{1}{n_e} \rightarrow n_e = 0{,}728 \rightarrow N \neq \infty$$

   Por lo tanto, tras reponer el servicio, se debe reparar el cilindro. El número de ciclos restantes hasta la rotura, se calcula a continuación.

5. Determinación del número de ciclos hasta la rotura.

Teniendo en cuenta que a compresión las componentes media no tienen ninguna influencia, la tensión alternante ya puede considerarse como pura, ya que: $\sigma_{a_0} = \sigma_a = 94{,}2$ MPa

$$N_{\text{rotura}} = N_1 \left[\frac{S_1}{\sigma_{a_0}}\right]^{\frac{\log \frac{N_1}{N_2}}{\log \frac{S_1}{S_2}}} = 10^3 \left[\frac{525}{94{,}2}\right]^{\frac{\log \frac{10^6}{10^3}}{\log \frac{525}{68{,}57}}} = 340.384 \text{ ciclos}$$

Donde :

$S_1 = 0{,}75 S_{ut} = 0{,}75 \cdot 700 = 525$ MPa
$S_2 = S^*_{e_K} = 68{,}57$ MPa
$N_1 = 10^3$; $N_2 = 10^6$

6. Número de horas hasta la rotura.

Se calcula según el régimen de trabajo:

$$t = \frac{340.384}{8\frac{c}{\text{min}} \frac{60\text{min}}{1h}} = 710 \text{ h}$$

Por lo tanto, después de reponer el servicio, debemos reparar el cilindro antes que transcurran 710 horas.

Apartado 4

Para ejercer una fuerza de 25 kN, necesitamos la siguiente presión:

$$p = \frac{F}{A_{\text{pistón}}} = \frac{25.000}{1.256{,}6} = 19{,}9 \text{ MPa}$$

La tensión tangencial generada sobre la camisa es la siguiente:

$$\sigma_{\text{tangencial}} = p\frac{1+\varphi^2}{\varphi^2 - 1} = 19{,}9\frac{1+1{,}25^2}{1{,}25^2 - 1} = 90{,}6 \text{ MPa}$$

Dado que: $\varphi = \frac{r_e}{r_i} = \frac{25}{20} = 1{,}25$, la condición de resistencia para que la grieta no sea inestable es la siguiente:

$$K_I = Y\sigma_{\text{tangencial}}\sqrt{\pi a} \leq K_{IC}$$

Despejando el valor de **a**, tenemos lo siguiente:

$$\sqrt{\pi a} \leq \frac{K_{IC}}{Y\sigma_{\text{tangencial}}} \rightarrow a \leq \frac{1}{\pi}\left(\frac{K_{IC}}{Y\sigma_{\text{tangencial}}}\right)^2$$

Como $Y = f(a)$ no podemos despejar **a** directamente. Procedemos a resolver la ecuación por tanteo:

Un valor razonable para empezar a interar, teniendo en cuenta que las medidas del cilindro, es 50 mm.

- it0: Suponemos $a_0 = 50$ mm

$$Y = \sqrt{1 + 1{,}255\frac{100^2}{5 \cdot 25} - 0{,}0135\frac{100^4}{5^2}25^2} = 4{,}55$$

$$a \leq \frac{1}{\pi}\left(\frac{118}{4{,}55 \cdot 90{,}6}\right)^2 \approx 0{,}0261 \text{ m} = 26{,}1 \text{ mm} < a_0$$

- it1: Suponemos $a_0 = \dfrac{50 + 26{,}1}{2} = 38{,}05$ mm

$$Y = \sqrt{1 + 1{,}255\frac{38{,}05^2}{5 \cdot 25} - 0{,}0135\frac{38{,}05^4}{5^2}25^2} = 3{,}705$$

$$a \leq \frac{1}{\pi}\left(\frac{118}{3{,}705 \cdot 90{,}6}\right)^2 \approx 0{,}0393 \text{ m} = 39{,}3 \text{ mm} > a_0$$

- it2: Suponemos $a_0 = \dfrac{38{,}05 + 39{,}3}{2} = 38{,}7$ mm

$$Y = \sqrt{1 + 1{,}255\frac{38{,}7^2}{5 \cdot 25} - 0{,}0135\frac{38{,}7^4}{5^2}25^2} = 3{,}755$$

$$a \leq \frac{1}{\pi}\left(\frac{118}{3{,}755 \cdot 90{,}6}\right)^2 \approx 0{,}0383 \text{ m} = 38{,}3 \text{ mm} < a_0$$

- it3: Suponemos $a_0 = \dfrac{38{,}7 + 38{,}3}{2} = 38{,}5$ mm

$$Y = \sqrt{1 + 1{,}255\frac{38{,}5^2}{5 \cdot 25} - 0{,}0135\frac{38{,}5^4}{5^2}25^2} = 3{,}739$$

$$a \leq \frac{1}{\pi}\left(\frac{118}{3{,}739 \cdot 90{,}6}\right)^2 \approx 0{,}0386 \text{ m} \approx 38{,}6 \text{ mm} \approx a_0$$

Por lo tanto, la solución es a = 38,5 mm. La longitud de la grieta es: L = 2a = 77 mm.

Apartado 5

Aplicando la ecuación de Paris, tenemos lo siguiente:

$$\frac{da}{dN} = C\Delta K^m \rightarrow dN = \frac{da}{C\Delta K^m} \rightarrow N = \int_{a_0}^{a_{cr}} \frac{da}{C\Delta K^m}$$

Por otra parte: $\Delta K = Y\Delta\sigma\sqrt{\pi a}$.

Capítulo 7. Problemas combinados

Sustituyendo en la ecuación anterior, tenemos lo siguiente:

$$N = \int_{a_0}^{a_{cr}} \frac{da}{C\left(Y\Delta\sigma\sqrt{\pi a}\right)^m} = \frac{1}{C\Delta\sigma^m \pi^{m/2}} \int_{a_0}^{a_{cr}} \frac{da}{Y^m a^{m/2}}$$

Teniendo en cuenta que $Y = f(a)$ no podemos extraer de la integral, y se debe realizar una integración numérica. Por eso, realizaremos la discretización de la función:

$$F(a) = Y^{-m} a^{-m/2}$$

Sustituyendo los valores numéricos:

$$F(0{,}0010) = 31.152{,}5$$
$$F(0{,}0020) = 10.539{,}3 \approx 34\,\%\mathrm{de}F(0{,}0010)$$
$$F(0{,}0040) = 3162{,}19 \approx 10\,\%\mathrm{de}F(0{,}0010)$$
$$F(0{,}0095) = 412{,}67 \approx 1{,}5\,\%\mathrm{de}F(0{,}0010)$$
$$F(0{,}0190) = 39{,}84 \approx 0{,}1\,\%\mathrm{de}F(0{,}0010)$$
$$F(0{,}0385) = 2{,}53$$

Los valores anteriores denotan que hay una gran variación en la función F(a) dentro del dominio del problema. Para resolverlo, debemos ir realizando particiones.

A continuación, calculamos el área bajo los trapecios (ver Figura 7.3).

$$\int_{a_0}^{a_{cr}} F(a) = \int_{0{,}001}^{0{,}0385} Y(a)^{-m} a^{-m/2} da = \frac{2-1}{2.000}(31.152 + 10.539{,}3) +$$
$$+ \frac{4-2}{2.000}(10.539{,}3 + 3.162{,}2) + \frac{9{,}5-4}{2.000}(3.162{,}2 + 481{,}9) +$$
$$+ \frac{19-9{,}5}{2.000}(481{,}9 + 39{,}84) + \frac{38{,}5-19}{2.000}(39{,}84 + 2{,}54) = 47$$

El número de ciclos hasta la rotura es, por lo tanto, el siguiente:

$$N = \frac{47}{6{,}9 \cdot 10^{-14} \cdot 90{,}63^3 \pi^{3/2}} = 1{,}64 \cdot 10^8 \text{ ciclos}$$

El período de tiempo empleado es el siguiente:

$$t = \frac{1{,}64 \cdot 10^8 \text{ ciclos}}{8 \frac{\text{ciclos}}{\text{min}} \frac{60 \text{min}}{1\text{h}}} = 342.348 \text{ h}$$

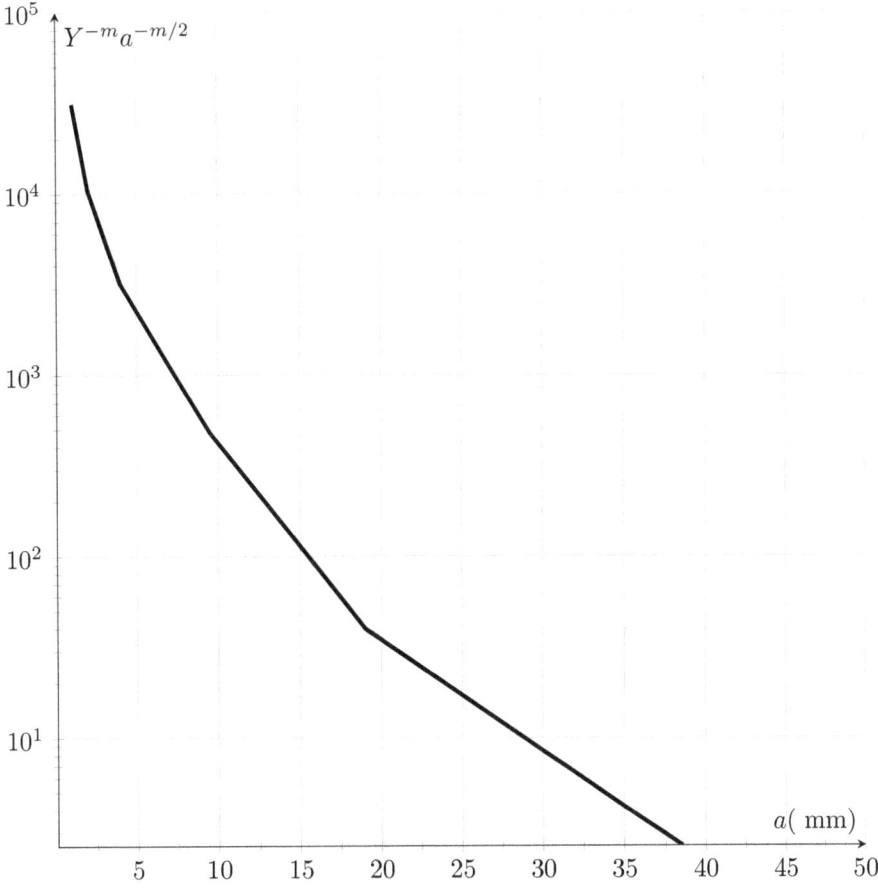

Figura 7.3: Integración numérica

Resolviendo la integral de una manera más exacta, tenemos lo siguiente:

$$\int_{a_0}^{a_{cr}} F(a) = 53{,}0525$$

$$N = 1{,}855 \cdot 10^8 \text{ ciclos}$$

$$t = 386.434\text{h}$$

7.2 Cálculo del eje de un reductor

Para accionar una cinta transportadora de mallas metálicas se ha empleado una cadena cinemática compuesta de los siguientes elementos:

- Un motor eléctrico de 9,2 kW de potencia a 1.500 rpm.

- Una etapa de reducción por medio de una correa plana con las siguientes características:
    - Coeficiente de rozamiento: $\mu = 0{,}3$.
    - Diámetro de la polea más pequeña (figura 7.5 pos.1): $D_1 = 100$ mm.
    - Diámetro de la polea más grande (figura 7.5 pos.2): $D_2 = 200$ mm.
    - Ancho de las poleas: b = 90 mm.
    - Distancia entre centros: C = 200 mm.

- Una caja reductora de dos etapas (figura 7.4 pos.4) con una relación de reducción total $i_T = 1\,/\,83$, en que la relación de reducción de la primera etapa es $i_1 = 2$ (figura 7.5 pos. 3 y 4) . El eje de entrada del reductor (figura 7.6) tiene mecanizado sobre este un engranaje helicoidal con un ángulo de presión $\alpha = 20°$ y un ángulo de hélice $= 30°$. El material empleado para fabricar el eje es F-1120, con las características mecánicas siguientes: $S_y = 325$ MPa; $S_{ut} = 500$ MPa. La rugosidad superficial del eje en las secciones del voladizo y de los rodamientos coincide con un torneado de acabado N6. La polea va montada sobre el eje únicamente por medio de la acción de una chaveta.

- Dos pares de piñones de cadena (figura 7.4 pos.5), de diámetro d = 461 mm, que arrastran las láminas metálicas.

Teniendo en cuenta que la cinta transportadora se debe utilizar para la elevación de productos a granel, no se prevé que haya inversiones en el sentido de giro. Así mismo, se considera que el funcionamiento de la cinta debe ser continuo, sin arranque ni paradas frecuentes.

La figura 7.4 muestra la cadena cinemática completa. La figura 7.5 ilustra la reducción por medio de correas y la primera etapa de la caja reductora.

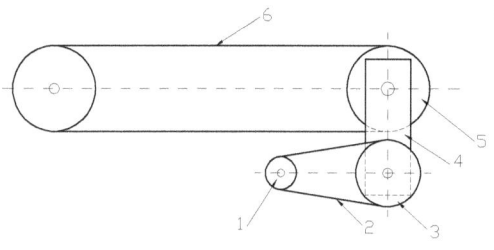

Componentes:
1. Polea del motor eléctrico
2. Correa plana
3. Polea de entrada del reductor
4. Caja reductora
5. Piñón de cadena
6. Cadena de la cinta transportadora

Figura 7.4: Cadena cinemática

A partir de los datos anteriores, se pide calcular lo siguiente:

1. Demostrar que la selección de la cadena cinemática es correcta, teniendo en cuenta que la velocidad lineal de avance de la cinta es de 13,1 m/min.

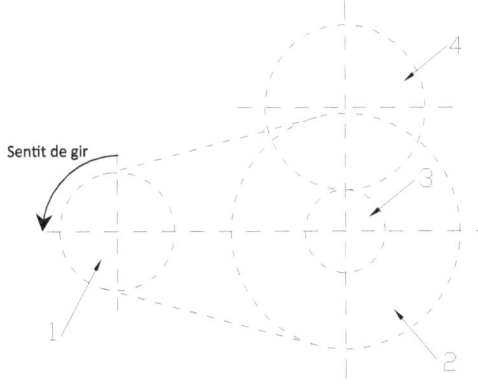

Componentes:
1. Polea del motor eléctrico
2. Polea de entrada del reductor
3. Engranaje del eje primario del reductor
4. Engranaje del eje secundario del reductor

Figura 7.5: Transmisión por correas

2. Determinar, en el eje de entrada del reductor, la velocidad angular, el par y las fuerzas resultantes sobre el eje debidas a la acción de las correas y la polea.

3. Determinar, en el eje de entrada del reductor, los momentos y fuerzas resultantes sobre el eje debidas a la acción del engranaje helicoidal.

4. Las fuerzas resultantes y las componentes que tienen en los puntos de soporte.

5. Los momentos flectores resultantes en los puntos 1 y 2.

6. La tensión equivalente de Von Mises y el coeficiente de seguridad a la fluencia en los puntos 1 y 2.

7. El coeficiente de seguridad a la fatiga en los puntos 1 y 2 con una confiabilidad del 99 %.

8. Basándose en los cálculos realizados y teniendo en cuenta las restricciones siguientes:

    a) Coeficiente mínimo de seguridad a la fluencia: 4.

    b) Coeficiente mínimo de seguridad a la fatiga: 2.

    Está correctamente dimensionado el eje? Justifica la respuesta.

9. En el caso de que el eje presentara alguna deficiencia de diseño, ¿cual o cuales de las alternativas siguientes elegirías?

    a) Aumentar la sección del eje.

    b) Cambiar el material empleando un acero aleado de más resistencia.

    c) Sustituir la polea plana por una correa en V.

    d) Situar la reducción para correas a la salida del reductor y no a la entrada. Justifica la respuesta.

Capítulo 7. Problemas combinados

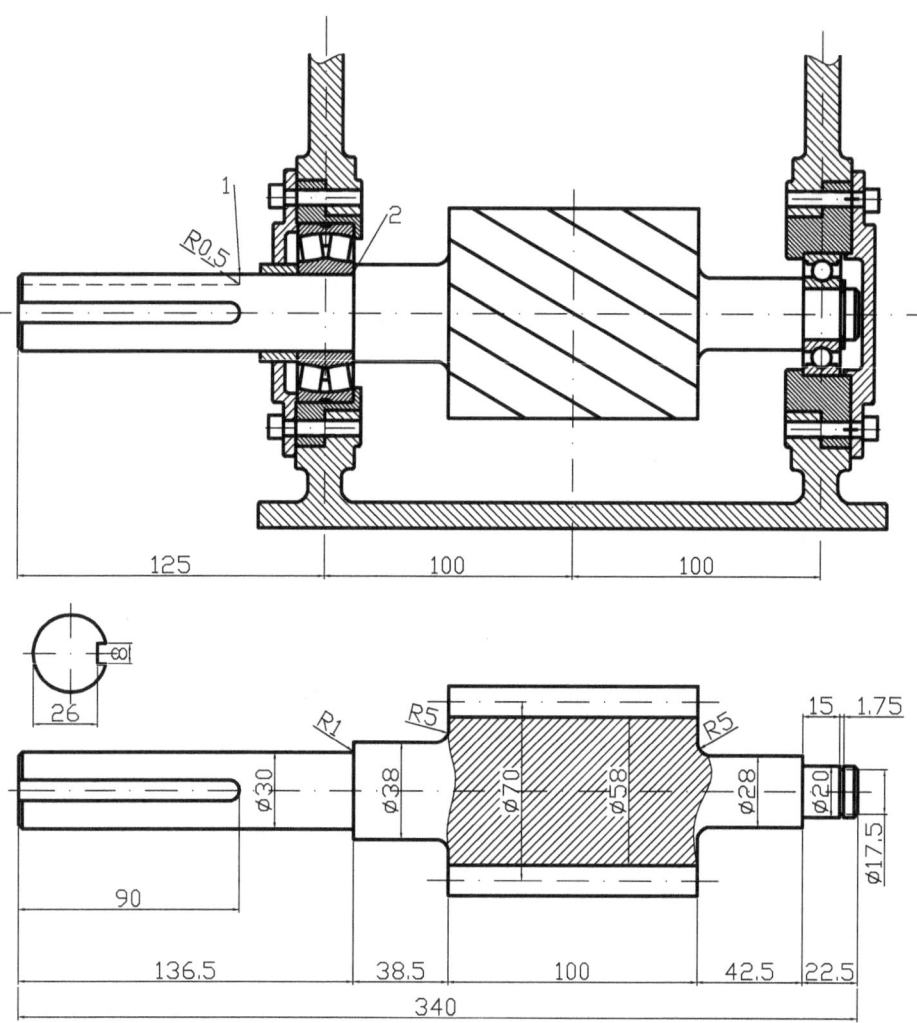

Figura 7.6: Reductor

Resolución

1. Demostrar que la selección de la cadena cinemática es correcta, teniendo en cuenta que la velocidad lineal del avance es de 13,1 m/min.

   La velocidad angular de los piñones de cadena que arrastran la cinta transportadora se debe calcular a partir de la velocidad lineal periférica de esta, según la siguiente expresión:

   $$\omega_e = \frac{V}{r_{\text{piñón}}} = \frac{2V}{d_{\text{piñón}}} = \frac{2 \cdot 13{,}1}{0{,}461} \frac{\text{m}}{\text{min}} \frac{1}{60} \frac{\text{min}}{\text{s}} \frac{1}{\text{m}} = 0{,}9472 \text{ rad/s}$$

   Esta velocidad se debe corresponder con la velocidad a la salida de la transmisión (reductor + correas). La velocidad angular de entrada se corresponde con la del motor:

   $$\omega_e = 1.500 \frac{\text{rev}}{\text{min}} \frac{1}{60} \frac{\text{min}}{\text{s}} \frac{2\pi}{1} \frac{\text{rad}}{\text{rev}} = 157{,}08 \text{ rad/s}$$

   La relación global de reducción se obtiene dividiendo las velocidades de salida y entrada de la transmisión:

   $$i_{T_{\text{real}}} = \frac{\omega_s}{\omega_e} = \frac{0{,}9472}{157{,}08} = \frac{1}{165{,}08}$$

   La relación global de reducción instalada, según el enunciado es la siguiente:

   $$i_{T_{\text{instalada}}} = i_{\text{poleas}} i_{\text{reductor}} = \frac{1}{83} \frac{1}{2} = \frac{1}{166}$$

   Con lo cual, tenemos que: $i_{T_{\text{real}}} \approx i_{T_{\text{instalada}}}$.

2. Determinar, en el eje de entrada del reductor, la velocidad angular, el par y las fuerzas resultantes sobre el eje debidas a la acción de las correas de la polea.

   a) Velocidad angular de entrada del reductor:

   La velocidad angular de entrada del reductor debe ser igual a la velocidad angular de salida de la transmisión por correas, con lo cual podemos calcularla de la siguiente manera:

   $$\omega_{e_{\text{reductor}}} = \omega_{s_{\text{poleas}}} = \omega_{e_{\text{poleas}}} i_{\text{poleas}} = \omega_{\text{motor}} i_{\text{poleas}}$$
   $$= 157{,}08 \frac{1}{2} = 78{,}54 \text{ rad/s}$$

   b) Par de entrada del reductor:

   El par de entrada del reductor se debe corresponder con el de salida de la transmisión por correas (suponiendo un rendimiento igual a la unidad):

   $$T_{e_{\text{reductor}}} = T_{s_{\text{poleas}}} = \frac{T_{e_{\text{poleas}}}}{i_{\text{poleas}}} = \frac{T_{\text{motor}}}{i_{\text{poleas}}}$$

Capítulo 7. Problemas combinados

El par proporcionado por el motor se calcula a través de la potencia y la velocidad angular de este:

$$T_{motor} = \frac{P_{motor}}{\omega_{motor}} = \frac{9.200 \ \frac{N \cdot m}{s}}{157,08 \ \frac{rad}{s}} = 58,57 \ N \cdot m$$

Sustituyendo en la ecuación anterior, tenemos lo siguiente:

$$T_{e_{reductor}} = \frac{P_{motor}}{\omega_{motor} i_{poleas}} = \frac{9.200}{157,08 \frac{1}{2}} = 117,14 \ N \cdot m = 117.140 \ N \cdot mm$$

c) Fuerzas sobre el eje de entrada del reductor
Las que actúan sobre el eje de entrada del reductor son, básicamente, el peso y las fuerzas generadas en las correas.
La masa de la polea se calcula a través de su densidad:

$$m_{polea_2} = \rho_{acero} V = \rho_{acero} \frac{d^2_{polea_2}}{4} a\pi = 7.850 \frac{kg}{m^3} \frac{0,2^2}{4} \cdot 0,09\pi \ m^3$$
$$= 22,195 \ kg$$

El peso de la correa se puede calcular a partir de su masa:

$$P_{polea_2} = -m_{polea_2} g = -22,195 \cdot 9,81 = -217,74 \ N$$

La figura 7.7 nos muestra las fuerzas generadas en las correas durante la transmisión del par.

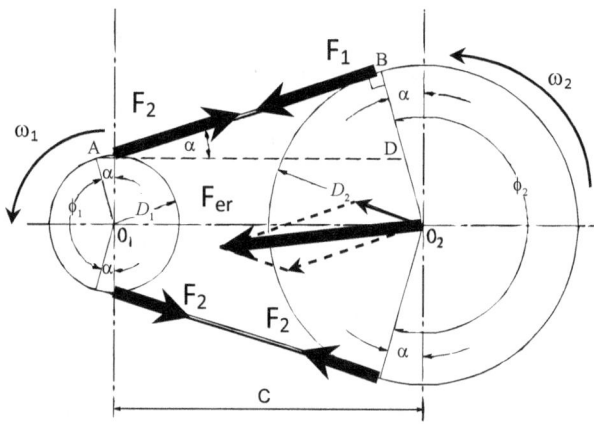

Figura 7.7: Fuerzas en las correas

Las fuerzas generadas por las correas se calculan a través del par que deben transmitir las correas:

$$T_{s_{polea}} = (F_1 - F_2) \frac{d_{polea_2}}{4}$$

Despejando el valor de F_1, tenemos lo siguiente: $(F_1 - F_2) = \frac{2T_{s_{polea}}}{d_{polea_2}}$

7.2 Cálculo del eje de un reductor

La relación existente entre las fuerzas generadas entre ambos ramales se calcula según la siguiente expresión:

$$\frac{F_1 - F_c}{F_2 - F_c} = e^{\frac{\mu \phi_2}{\sin \frac{\beta}{2}}}$$

Si despreciamos el valor de la fuerza centrífuga y despejando F_2 de la ecuación anterior, tenemos lo siguiente:

$$F_2 = F_1 e^{-\frac{\mu \phi_2}{\sin \frac{\beta}{2}}}$$

Despejando F_1, tenemos:

$$F_1 - F_2 = F_1 - F_1 e^{-\frac{\mu \phi_2}{\sin \frac{\beta}{2}}} = F_1 \left[1 - e^{-\frac{\mu \phi_2}{\sin \frac{\beta}{2}}}\right] = \frac{2T_{s_{\text{polea}}}}{d_{\text{polea}_2}}$$

$$F_1 = \frac{2T_{s_{\text{polea}}}}{d_{\text{polea}_2}} \left[1 - e^{-\frac{\mu \phi_2}{\sin \frac{\beta}{2}}}\right]^{-1}$$

El ángulo de abrazamiento ϕ_2 se debe calcular para el caso más desfavorable, correspondiente al abrazamiento de la correa pequeña. Este ángulo se calcula a partir del ángulo que forma la correa con la línea que une los centros de las poleas.

$$\alpha = \arcsin\left(\frac{d_{\text{polea}_2} - d_{\text{polea}_1}}{2C}\right) = \arcsin\left(\frac{200 - 100}{2 \cdot 200}\right) = 0{,}2527 \text{ rad}$$

El ángulo de abrazamiento ϕ se calcula a partir del ángulo α.

$$\phi = \pi - 2\alpha = \pi - 2 \cdot 0{,}2527 = 2{,}636 \text{ rad}$$

El ángulo β corresponde a la garganta de la polea, que para correas planas toma un valor de 180°. Sustituyendo los valores anteriores, calculamos el valor de F_1.

$$F_1 = \frac{2T_{s_{\text{polea}}}}{d_{\text{polea}_2}} \left[1 - e^{-\frac{\mu \phi_2}{\sin \frac{\beta}{2}}}\right]^{-1} = \frac{2 \cdot 117{,}14}{0{,}2} \left[1 - e^{-\frac{0{,}3 \cdot 2{,}636}{\sin \frac{\pi}{2}}}\right]^{-1}$$
$$= 2.143{,}23 \text{ N}$$

Sustituyendo el valor de F_1, tenemos el valor de F_2.

$$F_2 = F_1 e^{-\frac{\mu \phi_2}{\sin \frac{\beta}{2}}} = 2.143{,}23 e^{-\frac{0{,}3 \cdot 2{,}636}{\sin \frac{\pi}{2}}} = 971{,}85 \text{ N}$$

d) Fuerzas resultantes sobre el eje de entrada del reductor.

Las fuerzas F_1 y F_2 se encuentran contenidas en el plano YZ (no sobre los ejes). Por lo tanto, se debe efectuar la descomposición de las componentes correspondientes sobre los dos ejes.

$$F_{c_z} = (F_1 + F_2)\cos\alpha = (2.143{,}2 + 971{,}85)\cos 0{,}2527 = 3.016{,}2 \text{ N}$$
$$F_{c_y} = (F_1 - F_2)\sin\alpha = (2.143{,}2 - 971{,}85)\sin 0{,}2527 = -292{,}85 \text{ N}$$

Sobre el eje vertical, también actúa la componente del peso, la cual deberá agregarse. Sobre el otro eje, no actúa ningún otro componente, con lo cual, las fuerzas resultantes son las siguientes:

$$F_{R_z} = F_{c_z} = 3.016{,}2 \text{ N}$$
$$F_{R_y} = F_{c_y} + P_{\text{polea}_2} = -510{,}6 \text{ N}$$

El módulo de la fuerza resultante total lo podemos calcular a través de su componentes aplicando el teorema de Pitágoras.

$$F_{R_T} = \sqrt{F_{R_y}^2 + F_{R_z}^2} = \sqrt{(-510{,}6)^2 + 3.016{,}2^2} = 3.059{,}1 \text{ N}$$

3. Determinar, en el eje de entrada del reductor, los momentos y fuerzas resultantes sobre el mismo debidas a la acción del engranaje helicoidal.

La Figura 7.8 muestra las componentes de las fuerzas y los momentos ejercidos por el engranaje helicoidal sobre el eje de entrada.

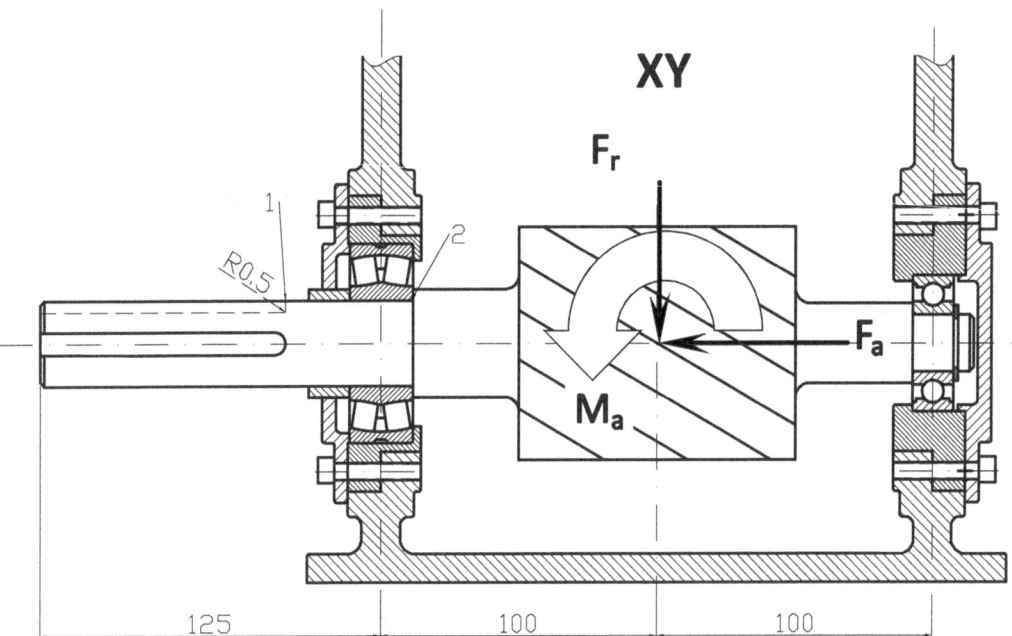

Figura 7.8: Fuerzas i momentos resultantes en el eje de entrada

7.2 Cálculo del eje de un reductor

a) Fuerzas resultantes en el eje de entrada:

A causa de la acción de los engranajes helicoidales, aparecen las siguientes fuerzas sobre el eje de entrada:

1) Fuerza tangencial (eje Z):

$$F_t = \frac{2T_{e_{\text{reductor}}}}{D_{\text{engranaje}}} = \frac{2 \cdot 117{,}14}{0{,}07} = 3.346{,}86 \text{ N}$$

2) Fuerza radial (eje Y):

$$F_r = F_t \frac{\tan \alpha}{\cos \phi} = -3.346{,}86 \frac{\tan 20}{\cos 30} = -1.406{,}60 \text{ N}$$

3) Fuerza axial (eje X):

$$F_a = F_t \tan \phi = -3.346{,}86 \tan 30 = -1.932{,}31 \text{ N}$$

4) Peso del engranaje (eje Y):

$$P_{\text{engranaje}} = -\rho_{\text{acero}} \frac{d^2_{\text{engranaje}}}{4} b\pi g$$

$$= 7.850 \tfrac{\text{kg}}{\text{m}^3} \frac{0{,}07^2}{4} \text{ m}^3 \cdot 0{,}1\pi \cdot 9{,}81 \tfrac{\text{m}}{\text{s}^2} = -29{,}6 \text{ N}$$

b) Pares en el eje de entrada del reductor:

El par torsor en el eje de entrada del reductor ya fue calculado en el apartado anterior. El descentramiento de la carga axial F_a genera, sobre el eje, un momento flector M_a, contenido en el plano XY, de sentido antihorario.

$$M_a = -F_a \frac{d_{\text{engranaje}}}{2} = -1.932{,}31 \frac{70}{2} = -67.600 \text{ N·mm}$$

4. Determinar las fuerzas resultantes y las componentes que tienen en los puntos de soporte:

Para el cálculo de las reacciones resultantes, debemos proceder a realizar la descomposición de las fuerzas en los planos XY, XZ.

a) Cálculo de las reacciones en el plano XY.

La descomposición de las fuerzas en el plano XY queda reflejada en la figura 7.9 Aplicando las leyes de Newton para los momentos en las dos reacciones, tenemos lo siguiente: [2]

$$\Sigma M_{A_z} = -510{,}58 \cdot 80 - 67.600 + 1.406{,}6 \cdot 100 - R_{B_y} \cdot 200 = 0$$

$$\Sigma M_{B_z} = -510{,}58 \cdot 280 + R_{A_y} \cdot 200 - 67.600 - 1.406{,}6 \cdot 100 = 0$$

---

[2] En la resolución de este apartado, se ha despreciado la masa del engranaje.

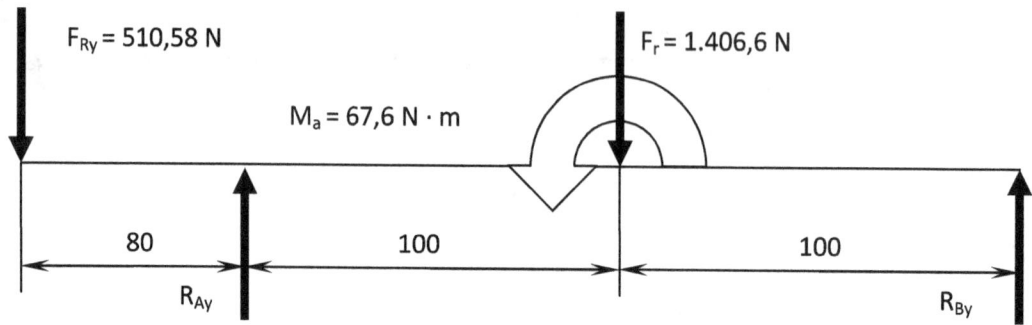

Figura 7.9: Fuerzas resultantes en el plano XY

Despejando R_{By} y R_{Ay}, tenemos lo siguiente:

$$R_{A_y} = \frac{510{,}58 \cdot 280 + 67.600 + (1.406{,}6 + 29{,}6) \cdot 100}{200} = 1.771{,}07 \text{ N}$$

$$R_{B_y} = \frac{-510{,}58 \cdot 80 - 67.600 + (1.406{,}6 + 29{,}6) \cdot 100}{200} = 175{,}71 \text{ N}$$

b) Cálculo de las reacciones en el plano XZ.

La descomposición e las fuerzas en el plano XZ queda reflejada en la Figura 7.10 Aplicando las leyes de Newton para los momentos flectores en las dos reacciones, tenemos lo siguiente:

$$\Sigma M_{Az} = -3.016{,}16 \cdot 80 - 3.346{,}86 \cdot 100 + R_{Bz} \cdot 200 = 0$$
$$\Sigma M_{Bz} = -3.016{,}16 \cdot 280 + R_{Az} \cdot 200 + 3.346{,}86 \cdot 100 = 0$$

Despejando R_{By} y R_{Ay}, tenemos lo siguiente:

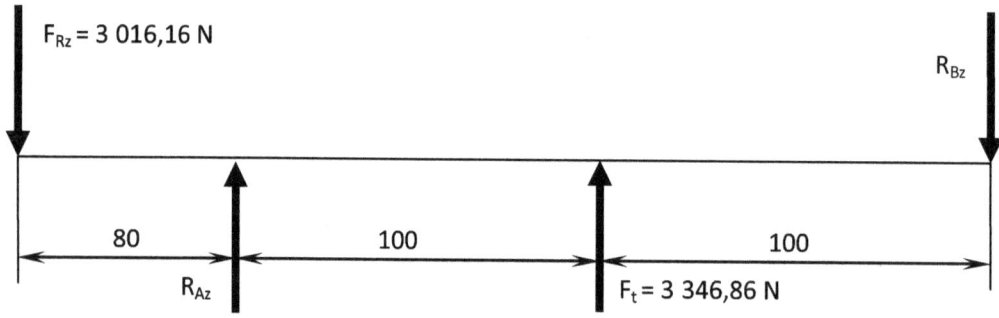

Figura 7.10: Fuerzas resultantes en el plano XZ

$$R_{A_z} = \frac{3.016{,}16 \cdot 280 - 3.346{,}86 \cdot 100}{200} = 2.549{,}19 \text{ N}$$

$$R_{B_z} = \frac{3.016{,}16 \cdot 80 + 3.346{,}86 \cdot 100}{200} = 2.879{,}89 \text{ N}$$

c) Cálculo de las reacciones resultantes:

Las reacciones resultantes puede determinarse a partir de sus componentes aplicando el teorema de Pitágoras.

$$R_A = \sqrt{R_{A_y}^2 + R_{A_z}^2} = \sqrt{1.756{,}11^2 + 2.549{,}19^2} = 3.095{,}53 \text{ N}$$

$$R_B = \sqrt{R_{B_y}^2 + R_{B_z}^2} = \sqrt{160{,}57^2 + 2.879{,}89^2} = 2.884{,}36 \text{ N}$$

5. Cálculo de los momentos flectores resultantes en los puntos 1 y 2.

    Para el cálculo de los momentos flectores, debemos emplear las fuerzas y las reacciones resultantes calculadas anteriormente. El momento, en el punto 1, lo podemos calcular directamente a través de la fuerza resultante.

$$M_1 = F_{R_T} \cdot 45 = 3.059{,}07 \cdot 45 = 137.658 \text{ N·mm}$$

Para el cálculo del segundo momento, necesitamos conocer la descomposición de momentos en los dos planos vistos anteriormente.

$$M_{2_y} = -F_{R_y}(136{,}5 - 45) + R_{A_y}(136{,}5 - 125) =$$
$$= -510{,}58 \cdot 91{,}5 + 1.756{,}11 \cdot 11{,}5 = -26.522{,}8 \text{ N·mm}$$
$$M_{2_z} = -F_{R_z}(136{,}5 - 45) + R_{A_z}(136{,}5 - 125) =$$
$$= -3.016{,}16 \cdot 91{,}5 + 2.549{,}19 \cdot 11{,}5 = -246.663 \text{ N·mm}$$

El momento resultante en este punto es el siguiente:

$$M_2 = \sqrt{M_{2_y}^2 + M_{2_z}^2} = \sqrt{26.522{,}8^2 + 246.662^2} = 248.084{,}8 \text{ N·mm}$$

6. Tensión equivalente de Von Mises y coeficiente de seguridad a la fluencia en los puntos 1 y 2.

    La tensión equivalente de Von Mises se puede determinar a través de los momentos flector y torsor en el punto de diámetro conocido, por medio de la ecuación siguiente:

$$\sigma = \frac{32}{\pi d^3}\sqrt{\left(M + \frac{Fd}{8}\right)^2 + \frac{3}{4}T^2}$$

   a) Tensión equivalente y coeficiente de seguridad en el punto 1

   En este punto, las acciones que soporta el eje son las siguientes:
   - Par torsor, a causa de la transmisión de potencia entre el eje y el engranaje ($T_{e \text{ reductor}}$).
   - Momento flector, a causa de la acción de las diferentes cargas (M_1).
   - No hay carga axial, ya que es absorbida por el rodamiento A.

   Teniendo en cuenta estos efectoss, tenemos lo siguiente:

$$\sigma_1 = \frac{32}{\pi \cdot 26^3}\sqrt{(137.658 + 0)^2 + \frac{3}{4} \cdot 117.140^2} = 99{,}1 \text{ MPa}$$

Capítulo 7. Problemas combinados

A partir de la tensión equivalente, el coeficiente de seguridad a la fluencia se calcula por comparación con el límite de fluencia.

$$n_1 = \frac{S_y}{\sigma_1} = \frac{325}{99,1} = 3,28$$

b) Tensión equivalente y coeficiente de seguridad en el punto 2.

En este punto, las reacciones que soporta el eje son las siguiente:
- Par torsor, a causa de la transmisión de la potencia entre el eje y el engranaje (Te reductor).
- Momento flector, a causa de la acción de las diferentes cargas (M_2).
- Carga axial de compresión.

Teniendo en cuenta estos efectoss, tenemos lo siguiente:

$$\sigma_2 = \frac{32}{\pi \cdot 26^3} \sqrt{\left(248.084,8 + \frac{1.932,31 \cdot 30}{8}\right)^2 + \frac{3}{4} \cdot 117.140^2} = 103,7 \text{ MPa}$$

A partir de la tensión equivalente, el coeficiente de seguridad a la fluencia se puede calcular por comparación con el límite de fluencia.

$$n_2 = \frac{S_y}{\sigma_2} = \frac{325}{103,7} = 3,13$$

7. Coeficiente de seguridad a la fatiga en los puntos 1 y 2.

El coeficiente de seguridad a la fatiga se puede determinar a través de los momentos flector y torsor en el punto de diámetro conocido, por medio de la siguiente ecuación:

$$n \leq \frac{\pi d^3}{32} \left[\frac{\sqrt{\left[M_m + \frac{F_m d}{8}\right]^2 + \frac{3}{4}T_m^2}}{S_{ut}} + \sqrt{\left[\frac{M_a}{S_{e_{K_{\text{flexión}}}}} + \frac{F_a d}{8 S_{e_{K_{\text{axial}}}}}\right]^2 + \frac{3}{4}\left(\frac{T_a}{S_{e_{K_{\text{torsión}}}}}\right)^2} \right]^{-1}$$

Considerando que no tiene que haber inversiones en el sentido de giro, ni arranques ni paradas frecuentes, podemos eliminar las componentes alternantes del par torsor y la carga axial. Si el accionamiento se realiza mediante un motor eléctrico, la componente del momento flector debe ser puramente alternante, con lo cual, el momento flector medio debe ser nulo. La Figura 7.11 muestra la evolución temporal de los diferentes esfuerzos.

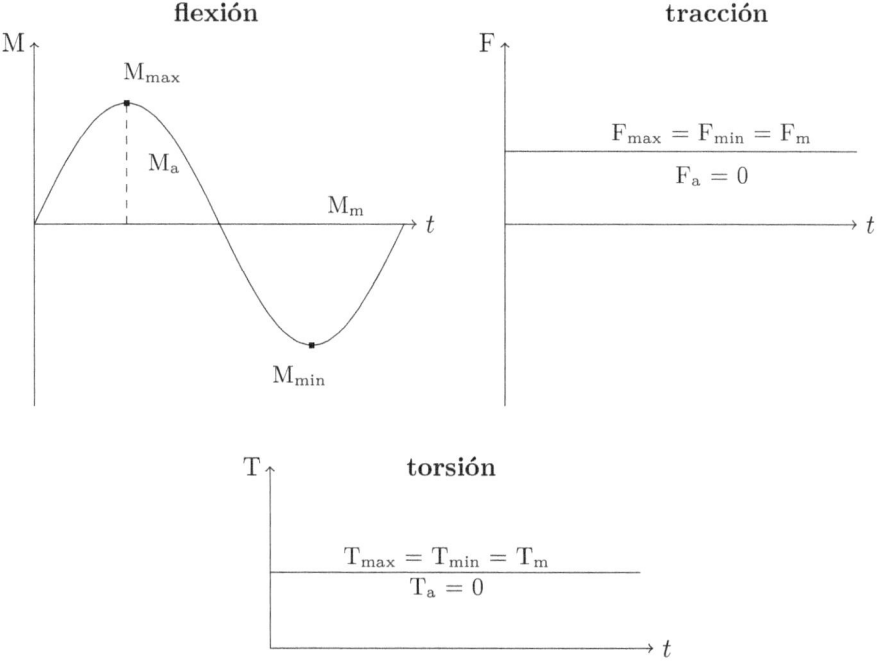

Figura 7.11: Distribución temporal de los esfuerzos

Teniendo en cuenta estos efectos, la expresión anterior queda simplificada de la siguiente manera:

$$n \leq \frac{\pi d^3}{32} \left[\frac{\sqrt{\left[\frac{F_m d}{8}\right]^2 + \frac{3}{4} T_m^2}}{S_{ut}} + \frac{M_a}{S_{e_{K_{\text{flexión}}}}} \right]^{-1}$$

a) Coeficiente de seguridad a la fatiga en el punto 1.

El cálculo de este coeficiente requiere el cálculo del concentrador de tensiones y del límite de resistencia a la fatiga en este punto.

- Concentrador de tensiones corregido a la fatiga.
  El punto 1 está situado en el extremo del chavetero. La polea va montada, únicamente, por medio de la chaveta y, por lo tanto, no se deben tener en cuenta otros efectos. El concentrador de tensiones geométrico se determina a partir de las características geométricas de la pieza.
  - Concentrador de tensiones geométrico.

  $$\frac{r}{d} = \frac{0{,}5}{30} = 0{,}016\widehat{6} \rightarrow K_t \approx 2{,}412.$$

  El concentrador de tensiones se ve corregido en función de las características mecánicas del material, y da lugar al factor de concentrador de

tensiones K_f. La corrección se realiza por medio del uso del factor de sensibilidad a la entalla q.
- Constante de Neuber:

$$\sqrt{a} = -0{,}32865 + 34{,}5452 \cdot 500^{-0{,}60977} = 0{,}452$$

- Sensibilidad a la entalla:

$$q = \frac{1}{1+\dfrac{\sqrt{a}}{\sqrt{r}}} = \frac{1}{1+\dfrac{0{,}452}{\sqrt{0{,}5}}} = 0{,}6096$$

- Concentrador de tensiones corregido a la fatiga.
  Empleando el factor anterior, el factor concentrador de tensiones corregido es el siguiente:

$$K_f = 1 + q\,(K_t - 1) = 1 + 0{,}6096\,(2{,}412 - 1) = 1{,}861$$

- Límite de resistencia a la fatiga
  - Límite estándar: $S'_e = 0{,}504 S_{ut} = 0{,}504 \cdot 500 = 252$ MPa
  - Factor de acabado: $C_{\text{acabado}} = 1{,}58 \cdot 500^{-0{,}085} = 0{,}9316$
  - Factor de confiabilidad: $C_{\text{confiabilidad}} = 0{,}814$
  - Factor de carga: $C_{\text{carga}} = 1$
  - Factor de tamaño:
  - Límite de resistencia a la fatiga corregido:

$$S_e = 252 \cdot 0{,}9316 \cdot 0{,}814 \cdot 1 \cdot 0{,}855 = 163{,}4 \text{ MPa}$$

- Límite de resistencia a la fatiga corregido por el concentrador de tensiones de flexión:

$$S_{e_{K_{\text{flexión}}}} = \frac{S_e}{K_{f_{\text{flexión}}}} = \frac{154{,}6}{1{,}861} = 87{,}78 \text{ MPa}$$

- Coeficiente de seguridad a la fatiga.
  Una vez obtenidos todos los factores, podemos calcular el coeficiente de seguridad a la fatiga:

$$n_{e_1} \leq \frac{\pi \cdot 26^3}{32} \left[\frac{\sqrt{0 + \dfrac{3}{4} \cdot 117{.}140^2}}{500} + \frac{139{.}299}{87{,}78} \right]^{-1} \approx 0{,}964$$

El valor del coeficiente de seguridad a la fatiga, en esta sección, está por debajo del valor admisible $n \geq 2$, y, por lo tanto, la sección 1 está incorrectamente dimensionada a la fatiga.

b) Coeficiente de seguridad a la fatiga en el punto 2:
   - Concentrador de tensiones corregido a la fatiga:
     El punto 2 situado en las proximidades del rodamiento. El rodamiento va montado por medio de un ajuste a presión y, por lo tanto, debemos tener en cuenta este efecto.
     – Concentrador de tensiones geométrico:
       El concentrador de tensiones geométrico correspondiente al cambio de sección lo determinamos a partir de las características geométricas de la pieza.

$$\left. \begin{array}{l} \dfrac{D}{d} = \dfrac{38}{30} = 1{,}26\widehat{6} \\[2mm] \dfrac{r}{d} = \dfrac{1}{30} = 0{,}03\widehat{3} \end{array} \right\} \to K_t \approx 2{,}161.$$

Este concentrador de tensiones se ve corregido en función de las características mecánicas del material, y da lugar al factor concentrador de tensiones corregido K_f. La corrección se realiza por medio del factor de sensibilidad a la entalla.
     – Constante de Neuber: Idem anterior.
     – Sensibilidad a la entalla:

$$q = \dfrac{1}{1+\dfrac{\sqrt{a}}{\sqrt{r}}} = \dfrac{1}{1+\dfrac{0{,}452}{\sqrt{1}}} = 0{,}6884$$

     – Concentrador de tensiones corregido a fatiga.
       Empleando el factor anterior, el factor concentrador de tensiones corregido en el cambio de sección es el siguiente:

$$K_{f_\text{sección}} = 1 + q\,(K_t - 1) = 1 + 0{,}6884\,(2{,}161 - 1) = 1{,}799$$

El factor concentrador de tensiones corregido a causa del ajuste a presión toma el valor estándar: $K_{f_\text{presión}} = 1{,}8$. El factor de concentrador de tensiones equivalente a ambos efecto se calcula como producto de estos:

$$K_{f_\text{total}} = K_{f_\text{presión}} K_{f_\text{sección}} = 1{,}799 \cdot 1{,}8 = 3{,}238$$

- Límite de resistencia a la fatiga.
   – Límite estándar: Ídem anterior.
   – Factor de acabado: Ídem anterior.
   – Factor de confiabilidad: Ídem anterior.
   – Factor de carga: Ídem anterior.
   – Factor de tamaño: $C_\text{tamaño} = 1{,}189 \cdot 38^{-0{,}097} = 0{,}835$
   – Límite de resistencia a la fatiga corregido:

$$S_e = 252 \cdot 0{,}9316 \cdot 0{,}814 \cdot 1 \cdot 0{,}8355 = 159{,}7 \text{ MPa}$$

- Límite de resistencia a la fatiga corregido por concentración de tensiones a flexión:

$$S_{e_{K_{\text{flexión}}}} = \frac{S_e}{K_{f_{\text{flexión}}}} = \frac{159{,}7}{3{,}238} = 49{,}3 \text{ MPa}$$

- Coeficiente de seguridad a la fatiga.
  Una vez obtenidos todos los factores, podemos calcular el coeficiente de seguridad a la fatiga:

$$n_{e_2} \leq \frac{\pi \cdot 30^3}{32} \left[\frac{\sqrt{\left[\frac{1.932{,}31 \cdot 30}{8}\right]^2 + \frac{3}{4} \cdot 117.140^2}}{500} + \frac{248.084{,}8}{49{,}3} \right]^{-1} \approx 0{,}506$$

El valor del coeficiente de seguridad a la fatiga, en esta sección, está muy por debajo del valor admisible $n \geq 2$, y, por lo tanto, la sección 1 está incorrectamente dimensionada a la fatiga.

8. Basándose en los cálculos realizados. ¿Está correctamente dimensionado el eje?

    a) Fluencia: Desde este punto de vista, el eje no está correctamente dimensionado, ya que los coeficientes en los puntos 1 y 2 son inferiores al coeficiente requerido de 4.

    b) Fatiga. Desde este punto de vista, el eje no está correctamente dimensionado, ya que los coeficiente en los puntos 1 y 2 son inferiores al coeficiente requerido de 2.

9. Solución o soluciones a emplear en el caso de que el eje presente alguna deficiencia.

    a) Aumentar la sección del eje. Sin duda un aumento suficiente de la sección elimina todos los problemas de rigidez y resistencia que presenta el eje. Del mismo modo, eso obliga a modificar la geometría del reductor, cosa que, en algunos casos, es inviable.

    b) Cambiar el material por un acero aleado de más resistencia. Eso puede ser la solución al problema de resistencia del eje, pero no soluciona los problemas de rigidez y no es una solución posible.

    c) Sustituir la polea plana por una polea en V. El uso de este tipo de poleas reduce, significativamente, las fuerzas generadas en la tracción de la correa y, por lo tanto, las fuerzas transmitidas al eje. Si, adicionalmente, se cambia el material de la polea por aluminio, todavía tenemos una mayor reducción de estas fuerzas. Teniendo en cuenta que estas fuerzas se encuentran en el voladizo (que es la zona más sensible), una reducción de estas fuerzas puede llegar a eliminar todos los problemas de rigidez y resistencia del eje. Esta solución no requiere la realización de cambios en el reductor, y es, por lo tanto, la solución óptima para los problemas detectados.

    d) Situar la reducción por correas a la salida del reductor, y no a la entrada. Esta solución elimina los problemas a la entrada del reductor, pero los traslada al eje de salida, donde el par torsor es todavía mas elevado. Adicionalmente, se debe tener en cuenta que el par a transmitir por las correas es mayor y, por lo tanto, nos harían falta más correas. Por lo tanto, podemos concluir que esto solución es totalmente desaconsejable.

7.3 Cálculo de una cadena

Se quiere fabricar una cinta transportadora de cadena como la de la Figura 7.12. Previamente, se ha evaluado la fuerza de tracción que ha de soportar la cadena, resultando una tracción de unos 50 kN (cada malla de la cadena debe soportar la mitad). El material a emplear para los bulones es un acero de construcción laminado en caliente S275-JR (S_y= 275 MPa, S_{ut}= 470 MPa), mientras que, para las mallas, es un acero laminado en frío S235-JR (S_y= 180 MPa, S_{ut}= 300 MPa) . Teniendo en cuenta los datos anteriores, se pide determinar lo siguiente:

1. El diámetro que deben tener los bulones, considerando que trabajan a cortadura pura (sin flexión), con un coeficiente de seguridad a fluencia de 4.

2. El ancho y el espesor de la malla, con un coeficiente de seguridad a fluencia de 4, tenemos en cuenta que los anchos posibles van de 50 a 120 mm en escalones de 5 mm, y que los espesores posibles son 2, 3, 4, 5 y 6 mm.

3. El coeficiente de seguridad a la fatiga de los bulones para el diámetro calculado, con una confiabilidad del 99 % según la teoría de Goodman. Se debe considerar el factor de efectos diversos siguiente: $C_{ef.\ diversos} = 0{,}5$.

4. El coeficiente de seguridad a la fatiga de las mallas para la sección calculada, con una confiabilidad del 99 % según la teoría de Goodman. Se debe considerar el factor de efectos diversos siguiente: $C_{ef.\ diversos} = 0{,}5$.

5. ¿Que elemento fallará antes por causa de la fatiga?¿el bulón o la malla?.

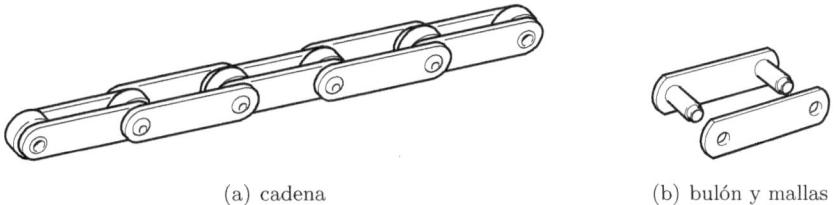

(a) cadena (b) bulón y mallas

Figura 7.12: Cadena para cinta transportadora

Resolución

1. Cálculo del diámetro de los bulones
   La tensión que soportan los bulones es calculada por medio de la formula de la cortadura:
   $$\tau = \frac{F}{A} = \frac{4F}{\pi d^2}$$
   La tensión normal equivalente que genera σ_{eq} se obtiene por la formula de Von Misses, ya que es un material dúctil:
   $$\sigma_{eq} = \sqrt{\sigma_x^2 + 3\tau_{yx}^2} = \sqrt{0 + 3\tau_{yx}^2} = \sqrt{3}\tau_{yx} = 4\sqrt{3}\frac{F}{\pi d^2}$$

La condición de resistencia requiere que:

$$\sigma_{eq} \leq \frac{S_y}{n} \rightarrow \sqrt{3}\frac{4F}{\pi d^2} \leq \frac{S_y}{n}$$

Despejando y sustituyendo[3]:

$$d \geq 2\sqrt{\sqrt{3}\frac{Fn}{\pi S_y}} = 2\sqrt{\sqrt{3}\frac{25.000 \cdot 4}{\pi \cdot 275}} = 28{,}3 \approx 30 \text{ mm}.$$

2. Ancho y espesor de la malla.

   La malla puede fallar tanto por tracción como por aplastamiento.

   a) Predicción del fallo por aplastamiento.

   La tensión de aplastamiento se obtiene dividiendo la fuerza aplicada sobre la superficie del bulón por el área proyectada de la superficie:

   $$\sigma_{ap} = \frac{F}{A_{proyectada}} = \frac{F}{de}$$

   La condición de resistencia requiere que no se supere el la resistencia al aplastamiento para el coeficiente de seguridad requerido $\sigma_{ap} < S_{ap} \approx 3S_y$:

   $$\sigma_{ap} = \frac{F}{de} \leq \frac{3S_y}{n}$$

   Despejando el espesor de las mallas y sustituyendo numéricamente, tenemos lo siguiente[4]:

   $$e \geq \frac{Fn}{3dS_y} = \frac{25.000 \cdot 4}{3 \cdot 30 \cdot 180} = 6{,}17 \approx 6 \text{ mm}$$

   b) Predicción del fallo por tracción.

   La tensión de tracción se obtiene dividiendo la fuerza de tracción por la superficie que sufre la tracción:

   $$\sigma_x = \frac{F}{A} = \frac{F}{(b-d)e}$$

   La condición de resistencia requiere que:

   $$\sigma_x = \frac{F}{(b-d)e} \leq \frac{S_y}{n}$$

   Despejando el ancho, tenemos que:

   $$b \geq d + \frac{Fn}{S_y e}$$

---

[3] Se redondea al siguiente divisor de 5
[4] Se redondea al espesor más próximo

Teniendo en cuenta que necesitamos un espesor de 6 mm para que no falle por aplastamiento, el ancho debe ser el siguiente:

$$b \geq 30 + \frac{25.000 \cdot 4}{180 \cdot 6} = 122{,}6 \approx 120 \text{ mm}.$$

Tomamos el valor de 120, inferior al valor necesario de 122,6, esto implica que el coeficiente de seguridad debe ser ligeramente inferior a 4.

La placa a montar debe ser de 120x6.

3. Coeficiente de seguridad a la fatiga de los bulones.

   a) Componentes media/alternante.

   La fuerza de tracción sobre cada malla de la cadena oscila entre 25.000 N, cuando el ramal está cargado, y 0 N, cuando está descargado. Las tensiones de cortadura generan las siguientes tensiones equivalentes máxima y mínima:

   $$\sigma_{eq\,\text{máx}} = 4\sqrt{3}\frac{F_{\text{máx}}}{\pi d^2} = 4\sqrt{3}\frac{25.000}{\pi \cdot 30^2} = 61{,}3 \text{ MPa}.$$

   $$\sigma_{eq\,\text{mín}} = 4\sqrt{3}\frac{F_{\text{mín}}}{\pi d^2} = 0 \text{ MPa}.$$

   Las componentes media y alternante son las siguientes:

   $$\sigma_{eq\,m} = \frac{\sigma_{eq\,\text{máx}} + \sigma_{eq\,\text{mín}}}{2} = \frac{61{,}3 + 0}{2} = 30{,}6 \text{ MPa}.$$

   $$\sigma_{eq\,a} = \frac{\sigma_{eq\,\text{máx}} - \sigma_{eq\,\text{mín}}}{2} = \frac{61{,}3 - 0}{2} = 30{,}6 \text{ MPa}.$$

   b) Límite de resistencia a la fatiga.
   - Límite estándar: $S'_e = 0{,}504 S_{ut} = 0{,}504 \cdot 470 = 236{,}9$ MPa.
   - Factor de acabado: $C_{\text{acabado}} = 57{,}7 \cdot 470^{-0{,}718} = 0{,}696$.
   - Factor de tamaño: $C_{\text{tamaño}} = 1{,}189 \cdot 30^{-0{,}097} = 0{,}8549$.
   - Factor de carga: $C_{\text{carga}} = 1$
   - Factor de confiabilidad: $C_{\text{confiabilidad}} = 0{,}814$
   - Factor de efectos diversos: $C_{\text{ef. diversos}} = 0{,}5$
   - Límite de resistencia a la fatiga corregido:

   $$S_e = 236{,}9 \cdot 0{,}696 \cdot 0{,}8549 \cdot 1 \cdot 0{,}814 \cdot 0{,}5 = 57{,}4 \text{ MPa}$$

   c) Aplicación de la teoría de Goodman.

   $$\frac{\sigma_m}{S_{ut}} + \frac{\sigma_a}{S_e} = \frac{30{,}6}{470} + \frac{30{,}6}{57{,}4} \leq \frac{1}{n_e} \rightarrow n_e \leq 1{,}67 > 1 \rightarrow N = \infty$$

d) Coeficiente de seguridad a la fatiga de las mallas.
   1) Componentes media / alternante.

$$\sigma_{x\,\text{máx}} = \frac{F_{\text{máx}}}{A} = \frac{F_{\text{máx}}}{(b-d)\,e} = \frac{25.000}{(120-30)\,6} = 46{,}3 \text{ MPa}$$

$$\sigma_{x\,\text{mín}} = \frac{F_{\text{mín}}}{A} = 0.$$

Las componentes media y alternante son las siguientes:

$$\sigma_{\text{eq}_m} = \frac{\sigma_{\text{eq}\,\text{máx}} + \sigma_{\text{eq}\,\text{mín}}}{2} = \frac{46{,}3 + 0}{2} = 23{,}15 \text{ MPa}.$$

$$\sigma_{\text{eq}_a} = \frac{\sigma_{\text{eq}\,\text{máx}} - \sigma_{\text{eq}\,\text{mín}}}{2} = \frac{46{,}3 - 0}{2} = 23{,}15 \text{ MPa}.$$

e) Concentrador de tensiones corregido a fatiga:
   - Concentrador de tensiones geométrico:

$$\frac{d}{b} = \frac{30}{120} = 0{,}25 \rightarrow K_t = 2{,}4375.$$

   - Constante de Neuber:

$$\sqrt{a} = -0{,}32865 + 34{,}5452 \cdot 300^{-0{,}60977} = 0{,}7377\sqrt{\text{mm}}$$

   - Sensibilidad a la entalla:

$$q = \frac{1}{1 + \dfrac{\sqrt{a}}{\sqrt{r}}} = \frac{1}{1 + \dfrac{0{,}7377}{\sqrt{15}}} = 0{,}727$$

   Donde: $r = d/2$
   - Concentrador de tensiones corregido a la fatiga:

$$K_f = 1 + q\,(K_t - 1) = 1 + 0{,}84\,(2{,}4375 - 1) = 2{,}21$$

f) Límite de resistencia a la fatiga.
   - Límite estándar: $S'_e = 0{,}504 S_{ut} = 0{,}504 \cdot 300 = 151{,}2$ MPa.
   - Factor de acabado: $C_{\text{acabado}} = 4{,}51 \cdot 300^{-0{,}265} = 0{,}9948$.
   - Factor de tamaño: $C_{\text{tamaño}} = 1$
   - Factor de carga: $C_{\text{carrega}} = 1{,}43 \cdot 300^{-0{,}078} = 0{,}9165$
   - Factor de confiabilidad: $C_{\text{confiabilidad}} = 0{,}814$
   - Factor de efectos diversos: $C_{\text{ef. diversos}} = 0{,}5$
   - Límite de resistencia a la fatiga corregido:

$$S_e = 151{,}2 \cdot 0{,}9948 \cdot 1 \cdot 0{,}9165 \cdot 0{,}814 \cdot 0{,}5 = 56{,}1 \text{ MPa}$$

- Límite de resistencia a la fatiga corregido por concentradores:

$$S_{e_K} = \frac{S_e}{K_f} = \frac{56{,}1}{2{,}21} = 25{,}4 \text{ MPa}$$

g) Aplicación de la teoría de Goodman.

$$\frac{\sigma_m}{S_{ut}} + \frac{\sigma_a}{S_e} = \frac{23{,}1}{300} + \frac{23{,}1}{25{,}4} \leq \frac{1}{n_e} \rightarrow n_e \leq 1{,}01 > 1 \rightarrow N = \infty$$

7.4 Cálculo de los engranajes de una de caja reductora

La Figura 2.25 representa el eje de entrada una caja reductora de dos etapas de las siguientes características:

- El eje debe de transmitir del engranaje 1 al engranaje 2, una potencia de 7,36 kW a una velocidad de 750 rpm, siendo su régimen de trabajo constante, durante 24h/dia, sin inversiones de giro ni paradas y arranques frecuentes. El accionamiento se realizará mediante un motor eléctrico.

- El material empleado para fabricar el eje y los engranajes es C45 y llevará un tratamiento de temple superficial que le proporciona las siguientes características mecánicas: S_y= 700 MPa , S_{ut}= 900 MPa, 600 HB para el piñón y 500 HB para la corona.

- El número de dientes del piñón es $z_1 = 26$ y la corona $z_2 = 101$, el desplazamiento del dentado del piñón es $x_1 = 0{,}1$ y la corona $x_2 = -0{,}1$, y el módulo $m_0 = 1{,}5$.

- El eje de entrada del reductor tiene mecanizado sobre el mismo un engranaje helicoidal con un ángulo de presión $\alpha_0 = 20°$ y un ángulo de hélice $\beta = 45°$.

- Calidad del dentado: ISO 8, sin abombado en los flancos.

- La duración requerida a los engranajes es de 25.000 h, mientras que para los rodamientos es de 7.500 h.

- La carga radial máxima, aplicada en el centro del chavetero, será de 5 kN y se supondrá aplicada en el mismo sentido y dirección que la carga radial del engranaje.

- La carga axial está orientada hacia la derecha.

- El material de la chaveta es S275JR ($S_y = 275$ MPa, $S_{ut} = 430$ MPa) y el factor de servicio requerido $n_B = 1{,}5$

- El rodamiento de rodillos a rótula está montado como rodamiento fijo, mientras que el de bolas es el libre. El factor de servicio requerido es $f_s = 1{,}25$

Si la pareja de engranajes se monta a la distancia mínima entre centros, se pide calcular:

1. Cálculo de engranajes.

    a) Par máximo para evitar fatiga en el pie del diente

    b) Par máximo para evitar fatiga en el flanco del diente

    c) Par y potencia máximos transmisibles

    d) El coeficiente de seguridad de la transmisión

2. Cálculo de fuerzas y momentos generados por el piñón:

3. Cálculo de rodamientos:

    a) Las fuerzas resultantes en los rodamientos

    b) Capacidad estática requerida para el rodamiento de bolas

    c) Capacidad dinámica requerida para el rodamiento de bolas

4. Cálculo de chaveta:

    a) Longitud necesaria para soportar el esfuerzo por cortadura

7.4 Cálculo de los engranajes de una de caja reductora

b) Longitud necesaria para soportar el esfuerzo por aplastamiento en el chavetero del eje

c) Longitud necesaria para soportar el esfuerzo por aplastamiento en el chavetero del cubo

d) Longitud mínima de chaveta necesaria

Resolución

1. Cálculo de los engranajes

    a) Parámetros geométricos:

    - Ángulo de presión transversal: $\alpha_t = \arctan \dfrac{\tan \alpha_0}{\cos \beta} = 27{,}236°$

    - Diámetros primitivos:

    $$d_1 = \frac{m_0 z_1}{\cos \beta} = \frac{826}{\cos 45} = 55{,}154 \text{ mm}$$

    $$d_2 = \frac{m_0 z_2}{\cos \beta} = \frac{8101}{\cos 45} = 214{,}253 \text{ mm}$$

    - Diámetros de cabeza y de base del piñón:

    $$d_{a_1} = \left[\frac{z_1}{\cos \beta} + 2(1+x_1)\right] m_0 = \left[\frac{26}{\cos 45°} + 2(1+0{,}1)\right] 1{,}5 = 58{,}454 \text{ mm}$$

    $$d_{a_2} = \left[\frac{z_2}{\cos \beta} + 2(1+x_2)\right] m_0 = \left[\frac{101}{\cos 45°} + 2(1-0{,}1)\right] 1{,}5 = 216{,}953 \text{ mm}$$

    - Diámetros de cabeza y de base de la corona:

    $$d_{b_1} = \frac{z_1 m_0}{cos\beta} \cos \alpha = \frac{26 \cdot 1{,}5}{\cos 45°} \cos 20 = 49{,}039 \text{ mm}$$

    $$d_{b_2} = \frac{z_2 m_0}{cos\beta} \cos \alpha = \frac{101 \cdot 1{,}5}{\cos 45°} \cos 20 = 190{,}498 \text{ mm}$$

    - Número mínimo de dientes del piñón:

    $$z_{\text{mín}} = \frac{2(1-x_1)\cos \beta}{\sin^2 \alpha_t} = \frac{2(1-0{,}1)\cos 45°}{\sin^2 27{,}236°} = 6{,}077$$

    - Ángulo y distancia mínima de funcionamiento

    $$\text{inv}\alpha_{\text{mín}} = \text{inv}\alpha_t + 2\tan \alpha_0 \frac{x_1 + x_2}{z_1 + z_2}$$

    $$\tan \alpha_{\text{mín}} - \alpha_{\text{mín}} \frac{\pi}{180} = \tan 27{,}236° - 27{,}236° \frac{\pi}{180} + 2\tan 20° \frac{0{,}1 - 0{,}1}{26 + 101} = 0{,}475$$

    $$\alpha_{\text{mín}} = 27{,}236°$$

Capítulo 7. Problemas combinados

- Distancia mínima entre centros:

$$a_{\text{mín}} = \frac{d_{b_1} + d_{b_2}}{2\cos\alpha_{\text{mín}}} = \frac{49{,}039 + 190{,}498}{2\cos 27{,}236°} = 134{,}704 \text{ mm}$$

- Distancia de funcionamiento:
  La distancia de funcionamiento a' debe ser igual o superior a $a_{\text{mín}}$. En este caso se especifica que sea igual a la mínima: $a' = a_{\text{mín}}$:
- Ángulo de funcionamiento:
  Dado que se monta a la distancia mínima, el ángulo de presión de funcionamiento se corresponde con el ángulo de presión mínimo: $\alpha' = \alpha_{\text{mín}}$:
- Grado de recubrimiento:

  - Grado de recubrimiento frontal:

$$\varepsilon_\alpha = \frac{z_1\left[\sqrt{\left(\frac{d_{a_1}}{d_{b_1}}\right)^2 - 1} - \tan\alpha'\right] + z_2\left[\sqrt{\left(\frac{d_{a_2}}{d_{b_2}}\right)^2 - 1} - \tan\alpha'\right]}{2\pi} =$$

$$= \frac{26\left[\sqrt{\left(\frac{58{,}454}{49{,}039}\right)^2 - 1} - \tan 27{,}236°\right]}{2\pi} +$$

$$+ \frac{101\left[\sqrt{\left(\frac{216{,}953}{190{,}498}\right)^2 - 1} - \tan 27{,}236°\right]}{2\pi} = 1{,}04$$

  - Grado de recubrimiento lateral:

$$\varepsilon_\beta = \frac{b\sin\beta}{\pi m_0} = \frac{100\sin 45}{\pi \cdot 1{,}5} = 15{,}005$$

  - Grado de recubrimiento total:

$$\varepsilon_r = \varepsilon_\alpha + \varepsilon_\beta = 15{,}005 + 1{,}04 = 16{,}045$$

b) Cálculo resistente a rotura por fatiga en el pie del diente.
   Para ello ser requiere determinar las características resistentes del material y los factores correspondientes que obtendremos a continuación:
   - Resistencia a fatiga en el pie del diente A partir de la Figura B.2 y, en función del límite de rotura del material y el tratamiento térmico empleado, obtenemos el valor de resistencia a fatiga en el pie del diente:
     - Piñón: $S_{F_1} = 165{,}7$ MPa
     - Rueda: $S_{F_2} = 165{,}7$ MPa

- Factor de forma Y_F:
  - Número de dientes equivalentes:

  $$z_{e_1} = \frac{z_1}{\cos^3 \beta} = \frac{24}{\cos^3 45} \approx 74$$

  $$z_{e_2} = \frac{z_2}{\cos^3 \beta} = \frac{120}{\cos^3 45} \approx 286$$

  - Factor de forma:
  Mediante interpolación en la Tabla B.11, empleando los números de dientes equivalentes, podemos obtener los valores del factor de forma del dentado:
    ○ Piñón: $Y_{F_1} = 2{,}22$
    ○ Corona: $Y_{F_2} = 2{,}12$
- Factor de conducción (recubrimiento): $Y_\varepsilon = \frac{1}{4} + \frac{3}{4\varepsilon_\alpha} = \frac{1}{4} + \frac{3}{41{,}04} = 0{,}970$
- Factor de inclinación: Teniendo en cuenta que el valor $\varepsilon_\alpha = 1{,}04 \geq 1$ y que el ángulo $\beta = 45° > 30°$ empleamos la siguiente expresión para obtener el factor de inclinación:

  $$Y_\beta = 1 - 0{,}25\varepsilon_\alpha = 1 - 0{,}25 \cdot 1{,}04 = 0{,}75$$

- Factor de velocidad: El cálculo del factor de velocidad requiere de los siguientes parámetros:
  - Velocidad periférica del engranaje:

  $$v = \omega r = 750\frac{\text{rev}}{\text{min}} \frac{1}{60} \frac{\text{min}}{s} \frac{2\pi}{1} \frac{\text{rad}}{\text{rev}} \frac{0{,}199}{2} = 2{,}17 \text{ m/s}$$

  - Factor λ: $\lambda = \frac{vz_1}{100} = \frac{2{,}17 \cdot 26}{100} = 0{,}563 \leq 10$
  - Constante de precisión ISO. Depende del tipo de dentado y del grado de acabado ISO. Para un dentado helicoidal y un grado ISO8: $K_2 = 0{,}07$
  - Factor de velocidad. Sabiendo que el valor de $\varepsilon_\alpha = 1{,}04 \geq 1$ empleamos la siguiente expresión para el cálculo del factor de velocidad:

  $$K_v = \frac{1}{1 + K_2\lambda} = \frac{1}{1 + 0{,}07 \cdot 0{,}563} = 0{,}962$$

- Factor de duración K_{bl}
  - Número de ciclos de carga:
    ○ Piñón: $N_1 = n_1 \cdot 60t = 750 \cdot 60 \cdot 25.000 = 1{,}125 \cdot 10^{10}$ ciclos
    ○ Corona: $N_2 = N_1\frac{z_1}{z_2} = 1{,}125 \cdot 10^{10}\frac{26}{101} = 2{,}896 \cdot 10^8$ ciclos
  - Factor de duración:
    ○ Piñón: $K_{bl1} = 0{,}65$
    ○ Corona: $K_{bl2} = \left(\frac{10^7}{N}\right)^{1/10} = \left(\frac{10^7}{2{,}896 \cdot 10^8}\right)^{1/10} = 0{,}7142$

- Factor de distribución de carga:
    - Relación ancho/diámetro δ:

$$\delta = \frac{b}{d_1} = \frac{100}{55{,}154} = 1{,}813$$

    - Factor de distribución de la carga:

$$K_M = 1{,}043 - 4{,}35610^{-2}\lambda^{2,209} = 1{,}043 - 4{,}35610^{-2} \cdot 1{,}813^{2,209} = 0{,}881$$

- Factor de servicio K_A:
A partir de la Tabla B.16 y considerando que el accionamiento es mediante motor eléctrico, sin choques y que trabaja durante 24 horas/diarias, tomamos como valor $K_A = 0{,}95$.

- Fuerzas tangenciales máximas transmisibles en el piñón y en la corona.

$$F_{t_1} = S_{F_1} b m_0 \frac{K_v K_{bl1} K_M K_A}{Y_\varepsilon Y_{F_1} Y_\beta} = 165{,}7 \cdot 100 \cdot 1{,}5 \frac{0{,}962 \cdot 0{,}65 \cdot 0{,}881 \cdot 0{,}95}{0{,}970 \cdot 2{,}22 \cdot 0{,}75} =$$
$$= 8.046{,}5 \text{ N}$$

$$F_{t_2} = S_{F_2} b m_0 \frac{K_v K_{bl2} K_M K_A}{Y_\varepsilon Y_{F_2} Y_\beta} = 165{,}7 \cdot 100 \cdot 1{,}5 \frac{0{,}962 \cdot 0{,}7142 \cdot 0{,}881 \cdot 0{,}95}{0{,}970 \cdot 2{,}22 \cdot 0{,}75} =$$
$$= 9.264{,}1 \text{ N}$$

En este caso la fuerza tangencial máxima transmisible vendrá limitada por el piñón;

$$F_{t\text{máx}} = 8.046{,}5 \text{ N}$$

- Pares máximos transmimibles por fatiga en el pie del diente: Estos están limitados por la fuerza tangencial máxima admisible en la corona.

$$T_1 = F_{t\text{máx}} r_1 = 8{,}0465 \text{ kN} \frac{55{,}15}{2} \text{ mm} = 221{,}9 \text{ N·m}$$
$$T_2 = F_{t\text{máx}} r_2 = 8{,}0465 \text{ kN} \frac{214{,}25}{2} \text{ mm} = 862 \text{ N·m}$$

c) Cálculo resistente a rotura por fatiga superficial (picado) en el flanco del diente:
- Resistencia a la fatiga superficial (picado) en el flanco del diente S_H.
A partir de la Figura B.3 y en función del límite de rotura del material y el tratamiento térmico empleado obtenemos el valor de resistencia a fatiga superficial (picado) en el flanco del diente. Los datos obtenidos se muestran a continuación:

$$S_{H_1} = 1.366{,}7 \text{ MPa}$$
$$S_{H_2} = 1.270{,}1 \text{ MPa}$$

7.4 Cálculo de los engranajes de una de caja reductora

- Factor de conducción:

$$u = \frac{z_2}{z_1} = 3{,}885$$

$$C_r = \frac{u}{u+1} = \frac{5}{5+1} = \frac{5}{6} = 0{,}795$$

- Factor de elasticidad del material:

$$Z_E^2 = \frac{1}{\pi\left[\dfrac{1-\nu_1^2}{E_1} + \dfrac{1-\nu_2^2}{E_2}\right]} = \frac{1}{\pi\left[\dfrac{1-0{,}26_1^2}{2\cdot 10^5} + \dfrac{1-0{,}26^2}{2\cdot 10^5}\right]} = 35.853{,}6 \text{ MPa}^2$$

- Factor geométrico

$$\tan\beta_b = \tan\beta\cos\alpha_t = \tan 45\cos 27{,}236 = 0{,}7268 \to \beta_b = 41{,}64$$

$$Z_H^2 = \frac{2\cos\beta_b}{\cos^2\alpha_t \tan\alpha_t} = \frac{2\cdot 41{,}64}{\cos^2 27{,}236 \tan 27{,}236} = 3{,}673$$

- Factor de contacto: $Z_\varepsilon^2 = \dfrac{1}{\varepsilon_\alpha} = \dfrac{1}{1{,}04} = 0{,}9605$
- Factor de inclinación $Z_\beta^2 = \cos\beta = \cos 455 = 0{,}707$
- Factor de velocidad base. Como la velocidad de entrada es 750 rpm > 200 rpm tomamos como factor de velocidad base $\gamma = 1$.
- Factor de duración. Para obtener estos valores empleamos las mismas expresiones que para el apartado anterior:
  - Piñón: $K_{hl1} = 0{,}5$
  - Corona: $K_{hl2} = \left(\dfrac{10^7}{N}\right)^{1/6} = \left(\dfrac{10^7}{2{,}896\cdot 10^8}\right)^{1/6} = 0{,}571$
- Cálculo de las fuerzas tangenciales máxima en el piñón:

$$F_{t_1} = S_{H_1}^2 b d_1 C_r \frac{K_v K_{hl2} K_M K_A}{\gamma Z_E^2 Z_H^2 Z_\varepsilon^2 Z_\beta^2} =$$

$$= 1.366{,}7^2 \cdot 100 \cdot 55{,}154 \cdot 0{,}833 \frac{0{,}962 \cdot 0{,}65 \cdot 0{,}881 \cdot 0{,}95}{1 \cdot 35.853{,}6 \cdot 3{,}673 \cdot 0{,}9605 \cdot 0{,}707} =$$

$$= 36{,}87 \text{ kN}$$

- Cálculo de las fuerzas tangencial máxima en la corona:

$$F_{t_2} = S_{H_2}^2 b d_1 C_r \frac{K_v K_{hl2} K_M K_A}{\gamma Z_E^2 Z_H^2 Z_\varepsilon^2 Z_\beta^2} =$$

$$= 1.270{,}1^2 \cdot 100 \cdot 55{,}154 \cdot 0{,}833 \frac{0{,}962 \cdot 0{,}571 \cdot 0{,}881 \cdot 0{,}95}{1 \cdot 35.853{,}6 \cdot 3{,}673 \cdot 0{,}9605 \cdot 0{,}707} =$$

$$= 36{,}34 \text{ kN}$$

En este caso la fuerza tangencial máxima transmisible vendrá limitada por la corona, si bien es cierto que ambas fuerzas están muy equilibradas.

$$F_{t\text{máx}} = 36{,}34 \text{ kN}$$

- Pares máximos transmisibles por fatiga superficial: Estos están limitados por la fuerza tangencial máxima admisible en la corona.

$$T_1 = F_{t\text{máx}} r_1 = 36{,}34 \text{ kN} \frac{55{,}15}{2} \text{ mm} = 1.002{,}3 \text{ N·m}$$

$$T_2 = F_{t\text{máx}} r_2 = 36{,}34 \text{ kN} \frac{214{,}25}{2} \text{ mm} = 3.893{,}7 \text{ N·m}$$

d) Pares y potencia máximos transmisibles:
- Pares máximos transmisibles: Estos están limitados por la resistencia a la fatiga en el pie del piñón

$$T_1 = 221{,}9 \text{ N·m}$$
$$T_2 = 862 \text{ N·m}$$

- Potencia máxima transmisible:

$$P = T_2 \omega_2 = T_2 \omega_1 \frac{z_1}{z_2} = 221{,}9 \text{ N·m} \cdot 750 \frac{\pi}{30} \text{ rad/s} \frac{26}{101} = 17{,}4 \text{ kW}$$

e) Coeficiente de seguridad de la transmisión: El coeficiente de seguridad de la transmisión lo obtendremos dividiendo la potencia transmisible por la potencia aplicada:

$$n = \frac{P_{\text{transmisible}}}{P_{\text{aplicada}}} = \frac{17{,}4}{7{,}36} = 2{,}36$$

2. Cálculo de las fuerzas y momentos generados por el engranaje
   - Cálculo del par torsor:

   En este caso contemplamos la potencia aplicada a la transmisión, que es de 7,36 kW

$$\omega_1 = n_1 \frac{\pi}{30} = 78{,}540 \text{ rad/s}$$

$$T_1 = \frac{P}{\omega_1} = \frac{7.360}{78{,}540} = 93{,}7104 \text{ N·m} = 93.710{,}4 \text{ N·mm}$$

- Cálculo de las cargas generadas por el piñón:

$$F_t = \frac{T_1}{r_1} = 3.398{,}12 \text{ N}$$
$$F_r = F_t \tan \alpha'_t = 1.749{,}12 \text{ N}$$
$$F_a = F_t \tan \beta = 3.398{,}12 \text{ N}$$
$$M_a = F_a r_1 = 93.710{,}4 \text{ N·mm}$$

3. Cálculo de los rodamientos
   - Cálculo de las fuerzas de reacción.

   Aplicamos las ecuaciones de equilibrio de momentos en los dos apoyos del eje:

   $\Sigma M_{Axy} = -R(125 - 90/2) + F_r 100 + M_a - R_{B_y} 200 = -131.378 - 200 R_{B_y} = 0$

   $\Sigma M_{Bxy} = R(325 - 90/2) + R_{A_y} 200 + M_a - F_r 100 = -1.4812 10^6 + 200 R_{A_y} = 0$

   $\Sigma M_{Axz} = R_{B_z} \cdot 200 - F_t 100 = -339.812 + 200 R_{B_z} = 0$

   $\Sigma M_{Axz} = R_{A_z} \cdot 200 - F_t 100 = -339.812 + 200 R_{A_z} = 0$

   Donde R es la carga radial máxima aplicada en el el centro del chavetero.
   Sustituyendo las cargas conocidas y resolviendo el sistema de ecuaciones con las expresiones anteriores obtenemos los valores buscados:

   $$R_{A_y} = 7.406{,}01 \text{ N}$$
   $$R_{B_y} = -656{,}889 \text{ N}$$
   $$R_{A_z} = 1.699{,}06 \text{ N}$$
   $$R_{B_z} = 1.699{,}06 \text{ N}$$

   Las fuerzas de reacción resultantes sobre cada rodamiento serán:

   $$R_A = \sqrt{7.406{,}01^2 + 1.699{,}06^2} = 7.598{,}4 \text{ N}$$
   $$R_B = \sqrt{656{,}889^2 + 1.699{,}06^2} = 1.821{,}62 \text{ N}$$

   - Capacidad estática requerida para el rodamiento de bolas.

   Este rodamiento es el rodamiento libre ya que la holgura del alojamiento de la pista exterior le permite desplazarse axialmente. Por lo tanto, este rodamiento solo debe soportar la carga radial. La capacidad estática se obtiene en este caso considerando la carga radial y el factor de servicio requerido:

   $$C_0 \geq f_s P_0 = f_s R_B = 1{,}25 \cdot 1.821{,}62 = 2.277{,}03 \text{ N}$$

   - Capacidad dinámica requerida para el rodamiento de bolas:

   $$C \geq P = R_B \sqrt[3]{\frac{L_{h10} n_1 60}{10^6}} = 1.821{,}62 \sqrt[3]{\frac{7.500 \cdot 750 \cdot 60}{10^6}} = 12.682{,}8 \text{ N}$$

4. Cálculo de la longitud de chaveta.

   Los datos referidos a la geometría de la chaveta se obtienen de las tablas de la norma para chavetas planas DIN 6885 a partir del diámetro del eje, que en este caso es de 35 mm.

   - Parámetros geométricos:

   En primer lugar obtenemos los parámetros geométricos referidos al chavetero en el eje y en el cubo.

Capítulo 7. Problemas combinados

- Altura de la fuerza resultante en el chavetero del eje:

$$h_e = h_1 - \frac{d}{2} - r_1 + \sqrt{\left(\frac{d}{2}\right)^2 - \left(\frac{b}{2}\right)^2} = 5 - \frac{35}{2} - 0{,}4 + \sqrt{\left(\frac{35}{2}\right)^2 - \left(\frac{10}{2}\right)^2}$$
$$= 3{,}871 \text{ mm}$$

- Diámetros de la fuerza resultante en el chavetero del eje:

$$d_e = \sqrt{(d - 2h_1 + 2r_1 + h_e)^2 + b^2} = \sqrt{(35 - 25 + 20{,}4 + 3{,}871)^2 + 10^2}$$
$$= 31{,}31 \text{ mm}$$

- Altura de la fuerza resultante en el chavetero del cubo:

$$h_c = h - h_e - 2r_1 = 8 - 3{.}871 - 20{,}4 = 3{,}3295 \text{ mm}$$

- Diámetro de la fuerza resultante en el chavetero del cubo:

$$d_c = \sqrt{(d - 2h_1 + 2r_1 + h_e d + h_c)^2 + b^2} =$$
$$= \sqrt{(35 - 25 + 20{,}4 + 353{,}871 + 3{,}3295)^2 + 10^2} = 38{,}20 \text{ mm}$$

- Cálculo de la longitud de chaveta necesaria:
  - Longitud necesaria para soportar el esfuerzo por cortadura:

$$L_{\text{cortadura}} = \frac{2\sqrt{3} n_B T}{z b d S_{\text{y chaveta}}} \sqrt{1 - \left(\frac{b}{d}\right)^2}$$
$$= \frac{2\sqrt{3} \cdot 1{,}5 \cdot 93.710{,}4}{1 \cdot 10 \cdot 35 \cdot 275} \sqrt{1 - \left(\frac{10}{35}\right)^2} = 4{,}848 \text{ mm}$$

  - Longitud de chaveta necesaria para soportar el esfuerzo por aplastamiento en el chavetero del eje:
  Para calcular la longitud necesaria, debemos determinar previamente la resistencia al aplastamiento de cada uno de los componentes de la unión.

$$S_{\text{p chaveta}} = 0{,}5 S_{\text{ut chaveta}} = 0{,}5 \cdot 430 = 215 \text{ MPa}$$
$$S_{\text{p eje}} = 0{,}5 S_{\text{ut eje}} = 0{,}5 \cdot 900 = 450 \text{ MPa}$$
$$S_{\text{p cubo}} = 0{,}7 S_{\text{ut cubo}} = 0{,}5 \cdot 900 = 450 \text{ MPa}$$

$$L_{\text{eje}} = \frac{2 n_B T}{z h_e d_e \min(S_{\text{p chaveta}}, S_{\text{p eje}})} \sqrt{1 - \left(\frac{b}{d_e}\right)^2} =$$
$$= \frac{2 \cdot 1{,}5 \cdot 93.710{,}4}{1 \cdot 3{,}871 \cdot 31{,}31 \min(215, 450)} \sqrt{1 - \left(\frac{10}{31{,}31}\right)^2} = 10{,}22 \text{ mm}$$

- Longitud de chaveta necesaria para soportar el esfuerzo por aplastamiento en el chavetero del cubo

$$L_{\text{cubo}} = \frac{2n_B T}{zh_c d_c \,\text{mín}(S_{\text{p chaveta}}, S_{\text{p cubo}})} \sqrt{1 - \left(\frac{b}{d_c}\right)^2} =$$

$$= \frac{2 \cdot 1{,}5 \cdot 93.710{,}4}{1 \cdot 3{,}340 \cdot 38{,}20 \,\text{mín}(215, 450)} \sqrt{1 - \left(\frac{10}{38{,}20}\right)^2} = 9{,}92 \text{ mm}$$

- Cálculo de la longitud de chaveta necesaria.

  La longitud de esta será la más restrictiva entre los valores calculados anteriormente de $L_{\text{cortadura}}$, L_{eje} y L_{cubo}. Por lo tanto el valor de la longitud de la chaveta será L = 10,22 mm.

7.5 Diseño de un agitador

Se desea diseñar un agitador de paletas para fluidos, cuyo eje tendrá un acabado superficial N8 y será fabricado de un acero al carbono no aleado C45 con $S_y = 430$ MPa y $S_{ut} = 725$ MPa.

En base a los datos anteriores se desea calcular:

1. El diámetro del eje del agitador (redondeado al siguiente entero), si debe ser capaz de soportar excepcionalmente un par de 40 N·m, sin entrar en fluencia, con un coeficiente de seguridad a la fluencia $n_y \geq 2$

2. A partir del diámetro obtenido en el apartado anterior, el coeficiente de seguridad a la fatiga obtenido mediante la ecuación de Goodman considerando las siguientes condiciones de servicio:

    - Par torsor de 19 ± 5 N·m.
    - Momento flector de ± 5 N·m
    - Factor de concentración de tensiones corregido a fatiga a flexión y a torsión, según estimación: $K_{f_\text{flexión}} = K_{f_\text{torsión}} = 2$.
    - Confiabilidad requerida: 99 %.

3. La geometría que deberán tener dichos engranes (módulo, número dientes, anchura y desplazamientos del dentado), requerida para mover dicho eje, en las condiciones de trabajo habitual referidas, considerando que:

    - El eje de entrada debe transmitir el par torsor medio indicado anteriormente.
    - La velocidad de giro del motor eléctrico que accionará el agitador es de 1.500 rpm, con un régimen máximo de trabajo de 12 h/día
    - La velocidad de giro del eje del agitador es de 115 rpm.
    - Previa a la transmisión por engranajes existe una transmisión por poleas con una relación $i = 1/3$.
    - **Los engranajes deberán ser lo más pequeños posible**, sin superar una relación $b/d_1 = 1,5$
    - Los engranajes se montarán a la distancia mínima de funcionamiento.
    - Los desplazamientos del dentado se elegirán de forma que los deslizamientos específicos del piñón y la rueda queden equilibrados.
    - El ángulo de presión será $\alpha_0 = 20°$ y el de hélice $\beta = 0°$.
    - Los materiales empleados para fabricar los engranajes tendrán las siguientes características:
        - Piñón: Acero cementado. Sut = 1.100 MPa, 700 HB.
        - Corona: Acero cementado. Sut = 900 MPa, 600 HB.
    - Calidad del dentado: ISO 8 sin corrección de los flancos.
    - La duración requerida de la transmisión será de al menos 8.000 h.

Resolución

1. Diámetro del eje del agitador para soportar un par de 40 N·m.

   En primer lugar realizamos un cálculo estático para obtener las tensiones de torsión, tensión equivalente y diámetro mínimo.

   - Tensiones de torsión:
   $$\tau_{xz} = \frac{16T}{\pi d^3} = \frac{203.718}{d^3}$$

   - Tensión equivalente de Von Mises:
   $$\sigma_{\text{eq máx}} = \sqrt{\sigma_x^2 + 3\tau_{xz}^2} = \sqrt{0 + 3\tau_{xz}^2} = \sqrt{3}\tau_{xz} = 352.850\sqrt{1/d^{16}} = \frac{352.850}{d^3}$$

   - Diámetro mínimo.
   Sustituyendo en la condición de resistencia $n_y = \dfrac{S_y}{\sigma_{\text{eq máx}}}$ tenemos:
   $$2 = \frac{430}{\frac{352.850}{d^3}} \rightarrow d = \sqrt[3]{\frac{2 \cdot 352.850}{430}} = 11{,}8 \approx 12 \text{ mm}$$

2. Cálculo del coeficiente de seguridad a fatiga. Cálculo de las tensiones medias y alternantes.

   - Componentes de tensión
     - Tensiones de torsión:
       ∘ Pares máximo y mínimo:
       $$T_{\text{máx}} = T_m + T_a = 19.000 + 5.000 \text{ N·m} = 24.000 \text{ N·m}$$
       $$T_{\text{mín}} = T_m - T_a = 19.000 + 5.000 \text{ N·m} = 14.000 \text{ N·m}$$

       ∘ Tensiones máxima, mínima, media y alternate:
       $$\tau_{xz\,\text{máx}} = \frac{16T_{\text{máx}}}{d^3\pi} = \frac{16 \cdot 24.000}{12^3 \pi} = 70{,}74 \text{ MPa}$$
       $$\tau_{xz\,\text{mín}} = \frac{16T_{\text{mín}}}{d^3\pi} = \frac{16 \cdot 14.000}{12^3 \pi} = 41{,}26 \text{ MPa}$$
       $$\tau_m = \frac{\tau_{\text{máx}} + \tau_{\text{mín}}}{2} = 56 \text{ MPa}$$
       $$\tau_a = \frac{\tau_{\text{máx}} + \tau_{\text{mín}}}{2} = 14{,}74 \text{ MPa}$$

     - Tensiones de flexión:
       ∘ Pares máximo y mínimo:
       $$M_{\text{máx}} = M_a = 5.000 \text{ N·m}$$
       $$M_{\text{mín}} = -M_a = 5.000 \text{ N·m}$$

- Tensiones máxima, mínima, media y alternate:

$$\sigma_{x\text{máx}} = \frac{32M_{\text{máx}}}{d^3\pi} = \frac{32 \cdot 5.000}{12^3\pi} = 29{,}47 \text{ MPa}$$

$$\sigma_{x\text{mín}} = \frac{32M_{\text{mín}}}{d^3\pi} = \frac{32 \cdot 5.000}{12^3\pi} = -29{,}47 \text{ MPa}$$

$$\sigma_m = \frac{\sigma_{\text{máx}} + \sigma_{\text{mín}}}{2} = 0 \text{ MPa}$$

$$\sigma_a = \frac{\sigma_{\text{máx}} + \sigma_{\text{mín}}}{2} = 29{,}47 \text{ MPa}$$

- Cálculo de las tensiones equivalentes medias y alternantes:

$$\sigma_{\text{eq}_m} = 96{,}99 \text{ MPa}$$
$$\sigma_{\text{eq}_a} = 38{,}99 \text{ MPa}$$

- Concentradores de tensión a fatiga.
  Según el enunciado toman los siguientes valores: $K_{f\text{flexión}} = K_{f\text{torsión}} = 2$
- Límite de resistencia a la fatiga corregido por flexión:
    - Límite de resistencia a la fatiga estándar: $S_{e'} = 0{,}504 S_{ut} = 365{,}4$ MPa
    - Factor de acabado: $C_{\text{acabado}} = 0{,}787$
    - Factor de tamaño: $C_{\text{tamaño}} = 0{,}934$
    - Factor de carga: $C_{\text{carga}} = 1$
    - Factor de confiabilidad: $C_{\text{confiabilidad}} = 0{,}814$
    - Límite de resistencia a fatiga:

$$S_e = S'_e C_{\text{acabado}} C_{\text{tamaño}} C_{\text{carga}} C_{\text{confiabilidad}} = 218{,}82 \text{ MPa}$$

    - Límite de resistencia a fatiga por flexión corregido por el concentrador de tensión a fatiga:

$$S_{e_{K_{\text{flexión}}}} = \frac{S_e}{K_{f_{\text{flexión}}}} = 109{,}41 \text{ MPa}$$

- Límite de resistencia a la fatiga corregido por torsión: Los factores que modifican el límite de fatiga estándar son los mismos para flexión y torsión, así como el concentrador de tensión a fatiga por lo que el limite de resistencia a la fatiga corregido por el concentrador será el mismo: $S_{e_{K_{\text{torsión}}}} = S_{e_{K_{\text{flexión}}}} = 109{,}41$ MPa. Al ser los límites de resistencia iguales, no se requiere el cálculo del límite de resistencia global o equivalente.
- Cálculo del coeficiente de seguridad a fatiga según la teoría de Goodman:

$$\frac{\sigma_m}{S_{ut}} + \frac{\sigma_a}{S_{e_K}} = \frac{96{,}99}{430} + \frac{38{,}99}{109{,}41} \leq \frac{1}{n_e} \rightarrow n_e \leq 2{,}04 > 1 \rightarrow N = \infty$$

3. Cálculo de los engranajes.
    a) Cálculo de la relación de reducción necesaria.
    La transmisión está compuesta por una primera etapa de correas con una relación de reducción $i_1 = 1/3$ y por una reducción de engranajes cuya relación i_2 desea-

mos determinar. Por otro lado, dado que las velocidades de entrada y salida de la transmisión son: $n_e = 1.500$ rpm y $n_s = 115$ rpm la relación global de reducción será:

$$i_g = \frac{n_s}{n_e} = \frac{115}{1.500} = \frac{23}{300}$$

A partir de estas relaciones, se puede obtener la relación de reducción necesaria en la etapa de engranajes:

$$i_g = i_1 i_2 \rightarrow i_2 = \frac{i_g}{i_1} = \frac{\frac{23}{300}}{\frac{1}{3}} = \frac{23}{100} = \frac{1}{4,35}$$

b) Predimensionado de la geometría de los engranajes.

- Número mínimo de dientes del piñón.
  Dado que deseamos que la transmisión tenga el mínimo tamaño posible, el piñón tendrá que ser lo más pequeño posible, respetando el número mínimo de dientes. Este numero mínimo se calcula a partir de la ecuación:

$$z_1 = z_{\text{mín}} = \frac{2(1-x_1)\cos\beta}{\sin^2\alpha_t} = \frac{2(1-0)\cos 0°}{\sin^2 20°} \approx 17$$

  Donde $\alpha_t = \alpha_0$ por ser un engrane recto y el desplazamiento del dentado del piñón x_1 se toma inicialmente nulo.

- Número de dientes a la salida.
  Una vez determinado el número mínimo de dientes a la entrada, procedemos a calcular el número de dientes a la salida:

$$z_2 = \frac{z_1}{i_2} = \frac{17}{\frac{23}{100}} = 73{,}91 \approx 74$$

- Desplazamiento del dentado.
  Una vez determinados los dientes iniciales de la corona y el piñón se procede a optimizar los desplazamientos del dentado para minimizar la velocidad de deslizamiento específica de la transmisión, de acuerdo con el método de Henriot.

$$\left.\begin{array}{r} z_1 + z_2 = 17 + 74 = 91 \\ z_1 = 17 \\ u = 1/i = 4{,}35 \end{array}\right\} \rightarrow x_1 = 0{,}42 \ x_2 = -0{,}42$$

  Una vez calculado el desplazamiento del dentado, procedemos a recalcular el número mínimo de dientes, ya que este ha cambiado al introducir el desplazamiento del dentado en el piñón:

$$z_1 = z_{\text{mín}} = \frac{2(1-x_1)\cos\beta}{\sin^2\alpha_t} = \frac{2(1-0{,}42)\cos 0°}{\sin^2 20°} = 9{,}91 \approx 10$$

Capítulo 7. Problemas combinados

Así mismo recalculamos el número de dientes de la corona para mantener la relación de reducción

$$z_2 = \frac{z_1}{i_2} = \frac{10}{\frac{23}{100}} = 43{,}47 \approx 43$$

Reducimos el número de dientes a 43 para evitar tener divisores comunes con el piñón.

Finalmente recalculamos de nuevo el desplazamiento del dentado:

$$\left.\begin{array}{r} z_1 + z_2 = 10 + 43 = 53 \\ z_1 = 10 \\ u = 1/i = 4{,}35 \end{array}\right\} \rightarrow x_1 = 0{,}55 \;\; x_2 = -0{,}55$$

El punto se encuentra localizado en el extremo del diagrama de de Henriot, por lo que se debe extrapolar ligeramente las curvas AB y BA'. Dado que nos encontramos en el extremo del diagrama, no recalculamos el número mínimo de dientes.

c) **Parámetros geométricos.**

Una vez determinado el número mínimo de dientes, se procede a realizar un cálculo iterativo hasta obtener el módulo necesario para transmitir el par requerido a la salida. Considerando que el par de entrada es $T_e = 19$ N·m el par de salida será: $T_s = \frac{T_e}{i_2} = \frac{19}{23/100} = 82{,}6$ N·m. Dado que se quiere obtener una transmisión lo más compacta posible, en cada iteración se tomará el ancho máximo en función del diámetro del piñón. Seguidamente se detalla la solución obtenida para el módulo más pequeño en transmitir el par requerido: $m_0 = 2$ mm

- Ángulo de presión transversal:

$$\alpha_t = \arctan\left[\frac{\tan\alpha_0}{\cos\beta}\right] = \arctan\left[\frac{\tan 20°}{\cos 0°}\right] = 20°$$

- Diámetros primitivos:

$$d_1 = \frac{m_0 z_1}{\cos\beta} = \frac{2 \cdot 10}{\cos 0°} = 20 \text{ mm}$$

$$d_2 = \frac{m_0 z_2}{\cos\beta} = \frac{2 \cdot 43}{\cos 0°} = 46 \text{ mm}$$

- Ancho: $b = 1{,}5 d_1 = 30$ mm
- Diámetros de cabeza:

$$d_{a_1} = \left[\frac{z_1}{\cos\beta} + 2(1+x_1)\right] m_0 = \left[\frac{10}{\cos 0} + 2(1+0{,}3)\right] 2 = 26{,}2 \text{ mm}$$

$$d_{a_2} = \left[\frac{z_2}{\cos\beta} + 2(1+x_2)\right] m_0 = \left[\frac{43}{\cos 0} + 2(1+0)\right] 2 = 87{,}8 \text{ mm}$$

- Diámetros de base:

$$d_{b_1} = \frac{z_1 m_0}{\cos\beta}\cos\alpha = \frac{10\cdot 2}{\cos 0}\cos 20 = 18{,}79 \text{ mm}$$

$$d_{b_2} = \frac{z_2 m_0}{\cos\beta}\cos\alpha = \frac{43\cdot 2}{\cos 0}\cos 20 = 80{,}81 \text{ mm}$$

- Número mínimo de dientes del piñón:

$$z_{\text{mín}} = \frac{2(1-x_1)\cos\beta}{\sin^2\alpha_t} = \frac{2(1-(0{,}55))\cos 0}{\sin^2 20} = 7{,}69 < z_1$$

- Ángulo mínimo de funcionamiento

$$\text{inv}\alpha_{\text{mín}} = \text{inv}\alpha_t + 2\tan\alpha_0\frac{x_1+x_2}{z_1+z_2}$$

$$\tan\alpha_{\text{mín}} - \alpha_{\text{mín}} = \tan 20 - 20\frac{\pi}{180} + 2\tan 20°\frac{0{,}55+(-0{,}559)}{24+120} = 0{,}3491$$

$$\alpha_{\text{mín}} = 20°$$

- Distancia mínima entre centros:

$$a_{\text{mín}} = \frac{d_{b_1}+d_{b_2}}{2\cos\alpha_{\text{mín}}} = \frac{18{,}79+80{,}81}{2\cos 20} = 53 \text{ mm}$$

- Distancia de funcionamiento:
  La distancia de funcionamiento a' debe ser igual o superior a $a_{\text{mín}}$. En este caso se especifica que sea igual a la mínima: $a' = a_{\text{mín}}$.
- Ángulo de funcionamiento:
  Dado que se monta a la distancia mínima, el ángulo de presión de funcionamiento se corresponde con el ángulo de presión mínimo: $\alpha' = \alpha_{\text{mín}}$.
- Grado de recubrimiento:

  - Grado de recubrimiento frontal:

$$\varepsilon_\alpha = \frac{z_1\left[\sqrt{\left(\frac{d_{a_1}}{d_{b_1}}\right)^2-1}-\tan\alpha'\right] + z_2\left[\sqrt{\left(\frac{d_{a_2}}{d_{b_2}}\right)^2-1}-\tan\alpha'\right]}{2\pi} =$$

$$= \frac{10\left[\sqrt{\left(\frac{26{,}2}{18{,}79}\right)^2-1}-\tan 20\right] + 43\left[\sqrt{\left(\frac{87{,}8}{80{,}81}\right)^2-1}-\tan 20\right]}{2\pi}$$

$$= 1{,}382$$

  - Grado de recubrimiento lateral:

$$\varepsilon_\beta = \frac{b\sin\beta}{\pi m_0} = \frac{30\sin 0°}{\pi 2} = 0$$

- Grado de recubrimiento total:

$$\varepsilon_r = \varepsilon_\alpha + \varepsilon_\beta = 0 + 1{,}382 = 1{,}382$$

- Deslizamiento específico del piñón:

$$g_{s_1\,\text{máx}} = \frac{z_1 \sqrt{\left(\dfrac{d_{a_2}}{2}\right)^2 - \left(\dfrac{d_{b_2}}{2}\right)^2}}{z_2 \left[a' \sin\alpha' - \sqrt{\left(\dfrac{d_{a_2}}{2}\right)^2 - \left(\dfrac{d_{b_2}}{2}\right)^2}\right]} - 1 =$$

$$= \frac{10\sqrt{\left(\dfrac{87{,}8}{2}\right)^2 - \left(\dfrac{80{,}81}{2}\right)^2}}{43 \left[53 \sin 20 - \sqrt{\left(\dfrac{87{,}8}{2}\right)^2 - \left(\dfrac{80{,}81}{2}\right)^2}\right]} - 1 = 3{,}13$$

- Deslizamiento específico de la corona:

$$g_{s_2\,\text{máx}} = \frac{z_2 \sqrt{\left(\dfrac{d_{a_1}}{2}\right)^2 - \left(\dfrac{d_{b_1}}{2}\right)^2}}{z_1 \left[a' \sin\alpha' - \sqrt{\left(\dfrac{d_{a_1}}{2}\right)^2 - \left(\dfrac{d_{b_1}}{2}\right)^2}\right]} - 1 =$$

$$= \frac{43\sqrt{\left(\dfrac{26{,}2}{2}\right)^2 - \left(\dfrac{18{,}79}{2}\right)^2}}{10 \left[53 \sin 20 - \sqrt{\left(\dfrac{26{,}2}{2}\right)^2 - \left(\dfrac{18{,}79}{2}\right)^2}\right]} - 1 = 3{,}36$$

Como puede apreciarse, ambos deslizamientos específicos se encuentran bastante equilibrados, aunque su valor resulta ligeramente elevado ya que se recomienda que $g_{s\,\text{máx}} < 3$

d) Cálculo resistente a rotura por fatiga en el pie del diente.

Para ello ser requiere determinar las características resistentes del material y los factores correspondientes que obtendremos a continuación:

- Resistencia a fatiga en el pie del diente A partir de la Figura B.2 y en función del límite de rotura del material y el tratamiento térmico empleado obtenemos el valor de resistencia a fatiga en el pie del diente. Los datos obtenidos se muestran a continuación:
  - Piñón: $S_{F_1} = 367{,}7$ MPa
  - Rueda: $S_{F_2} = 332{,}3$ MPa

- Factor de forma Y_F:
  - Número de dientes equivalentes:
  $$z_{e_1} = \frac{z_1}{\cos^3 \beta} = \frac{24}{\cos^3 0} \approx 10$$
  $$z_{e_2} = \frac{z_2}{\cos^3 \beta} = \frac{120}{\cos^3 0} \approx 43$$
  - Factor de forma.
    Mediante interpolación en la Tabla B.11, empleando los números de dientes equivalentes, podemos obtener los valores del factor de forma del dentado:
    ○ Piñón: $Y_{F_1} = 2{,}51$
    ○ Corona: $Y_{F_2} = 3{,}06$
- Factor de conducción (recubrimiento): $Y_\varepsilon = \frac{1}{4} + \frac{3}{4\varepsilon_\alpha} = \frac{1}{4} + \frac{3}{41{,}38} = 0{,}793$
- Factor de inclinación: Teniendo en cuenta que el valor $\varepsilon_\alpha = 1{,}38 \geq 1$ y que el ángulo $\beta = 0°$: $Y_\beta = 1$.
- Factor de velocidad: El cálculo del factor de velocidad requiere de los siguientes parámetros:
  - Velocidad periférica del engranaje:
  $$v = \omega r = 1.500 \frac{\text{rev}}{\text{min}} \frac{1}{60} \frac{\text{min}}{s} \frac{2\pi}{1} \frac{\text{rad}}{\text{rev}} \frac{0{,}2}{2} \text{ m} = 0{,}52 \text{ m/s}$$
  - Factor λ: $\lambda = \frac{vz_1}{100} = \frac{0{,}52 \cdot 10}{100} = 0{,}052 \leq 10$
  - Constante de precisión ISO. Depende del tipo de dentado y del grado de acabado ISO. Para un dentado recto y un grado ISO8: $K_1 = 0{,}125$
  - Factor de velocidad. Sabiendo que el valor de $\varepsilon_\alpha = 1{,}38 \geq 1$ empleamos la siguiente expresión para el cálculo del factor de velocidad:
  $$K_v = \frac{1}{1 + K_1 \lambda} = \frac{1}{1 + 0{,}125 \cdot 0{,}052} = 0{,}9993$$
- Factor de duración K_{bl}
  - Número de ciclos de carga:
    ○ Piñón: $N_1 = n_1 60 t = 1.500 \cdot 60 \cdot 8.000 = 2{,}40 \cdot 10^8$ ciclos
    ○ Corona: $N_2 = N_1 \frac{z_1}{z_2} = 2{,}40 \cdot 10^8 \frac{26}{101} = 5{,}58 \cdot 10^7$ ciclos
  - Factor de duración:
    ○ Piñón: $K_{bl1} = \left(\frac{10^7}{N}\right)^{1/10} = \left(\frac{10^7}{2{,}40 \cdot 10^8}\right)^{1/10} = 0{,}728$
    ○ Corona: $K_{bl2} = \left(\frac{10^7}{N}\right)^{1/10} = \left(\frac{10^7}{5{,}58 \cdot 10^7}\right)^{1/10} = 0{,}842$
- Factor de distribución de carga.
  - Relación ancho/diámetro: $\delta = \frac{b}{d_1} = 1{,}5$

- Factor de distribución de la carga:

$$K_M = 1{,}043 - 4{,}35610^{-2}\lambda^{2{,}209} = 1.043 - 4{,}35610^{-2} \cdot 1{,}5^{2{,}209} = 0{,}936$$

- Factor de servicio K_A.
  A partir de la Tabla B.16 y considerando que el accionamiento es mediante motor eléctrico, sin choques y que trabaja durante 24 horas/diarias, tomamos como valor $K_A = 1$.
- Fuerzas tangenciales máximas transmisibles en el piñón y en la corona.

$$F_{t_1} = S_{F_1} b m_0 \frac{K_v K_{bl1} K_M K_A}{Y_\varepsilon Y_{F_1} Y_\beta} = 367{,}7 \cdot 30 \cdot 2 \frac{0{,}9993 \cdot 0{,}728 0{,}936 \cdot 1}{0{,}796 \cdot 2{,}51 \cdot 1} =$$
$$= 7.516{,}2 \text{ N}$$

$$F_{t_2} = S_{F_2} b m_0 \frac{K_v K_{bl2} K_M K_A}{Y_\varepsilon Y_{F_2} Y_\beta} = 332{,}3 \cdot 30 \cdot 2 \frac{0{,}9993 \cdot 0{,}842 0{,}936 \cdot 1}{0{,}796 \cdot 3{,}06 \cdot 1} =$$
$$= 6.438{,}6 \text{ N}$$

En este caso la fuerza tangencial máxima transmisible vendrá limitada por el piñón: $F_{t\text{máx}} = 6.438{,}6$ N

- Pares máximos transmimibles por fatiga en el pie del diente: Estos están limitados por la fuerza tangencial máxima admisible en la corona.

$$T_1 = F_{t\text{máx}} r_1 = 6{,}4386 \text{ kN} \frac{20}{2} \text{ mm} = 64{,}4 \text{ N·m}$$

$$T_2 = F_{t\text{máx}} r_2 = 6{,}4386 \text{ kN} \frac{86}{2} \text{ mm} = 276{,}9 \text{ N·m}$$

e) Cálculo resistente a rotura por fatiga superficial (picado) en el flanco del diente:
   - Resistencia a la fatiga superficial (picado) en el flanco del diente S_H.
     A partir de la Figura B.3 y en función del límite de rotura del material y el tratamiento térmico empleado obtenemos el valor de resistencia a fatiga superficial (picado) en el flanco del diente. Los datos obtenidos se muestran a continuación:

$$S_{H_1} = 1.615{,}4 \text{ MPa}$$
$$S_{H_2} = 1.514 \text{ MPa}$$

- Factor de conducción:

$$u = \frac{z_2}{z_1} = 4{,}3$$

$$C_r = \frac{u}{u+1} = \frac{5}{5+1} = \frac{5}{6} = 0{,}811$$

- Factor de elasticidad del material:

$$Z_E^2 = \cfrac{1}{\pi\left[\cfrac{1-\nu_1^2}{E_1}+\cfrac{1-\nu_2^2}{E_2}\right]} = \cfrac{1}{\pi\left[\cfrac{1-0{,}26_1^2}{2\cdot 10^5}+\cfrac{1-0{,}26^2}{2\cdot 10^5}\right]} = 35.853{,}6 \text{ MPa}^2$$

- Factor geométrico

$$Z_H^2 = \frac{2\cos\beta_b}{\cos^2\alpha_t \tan\alpha_t} = \frac{2\cdot 0}{\cos^2 20 \tan 20} = 6{,}223$$

- Factor de contacto: $Z_\varepsilon^2 = \dfrac{1}{\varepsilon_\alpha} = \dfrac{1}{1{,}38} = 0{,}8726$
- Factor de inclinación $Z_\beta^2 = \cos\beta = \cos 0 = 1$
- Factor de velocidad base. Como la velocidad de entrada es 750 rpm > 200 rpm tomamos como factor de velocidad base $\gamma = 1$.
- Factor de duración. Para obtener estos valores empleamos las mismas expresiones que para el apartado anterior:

  - Piñón: $K_{hl1} = \left(\dfrac{10^7}{N}\right)^{1/6} = \left(\dfrac{10^7}{2{,}40\cdot 10^8}\right)^{1/6} = 0{,}589$
  - Corona: $K_{hl2} = \left(\dfrac{10^7}{N}\right)^{1/6} = \left(\dfrac{10^7}{5{,}58\cdot 10^7}\right)^{1/6} = 0{,}751$

- Cálculo de las fuerza tangencial máxima en el piñón:

$$F_{t_1} = S_{H_1}^2 b d_1 C_r \frac{K_v K_{hl2} K_M K_A}{\gamma Z_E^2 Z_H^2 Z_\varepsilon^2 Z_\beta^2} =$$

$$= 1.615{,}4^2 \cdot 30 \cdot 20 \cdot 0{,}811 \frac{0{,}9993\cdot 0{,}5890{,}936\cdot 1}{1\cdot 35.853{,}6\cdot 6{,}223\cdot 0{,}8726\cdot 1} =$$

$$= 3.573{,}7 \text{ N}$$

- Cálculo de las fuerza tangencial máxima en la corona:

$$F_{t_2} = S_{H_2}^2 b d_1 C_r \frac{K_v K_{hl2} K_M K_A}{\gamma Z_E^2 Z_H^2 Z_\varepsilon^2 Z_\beta^2} =$$

$$= 1.514^2 \cdot 30 \cdot 20 \cdot 0{,}811 \frac{0{,}9993\cdot 0{,}7510{,}936\cdot 1}{1\cdot 35.853{,}6\cdot 6{,}223\cdot 0{,}8726\cdot 1} =$$

$$= 4.003{,}1 \text{ N}$$

En este caso la fuerza tangencial máxima transmisible vendrá limitada por el piñón: $F_{t\text{máx}} = 3.573{,}7$ N

- Pares máximos transmisibles por fatiga superficial: Estos están limitados por la fuerza tangencial máxima admisible en el piñón.

$$T_1 = F_{t\text{máx}} r_1 = 3{,}5737 \text{ kN}\frac{20}{2} \text{ mm} = 35{,}7 \text{ N·m}$$

$$T_2 = F_{t\text{máx}} r_2 = 3{,}5737 \text{ kN}\frac{86}{2} \text{ mm} = 153{,}7 \text{ N·m}$$

f) Pares y potencia máximos transmisibles:

- Pares máximos transmisibles: Estos están limitados por la resistencia a la fatiga en la cara del piñón

$$T_1 = 35{,}7 \text{ N·m}$$
$$T_2 = 153{,}7 \text{ N·m}$$

Como puede apreciarse, el par transmisible en el eje de entrada T_1 es mayor que el par promedio requerido a dicho eje (19 N·m). El módulo inmediatamente inferior ($m_0 = 1{,}5$) no alcanza a transmitir dicho par. El coeficiente de seguridad de la transmisión será:

$$n = \frac{T_{\text{transmisible}}}{T_{\text{aplicado}}} = \frac{35{,}7}{19} = 1{,}88$$

- Potencia máxima transmisible:

$$P = T_2 \omega_2 = T_2 \omega_1 \frac{z_1}{z_2} = 153{,}7 \text{ N·m} \cdot 1.500 \frac{\pi}{30} \text{ rad/s} \frac{23}{100} = 1{,}87 \text{ kW}$$

A
Tensores

Apéndice A. Tensores

1. Tensor de tensiones de Cauchy:

$$\boldsymbol{\sigma} = \begin{bmatrix} \sigma_x & \tau_{xy} & \tau_{xz} \\ \tau_{xy} & \sigma_y & \tau_{yz} \\ \tau_{xz} & \tau_{yz} & \sigma_z \end{bmatrix} \cdot \begin{bmatrix} \mathbf{i} \\ \mathbf{j} \\ \mathbf{k} \end{bmatrix} = \mathbf{T} \cdot \mathbf{u}$$

2. Tensiones principales:

   Se obtienen diagonalizando el tensor de tensiones:

$$\begin{vmatrix} \sigma_x - \sigma & \tau_{xy} & \tau_{xz} \\ \tau_{xy} & \sigma_y - \sigma & \tau_{yz} \\ \tau_{xz} & \tau_{yz} & \sigma_z - \sigma \end{vmatrix} = \sigma^3 - \sigma^2 I_1 + \sigma I_2 - I_3 = 0$$

3. Invariantes tensionales:

   - En función del tensor de Cauchy

$$I_1 = \sigma_x + \sigma_y + \sigma_z$$
$$I_2 = \sigma_y \sigma_x + \sigma_z \sigma_x + \sigma_y \sigma_z - \tau_{yx}^2 - \tau_{zx}^2 - \tau_{yz}^2$$
$$I_3 = \begin{vmatrix} \sigma_x & \tau_{xy} & \tau_{zx} \\ \tau_{xy} & \sigma_y & \tau_{yz} \\ \tau_{zx} & \tau_{yz} & \sigma_z \end{vmatrix} = |\mathbf{T}|$$

   - En función de las tensiones principales:

$$\sigma^3 - I_1 \sigma^2 + I_2 \sigma - I_3 = (\sigma_1 - \sigma)(\sigma_2 - \sigma)(\sigma_3 - \sigma) =$$
$$= \sigma^3 - \underbrace{(\sigma_1 + \sigma_2 + \sigma_3)}_{I_1} \sigma^2 + \underbrace{(\sigma_1 \sigma_2 + \sigma_1 \sigma_3 + \sigma_2 \sigma_3)}_{I_2} \sigma - \underbrace{\sigma_1 \sigma_2 \sigma_3}_{I_3} = 0$$

$$I_1 = \sigma_1 + \sigma_2 + \sigma_3$$
$$I_2 = \sigma_1 \sigma_2 + \sigma_1 \sigma_3 + \sigma_2 \sigma_3$$
$$I_3 = \sigma_1 \sigma_2 \sigma_3$$

4. Tensor hidrostático

$$\boldsymbol{\sigma_h} = \begin{bmatrix} \sigma_h & 0 & 0 \\ 0 & \sigma_h & 0 \\ 0 & 0 & \sigma_h \end{bmatrix} \cdot \begin{bmatrix} \mathbf{i} \\ \mathbf{j} \\ \mathbf{k} \end{bmatrix} = \mathbf{T_h} \cdot \mathbf{u}$$

   Donde:

$$\sigma_h = \frac{\sigma_x + \sigma_y + \sigma_z}{3} = \frac{I_1}{3}$$

5. Tensor desviador

$$\boldsymbol{\sigma'} = \boldsymbol{\sigma} - \boldsymbol{\sigma_h} = \begin{bmatrix} \sigma_x - \sigma_h & \tau_{xy} & \tau_{xz} \\ \tau_{xy} & \sigma_y - \sigma_h & \tau_{yz} \\ \tau_{xz} & \tau_{yz} & \sigma_z - \sigma_h \end{bmatrix} \cdot \begin{bmatrix} \mathbf{i} \\ \mathbf{j} \\ \mathbf{k} \end{bmatrix} = \mathbf{T'} \cdot \mathbf{u}$$

6. Invariantes del tensor desviador
   - En función del tensor de Cauchy

$$J_1 = \sigma_x + \sigma_y + \sigma_z - 3\sigma_h = 0$$
$$J_2 = (\sigma_y - \sigma_h)(\sigma_x - \sigma_h) + (\sigma_z - \sigma_h)(\sigma_x - \sigma_h) + (\sigma_y - \sigma_h)(\sigma_z - \sigma_h)$$
$$- \tau_{yx}^2 - \tau_{zx}^2 - \tau_{yz}^2 = \frac{I_1^2}{3} - I_2$$

$$J_3 = \begin{vmatrix} \sigma_x - \sigma_h & \tau_{xy} & \tau_{zx} \\ \tau_{xy} & \sigma_y - \sigma_h & \tau_{yz} \\ \tau_{zx} & \tau_{yz} & \sigma_z - \sigma_h \end{vmatrix} = 2\left(\frac{I_1}{3}\right)^3 - \frac{I_1 I_2}{3} + I_3$$

   - En función de las tensiones desviadoras principales

$$\sigma^3 - J_1\sigma^2 + J_2\sigma - J_3 = (\sigma'_1 - \sigma)(\sigma'_2 - \sigma)(\sigma'_3 - \sigma) =$$
$$= \sigma^3 - \underbrace{(\sigma'_1 + \sigma'_2 + \sigma'_3)}_{J_1}\sigma^2 + \underbrace{(\sigma'_1\sigma'_2 + \sigma'_1\sigma'_3 + \sigma'_2\sigma'_3)}_{J_2}\sigma - \underbrace{\sigma'_1\sigma'_2\sigma'_3}_{J_3} = 0$$

$$J_1 = \sigma'_1 + \sigma'_2 + \sigma'_3 = 0$$
$$J_2 = \sigma'_1\sigma'_2 + \sigma'_1\sigma'_3 + \sigma'_2\sigma'_3$$
$$J_3 = \sigma'_1\sigma'_2\sigma'_3$$

7. Determinación de las tensiones principales en función de las invariantes I,J. El cálculo de las tensiones principales requiere la resolución de la ecuación de tercer grado: $\sigma^3 - I_1\sigma^2 + I_2\sigma - I_3 = 0$ Para evitar esta resolución se procede a referenciar el espacio de tensiones de Haigh-Westergaard de forma diferente. A partir de la Figura A.1:
   - El vector normal σ_n tiene la dirección de la línea $\sigma_1 = \sigma_2 = \sigma_3$. Es por eso que $\vec{n} = \frac{1}{\sqrt{3}}(1,1,1)$
   - La distancia $\overline{OQ}$ se obtiene a partir de la tensión hidrostática:

$$|\overrightarrow{OQ}| = \overrightarrow{OP} \cdot \vec{n} = (\sigma_1, \sigma_2, \sigma_3) \cdot \frac{1}{\sqrt{3}}(1,1,1) = \sqrt{3}\frac{\sigma_1 + \sigma_2 + \sigma_3}{3}$$
$$= \sqrt{3}\sigma_h = \sqrt{3}\frac{I_1}{3}$$

   - El vector $\overrightarrow{OQ}$ se obtiene de multiplicar el módulo por el vector unitario en la dirección normal:

$$\overrightarrow{OQ} = OQ \cdot \vec{n} = \frac{OQ}{\sqrt{3}}(1,1,1) = \frac{I_1}{3}(1,1,1)$$

Apéndice A. Tensores

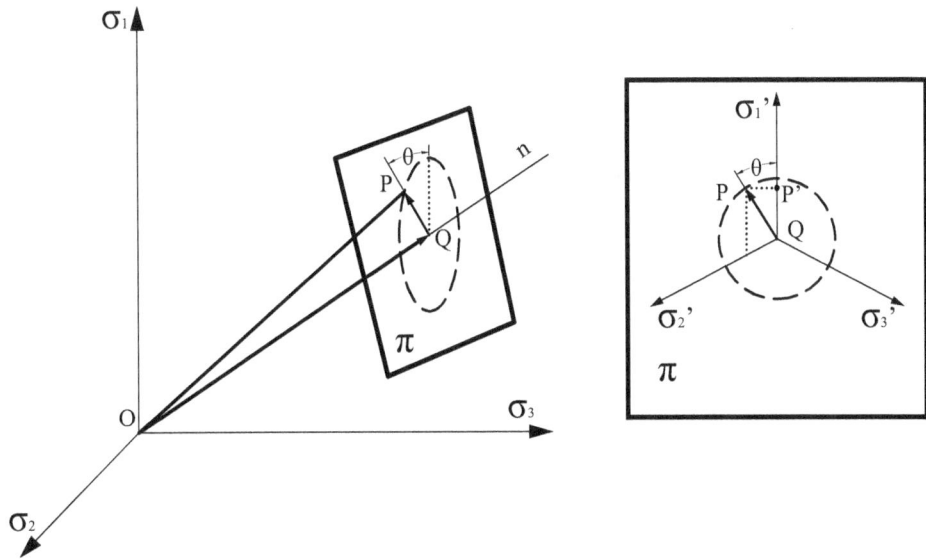

Figura A.1: Tensiones principales proyectadas sobre un plano octaédrico normal al eje hidrostático

- Las componentes del vector $\overrightarrow{QP}$ respecto del sistema de referencia $\sigma_1'\sigma_2'\sigma_3'$ son:

$$\overrightarrow{QP} = (\sigma_1', \sigma_2', \sigma_3')$$

- La distancia $\overline{QP}$ se obtiene a partir de la norma del vector:

$$|\overline{QP}| = \sqrt{\sigma_1'^2 + \sigma_2'^2 + \sigma_3'^2}$$

Por otra parte:

$$(\sigma_1' + \sigma_2' + \sigma_3')^2 = \sigma_1'^2 + \sigma_2'^2 + \sigma_3'^2 + 2\sigma_1'\sigma_2' + 2\sigma_1'\sigma_3' + 2\sigma_2'\sigma_3'$$
$$J_1^2 = \sigma_1'^2 + \sigma_2'^2 + \sigma_3'^2 + 2(\sigma_1'\sigma_2' + \sigma_1'\sigma_3' + \sigma_2'\sigma_3')$$
$$0 = |\overline{QP}|^2 + 2J_2$$
$$|\overline{QP}| = \sqrt{2J_2}$$

Donde J_2 es el segundo invariante del tensor de distorsión.

- El ángulo θ (ángulo de Lode) se obtiene de la relación siguiente:

$$|\overline{QP'}| = |\overline{QP}|\cos(\theta)$$
$$\cos(\theta) = \frac{|\overline{QP'}|}{|\overline{QP}|} \tag{A.1}$$

Por otra parte el segmento $|\overline{QP'}|$ se puede obtener del producto escalar del vector $\overrightarrow{QP}$ con el vector $\vec{u}$ que representa el eje σ_1' visto desde el sistema de referencia

$\sigma_1\sigma_2\sigma_3$:

$$|\overline{QP}| = \overrightarrow{QP} \cdot \vec{u}$$

Este versor se determina por dos condiciones:

- El versor $\vec{u}$ es perpendicular al vector $\vec{n}$ porque está contenido en el plano π. Por eso el producto escalar $\vec{n}\cdot\vec{u} = 0$. Expresado el vector $\vec{u}$ algebraicamente tendremos:

$$\vec{u} = \frac{(a,b,c)}{\sqrt{a^2+b^2+c^2}}$$

Haciendo el producto escalar:

$$\vec{n}\cdot\vec{u} = \frac{(a,b,c)}{\sqrt{a^2+b^2+c^2}} \cdot \frac{1}{\sqrt{3}}(1,1,1) = \frac{(a+b+c)}{\sqrt{3}\sqrt{a^2+b^2+c^2}} = 0$$

$$a+b+c = 0$$

- El versor $\vec{u}$ está contenido en el plano perpendicular al plano $\sigma_2\sigma_3$ que contiene el vector $\overrightarrow{OQ}$. Por este motivo la proyección de $\overrightarrow{OQ} = \overline{OQ}\cdot\vec{n}$ sobre el plano $\sigma_2 - \sigma_3$ y la de $\vec{u}$ sobre el mismo plano tendrán la misma dirección. La proyección unitaria de $\vec{n}$ sobre el plano $\sigma_2\sigma_3$ es $\vec{n}_{|\sigma_2\sigma_3} = \frac{(0,1,1)}{\sqrt{2}}$. La proyección del vector $\vec{u}$ sobre el plano $\sigma_2\sigma_3$, definido por los vectores (0 1 0) y (0 0 1) és:

$$\vec{u}_{|\sigma_2\sigma_3} = \frac{\vec{j}\cdot\vec{u}}{\vec{j}\cdot\vec{j}}\vec{j} + \frac{\vec{k}\cdot\vec{u}}{\vec{k}\cdot\vec{k}}\vec{k} = \frac{(0,1,0)\cdot(a,b,c)}{(0,1,0)\cdot(0,1,0)}(0,1,0)+$$

$$+ \frac{(0,0,1)\cdot(a,b,c)}{(0,0,1)\cdot(0,0,1)}(0,0,1) = (0,b,0) + (0,0,c) = (0,b,c)$$

Como $\vec{n}_{|\sigma_2\sigma_3}$ y $\vec{u}_{|\sigma_2\sigma_3}$ tienen la misma dirección b=c. Sustituyendo esta relación en 7 tenemos:

$$a+2b = 0$$
$$a = -2b$$

Asignando b =-1 y empleando 7 tenemos:

$$\vec{u} = \frac{(2,-1,-1)}{\sqrt{2^2+1^2+1^2}} = \frac{(2,-1,-1)}{\sqrt{6}}$$

Empleando el mismo procedimiento se obtienen los otros dos versores:

$$\vec{v} = \frac{(-1,2,-1)}{\sqrt{6}}$$
$$\vec{w} = \frac{(-1,-1,2)}{\sqrt{6}}$$

Los versores $\vec{u},\vec{v},\vec{w}$ representan los tres versores $\vec{i},\vec{j},\vec{k}$ de sistema de referencia desviador $\sigma_1'\sigma_2'\sigma_3'$ vistos (o proyectados) de del sistema de referencia $\sigma_1\sigma_2\sigma_3$.

Empleando 7 y 7:

$$|\overline{QP}| = (\sigma_1', \sigma_2', \sigma_3') \cdot \frac{(-2,1,1)}{\sqrt{6}} = \frac{-2\sigma_1' + \sigma_2' + \sigma_3'}{\sqrt{6}}$$

$$= \frac{-3\sigma_1' + (\sigma_1' + \sigma_2' + \sigma_3')}{\sqrt{6}} = \frac{3}{\sqrt{6}}\sigma_1' = \sqrt{\frac{3}{2}}\sigma_1'$$

Sustituyendo en A.1:

$$\cos(\theta) = \frac{\sqrt{3}}{2}\frac{\sigma_1'}{\sqrt{J_2}}$$

Empleando la relación $\cos(3\theta) = 4\cos^3(\theta) - 3\cos(\theta)$

$$\cos(3\theta) = 4\frac{3\sqrt{3}}{8}\frac{\sigma_1'^3}{J_2^{3/2}} - \frac{3\sqrt{3}}{2}\frac{\sigma_1'}{\sqrt{J_2}} = \frac{3\sqrt{3}}{2}\frac{\sigma_1'}{J_2^{3/2}}(\sigma_1'^2 + J_2)$$

$$= \frac{3\sqrt{3}}{2}\frac{\sigma_1'}{J_2^{3/2}}(\sigma_1'\sigma_1' + \sigma_1'\sigma_2' + \sigma_1'\sigma_3' + \sigma_2'\sigma_3') =$$

$$= \frac{3\sqrt{3}}{2}\frac{\sigma_1'}{J_2^{3/2}}(\sigma_1'(\sigma_1' + \sigma_2' + \sigma_3') + \sigma_2'\sigma_3') =$$

$$= \frac{3\sqrt{3}}{2}\frac{\sigma_1'\sigma_2'\sigma_3'}{J_2^{3/2}} = \frac{3\sqrt{3}}{2}\frac{J_3'}{J_2^{3/2}}$$

Despejando θ tenemos:

$$\theta = \frac{1}{3}\cos^{-1}\left(\frac{3\sqrt{3}}{2}\frac{J_3}{J_2^{3/2}}\right)$$

- Finalmente obtenemos la dirección del vector $\overrightarrow{QP}$ respecto del sistema de referencia $\sigma_1, \sigma_2, \sigma_3$. El vector $\overrightarrow{QP}$ se puede expresar como:

$$\overrightarrow{QP} = |\overline{QP}|\vec{\rho}$$

Donde ρ es un vector unitario que tiene la misma dirección que $\overrightarrow{QP}$. La dirección de $\overrightarrow{QP}$ se conoce cuando se determinan las componentes de ρ. Para determinarlas haremos uso del producto escalar entre estos y los versores $\vec{u}, \vec{v}, \vec{w}$:

$$\vec{\rho} \cdot \vec{u} = |\rho||u|\cos(\theta) = \cos(\theta)$$

$$\vec{\rho} \cdot \vec{v} = \cos\left(\theta - \frac{3\pi}{2}\right)$$

$$\vec{\rho} \cdot \vec{w} = \cos\left(\theta + \frac{3\pi}{2}\right)$$

Por otra parte, el vector $\vec{\rho}$ también es normal a $\vec{n}$ por tanto:

$$\vec{\rho} \cdot \vec{n} = 0$$

Apéndice A. Tensores

Expresando $\vec{\rho} = (\rho_1, \rho_2, \rho_3)$ y desarrollando los productos tenemos:

$$(\rho_1, \rho_2, \rho_3) \cdot \frac{(2, -1, -1)}{\sqrt{6}} = \frac{2\rho_1 - \rho_2 - \rho_3}{\sqrt{6}} = \cos(\theta)$$

$$(\rho_1, \rho_2, \rho_3) \cdot \frac{(-1, 2, -1)}{\sqrt{6}} = \frac{-\rho_1 + 2\rho_2 - \rho_3}{\sqrt{6}} = \cos\left(\theta - \frac{3\pi}{2}\right)$$

$$(\rho_1, \rho_2, \rho_3) \cdot \frac{(-1, -1, 2)}{\sqrt{6}} = \frac{-\rho_1 - \rho_2 + 2\rho_3}{\sqrt{6}} = \cos\left(\theta + \frac{3\pi}{2}\right)$$

$$(\rho_1, \rho_2, \rho_3) \cdot \frac{(1, 1, 1)}{\sqrt{3}} = \frac{\rho_1 + \rho_2 + \rho_3}{\sqrt{3}} = 0$$

Separando términos:

$$2\rho_1 - (\rho_2 + \rho_3) = \sqrt{6}\cos(\theta)$$

$$2\rho_2 - (\rho_1 + \rho_3) = \sqrt{6}\cos\left(\theta - \frac{3\pi}{2}\right)$$

$$2\rho_3 - (\rho_1 + \rho_2) = \sqrt{6}\cos\left(\theta + \frac{3\pi}{2}\right)$$

$$\rho_1 = -(\rho_2 + \rho_3)$$

Sustituyendo la cuarta en la primera:

$$2\rho_1 + \rho_1 = 3\rho_1 = \sqrt{6}\cos(\theta)$$

$$\rho_1 = \frac{\sqrt{6}}{3}\cos(\theta) = \sqrt{\frac{2}{3}}\cos(\theta)$$

Con este mismo razonamiento:

$$\rho_2 = \sqrt{\frac{2}{3}}\cos\left(\theta - \frac{3\pi}{2}\right)$$

$$\rho_3 = \sqrt{\frac{2}{3}}\cos\left(\theta + \frac{3\pi}{2}\right)$$

La dirección del vector $\overrightarrow{QP}$ puede expresarse como.

$$\vec{\rho} = \sqrt{\frac{2}{3}} \begin{bmatrix} \cos(\theta) \\ \cos\left(\theta - \frac{2\pi}{3}\right) \\ \cos\left(\theta + \frac{2\pi}{3}\right) \end{bmatrix} = \sqrt{\frac{2}{3}} \begin{bmatrix} \cos(\theta) \\ \cos\left(\theta - \frac{2\pi}{3}\right) \\ \cos\left(\theta + \frac{2\pi}{3}\right) \end{bmatrix}$$

- El vector $\overrightarrow{QP}$ puede expresarse como:

$$\overrightarrow{QP} = |\overrightarrow{QP}|\,\vec{\rho} = \sqrt{2J_2}\sqrt{\frac{2}{3}}\begin{bmatrix} \cos(\theta) \\ \cos\left(\theta - \frac{2\pi}{3}\right) \\ \cos\left(\theta + \frac{2\pi}{3}\right) \end{bmatrix} = 2\sqrt{\frac{J_2}{3}}\begin{bmatrix} \cos(\theta) \\ \cos\left(\theta - \frac{2\pi}{3}\right) \\ \cos\left(\theta + \frac{2\pi}{3}\right) \end{bmatrix}$$

8. Finalmente, el vector de tensiones principales $\overrightarrow{OP}$ podrá expresarse como la suma de los dos anteriores. $\overrightarrow{OP} = \overrightarrow{OQ} + \overrightarrow{QP}$. Sustituyendo los últimos tenemos:

$$\begin{bmatrix} \sigma_1 \\ \sigma_2 \\ \sigma_3 \end{bmatrix} = \frac{I_1}{3}\begin{bmatrix} 1 \\ 1 \\ 1 \end{bmatrix} + 2\sqrt{\frac{J_2}{3}}\begin{bmatrix} \cos(\theta) \\ \cos\left(\theta - \frac{2\pi}{3}\right) \\ \cos\left(\theta + \frac{2\pi}{3}\right) \end{bmatrix}$$

Apéndice A. Tensores

B

Formulario de Diseño de Máquinas

Tabla B.1: Tipos de esfuerzos fundamentales

Tipos de esfuerzos	Tensión	Deformación
Tracción:	$\sigma_x = \dfrac{P}{A}$	$\delta = \dfrac{PL}{AE}$
Compresión:	$\sigma_x = \dfrac{P}{A} \leq \sigma_{\text{crítica}}$ [1]	$\delta = \dfrac{PL}{AE}$
Cortante:	$\tau_{xy} = \dfrac{P}{S}$	
Flexión:	Tensión de Navier: $\sigma_x = \dfrac{M_y}{W_y} + \dfrac{M_z}{W_z}$ Tensión de Collignon: $\tau_{xy_{\text{máx}}} = k\dfrac{V}{A}$	$\delta = \iint \dfrac{M(x)\,dx}{EI}$
Torsión:	$\tau_{xz} = \dfrac{T}{W_0}$	$\theta = \dfrac{TL}{K_\theta G}$

Tabla B.2: Propiedades geométricas de las secciones más comunes

Tipo de sección	Área (A)	Tensión cortante de flexión	Inercia (I)	Módulo resistente a flexión (W)	Módulo resistente polar (W_0)	Factor de rigidez torsional (K_θ)
Círculo macizo	$A = \dfrac{\pi d^2}{4}$	$\tau_{\text{máx}} = \dfrac{4V}{3A}$	$I_{yy} = I_{zz} = \dfrac{\pi d^4}{64}$	$W_y = W_z = \dfrac{\pi d^3}{32}$	$W_0 = \dfrac{\pi d^3}{16}$	$K_\theta = \dfrac{\pi d^4}{32}$
Círculo hueco	$A = \dfrac{\pi}{4}\left(d^2 - d_1^2\right)$	$\tau_{\text{máx}} = \dfrac{2V}{A}$	$I_{yy} = \dfrac{\pi}{64}\left(d^4 - d_1^4\right)$ $I_{zz} = I_{yy}$	$W_y = \dfrac{\pi}{32}\dfrac{\left(d^4 - d_1^4\right)}{d}$ $W_z = W_y$	$W_0 = \dfrac{\pi}{16}\dfrac{\left(d^4 - d_1^4\right)}{d}$	$K_\theta = \dfrac{\pi}{32}\left(d^4 - d_1^4\right)$
Círculo delgado	$A = \pi d e$		$I_{yy} = \dfrac{\pi d^3 e}{8}$ $I_{zz} = I_{yy}$	$W_y = \dfrac{\pi d^2 e}{4}$ $W_z = W_y$	$W_0 = 2eA = 2\pi d e^2$	$K_\theta = 4\pi d e^3$
Elipse maciza	$A = \pi a b$	$\tau_{\text{máx}} = \dfrac{4V}{3A}$	$I_{yy} = \dfrac{\pi}{4} a b^3$ $I_{zz} = \dfrac{\pi}{4} a^3 b$	$W_y = \dfrac{\pi}{4} a b^2$ $W_z = \dfrac{\pi}{4} a^2 b$	$W_0 = \dfrac{\pi a b^2}{2}$	$K_\theta = \dfrac{\pi a^3 b^3}{a^2 + b^2}$
Elipse hueca	$A = \pi(ab - a_1 b_1)$		$I_{yy} = \dfrac{\pi}{4}\left(ab^3 - a_1 b_1^3\right)$ $I_{zz} = \dfrac{\pi}{4}\left(a^3 b - a_1^3 b_1\right)$	$W_y = \dfrac{\pi}{4b}\left(ab^3 - a_1 b_1^3\right)$ $W_z = \dfrac{\pi}{4a}\left(a^3 b - a_1^3 b_1\right)$	$W_0 = \dfrac{\pi a b^2}{2}\left[1 - \left(\dfrac{a_1}{a}\right)^4\right]$	$K_\theta = \dfrac{\pi a^3 b^3}{a^2 + b^2}\left[1 - \left(\dfrac{a_1}{a}\right)^4\right]$

Tabla B.3: Propiedades geométricas de las secciones más comunes

Tipo de sección	Área (A)	Tensión cortante de flexión	Inercia (I)	Módulo resistente a flexión (W)	Módulo resistente polar (W_0)	Factor de rigidez torsional (K_θ)
	$A = bh$	$\tau_{\text{máx}} = \dfrac{3V}{2A}$	$I_{yy} = \dfrac{b^3 h}{12}$ $I_{zz} = \dfrac{bh^3}{12}$	$W_y = \dfrac{b^2 h}{6}$ $W_z = \dfrac{bh^2}{6}$	$W_0 = \dfrac{hb^2}{3 + 1{,}8b/h}$	$K_\theta = \dfrac{hb^3}{2{,}9 + 3{,}3b/h}$
	$A = 2e h_e b_e$ $h_e = h - e$ $b_e = b - e$	$\tau_{\text{máx}} = \dfrac{V}{A_{\text{ánima}}}$	$I_{yy} = \dfrac{hb^3 - h_1 b_1^3}{12}$ $I_{zz} = \dfrac{bh^3 - b_1 h_1^3}{12}$ $b_1 = b - 2e$ $h_1 = h - 2e$	$W_y = \dfrac{hb^3 - h_1 b_1^3}{6b}$ $W_z = \dfrac{bh^3 - b_1 h_1^3}{6h}$	$W_0 = 2e h_e b_e$	$K_\theta = \dfrac{2 e h_e^2 b_e^2}{h_e b_e}$
	$A = 2b e_1 + e h_1$	$\tau_{\text{máx}} = \dfrac{V}{A_{\text{ánima}}}$	$I_{yy} = \dfrac{2 e_1 b^3 + h_1 e^3}{12}$ $I_{zz} = \dfrac{bh^3 - b_1 h_1^3}{12}$ $b_1 = b - e$	$W_y = \dfrac{2 e_1 b^3 + h_1 e^3}{6b}$ $W_z = \dfrac{bh^3 - b_1 h_1^3}{6h}$	$W_0 = \dfrac{h e^3 + 2 b e_1^3}{3 e_1}$	$K_\theta = \dfrac{h e^3 + 2 b e_1^3}{3}$
	$A = 2h e + b_1 e_1$ $y_G = \dfrac{2h^2 e + b_1 e_1^2}{2A}$	$\tau_{\text{máx}} = \dfrac{V}{A_{\text{ánima}}}$	$I_{yy} = \dfrac{hb^3 - h_1 b_1^3}{12}$ $I_{zz} = \dfrac{2 e h^3 + b_1 e_1 - A y_G^2}{3}$	$W_y = \dfrac{hb^3 - h_1 b_1^3}{6b}$ $W_z = \dfrac{2 e h^3 + b_1 e_1 - A y_G^2}{3(h - y_G)}$	$W_0 = \dfrac{b_1 e_1^3 + 2 h e^3}{3e}$	$K_\theta = \dfrac{b_1 e_1^3 + 2 h e^3}{3}$

Tabla B.4: Propiedades geométricas de las secciones más comunes

Tipo de sección	Área (A)	Tensión cortante de flexión	Inercia (I)	Módulo resistente a flexión (W)	Módulo resistente polar (W_0)	Factor de rigidez torsional (K_θ)
(elipse hueca)	$A = \pi(ab - a_1 b_1)$				$W_0 = 2\pi e \left(a - \frac{1}{2}e\right)\left(b - \frac{1}{2}e\right)$	$K_\theta = \dfrac{4\pi^2 e \left[\left(a - \frac{1}{2}e\right)^2 \left(b - \frac{1}{2}e\right)\right]^2}{U}$
(triángulo)	$A = \dfrac{bh}{2}$	$\tau_{\text{máx}} = \dfrac{4V}{3A}$	$I_{yy} = \dfrac{b^3 h}{36}$ $I_{zz} = \dfrac{bh^3}{36}$	$W_y = \dfrac{b^2 h}{12}$ $W_z = \dfrac{bh^2}{12}$	$W_0 = \dfrac{K_\theta}{b\left[0{,}200 + 0{,}309 a/b - 0{,}0418\,(a/b)^2\right]}$ $\frac{2}{3} < h/b < \sqrt{3}$	$\frac{2}{3} < h/b < \sqrt{3}$ $K_\theta = \dfrac{a^3 b^3}{15a^2 + 20b^2}$

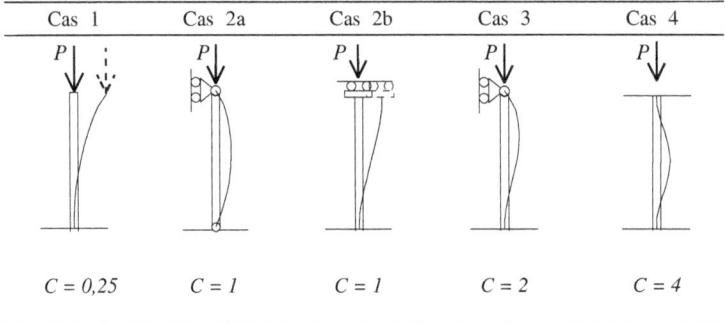

Figura B.1: Coeficientes de pandeo

Tabla B.5: Tensión crítica de pandeo

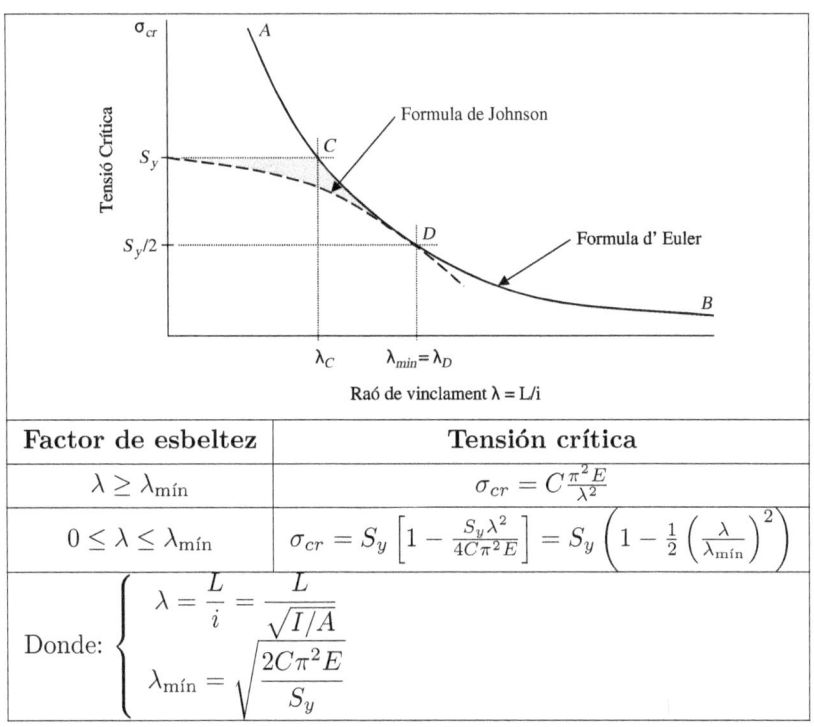

Factor de esbeltez	Tensión crítica
$\lambda \geq \lambda_{\text{mín}}$	$\sigma_{cr} = C\dfrac{\pi^2 E}{\lambda^2}$
$0 \leq \lambda \leq \lambda_{\text{mín}}$	$\sigma_{cr} = S_y \left[1 - \dfrac{S_y \lambda^2}{4C\pi^2 E}\right] = S_y \left(1 - \dfrac{1}{2}\left(\dfrac{\lambda}{\lambda_{\text{mín}}}\right)^2\right)$
Donde: $\begin{cases} \lambda = \dfrac{L}{i} = \dfrac{L}{\sqrt{I/A}} \\ \lambda_{\text{mín}} = \sqrt{\dfrac{2C\pi^2 E}{S_y}} \end{cases}$	

Apéndice B. Formulario de Diseño de Máquinas

1. Cálculo de las tensiones principales:

$$\sigma_1 = \frac{I_1}{3} + 2\sqrt{\frac{J_2}{3}} \cos \theta$$

$$\sigma_2 = \frac{I_1}{3} + 2\sqrt{\frac{J_2}{3}} \cos \left(\theta - \frac{2\pi}{3} \right)$$

$$\sigma_3 = \frac{I_1}{3} + 2\sqrt{\frac{J_2}{3}} \cos \left(\theta + \frac{2\pi}{3} \right)$$

Donde:

$$I_1 = \sigma_x + \sigma_y + \sigma_z$$
$$I_2 = \sigma_y \sigma_x + \sigma_z \sigma_x + \sigma_y \sigma_z - \tau_{xy}^2 - \tau_{xz}^2 - \tau_{yz}^2 =$$
$$I_3 = |\mathbf{T}|$$
$$J_2 = \frac{I_1^2}{3} - I_2$$
$$J_3 = 2\left(\frac{I_1}{3}\right)^3 - \frac{I_1 I_2}{3} + I_3$$
$$\theta = \frac{1}{3}\cos^{-1}\left(\frac{3\sqrt{3}}{2} \frac{J_3}{J_2^{3/2}}\right)$$

2. Teorías de fallo:

   a) Teorías para materiales dúctiles:

   1) Teoría del esfuerzo cortante máxima (Tresca):

   $$\sigma_{eq} = \frac{|\sigma_1 - \sigma_2| + |\sigma_2 - \sigma_3| + |\sigma_3 - \sigma_1|}{2}$$

   2) Teoría de la energía de distorsión (Von Mises):

   $$\sigma_{eq} = \sqrt{\frac{(\sigma_1 - \sigma_2)^2 + (\sigma_1 - \sigma_3)^2 + (\sigma_2 - \sigma_3)^2}{2}} =$$
   $$= \sqrt{\sigma_1^2 + \sigma_2^2 + \sigma_3^2 - (\sigma_1 \sigma_2 + \sigma_1 \sigma_3 + \sigma_2 \sigma_3)} =$$
   $$= \sqrt{\frac{(\sigma_1 - \sigma_2)^2 + (\sigma_1 - \sigma_3)^2 + (\sigma_2 - \sigma_3)^2}{2}} =$$
   $$= \sqrt{\frac{(\sigma_x - \sigma_y)^2 + (\sigma_x - \sigma_z)^2 + (\sigma_y - \sigma_z)^2 + 6\left(\tau_{xy}^2 + \tau_{xz}^2 + \tau_{yz}^2\right)}{2}}$$

3) Teoría de Coulomb-Mohr:

$$C_1 \geq \frac{1}{2}\left[\left[1 - \frac{S_{yt}}{S_{yc}}\right](\sigma_1 + \sigma_2) + \left[1 + \frac{S_{yt}}{S_{yc}}\right]|\sigma_1 - \sigma_2|\right]$$

$$C_2 \geq \frac{1}{2}\left[\left[1 - \frac{S_{yt}}{S_{yc}}\right](\sigma_1 + \sigma_3) + \left[1 + \frac{S_{yt}}{S_{yc}}\right]|\sigma_1 - \sigma_3|\right]$$

$$C_3 \geq \frac{1}{2}\left[\left[1 - \frac{S_{yt}}{S_{yc}}\right](\sigma_2 + \sigma_3) + \left[1 + \frac{S_{yt}}{S_{yc}}\right]|\sigma_2 - \sigma_3|\right]$$

$$\sigma_{eq} = \text{máx}\,(\sigma_1, \sigma_2, \sigma_3, C_1, C_2, C_3) \leq \frac{S_{yt}}{n}$$

b) Teorías para materiales frágiles. Teoría de Coulomb-Mohr modificada.

$$C_1 \geq \frac{1}{2}\left[|\sigma_1 - \sigma_2| + \left(1 - \frac{2S_{ut}}{S_{uc}}\right)(\sigma_1 + \sigma_2)\right]$$

$$C_2 \geq \frac{1}{2}\left[|\sigma_1 - \sigma_3| + \left(1 - \frac{2S_{ut}}{S_{uc}}\right)(\sigma_1 + \sigma_3)\right]$$

$$C_3 \geq \frac{1}{2}\left[|\sigma_2 - \sigma_3| + \left(1 - \frac{2S_{ut}}{S_{uc}}\right)(\sigma_2 + \sigma_3)\right]$$

$$\sigma_{eq} = \text{máx}\,(\sigma_1, \sigma_2, \sigma_3, C_1, C_2, C_3) \leq \frac{S_{ut}}{n}$$

3. Fatiga

   a) Evolución temporal de las tensiones. Componentes de tensión.

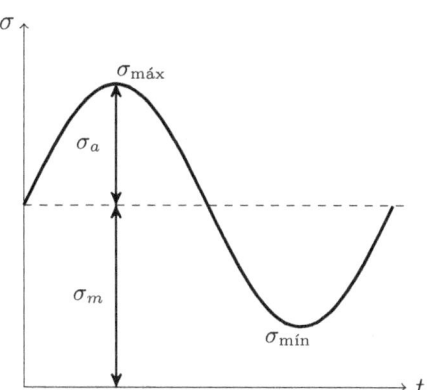

Tensión media: $\sigma_m = \dfrac{\sigma_{\text{máx}} + \sigma_{\text{mín}}}{2}$

Tensión alternante: $\sigma_a = \dfrac{\sigma_{\text{máx}} - \sigma_{\text{mín}}}{2}$

b) Concentración de tensiones a la fatiga: K_f
   - Constante de Neuber

$$\sqrt{a} = \begin{cases} -0{,}32865 + 34{,}5452\, S_{ut}^{-0{,}60977} & \text{para el acero} \\ -0{,}29486 + 77{,}4708\, S_{ut}^{-0{,}78374} & \text{para el aluminio recocido} \\ 0{,}0634 + 101{,}97946\, S_{ut}^{-0{,}81409} & \text{para el aluminio endurecido} \end{cases}$$

- Sensibilidad a la entalla (ecuación de Kuhn-Hadrath):

$$q = \frac{1}{1 + \frac{\sqrt{a}}{\sqrt{r}}}$$

- Factores de concentración de tensiones a la fatiga (ecuación de Neuber):

$$K_f = 1 + q(K_t - 1)$$

c) Límite de resistencia a la fatiga:
- Límite de resistencia a la fatiga estándar:
    - Para el acero: $S'_e \begin{cases} = 0{,}504 S_{ut} & \text{si } S_{ut} \leq 1400 \text{ MPa} \\ \approx 700 \text{ MPa} & \text{si } S_{ut} > 1400 \text{ MPa} \end{cases}$
    - Para el hierro: $S'_e \begin{cases} = 0{,}4 S_{ut} & \text{si } S_{ut} \leq 400 \text{ MPa} \\ \approx 160 \text{ MPa} & \text{si } S_{ut} > 400 \text{ MPa} \end{cases}$
    - Límite de fatiga del aluminio $5 \cdot 10^8$ ciclos:
    $S_{f_{5 \cdot 10^8}}' \begin{cases} = 0{,}4 S_{ut} & \text{si } S_{ut} \leq 330 \text{ MPa} \\ \approx 130 \text{ MPa} & \text{si } S_{ut} > 330 \text{ MPa} \end{cases}$
    - Límite de fatiga de aleaciones de cobre para $5 \cdot 10^8$ ciclos:
    $S_{f_{5 \cdot 10^8}}' \begin{cases} = 0{,}4 S_{ut} & \text{si } S_{ut} \leq 280 \text{ MPa} \\ \approx 100 \text{ MPa} & \text{si } S_{ut} > 280 \text{ MPa} \end{cases}$
- Factor de acabado $C_{\text{acabado}} = a S_{ut}^b$
Donde los factores a y b se eligen de la tabla B.6:

Tabla B.6: Factores a y b para el factor de acabado

Proceso de fabricación	a (MPa)	b
Rectificado (de N6 a N5)	1,58	-0,085
Mecanizado o laminado en frio (de N9 a N7)	4,51	-0.265
Laminado en caliente (N10)	57,7	-0,718
Forja, fundición (N12)	272,0	-0,995

- Factor de tamaño:

$$C_{\text{acabado}} = \begin{cases} 1 & \text{si } d \leq 8 \text{ mm} \\ 1{,}189 d^{-0{,}097} & \text{si } 8 \text{ mm} < d \leq 250 \text{ mm} \\ 1 & \text{Para secciones cargadas axialmente} \end{cases}$$

Cálculo del diámetro equivalente:

$$d_{\text{equivalente}} = \sqrt{\frac{A_{95}}{0{,}0766}}$$

Donde A_{95} se elige de la Tabla B.7:
- Factor de carga: $C_{\text{carga}} = \alpha \bar{S}_{ut}^{\beta}$ Donde α y β se eligen de la Tabla B.8:
- Factor de confiabilidad: Se elige de la tabla B.9

Tabla B.7: Diámetro equivalente para diferentes geometrías

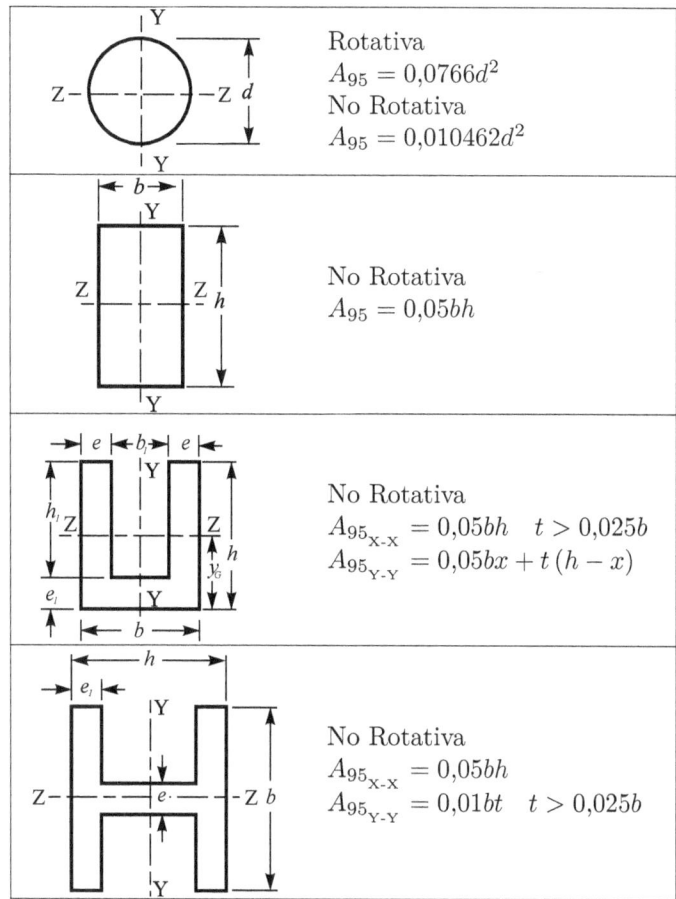

Rotativa $A_{95} = 0{,}0766 d^2$ No Rotativa $A_{95} = 0{,}010462 d^2$	
No Rotativa $A_{95} = 0{,}05 bh$	
No Rotativa $A_{95_{X\text{-}X}} = 0{,}05 bh \quad t > 0{,}025 b$ $A_{95_{Y\text{-}Y}} = 0{,}05 bx + t(h-x)$	
No Rotativa $A_{95_{X\text{-}X}} = 0{,}05 bh$ $A_{95_{Y\text{-}Y}} = 0{,}01 bt \quad t > 0{,}025 b$	

Tabla B.8: Factores α y β para el factor de carga

Carga	α	β	Media
Flexión, compresión y torsión	1	0	1
Tracción	1,43	-0,078	0,85

Tabla B.9: Factores de confiabilidad

Confiabilidad	$C_{\text{confiabilidad}}$
50 %	1,00
90 %	0,897
95 %	0,868
99 %	0,814
99,90 %	0,753
99,99 %	0,702
99,999 %	0,659
99,9999 %	0,620

- Factor de temperatura:

$$C_{\text{temperatura}} = \begin{cases} 1 & \text{si } 0 < T < 450°C \\ 1 - 0{,}0058\,(T - 450) & \text{si } 450°C < T < 550°C \end{cases}$$

- Límite de resistencia a la fatiga corregido:

$$S_e = C_{\text{acabado}} C_{\text{tamaño}} C_{\text{carga}} C_{\text{confiabilidad}} C_{\text{temperatura}} C_{\text{otros}} S_e'$$

- Límite de resistencia a la fatiga corregido por concentradores de tensión (solo para materiales dúctiles):

$$S_{e_K} = \frac{S_e}{K_f}$$

d) Teorías de falla para fatiga.
- Cálculo del coeficiente de seguridad a la fatiga:
  - Teoría de Goodman:
  $$\begin{cases} \dfrac{\sigma_a}{S_e} + \dfrac{\sigma_m}{S_{ut}} \leq \dfrac{1}{n_e} & \sigma_m \geq 0 \\ \dfrac{\sigma_a}{S_e} \leq \dfrac{1}{n_e} & \sigma_m < 0 \end{cases}$$

  - Teoría de Goodman modificada:
  $$\left.\begin{aligned} \frac{\sigma_a}{S_e} + \frac{\sigma_m}{S_{ut}} &= \frac{1}{n_{f_1}} \\ \frac{\sigma_a}{S_y} + \frac{\sigma_m}{S_y} &= \frac{1}{n_{f_2}} \end{aligned}\right\} n_e = \min\,(n_{f_1}, n_{f_2})$$

  - Teoría de Gerber: $\dfrac{n_e \sigma_a}{S_e} + \left(\dfrac{n_e \sigma_m}{S_{ut}}\right)^2 = 1$

  - Teoría de la elipse de ASME: $\left(\dfrac{\sigma_a}{S_e}\right)^2 + \left(\dfrac{\sigma_m}{S_{ut}}\right)^2 = \dfrac{1}{n_e^2}$

- Tensión alternante equivalente:
  - Según la teoría de Goodman: $\sigma_{a_0} = \dfrac{\sigma_a}{1 - \dfrac{\sigma_m}{S_{ut}}}$

- Según la teoría de la elipse de ASME: $\sigma_{a_0} = \dfrac{\sigma_a}{\sqrt{1-\left(\dfrac{\sigma_m}{S_{ut}}\right)^2}}$

- Determinación del número de ciclos hasta la rotura si la vida es limitada ($n_f<1$):

$$N_{\text{rotura}} = N_1 \left[\dfrac{S_1}{\sigma_{a_0}}\right]^{\left[\dfrac{\log \frac{N_2}{N_1}}{\log \frac{S_1}{S_2}}\right]}$$

Donde:

N_1: suelen ser 1000 ciclos.

N_2: suelen ser 10^6 ciclos para materiales con límite de resistencia a la fatiga. Para materiales con límite de fatiga corresponde a los ciclos para los cuales se define este límite.

$S_1: = \begin{cases} 0{,}9 S_{ut} & \text{flexión} \\ 0{,}75 S_{ut} & \text{axial} \\ 0{,}72 S_{ut} & \text{torsión} \end{cases}$

$S_2 = S_{e_K}$ o $S_2 = S_f$: es el límite de resistencia a la fatiga

- Modificación del límite de resistencia a la fatiga por sobrecarga:

$$S_e^* = S_1 \left[\dfrac{S_1}{\sigma_{a_0}}\right]^{\left[\dfrac{\log\left[\frac{N_1}{N_2}\right]}{\log\left[\frac{N_{\text{restantes}}}{N_1}\right]}\right]}$$

Donde:

N^*: es el número de ciclos de sobrecarga.

N_{rotura}: es la duración hasta la fractura trabajando al nivel de carga establecido.

$N_{\text{restantes}} = N_{\text{rotura}} - N^*$: es el número de ciclos restantes hasta la rotura transcurridos N^* ciclos.

- Tensión alternante pura máxima a fin de asegurar una duración de N_a ciclos:

$$\sigma_{a_0} = S_1 \left[\dfrac{S_1}{S_2}\right]^{\left[\dfrac{\log \frac{N_1}{N_a}}{\log \frac{N_2}{N_1}}\right]}$$

4. Cálculo de ejes:

   a) Coeficiente de seguridad a la fluencia/rotura para un árbol sometido a tracción - flexión- torsión según la teoría de Tresca:

   $$n \leq \dfrac{S_x}{\sigma_{eq}} = \dfrac{S_x}{\dfrac{32}{\pi d^3}\sqrt{\left(M+\dfrac{Fd}{8}\right)^2 + T^2}}$$

b) Coeficiente de seguridad a la fluencia/rotura para un árbol sometido a tracción - flexión - torsión según la teoría de Von Mises:

$$n_x \leq \frac{S_{ut}}{\sigma_{eq}} = \frac{S_{ut}}{\frac{32}{\pi d^3}\sqrt{\left(M + \frac{Fd}{8}\right)^2 + \frac{3}{4}T^2}}$$

Donde:

S_x: es el límite de resistencia a la fluencia o a la rotura, según el cálculo.

F: es la carga axial

M: es el momento flector

T: es el par torsor

c) Coeficiente de seguridad a la rotura para un árbol sometido a tracción - flexión - torsión según la teoría de Mohr modificada:

$$n_u \leq \frac{S_{ut}}{\sigma_{eq}} = \frac{S_{ut}}{\frac{16}{\pi d^3}\left[M + \frac{Pd}{8} + \sqrt{\left(M + \frac{Pd}{8}\right)^2 + T^2}\right]}$$

d) Coeficiente de seguridad a la fatiga para un árbol sometido a Tracción - Flexión - Torsión según la teoría de Goodman:

$$\frac{1}{n_e} \geq \frac{32}{\pi d^3}\left[\frac{\sqrt{\left[M_m + \frac{F_m d}{8}\right]^2 + \frac{3}{4}T_m^2}}{S_{ut}} + \sqrt{\left[\frac{M_a}{S_{e_{K_{\text{flexión}}}}} + \frac{F_a d}{8 S_{e_{K_{\text{axial}}}}}\right]^2 + \frac{3}{4}\left(\frac{T_a}{S_{e_{K_{\text{torsión}}}}}\right)^2}\right]$$

Donde:

$S_{e_{K_{\text{axial}}}} = \dfrac{S_{e_{\text{axial}}}}{K_{f_{\text{axial}}}}$: es el límite de resistencia a la fatiga axial corregido por el concentrador de tensiones.

$S_{e_{K_{\text{flexión}}}} = \dfrac{S_{e_{\text{flexión}}}}{K_{f_{\text{flexión}}}}$: es el límite de resistencia a la fatiga por flexión corregido por el concentrador de tensiones.

$S_{e_{K_{\text{torsión}}}} = \dfrac{S_{e_{\text{torsión}}}}{K_{f_{\text{torsión}}}}$: es el límite de resistencia a la fatiga por torsión corregido por el concentrador de tensiones.

M_m, F_m y T_m: son las componentes media del momento flector, la carga axial y el par torsor.

M_a, F_a y T_a: son las componentes alternante del momento flector, la carga axial y el par torsor.

e) Coeficiente de seguridad a la fatiga para un árbol sometido a tracción - flexión-torsión según la teoría de la elipse de ASME:

$$n \leq \frac{\pi d^3}{32} \left[\frac{\left[M_m + \frac{F_m d}{8}\right]^2 + \frac{3}{4}T_m^2}{S_y^2} + \left[\frac{M_a}{S_{e_{K_{\text{flexión}}}}} + \frac{F_a d}{8 S_{e_{K_{\text{axial}}}}}\right]^2 + \frac{3}{4}\left(\frac{T_a}{S_{e_{K_{\text{torsión}}}}}\right)^2 \right]^{-1/2}$$

5. Cálculo de cilindros:
   a) Cilindros de pared fina (e/R <1/10).
   - Tensiones generadas: $\sigma_{\text{axial}} = \dfrac{pR}{2e}$; $\sigma_{\text{tangencial}} = \dfrac{pR}{e}$
   - Tensión equivalente según Tresca: $\sigma_{eq} \leq \dfrac{pR}{e}$
   - Tensión equivalente según Von Mises: $\sigma_{eq} = \dfrac{\sqrt{3}}{2}\dfrac{pR}{e}$
   - Coeficiente de seguridad a la fluencia según Von Mises: $n_y \leq \dfrac{S_y}{\dfrac{\sqrt{3}}{2}\dfrac{pR}{e}}$
   - Coeficiente de seguridad a la fatiga según Goodman:

   $$\frac{1}{n_e} \geq \frac{\sqrt{3}}{4}\frac{pR}{e}\left[\frac{1}{S_e} + \frac{1}{S_{ut}}\right]$$

   - Coeficiente de seguridad a la fatiga según la teoría de la elipse de ASME:

   $$\frac{1}{n_e} \geq \frac{\sqrt{3}}{4}\frac{pR}{e}\sqrt{\frac{1}{S_e^2} + \frac{1}{S_{ut}^2}}$$

   b) Cilindros de pared gruesa (e/R > 1/10).
   - Tensiones generadas:

   $$\sigma_{\text{tangencial}} = \frac{p_i r_i^2 - p_o r_o^2 + (p_i - p_o)\left(r_i^2 r_o^2 / r^2\right)}{r_o^2 - r_i^2}$$

   $$\sigma_{\text{radial}} = \frac{p_i r_i^2 - p_o r_o^2 - (p_i - p_o)\left(r_i^2 r_o^2 / r^2\right)}{r_o^2 - r_i^2}$$

   $$\sigma_{\text{axial}} = \frac{\sigma_{\text{radial}} + \sigma_{\text{tangencial}}}{2}$$

   Donde:
   r_i: es el radio interior del cilindro.
   r_o: es el radio exterior del cilindro.
   r: es el radio del cilindro en el punto que se tiene que calcular.

p_i: es la presión interior del cilindro.

p_o: es la presión exterior del cilindro.

Si la presión exterior es nula, las presiones máximas son:

$$\sigma_{\text{radial}} = -p$$

$$\sigma_{\text{tangencial}} = p\frac{1 + \left(\dfrac{r_o}{r_i}\right)^2}{\left(\dfrac{r_o}{r_i}\right)^2 - 1} = p\frac{1 + \varphi^2}{\varphi^2 - 1} = pk$$

$$\sigma_{\text{axial}} = p\frac{k-1}{2}$$

- Coeficiente de seguridad a fluencia según Von Mises:

$$n_y \leq \frac{S_y}{\sigma_{eq}} = \frac{S_y}{\dfrac{\sqrt{3}}{2}p(k+1)}$$

- Coeficiente de seguridad a la fatiga según Goodman:

$$\frac{1}{n_e} \geq \frac{\sqrt{3}}{4}p(k+1)\left[\frac{1}{S_e} + \frac{1}{S_{ut}}\right]$$

- Coeficiente de seguridad a la fatiga según la teoría de la elipse ASME:

$$\frac{1}{n_e} \geq \frac{\sqrt{3}}{4}p(k+1)\sqrt{\frac{1}{S_e^2} + \frac{1}{S_{ut}^2}}$$

6. Desgaste.

    - Ecuación de Archard I: $\dfrac{V}{L} = K\dfrac{P_n}{3H}$

      Donde:

      V: es el volumen desgastado.

      L: es la longitud recorrida.

      P_n: es la carga normal aplicada.

      H: es la dureza del material.

      K: es el coeficiente de desgaste o constante de Archard y representa la fracción entre el número de fragmentos entre en número de uniones producido. Es adimensional

    - Ecuación de Archard II: $V = k_w P_n L$
      Donde k_w es la tasa de desgaste. Se suele expresar en m^3/Nm ó m^2/N

    - Tasa de desgaste: $k_w = \dfrac{V}{P_n L} = \dfrac{K}{3H}$

7. Contacto cilíndrico:

    - Diámetro equivalente: $D_{\text{eq}} = \dfrac{1}{1/D_1 + 1/D_2}$

Tabla B.10: Constantes de Archard

Material	K
Acero sobre acero	$7 \cdot 10^{-3}$
Bronce $\alpha - /\beta -$	$6 \cdot 10^{-4}$
PTFE	$2{,}5 \cdot 10^{-5}$
Cobre-Berilio	$3{,}7 \cdot 10^{-5}$
Acero de herramientas	$1{,}3 \cdot 10^{-4}$
Acero inoxidable ferrítico	$1{,}7 \cdot 10^{-5}$
Polietileno	$1{,}3 \cdot 10^{-7}$
PMMA	$7 \cdot 10^{-6}$

- Modulo de Young equivalente: $E_{\text{eq}} = \dfrac{1}{(1 - \nu_1^2/E_1) + (1 - \nu_2^2/E_2)}$

  Donde:

  E_1, E_2: es el módulo de Young de los dos elementos en contacto.

  ν_1, ν_2: es el coeficiente de Poisson de los dos elementos en contacto.

  P_n: es la carga normal aplicada.

  E_{eq}: es el módulo de Young Equivalente.

- Dimensión de la semihuella: $a = \sqrt{\dfrac{2PD_{\text{eq}}}{\pi L E_{\text{eq}}}}$

  Donde:

  P: es la carga normal aplicada entre los dos elementos.

  D_{eq}: es el diámetro equivalente.

  E_{eq}: es el módulo elástico equivalente.

  L: es la anchura mínima de los dos cilindros.

- Presión máxima: $p_{\text{máx}} = \dfrac{2P}{\pi a L}$

- Distribución de tensiones principales

$$\sigma_1 = \sigma_x = -2\nu p_{\text{máx}} \left(\sqrt{1 + \lambda^2} - \lambda \right)$$

$$\sigma_2 = \sigma_y = -p_{\text{máx}} \left[\left(2 - \dfrac{1}{1 + \lambda^2} \right) \sqrt{1 + \lambda^2} - 2\lambda \right]$$

$$\sigma_3 = \sigma_z = -\dfrac{p_{\text{máx}}}{\sqrt{1 + \lambda^2}}$$

- Distribución de tensiones equivalentes de Von Mises:

$$\sigma_{\text{eq}} = \sqrt{\dfrac{(\sigma_1^2 - \sigma_2^2) + (\sigma_1^2 - \sigma_3^2) + (\sigma_2^2 - \sigma_3^2)}{2}}$$

$$= p_{\text{máx}} \sqrt{\dfrac{\left(1 + 2\lambda(\lambda - \sqrt{1 + \lambda^2})\right)\left((1 - 2\nu_1)^2 + 4\lambda^2(1 + (-1 + \nu_1)\nu_1)\right)}{1 + \lambda^2}}$$

- Aproximación entre cuerpos:

$$\delta = \frac{2P}{\pi L}\left[\frac{1-\nu_1}{E_1}\ln\left(\frac{D_1}{a}+0{,}407\right)+\frac{1-\nu_2}{E_2}\ln\left(\frac{D_2}{a}+0{,}407\right)\right]$$

8. Contacto esférico:

    - Dimensión de la semihuella: $a = \sqrt[3]{\dfrac{3PD_{eq}}{8E_{eq}}}$

    Donde:

    P: es la carga normal aplicada entre los dos elementos.
    D_{eq}: es el diámetro equivalente.
    E_{eq}: es el módulo elástico equivalente.

    - Presión máxima: $p_{\text{máx}} = \dfrac{3P}{\pi a^2}$
    - Distribución de tensiones principales

    $$\sigma_3 = \sigma_z = p_{\text{máx}}\left(-1 + \frac{\lambda^3}{(1+\lambda^2)^{3/2}}\right)$$

    $$\sigma_1 = \sigma_x = \sigma_2 = \sigma_y = \frac{p_{\text{máx}}}{2}\left[-(1+2\nu)+\frac{2(1+\nu)\lambda}{\sqrt{1+\lambda^2}}-\left(\frac{\lambda}{\sqrt{1+\lambda^2}}\right)^3\right]$$

    - Distribución de tensiones equivalentes de Von Mises:

    $$\sigma_{eq}(\lambda) = \sqrt{\frac{(\sigma_1^2-\sigma_2^2)+(\sigma_1^2-\sigma_3^2)+(\sigma_2^2-\sigma_3^2)}{2}} =$$
    $$= \frac{p_{\text{máx}}}{2}\left(1-2\nu+\frac{\lambda(2(1+\nu)+\lambda^2(-1+2\nu))}{(1+\lambda^2)^{2/3}}\right)$$

    - Profundidad λ a la que se encuentra la tensión equivalente máxima:

    $$\lambda = \sqrt{\frac{2(1+\nu_1)}{7-2\nu_1}} \qquad 0 < \nu_1 < 0{,}5$$

    - Aproximación entre cuerpos:

    $$\delta = \sqrt[3]{\frac{9}{8}\frac{P^2}{D_{eq}E_{eq}^2}}$$

9. Contacto de tipo general:

    - Diámetro equivalente en el plano frontal (XZ):

    $$D_x = \frac{1}{1/D_{x_1}+1/D_{x_2}}$$

- Diámetro equivalente en el plano transversal (YZ):

$$D_y = \frac{1}{1/D_{y_1} + 1/D_{y_2}}$$

- Diámetro equivalente:

$$D_{\text{eq}} = \frac{1}{1/D_x + 1/D_y}$$

- Relación de radios de curvatura:

$$\alpha_r = \frac{D_y}{D_x} \qquad \forall D_y > D_x$$

- Ratio de excentricidad:

$$k_e = \alpha_r^{2/\pi} = 25{,}69^{2/\pi}$$

- Parámetros de contacto:

$$\Psi = \frac{\pi}{2} + \left(\frac{\pi}{2} - 1\right) \ln \alpha_r$$

$$\Upsilon = 1 + \frac{\frac{\pi}{2} - 1}{\alpha_r}$$

- Dimensiones de la huella

$$a = \sqrt[3]{\frac{3k_e^2 \Upsilon}{2\pi} \frac{F D_{\text{eq}}}{E_{\text{eq}}}}$$

$$b = \sqrt[3]{\frac{3\Upsilon}{2\pi k_e} \frac{F D_{\text{eq}}}{E_{\text{eq}}}}$$

- Presión máxima: $p_{\text{máx}} = \dfrac{3P}{\pi a^2}$
- Distribución de tensiones principales

$$\sigma_3 = \sigma_z = -p_{\text{máx}}$$

$$\sigma_1 = \sigma_x = -p_{\text{máx}} \left(2\nu + (1 - 2\nu)\frac{a}{a+b}\right)$$

$$\sigma_2 = \sigma_y = -p_{\text{máx}} \left(2\nu + (1 - 2\nu)\frac{b}{a+b}\right)$$

- Tensión equivalente de Von Mises en la superficie:

$$\sigma_{\text{eq}} = p_{\text{máx}} \frac{b(2\nu - 1)}{a + b}$$

- Tensión equivalente de Von Mises máxima subsuperficial: Debe obtenerse por interpolación de $1/\alpha_r$ entre el contacto cilíndrico ($1/\alpha_r = 0$) y esférico ($1/\alpha_r = 1$).

Apéndice B. Formulario de Diseño de Máquinas

- Aproximación entre los cuerpos:

$$\delta = p_{\text{máx}} \frac{b(2\nu - 1)}{a + b}$$

10. Rodamientos.
    - Carga estática equivalente: $P_0 = X_0 F_r + Y_0 F_a$
      Donde F_r y F_a son las carga radial y axial aplicadas al rodamiento y los valores de X_0 e Y_0 se obtienen del catálogo de fabricante de rodamientos.
    - Capacidad de carga estática requerida: $C_0 \geq f_s P_0$ Donde f_s es el denominado factor de esfuerzos estáticos, que en función de las cargas aplicadas puede tomar los siguientes valores:

      f_s de 1,5 hasta 2,5 para exigencias elevadas

      f_s de 1,0 hasta 1,5 para exigencias normales

      f_s de 0,7 hasta 1,5 para exigencias reducidas
    - Carga dinámica equivalente: $P = X F_r + Y F_a$
      Donde F_r y F_a son las carga radial y axial aplicadas al rodamiento y los valores de X e Y se obtienen del catálogo de fabricante de rodamientos.
    - Capacidad de carga dinámica requerida para una duración determinada. Dimensionamiento básico:

    $$C \geq P \sqrt[p]{\frac{L_{10h} n 60}{10^6}}$$

    Donde L_{10h} es la duración en horas requerida al rodamiento, P es la carga dinámica equivalente, $p = 3$ para rodamientos de bolas y $p = 10/3$ para rodamientos de rodillos y n es la velocidad de giro del rodamiento en rpm.
    - Duración del rodamiento en función de su capacidad de carga dinámica. Dimensionamiento básico:

    $$L_{10h} = \frac{10^6 \left(\dfrac{C}{P}\right)^p}{60n}$$

11. Engranajes.
    - Cálculo geométrico:
      - Ángulo de presión transversal: $\alpha_t = \arctan\left[\dfrac{\tan \alpha_0}{\cos \beta}\right]$
      - Diámetro primitivo: $d = \dfrac{m_0 z}{\cos \beta}$
      - Diámetro de cabeza: $d_a = \left[\dfrac{z}{\cos \beta} + 2(1 + x)\right] m_0$
      - Diámetro de base: $d_b = \dfrac{z m_0}{\cos \beta} \cos \alpha$
      - Número mínimo de dientes del piñón: $z_{\text{mín}} = \dfrac{2(1 - x_1) \cos \beta}{\sin^2 \alpha_t}$
      - Ángulo mínimo de funcionamiento:

    $$\alpha_{\text{mín}} = \text{inv}\alpha_t + 2 \tan \alpha_0 \frac{x_1 + x_2}{z_1 + z_2}$$

- Distancia mínima entre centros: $a_{\text{mín}} = \dfrac{d_{b_1} + d_{b_2}}{2 \cos \alpha_{\text{mín}}}$
- Distancia de funcionamiento: a'
- Ángulo de funcionamiento: $\alpha' = \arccos\left(\dfrac{d_{b_1} + d_{b_2}}{2a'}\right)$
- Grado de recubrimiento:
  - Grado de recubrimiento lateral: $\varepsilon_\beta = \dfrac{b \sin \beta}{\pi m_0}$
  - Grado de recubrimiento frontal:

$$\varepsilon_\alpha = \dfrac{z_1 \left[\sqrt{\left(\dfrac{d_{a_1}}{d_{b_1}}\right)^2 - 1} - \tan \alpha'\right] + z_2 \left[\sqrt{\left(\dfrac{d_{a_2}}{d_{b_2}}\right)^2 - 1} - \tan \alpha'\right]}{2\pi}$$

  - Grado de recubrimiento total: $\varepsilon_r = \varepsilon_\alpha + \varepsilon_\beta$
- Deslizamiento específico del piñón y la corona:

$$g_{s_1 \text{máx}} = \dfrac{z_1 \sqrt{\left(\dfrac{d_{a_2}}{2}\right)^2 - \left(\dfrac{d_{b_2}}{2}\right)^2}}{z_2 \left[a' \sin \alpha' - \sqrt{\left(\dfrac{d_{a_2}}{2}\right)^2 - \left(\dfrac{d_{b_2}}{2}\right)^2}\right]} - 1 =$$

$$g_{s_2 \text{máx}} = \dfrac{z_2 \sqrt{\left(\dfrac{d_{a_1}}{2}\right)^2 - \left(\dfrac{d_{b_1}}{2}\right)^2}}{z_1 \left[a' \sin \alpha' - \sqrt{\left(\dfrac{d_{a_1}}{2}\right)^2 - \left(\dfrac{d_{b_1}}{2}\right)^2}\right]} - 1 =$$

- Cálculo resistente a rotura por fatiga en el pie del diente:
  - Resistencia a la fatiga en el pie del diente S_F. Se obtiene de la Figura B.2.
  - Factor de forma Y_F. Se calcula según la Tabla B.11.
  - Factor de conducción (recubrimiento): $Y_\varepsilon = \dfrac{1}{4} + \dfrac{3}{4\varepsilon_\alpha}$
  - Factor de inclinación: $Y_\beta = \begin{cases} 1 - \varepsilon_\beta \dfrac{\beta^\circ}{120^\circ} & \varepsilon_\alpha < 1 \quad \beta < 30^\circ \\ 1 - 0{,}25\varepsilon_\beta & \varepsilon_\alpha < 1 \quad \beta \geq 30^\circ \\ 1 - \dfrac{\beta^\circ}{120^\circ} & \varepsilon_\alpha \geq 1 \quad \beta < 30^\circ \\ 0{,}75 & \varepsilon_\alpha \geq 1 \quad \beta \geq 30^\circ \end{cases}$
  - Factor de duración: $K_{bl} = \begin{cases} \left(\dfrac{10^7}{N}\right)^{1/10} & N \leq 10^9 \\ 0{,}65 & N > 10^9 \end{cases}$

  Donde $N = 60nt$
  - Factor de velocidad:
    - Engranajes rectos ($\dfrac{vz_1}{100} < 10$): $K_v = K_{v1} = \dfrac{1}{1 + K_1 \dfrac{vz_1}{100}}$

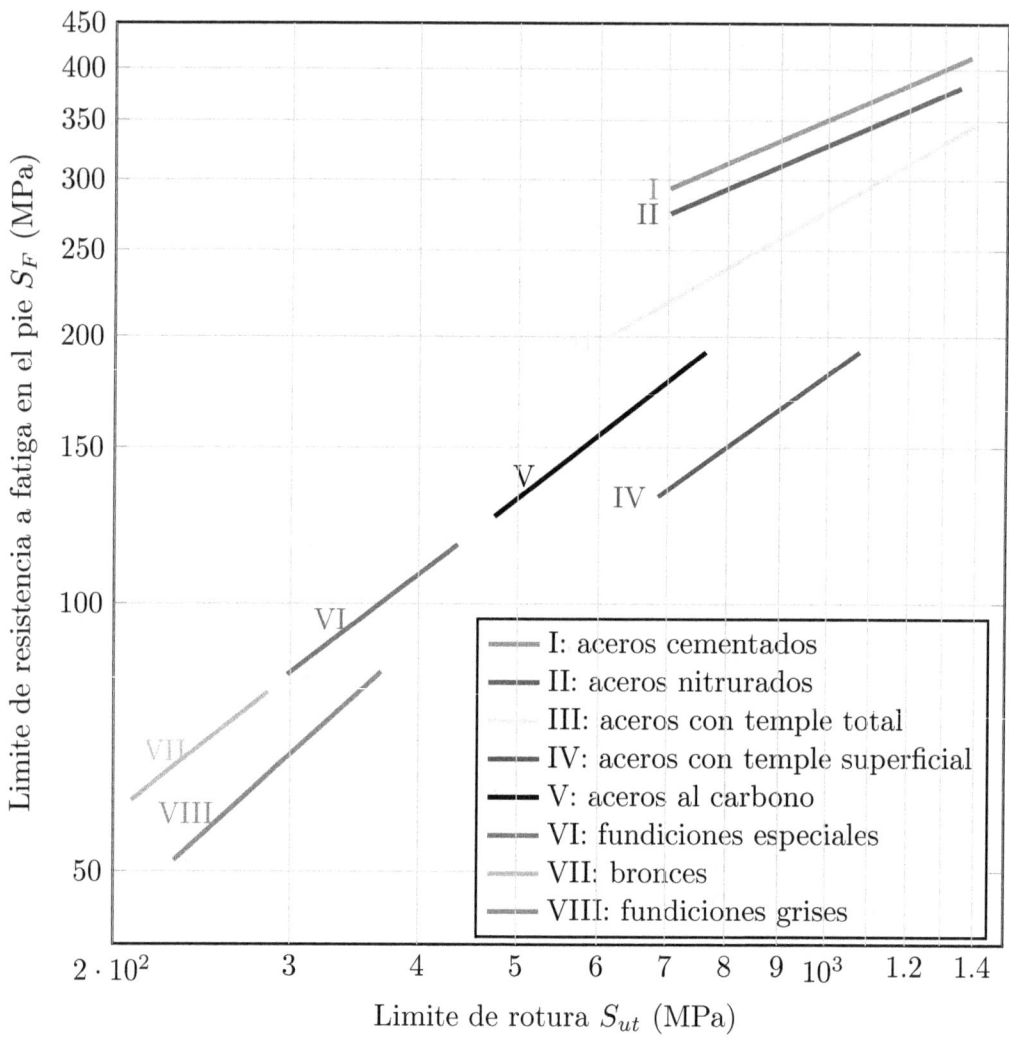

Figura B.2: Resistencia a la fatiga en el pie del diente

Apéndice B. Formulario de Diseño de Máquinas

Tabla B.11: Factor de forma Y_F en función del factor desplazamiento del dentado x (DIN 3990)

z_e	-0,6	-0,5	-0,4	-0,3	-0,2	-0,1	0	0,1	0,2	0,3	0,4	0,5	0,6	0,7	0,8	0,9	1	1,1	1,2	1,3	1,4
7																					
8													2,84								
9											2,98	2,69	2,47	2,22							
10										2,99	2,84	2,60	2,40	2,18	2,05						
11									3,15	2,87	2,73	2,52	2,34	2,16	2,05						
12									3,03	2,79	2,65	2,46	2,30	2,14	2,04	1,96					
13									2,93	2,72	2,58	2,41	2,27	2,12	2,03	1,95					
14							3,36	3,10	2,86	2,66	2,53	2,38	2,24	2,11	2,03	1,95	1,89				
15							3,25	3,01	2,79	2,60	2,48	2,34	2,22	2,10	2,02	1,95	1,89				
16						3,45	3,16	2,95	2,74	2,56	2,44	2,31	2,20	2,09	2,02	1,95	1,89				
17						3,35	3,09	2,88	2,69	2,53	2,42	2,29	2,18	2,08	2,01	1,95	1,89	1,85			
18					3,53	3,26	3,02	2,82	2,65	2,50	2,39	2,27	2,17	2,08	2,01	1,95	1,90	1,86			
19				3,72	3,44	3,20	2,96	2,78	2,61	2,47	2,37	2,26	2,16	2,07	2,01	1,95	1,90	1,87			
20				3,62	3,35	3,12	2,91	2,74	2,58	2,45	2,35	2,24	2,15	2,07	2,01	1,95	1,90	1,87	1,83		
21				3,53	3,28	3,07	2,87	2,70	2,55	2,43	2,33	2,23	2,14	2,06	2,01	1,95	1,91	1,87	1,84		
22				3,45	3,20	3,01	2,83	2,67	2,52	2,41	2,32	2,22	2,14	2,06	2,00	1,95	1,91	1,87	1,84		
23			3,64	3,38	3,15	2,96	2,80	2,64	2,50	2,39	2,30	2,21	2,13	2,06	2,00	1,95	1,91	1,88	1,85	1,82	
24			3,55	3,30	3,10	2,92	2,75	2,61	2,48	2,37	2,29	2,20	2,12	2,06	2,00	1,95	1,91	1,88	1,85	1,83	1,82
25		3,73	3,45	3,25	3,05	2,88	2,72	2,58	2,46	2,36	2,28	2,19	2,12	2,05	2,00	1,95	1,91	1,88	1,86	1,84	1,83
30		3,35	3,18	3,01	2,85	2,72	2,60	2,48	2,38	2,30	2,22	2,16	2,10	2,04	2,00	1,95	1,92	1,88	1,86	1,84	1,83
40	3,15	3,00	2,86	2,75	2,63	2,54	2,45	2,37	2,30	2,24	2,18	2,13	2,08	2,04	2,00	1,96	1,93	1,90	1,88	1,86	1,85
40																					
50	2,90	2,78	2,68	2,59	2,50	2,43	2,36	2,31	2,25	2,20	2,15	2,11	2,07	2,03	2,01	1,97	1,95	1,93	1,91	1,90	1,89
60	2,75	2,65	2,57	2,50	2,42	2,37	2,32	2,25	2,22	2,17	2,13	2,10	2,08	2,04	2,02	1,98	1,97	1,94	1,93	1,92	1,91
100	2,46	2,40	2,35	2,32	2,26	2,24	2,21	2,17	2,15	2,12	2,10	2,08	2,06	2,04	2,03	1,99	1,98	1,96	1,94	1,94	1,93
200	2,27	2,24	2,21	2,19	2,17	2,15	2,14	2,12	2,10	2,10	2,08	2,07	2,05	2,04	2,04	2,01	2,00	1,99	1,98	1,98	1,97
400	2,17	2,15	2,14	2,13	2,12	2,11	2,10	2,09	2,08	2,08	2,08	2,07	2,06	2,04	2,04	2,02	2,02	2,01	1,98	2,00	2,00
∞	2,07	2,07	2,07	2,07	2,07	2,07	2,07	2,07	2,07	2,07	2,07	2,07	2,07	2,06	2,05	2,04	2,04	2,04	2,03	2,03	2,03
																2,07	2,07	2,07	2,07	2,07	2,07

- Engranajes helicoidales ($\frac{vz_1}{100} < 14$):

$$K_v = \begin{cases} K_{v2} = \dfrac{1}{1 + K_2 \dfrac{vz_1}{100}} & \varepsilon_\beta \geq 1 \\ K_{v1} - \dfrac{1}{\varepsilon_\beta(K_{v1} - K_{v2})} & \varepsilon_\beta < 1 \end{cases}$$

Donde los valores K_1 y K_2 se obtienen de la Tabla B.12. La calidad requerida, recomendada y alcanzable aparece en la Tabla B.13, Tabla B.15, Tabla B.14.

Tabla B.12: Factores K_1 y K_2 para el cálculo del factor de velocidad K_v

Grado ISO	3	4	5	6	7	8	9	10
K_1	0,022	0,030	0,043	0,062	0,092	0,125	0,18	0,25
K_2	0,0125	0,0165	0,0230	0,0330	0,0480	0,070	-	-

Tabla B.13: Calidad superficial recomendada en función de la velocidad

Velocidad tangencial (m/s)	Calidad ISO
1-3	10-12
3-6	8-10
6-20	5-8
>20	1-5

Tabla B.14: Calidad superficial alcanzable por los procesos de fabricación

Proceso de fabricación	Calidad ISO
Estampado, prensado, inyectado	7-12
Tratamiento térmico posterior al tallado	10-12
Raspado	6-9
Rectificado	2-9

- Factor de distribución de carga:
  ○ Sin corrección en el flanco (abombado):

$$K_M = \begin{cases} 1 & \lambda \leq 1 \\ 1{,}043 - 4{,}356 \cdot 10^{-2} \lambda^{2{,}209} & \lambda > 1 \end{cases}$$

Donde $\lambda = \dfrac{b}{d_1}$

  ○ Con corrección en el flanco (abombado):

$$K_M = \begin{cases} 1 & \lambda \leq 1 \\ 1 - 2{,}2948 \cdot 10^{-3} \lambda^{4{,}046} & \lambda > 1 \end{cases}$$

- Factor de servicio. Se calcula según la Tabla B.16

Tabla B.15: Calidad superficial requerida en función de la aplicación

Aplicación	Tipo	Calidad ISO
Maquinaria general	Turbinas	5-7
	Motores de combustión	5-9
	Máquinas vapor	6-11
	Maquinaria textil	6-12
	Mecanismos	7-10
	Ferrocarriles	7-12
	Manutención	7-12
Pequeña mecánica	Relojes y aparatos	5-10
	Mecanismos	5-10
Aparatos de medición	Máquinas de medición	5-7
	Patrones	2-3
Automoción	Aviación	5-10
	Automóviles	5-9
	Autobuses y camiones	5-10
	Tractores, orugas	6-11
	Locomotoras	6-12
	Maquinaria agrícola rest.	8-12

Tabla B.16: Factor de servicio K_A

Órgano Motor	Grado de choque del receptor	K_A (12 h/día)	K_A (24 h/día)
Motores eléctricos y turbinas	I	1,00	0,95
	II	0,80	0,70
	III	0,67	0,57
Motores de combustión interna multicilíndricos	I	0,80	0,70
	II	0,67	0,57
	III	0,57	0,45
Motores de combustión interna monocilíndricos	I	0,67	0,57
	II	0,57	0,45
	III	0,45	0,35
Grado de choque del receptor	I	Sin choques	
	II	Choques moderados	
	III	Choques importantes	

- Fuerza tangencial máxima transmisible para evitar el fallo por fatiga en el pie del diente:

$$F_t \leq S_F b m_0 \frac{K_v K_{bl} K_M K_A}{Y_\varepsilon Y_F Y_\beta}$$

- Cálculo resistente a rotura por fatiga superficial (picado) en el flanco del diente:
  - Resistencia a la fatiga superficial (picado) en el flanco del diente S_H. Se obtiene de la Figura B.3.

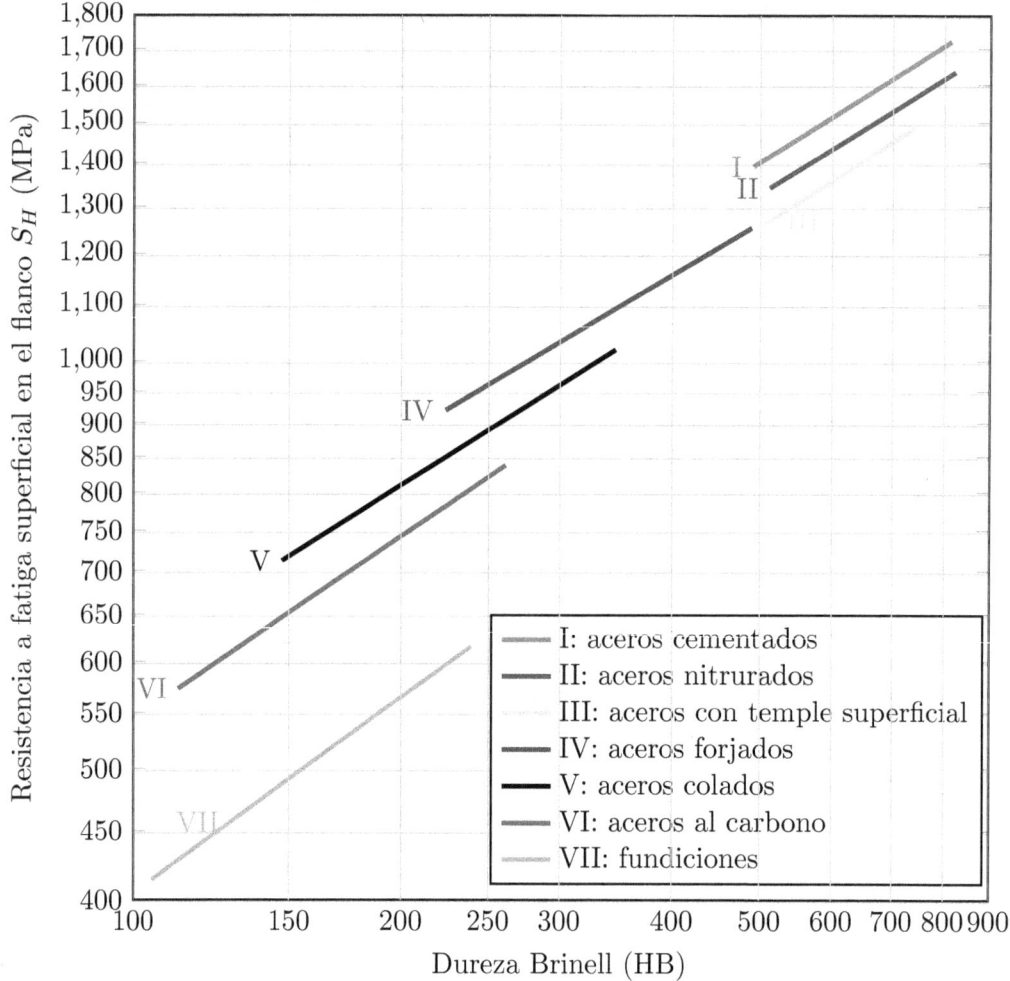

Figura B.3: Resistencia a la fatiga superficial

- Factor de conducción:
  - Para dentados exteriores: $C_r = \frac{u}{u+1}$, siendo $u = 1/i$
  - Para dentados interiores: $C_r = \frac{u}{u-1}$.
- Factor de duración: $K_{hl} = \begin{cases} \left(\dfrac{10^7}{N}\right)^{1/6} & N \leq 10^9 \\ 0{,}5 & N > 10^9 \end{cases}$

- Factor de elasticidad del material: $Z_E^2 = \dfrac{1}{\pi\left[\dfrac{1-\nu_1^2}{E_1}+\dfrac{1-\nu_2^2}{E_2}\right]}$
- Factor geométrico: $Z_H^2 = \dfrac{2\cos\beta_b}{\cos^2\alpha_t\tan\alpha'}$, siendo $\tan\beta_b = \tan\beta\cos\alpha_t$.
- Factor de contacto:
  ○ Para engranajes rectos: $Z_\varepsilon^2 = \dfrac{4-\varepsilon_\alpha}{3}$
  ○ Para engranajes helicoidales: $Z_\varepsilon^2 = \begin{cases} \dfrac{4-\varepsilon_\alpha}{3}(1-\varepsilon_\beta)+\dfrac{\varepsilon_\beta}{\varepsilon_\alpha} & \varepsilon_\alpha < 1 \\ \dfrac{1}{\varepsilon_\alpha} & \varepsilon_\alpha \geq 1 \end{cases}$
- Factor de inclinación: $Z_\beta^2 = \cos\beta$
- Factor de velocidad base:

$$\gamma = \begin{cases} 1 & n_1 \geq 200 \text{ rpm} \\ \left(\dfrac{200}{n_1}\right)^{1/6} & 10 < n_1 < 200 \text{ rpm} \\ 1{,}65 & n_1 \leq 10 \text{ rpm} \end{cases}$$

- Fuerza tangencial máxima transmisible para evitar el fallo por fatiga superficial (picado) en el flanco del diente:

$$F_t \leq S_H^2 b d_1 C_r \dfrac{K_v K_{hl} K_M K_A}{\gamma Z_E^2 Z_H^2 Z_\varepsilon^2 Z_\beta^2}$$

12. Chavetas:
   a) Chavetas planas (DIN 6885):
      • Parámetros geométricos
         - Altura fuerza tangencial resultante en el chavetero del eje:

$$h_e = h_1 - \dfrac{d}{2} - r_1 + \sqrt{\left(\dfrac{d}{2}\right)^2 - \left(\dfrac{b}{2}\right)^2}$$

   Donde:
   h_1: es la profundidad del chavetero en el eje (según DIN6885).
   d: es el diámetro del eje.
   r_1: es el radio del fondo del chavetero.
   b: es la anchura del chavetero (según DIN 6885)
      - Diámetro de la fuerza resultante en el chavetero del eje:

$$d_e = \sqrt{(d - 2h_1 + 2r_1 + h_e)^2 + b^2}$$

      - Altura de la fuerza resultante en el chavetero del cubo:

$$h_c = h - h_e - 2r_1$$

Apéndice B. Formulario de Diseño de Máquinas

- Diámetro de la fuerza resultante en el chavetero del cubo:

$$d_c = \sqrt{(d - 2h_1 + 2r_1 + dh_e + h_c)^2 + b^2}$$

- Longitud de chaveta necesaria:
  - Longitud necesaria para soportar el esfuerzo por cortadura:

$$L_{\text{cortadura}} = \frac{2\sqrt{3}Tn_B}{zbdS_{y \text{ chaveta}}}\sqrt{1 - \left(\frac{b}{d}\right)^2}$$

  Donde n es el coeficiente de seguridad y se obtiene de la Tabla B.17.
  - Longitud necesaria para soportar el esfuerzo por aplastamiento en el chavetero del eje:

$$L_{\text{eje}} = \frac{2Tn_B}{zh_e d_e \text{ mín}[S_{p \text{ chaveta}}, S_{p \text{ eje}}]}\sqrt{1 - \left(\frac{b}{d_e}\right)^2}$$

  Donde S_p es la resistencia a la penetración y toma lo siguientes valores:
  $S_p = 0{,}5S_{ut}$: para materiales dúctiles.
  $S_p = 0{,}7S_{ut}$: para materiales frágiles.
  - Longitud necesaria para soportar el esfuerzo por aplastamiento en el chavetero del cubo

$$L_{\text{cubo}} = \frac{2Tn_B}{zh_c d_c \text{ mín}[S_{p \text{ chaveta}}, S_{p \text{ cubo}}]}\sqrt{1 - \left(\frac{b}{d_c}\right)^2}$$

b) Chavetas de cuña (DIN 141):
- Parámetros geométricos: Se calculan de igual forma que en las chavetas plana, pero teniendo en consideración que su geometría es diferente.
- Longitud de chaveta necesaria:
  - Par máximo transmisible por cortadura:

$$T_{\text{cortadura}} = \frac{LzbdS_{y \text{ chaveta}}}{2\sqrt{3}n_B\sqrt{1 - \left(\frac{b}{d}\right)^2}}$$

  - Par máximo transmisible por aplastamiento en el chavetero del eje:

$$T_{\text{eje}} = \frac{Lzh_e d_e \text{ mín}(S_{p \text{ chaveta}}, S_{p \text{ cubo}})}{2n_B\sqrt{1 - \left(\frac{b}{d_e}\right)^2}}$$

- Par máximo transmisible por aplastamiento en el chavetero del cubo

$$T_{\text{cubo}} = \frac{Lzh_c d_c \, \text{mín}(S_{\text{p chaveta}}, S_{\text{p cubo}})}{2n_B \sqrt{1 - \left(\dfrac{b}{d_c}\right)^2}}$$

- Par transmitido por el arrastre de forma:

$$T_{\text{forma}} = \text{mín}(T_{\text{cortadura}}, T_{\text{eje}}, T_{\text{cubo}})$$

- Par transmitido por la cuña:

$$T_{\text{cuña}} = \frac{bL\tan\rho_1\,(\tan\rho_1 + \tan(\alpha+\rho_2))\,\text{mín}(S_{\text{p chaveta}}, S_{\text{p eje}}, S_{\text{p cubo}})}{n_B\,(\tan\rho_1 + \tan(\alpha+\rho_2))} \left(\left(\frac{2}{\pi} + \frac{1}{2}\right)d + \frac{h}{2}\right)$$

Donde: $\rho_1 = \arctan\mu_1$; $\rho_2 = \arctan\mu_2$
- Par total transmitido: $T_{\text{transmitido}} = T_{\text{forma}} + T_{\text{cuña}}$
- Par total transmitido: $T_{\text{total}} = T_{\text{forma}} + T_{\text{cuña}}$
- Fuerzas de montaje y desmontaje necesarias:

$$F_m = \frac{bL\,\text{mín}(S_{\text{p chaveta}}, S_{\text{p eje}}, S_{\text{p cubo}})}{n_B}(\tan\rho_1 + \tan(\alpha+\rho_2))$$

$$F_d = F_m \frac{\tan\rho_1 + \tan(\rho_2 - \alpha)}{\tan\rho_1 + \tan(\alpha+\rho_2)}$$

Tabla B.17: Factor de servicio n_B según la norma DIN6892

Grado de choque motor	Grado de choque del receptor			
	Continuo	Impactos ligeros	Impactos moderados	Impactos fuertes
Continuo	1,00	1,25	1,50	1,75
Impactos ligeros	1,10	1,35	1,60	1,85
Impactos moderados	1,25	1,5	1,75	2,00
Impactos fuertes	1,50	1,75	2,00	2,25

13. Uniones a presión:

    a) Cálculo de las tolerancias de ajuste:
    - Presión necesaria para transmitir el par y la fuerza axial

$$p_1 = \frac{\sqrt{\left(\dfrac{2T}{d}\right)^2 + F_a^2}}{\pi L d \mu_1}$$

- Presión necesaria para transmitir la fuerza radial y tangencial:

$$R = \sqrt{F_r^2 + F_t^2}$$

$$p_2 = 2\left(1 - \frac{2}{\pi}\right)\frac{R}{Ld}$$

- Presión necesaria para transmitir el momento axial

$$p_3 = \frac{9Ma}{2dL^2}$$

- Presión necesaria para compensar la fuerza centrífuga

$$p_4 = \frac{\rho_{\text{cubo}}\left(3 + \nu_{\text{cubo}}\right)}{8\left(\omega d_{\text{ext}}\right)^2}$$

Donde:
  ω: es la velocidad de rotación del eje.
  ρ_{cubo}: es la densidad del elemento de transmisión.
  d_{ext}: es el diámetro exterior elemento de transmisión.
  ν_{cubo}: es el coeficiente de Poisson del elemento de transmisión.
- Presión total necesaria:

$$p = (p_1 + p_2 + p_3 + p_4)\, n_s$$

Donde n_s es el coeficiente de seguridad al deslizamiento de la unión.
- Cálculo de la interferencia efectiva.

$$\delta = pd\left[\frac{1}{E_{\text{eje}}}\left[\frac{d_{\text{e eje}}^2 + d_{\text{i eje}}^2}{d_{\text{e eje}}^2 - d_{\text{i eje}}^2} - \nu_{\text{eje}}\right] + \frac{1}{E_{\text{cubo}}}\left[\frac{d_{\text{e cubo}}^2 + d_{\text{i cubo}}^2}{d_{\text{e cubo}}^2 - d_{\text{i cubo}}^2} + \nu_{\text{cubo}}\right]\right]$$

Donde:
  δ: es la interferencia efectiva.
  E_{eje}: es el módulo de elasticidad del eje.
  E_{eje}: es el módulo de elasticidad del eje.
  $d_{\text{i eje}}$: es el diámetro interior del eje.
  $d_{\text{e eje}}$: es el diámetro exterior del eje.
  $d_{\text{i cubo}}$: es el diámetro interior del cubo o buje.
  $d_{\text{e cubo}}$: es el diámetro exterior del cubo o buje.
  ν_{eje}: es el coeficiente de Poisson del eje.
  ν_{cubo}: es el coeficiente de Poisson del cubo.
- Interferencia Real.

$$\delta_{\text{real}} = \delta + 0{,}8\left(R_{z\ \text{eje}} + R_{z\ \text{cubo}}\right)$$

b) Presión resultante para la interferencia máxima:

$$p_{\text{máx}} = \frac{\delta_{\text{máx}}}{d\left[\dfrac{1}{E_{\text{eje}}}\left[\dfrac{d_{e\,\text{eje}}^2 + d_{i\,\text{eje}}^2}{d_{e\,\text{eje}}^2 - d_{i\,\text{eje}}^2} - \nu_{\text{eje}}\right] + \dfrac{1}{E_{\text{cubo}}}\left[\dfrac{d_{e\,\text{cubo}}^2 + d_{i\,\text{cubo}}^2}{d_{e\,\text{cubo}}^2 - d_{i\,\text{cubo}}^2} + \nu_{\text{cubo}}\right]\right]}$$

c) Tensiones sobre el eje:

$$\sigma_{r\,\text{eje}} = -p_{\text{máx}}$$

$$\sigma_{t\,\text{eje}} = p_{\text{máx}}\frac{d_{i\,\text{eje}}^2 + d_{e\,\text{eje}}^2}{d_{i\,\text{eje}}^2 - d_{e\,\text{eje}}^2}$$

Donde:

$\sigma_{r\,\text{eje}}$: es la tensión radial sobre el eje.

$\sigma_{t\,\text{eje}}$: es la tensión tangencial sobre el eje.

d) Tensiones sobre el cubo:

$$\sigma_{r\,\text{cubo}} = -p_{\text{máx}}$$

$$\sigma_{t\,\text{cubo}} = p_{\text{máx}}\frac{d_{i\,\text{cubo}}^2 + d_{e\,\text{cubo}}^2}{d_{e\,\text{cubo}}^2 - d_{i\,\text{cubo}}^2}$$

e) Cálculo de la temperatura de montaje:

$$T_{\text{calentamiento}} = T_{\text{ambiente}} + \frac{\delta_{\text{máx}} + 50\ \mu\text{m}}{\alpha_{cubo}d}$$

f) Cálculo de la fuerza de montaje:

$$F_m = \mu p_{\text{máx}} \pi d L$$

14. Mecánica de la fractura.

    a) Factor de intensidad de esfuerzos: $K_I = Y\sigma\sqrt{\pi a} \leq K_{IC}$

    Donde:

    K_I: es el factor de intensidad de esfuerzos.

    Y: es un factor corrector que depende de la geometría y se determina según la tabla

    K_{IC}: es la tenacidad a la fractura

    b) Determinación del número de ciclos hasta la rotura de una pieza con una grieta.

    - Rango del factor de intensidad de esfuerzos: $\Delta K = Y\sqrt{\pi a}\,(\sigma_{\text{máx}} - \sigma_{\text{mín}})$
    - Relación entre la velocidad de avance de la grieta y el rango del factor de intensidad de esfuerzos (ecuación de Paris)

    $$\frac{da}{dN} = C\Delta K^m$$

Donde **C** y **m** se obtienen de la Tabla B.18.

Tabla B.18: Coeficiente de la ecuación de Paris

Material	C (m/ciclo)	m
Aceros ferrítico-perlíticos	$6{,}9 \cdot 10^{-12}$	3,0
Aceros martensíticos	$1{,}35 \cdot 10^{-10}$	2,25
Aceros inoxidables	$5{,}6 \cdot 10^{-12}$	3,25
Aceros Ni-Mo-V	$1{,}8 \cdot 10^{-19}$	3,0

- Número de ciclos hasta la rotura: $N_{\text{rotura}} = \int_{a_0}^{a_{cr}} \dfrac{da}{C \Delta K^m}$

Donde:
    a_0: es el tamaño de la grieta inicial
    a_{cr}: es el tamaño crítico que produce la fractura.

15. Flexión en las vigas. Casos elementales:

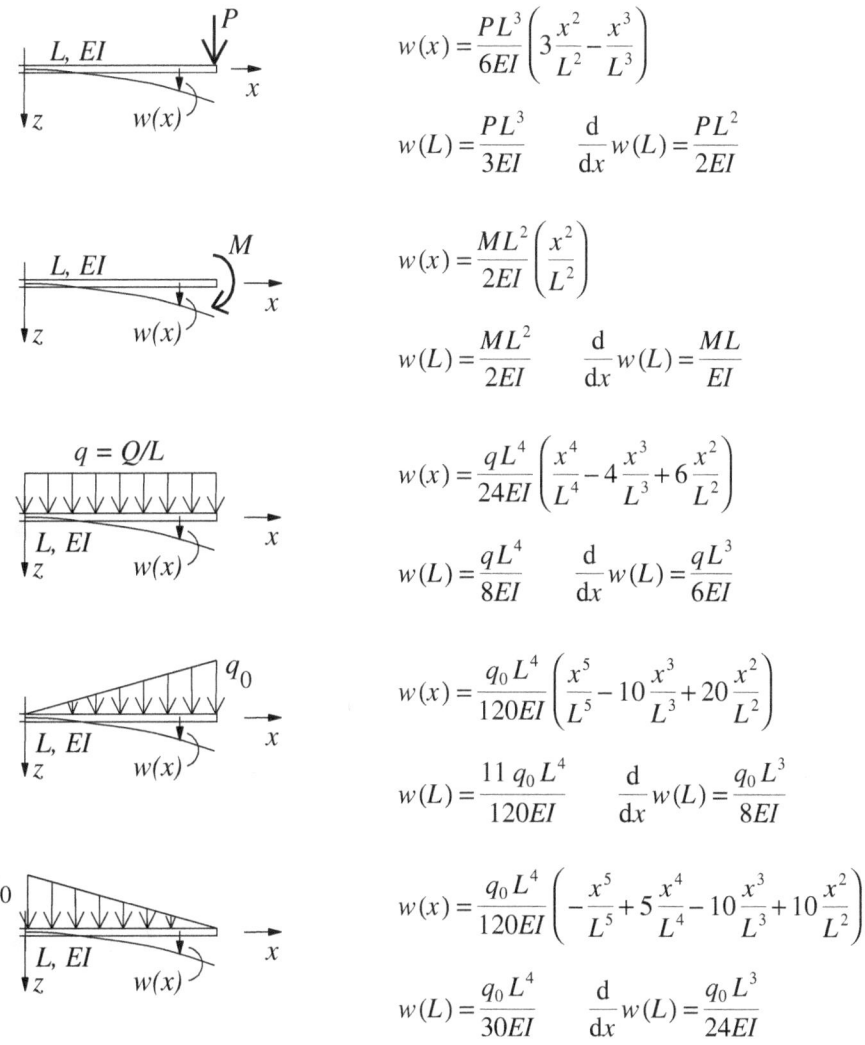

$$w(x) = \frac{PL^3}{6EI}\left(3\frac{x^2}{L^2} - \frac{x^3}{L^3}\right)$$

$$w(L) = \frac{PL^3}{3EI} \qquad \frac{\mathrm{d}}{\mathrm{d}x}w(L) = \frac{PL^2}{2EI}$$

$$w(x) = \frac{ML^2}{2EI}\left(\frac{x^2}{L^2}\right)$$

$$w(L) = \frac{ML^2}{2EI} \qquad \frac{\mathrm{d}}{\mathrm{d}x}w(L) = \frac{ML}{EI}$$

$$w(x) = \frac{qL^4}{24EI}\left(\frac{x^4}{L^4} - 4\frac{x^3}{L^3} + 6\frac{x^2}{L^2}\right)$$

$$w(L) = \frac{qL^4}{8EI} \qquad \frac{\mathrm{d}}{\mathrm{d}x}w(L) = \frac{qL^3}{6EI}$$

$$w(x) = \frac{q_0 L^4}{120EI}\left(\frac{x^5}{L^5} - 10\frac{x^3}{L^3} + 20\frac{x^2}{L^2}\right)$$

$$w(L) = \frac{11\,q_0 L^4}{120EI} \qquad \frac{\mathrm{d}}{\mathrm{d}x}w(L) = \frac{q_0 L^3}{8EI}$$

$$w(x) = \frac{q_0 L^4}{120EI}\left(-\frac{x^5}{L^5} + 5\frac{x^4}{L^4} - 10\frac{x^3}{L^3} + 10\frac{x^2}{L^2}\right)$$

$$w(L) = \frac{q_0 L^4}{30EI} \qquad \frac{\mathrm{d}}{\mathrm{d}x}w(L) = \frac{q_0 L^3}{24EI}$$

Figura B.4: Vigas en voladizo

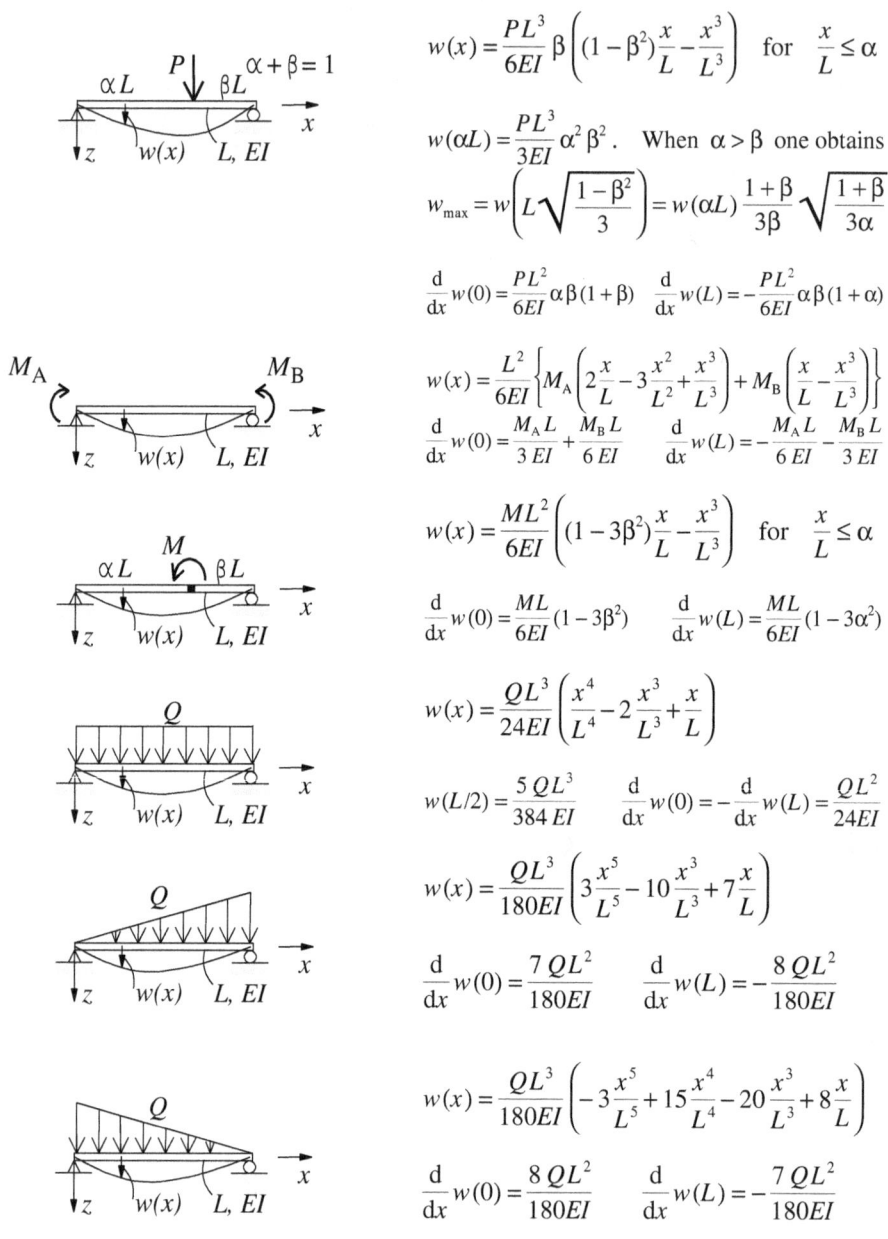

Figura B.5: Vigas con doble soporte simple

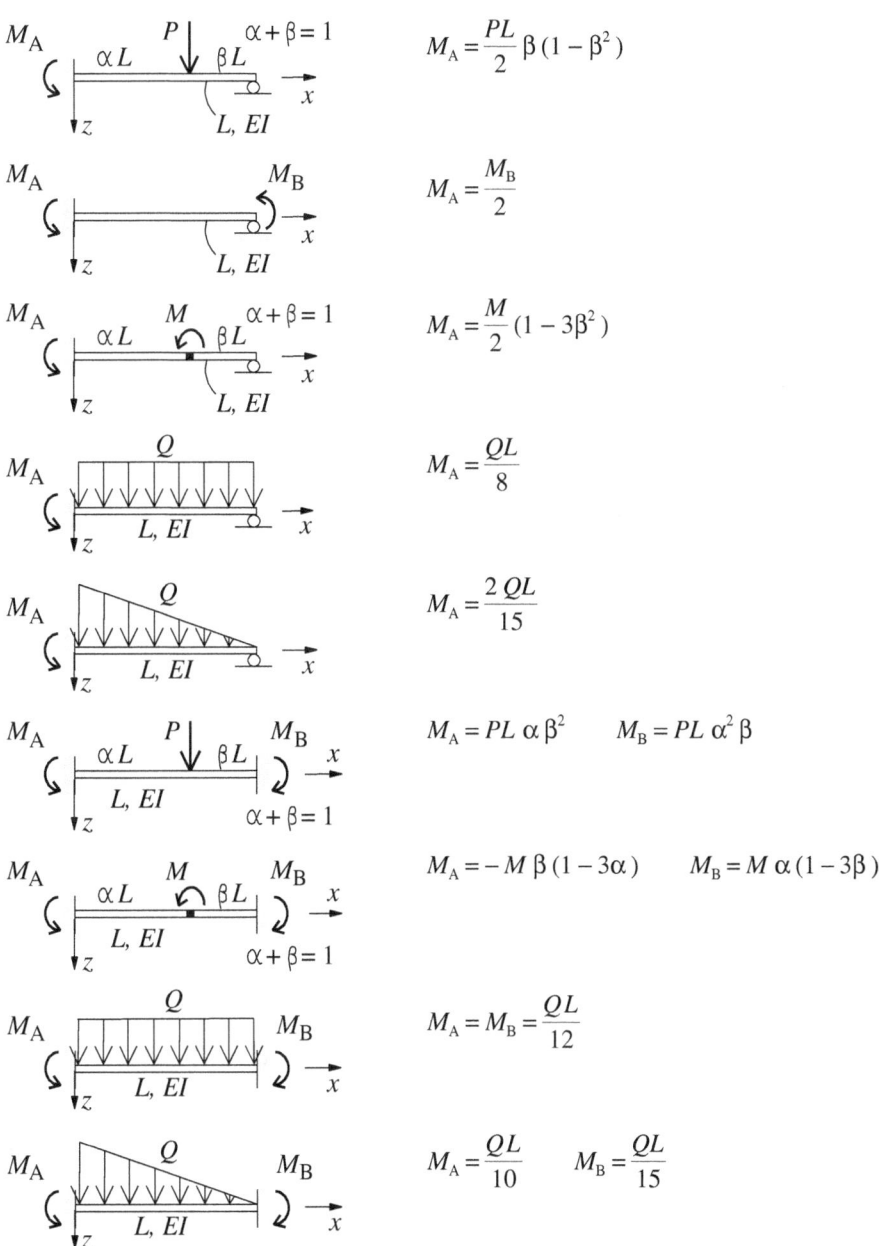

Figura B.6: Vigas con engaste y soporte simple

C
Concentradores de tensiones geométricos

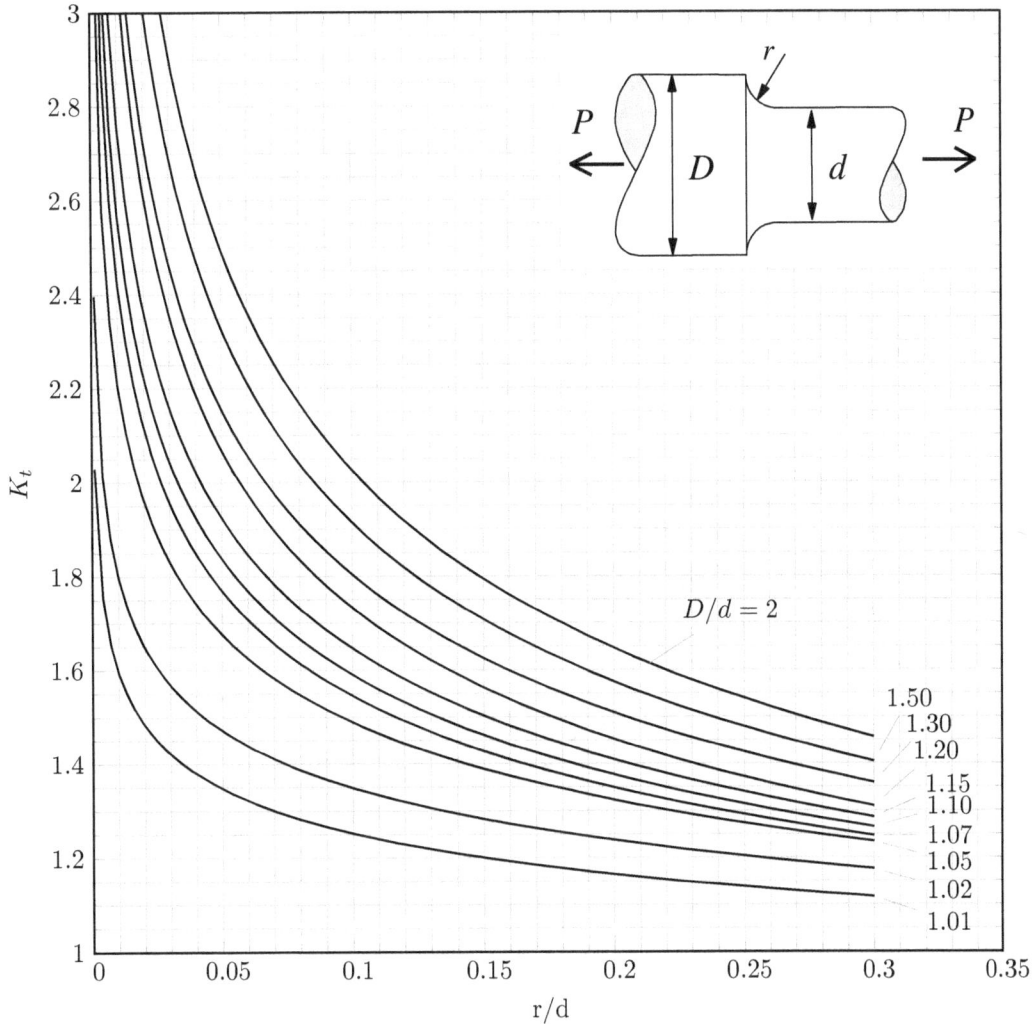

Figura C.1: Eje con cambio de sección sometido a carga axial

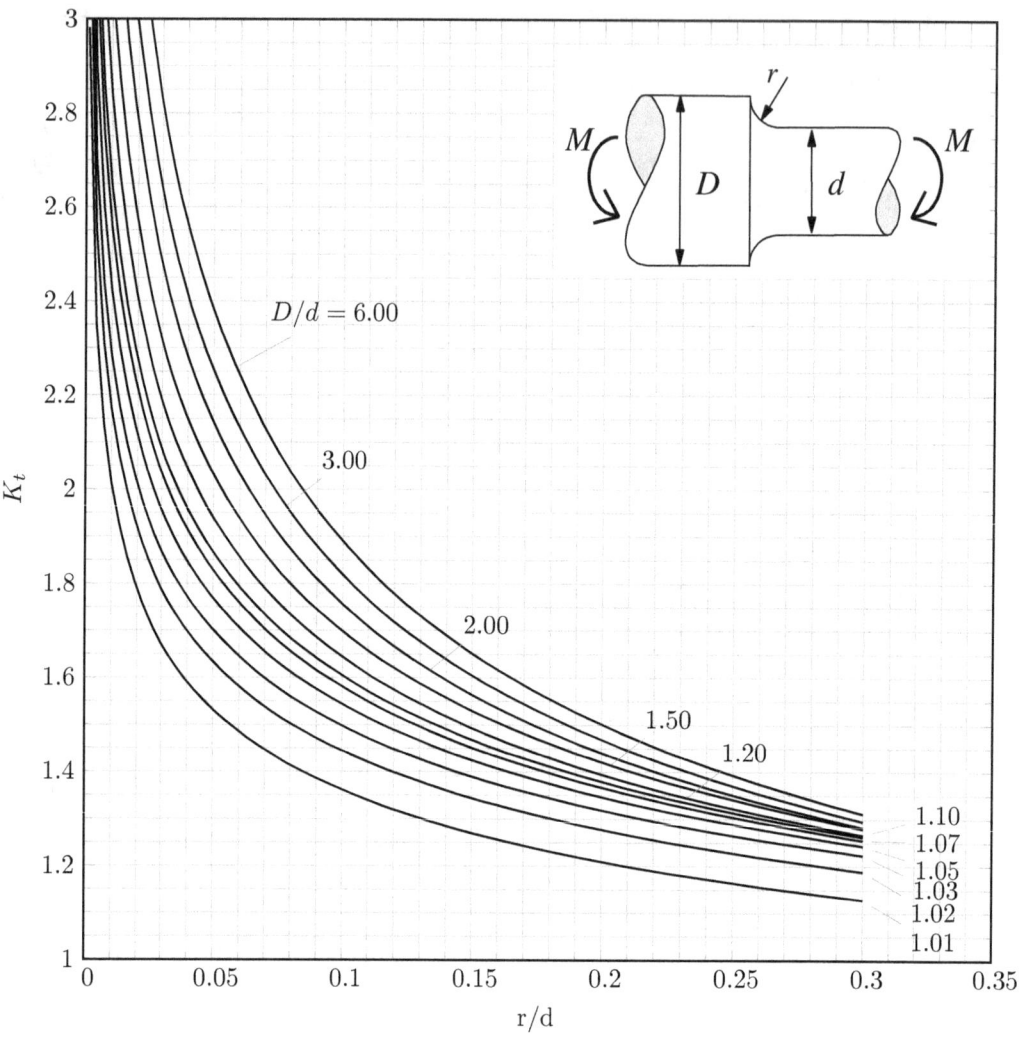

Figura C.2: Eje con cambio de sección sometido a flexión

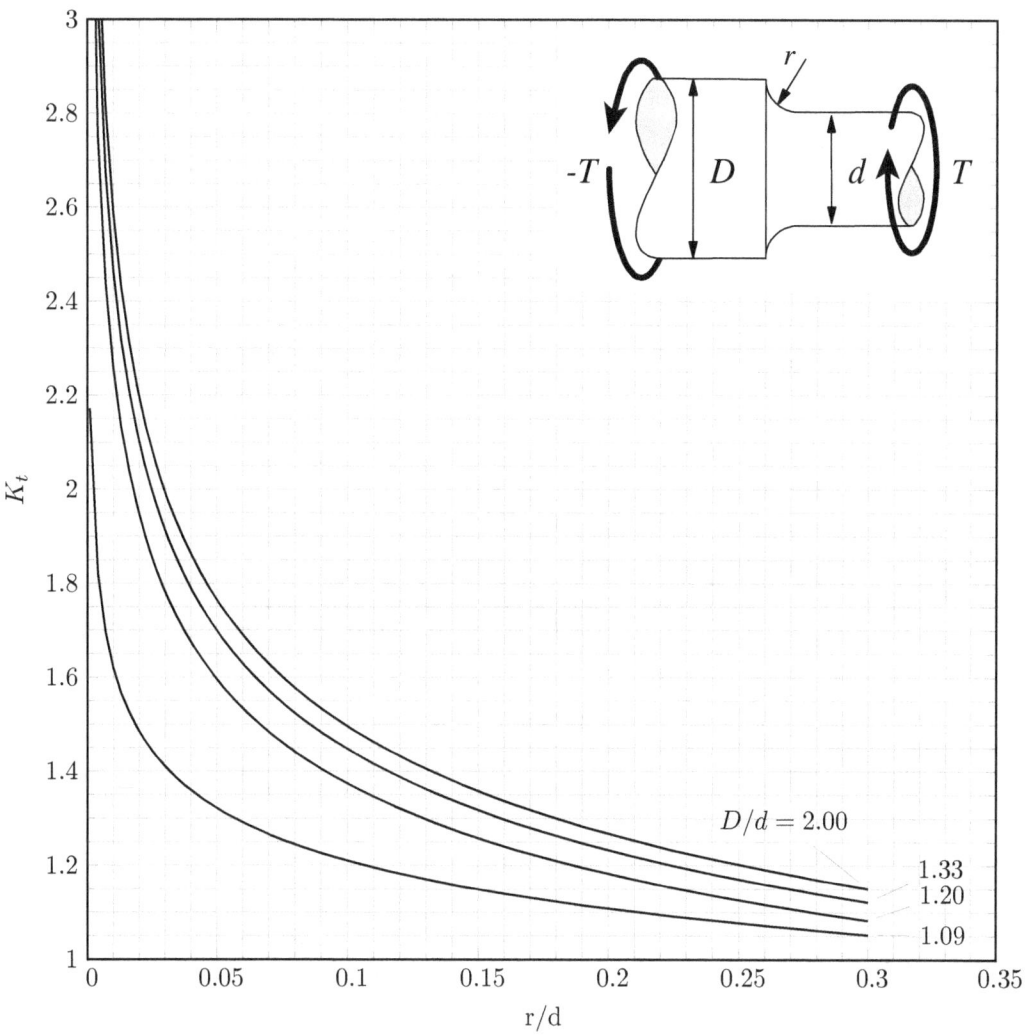

Figura C.3: Eje con cambio de sección sometido a torsión

Apéndice C. Concentradores de tensiones geométricos

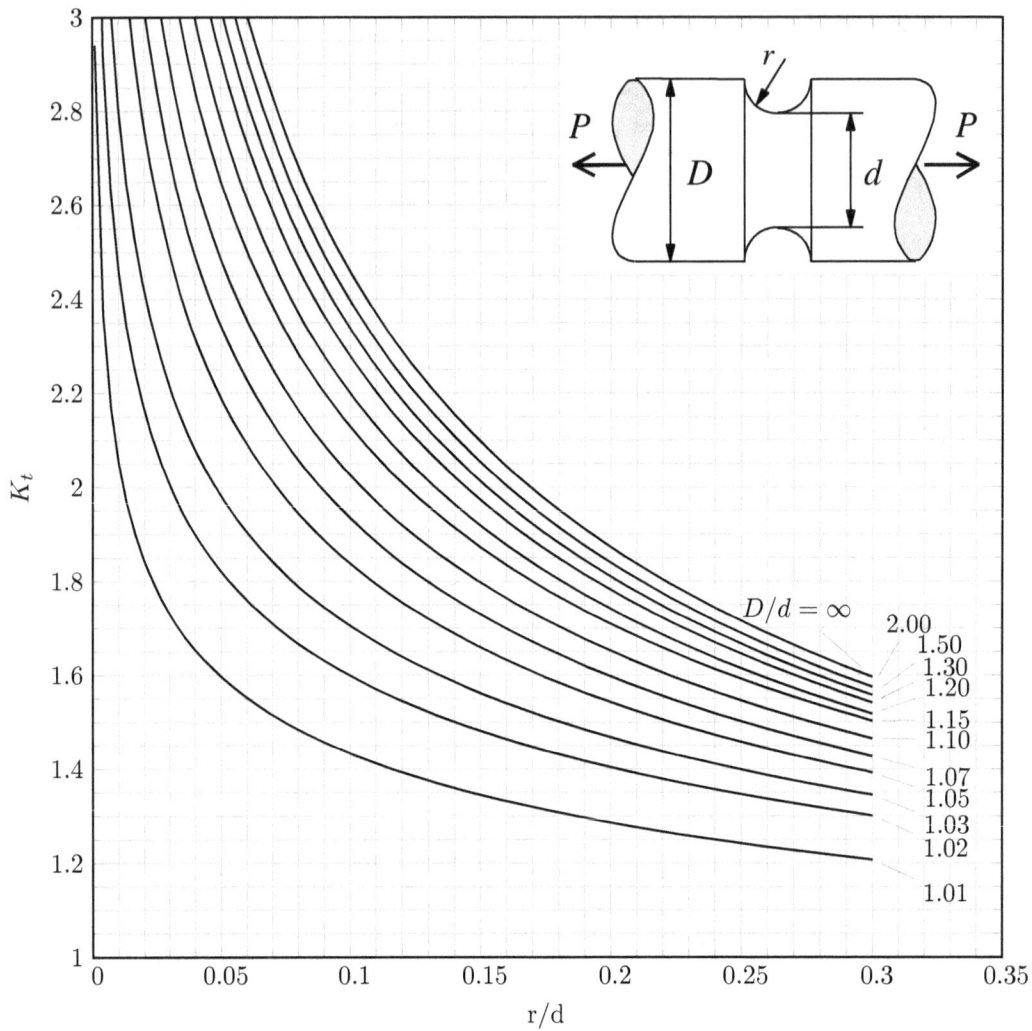

Figura C.4: Eje con ranura semicircular bajo carga axial

Apéndice C. Concentradores de tensiones geométricos

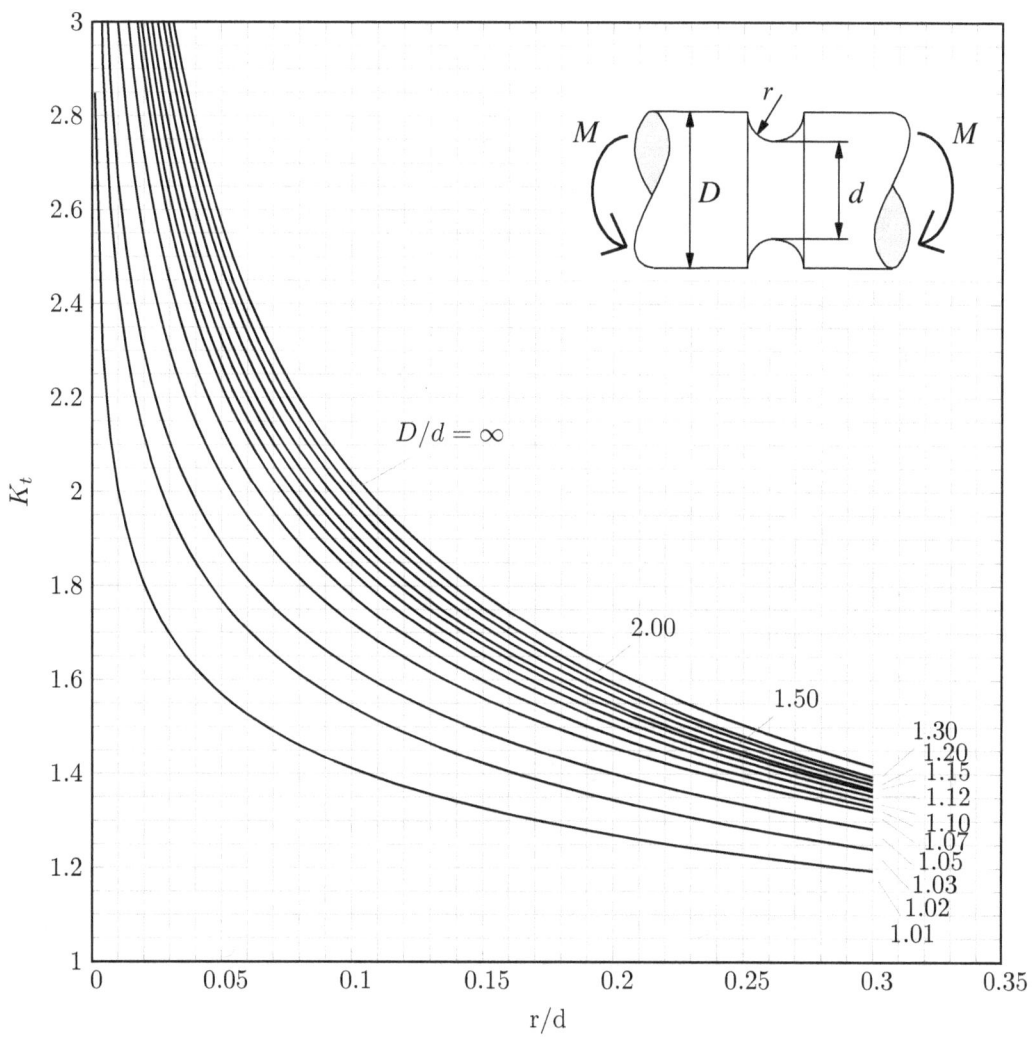

Figura C.5: Eje con ranura semicircular bajo flexión

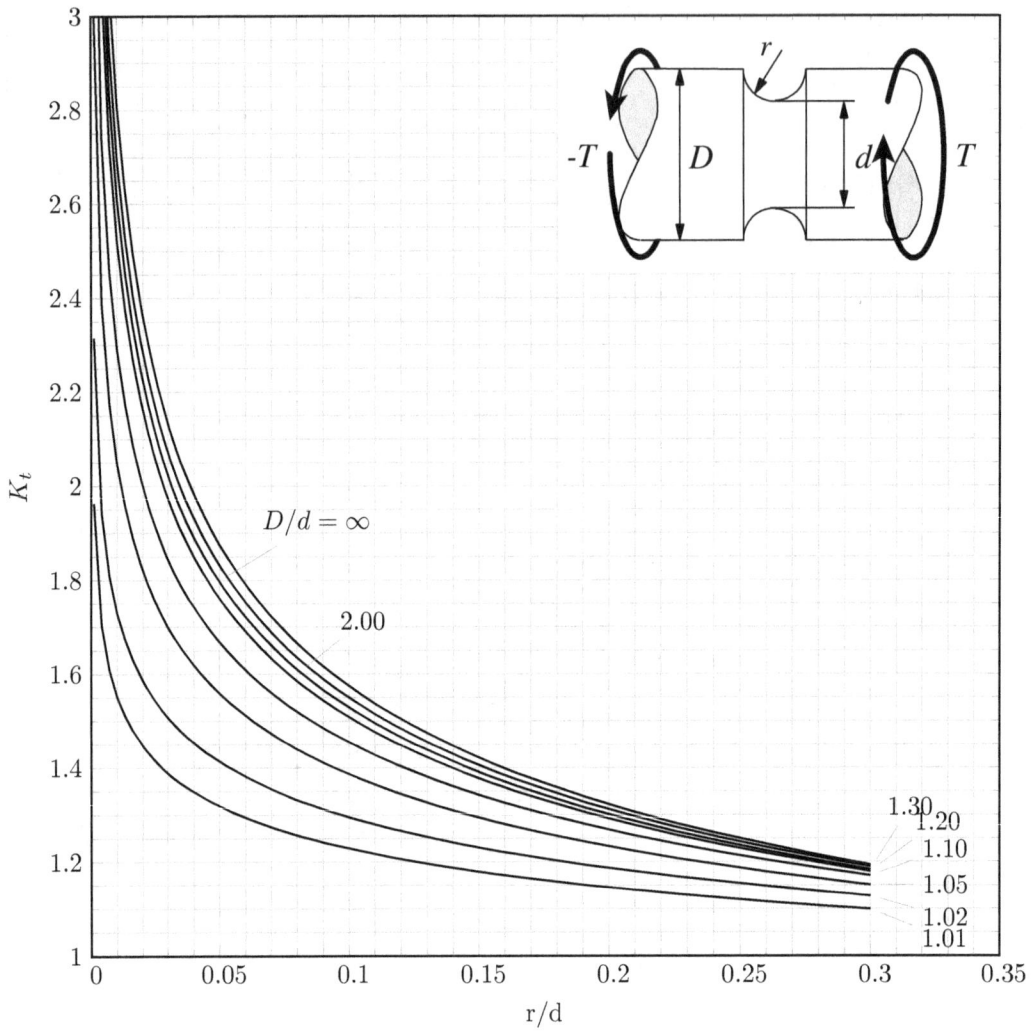

Figura C.6: Eje con ranura semicircular bajo torsión

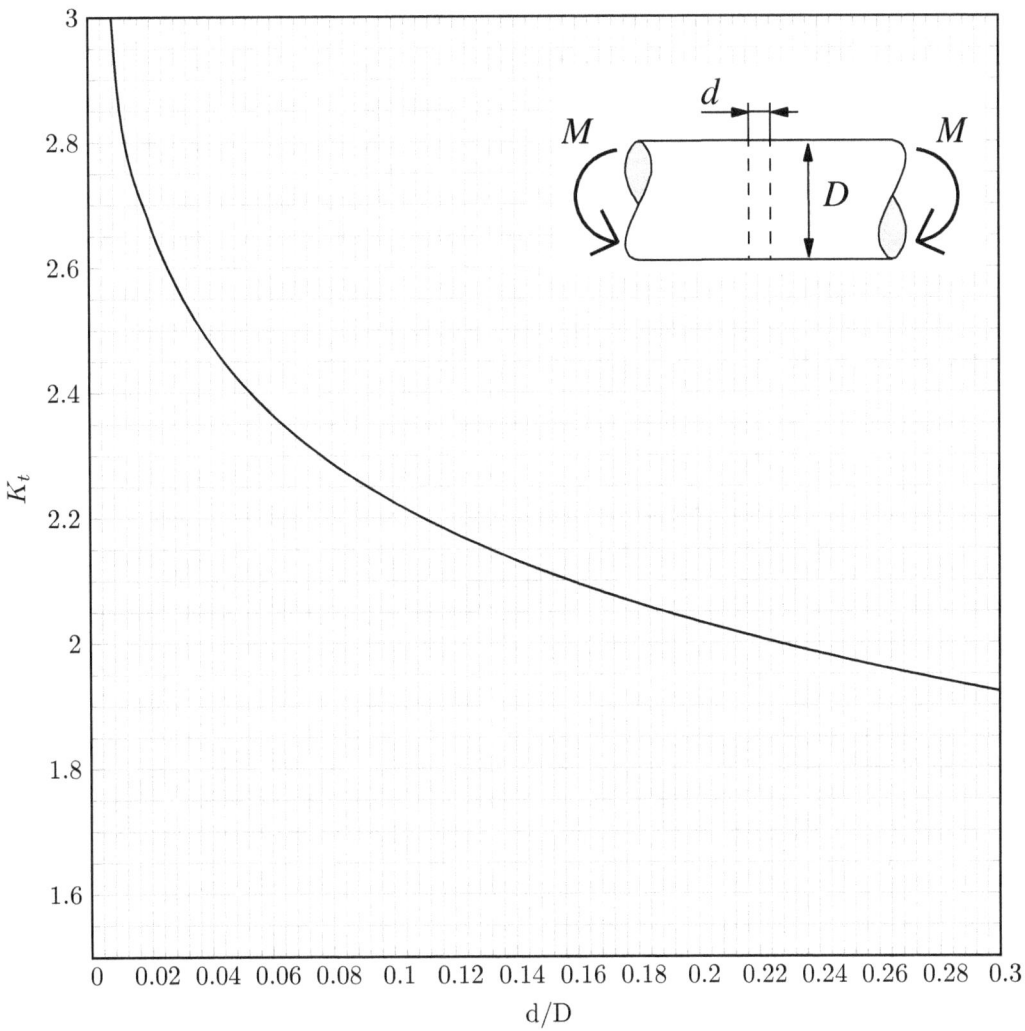

Figura C.7: Eje con agujero bajo flexión

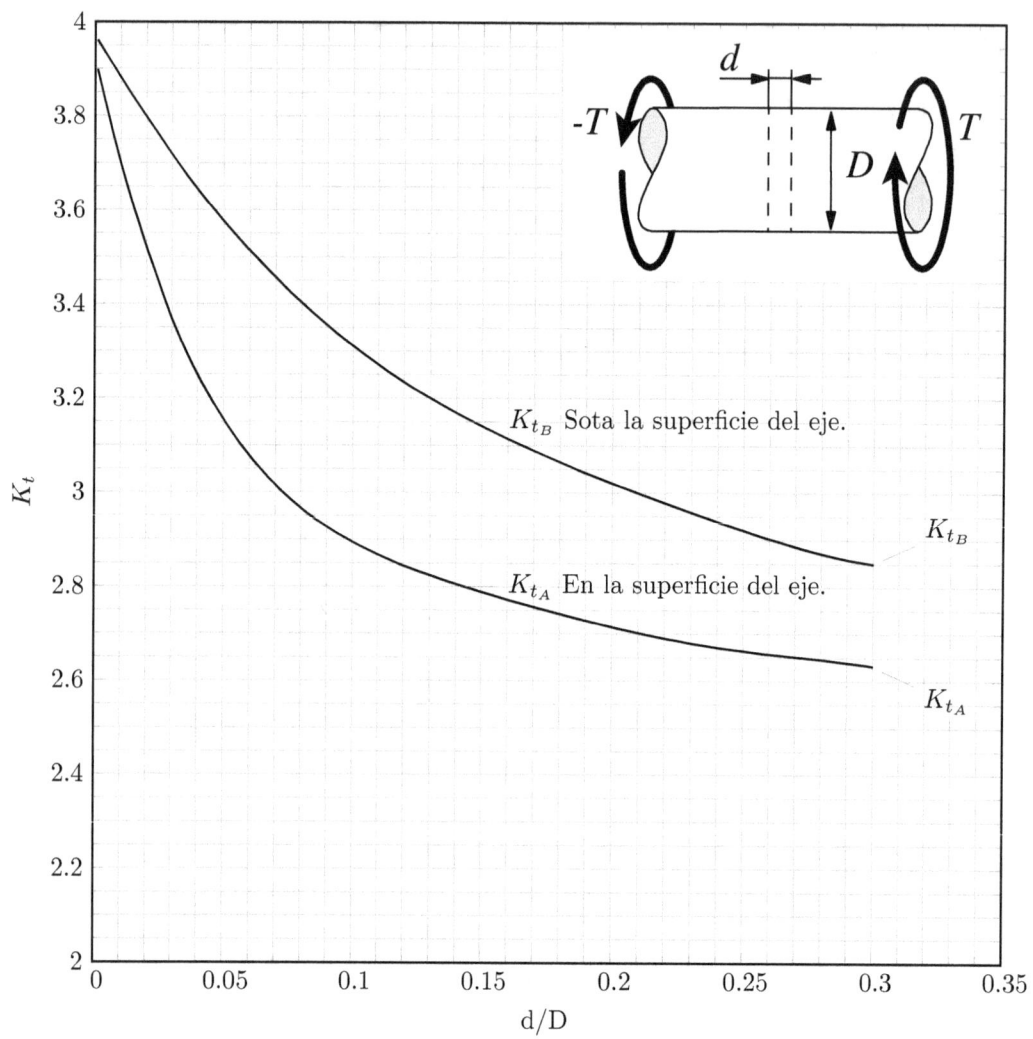

Figura C.8: Eje con agujero bajo torsión

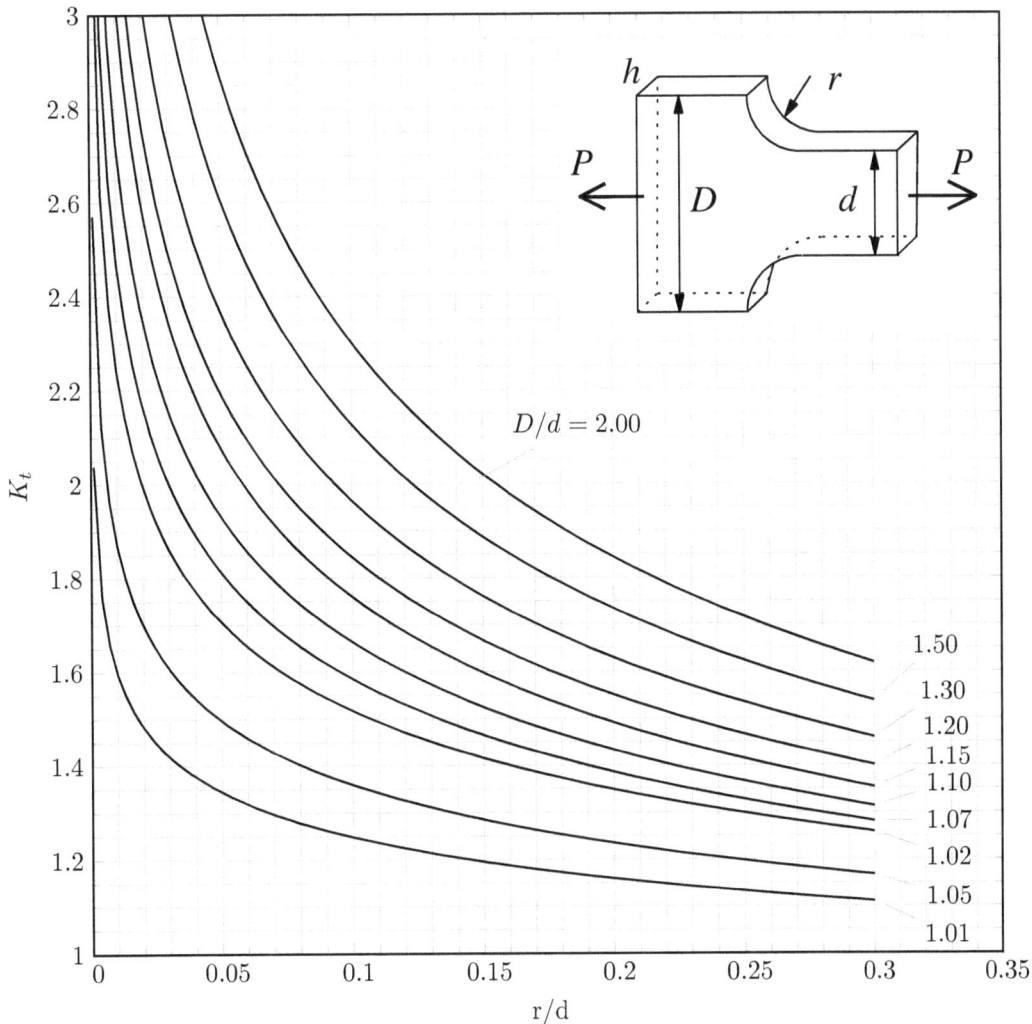

Figura C.9: Placa con cambio de sección sometido a carga axial

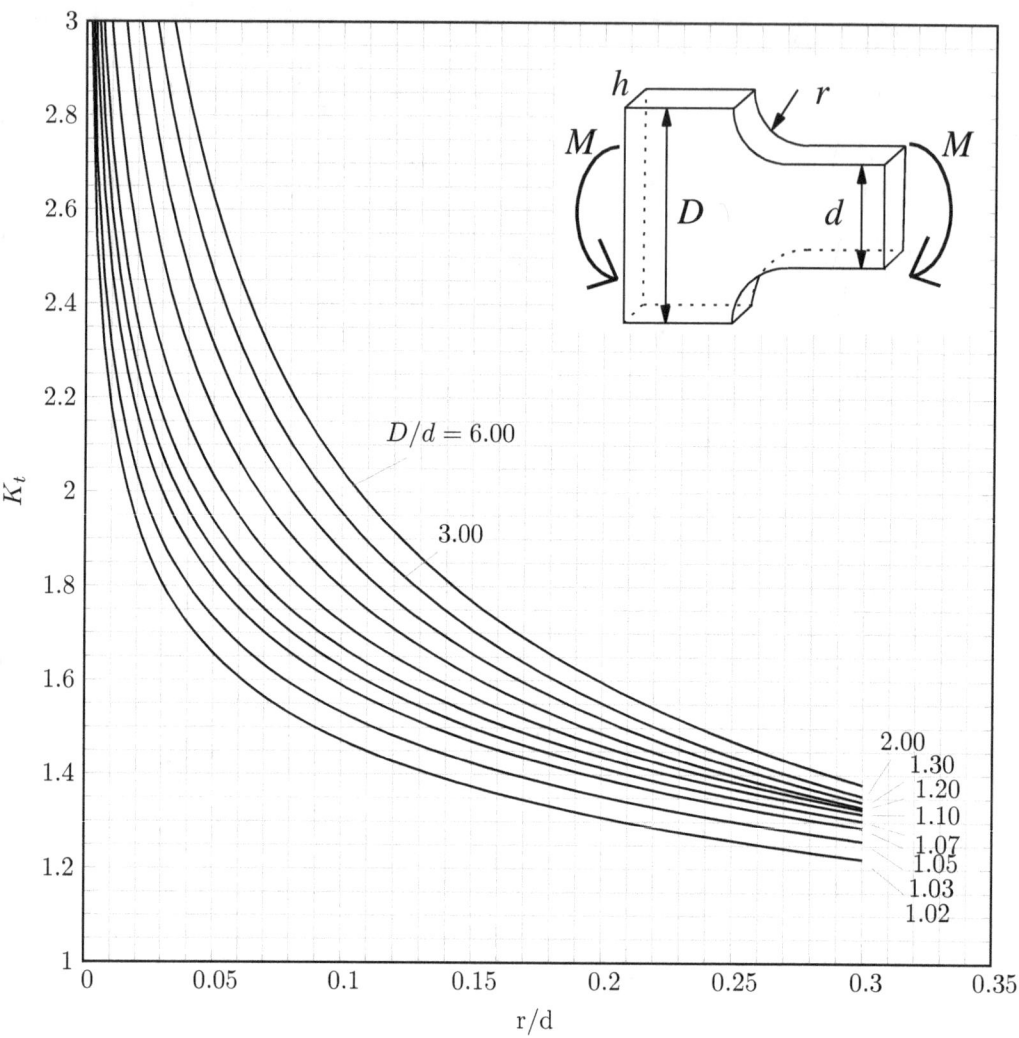

Figura C.10: Placa con cambio de sección sometido a flexión

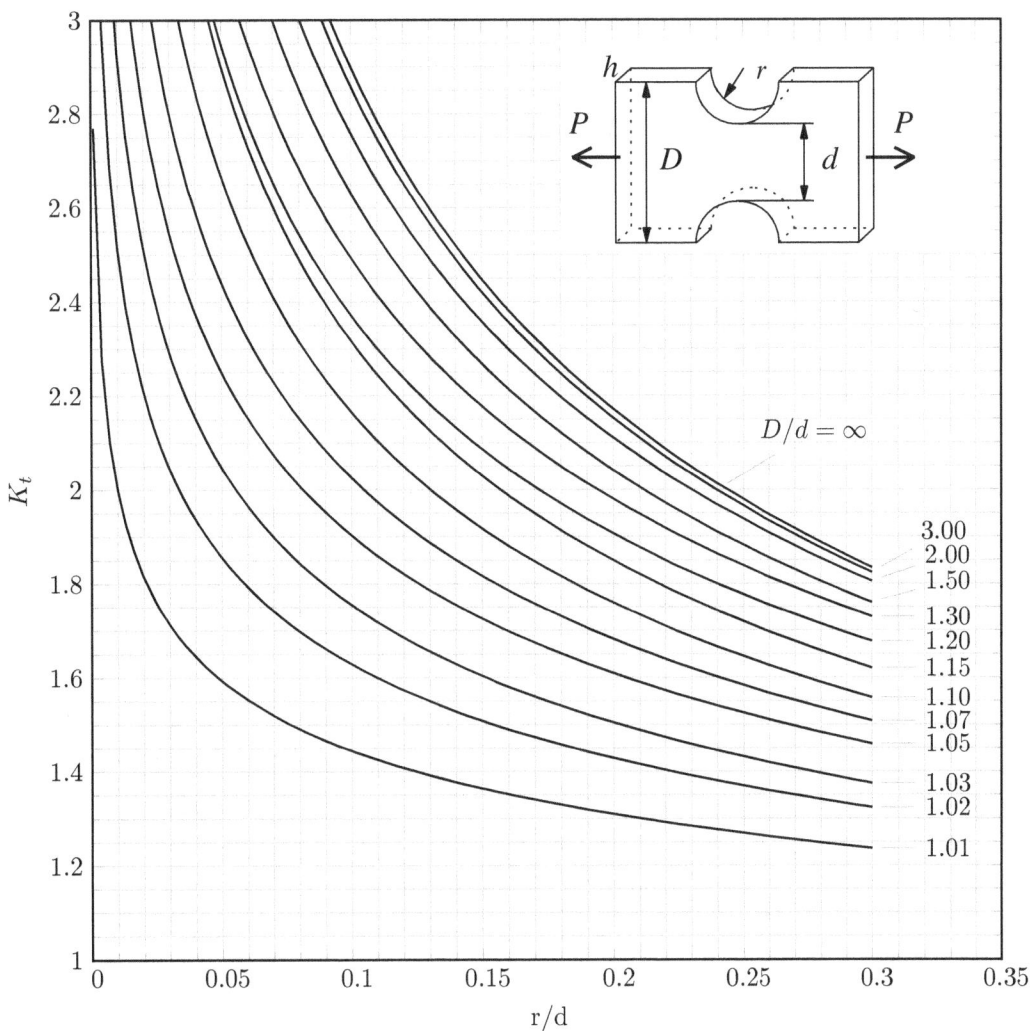

Figura C.11: Placa con ranura semicircular sometida a carga axial

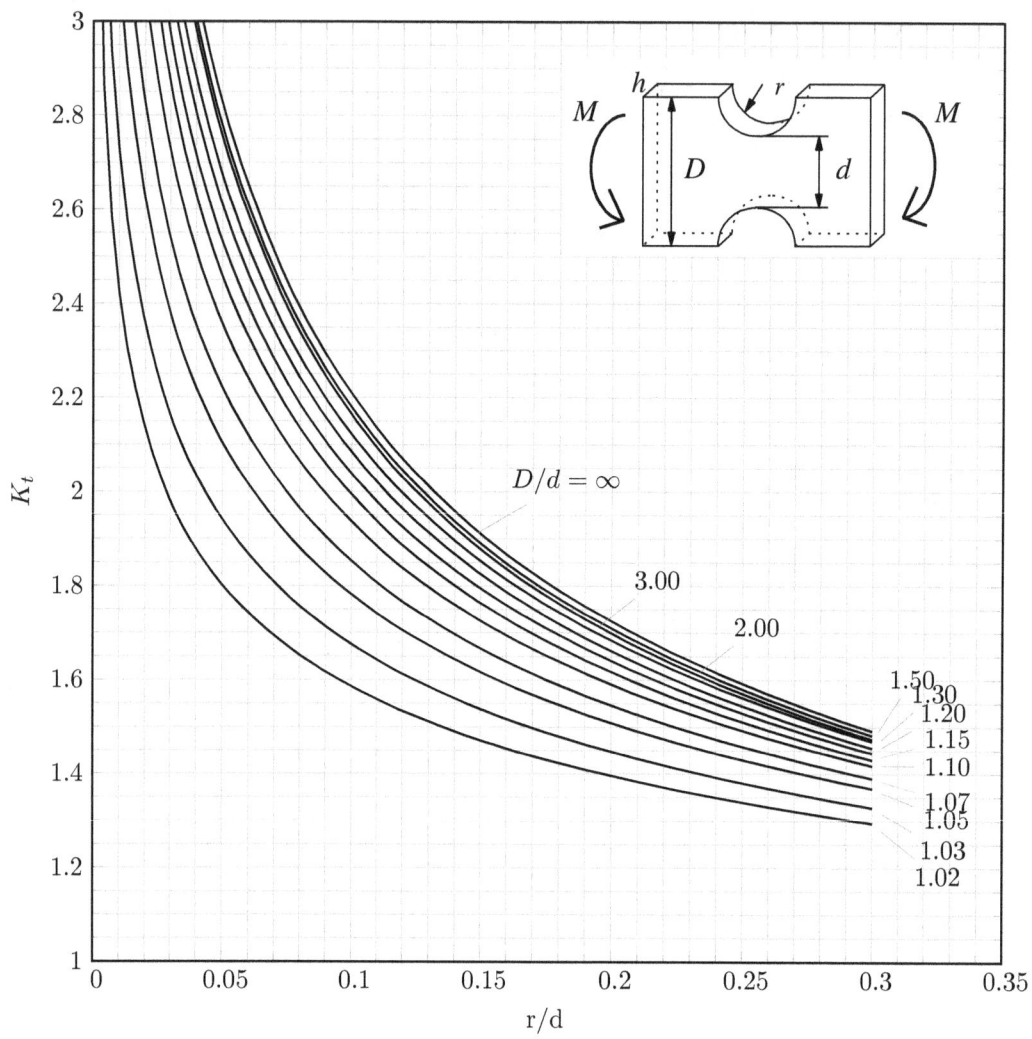

Figura C.12: Placa con ranura semicircular sometida a carga flexión

Apéndice C. Concentradores de tensiones geométricos

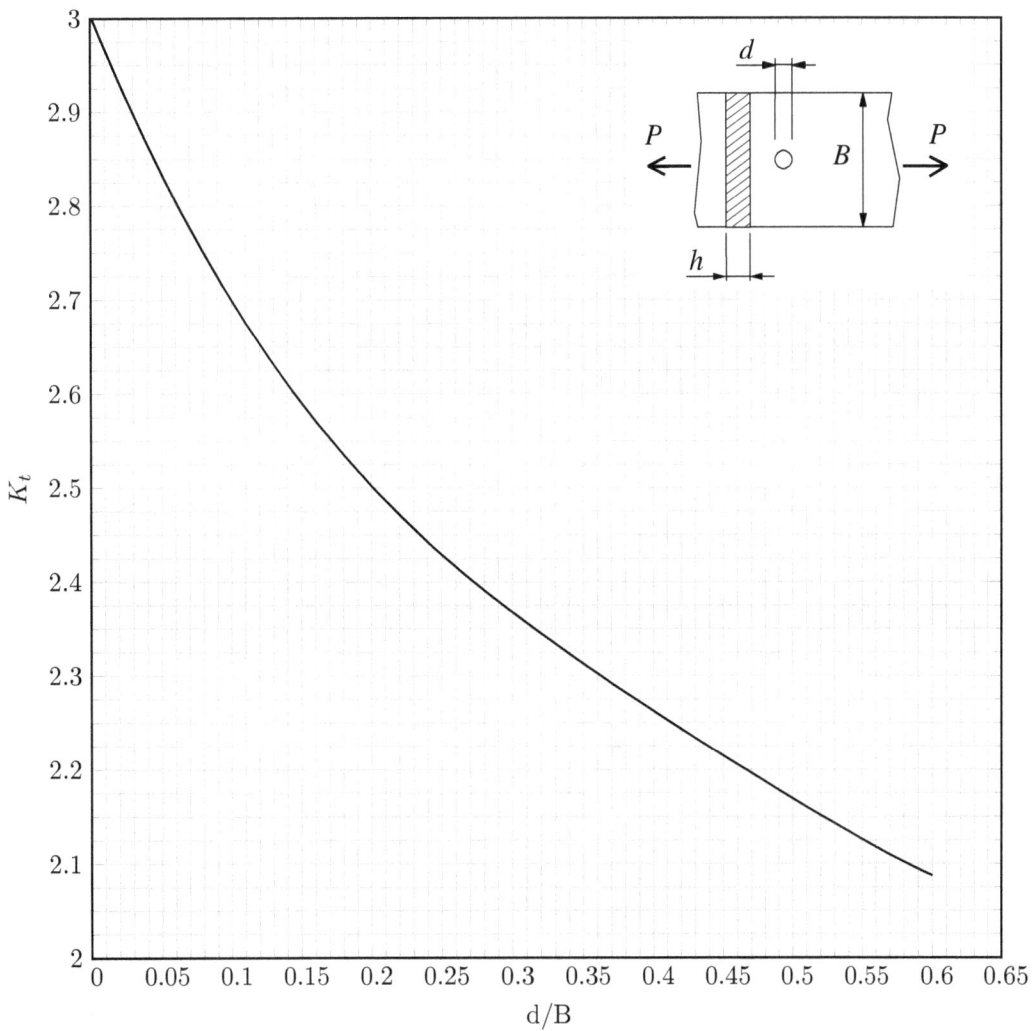

Figura C.13: Chapa con agujero bajo carga axial

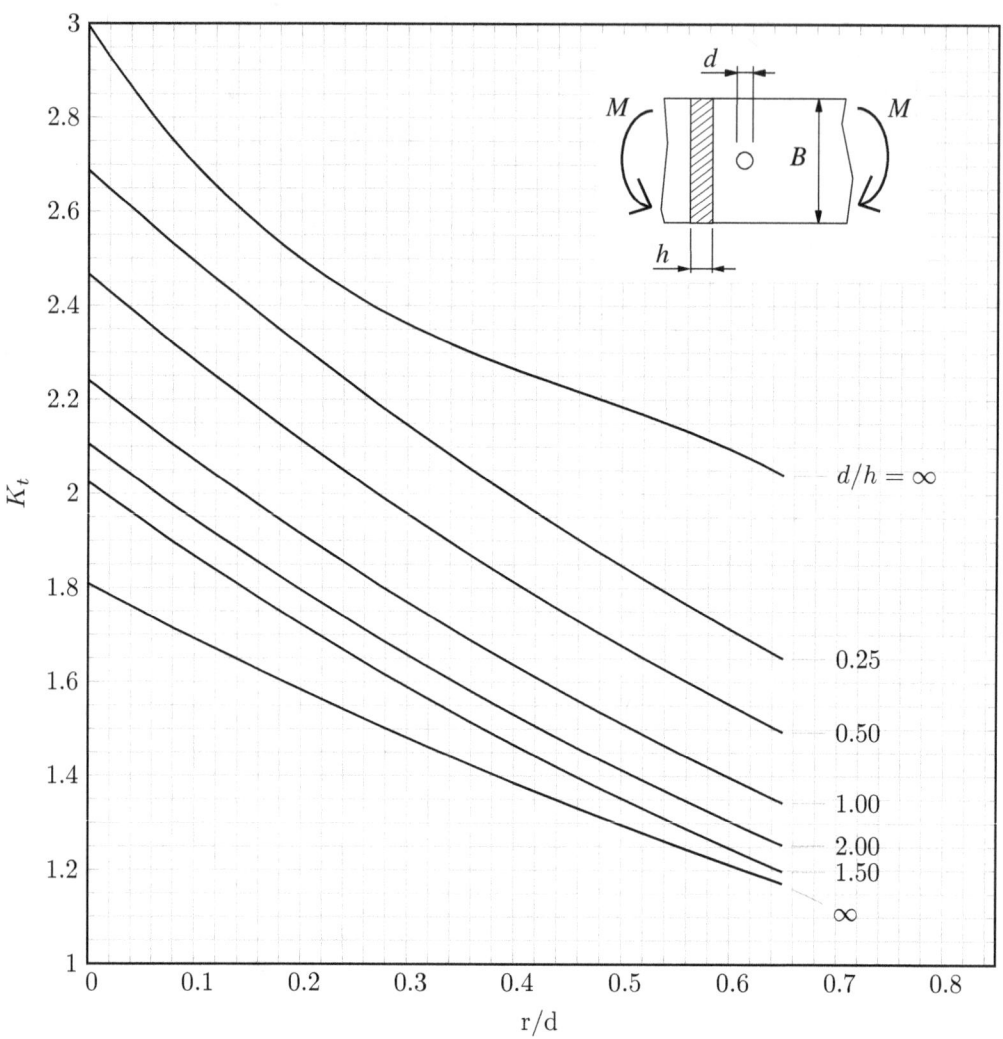

Figura C.14: Placa con agujero sometida a carga flexión

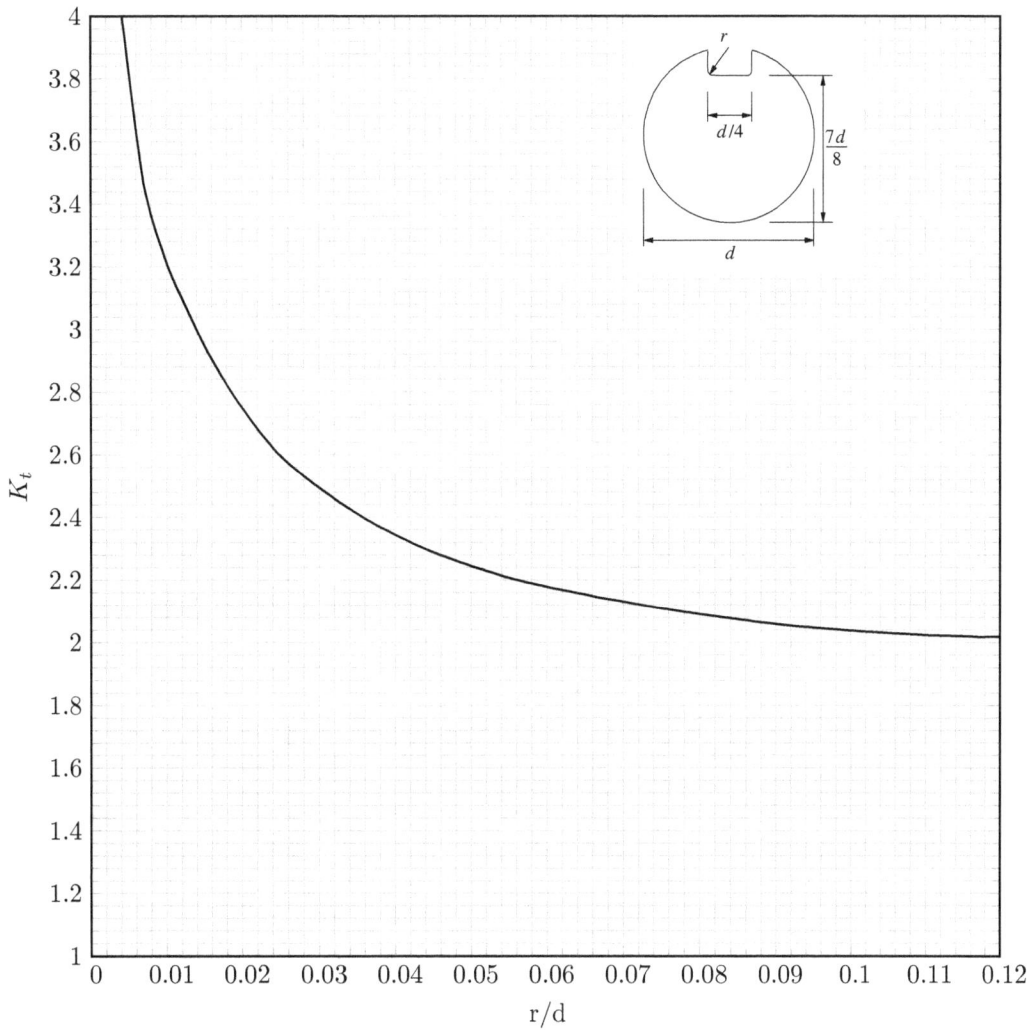

Figura C.15: Chavetero bajo torsión

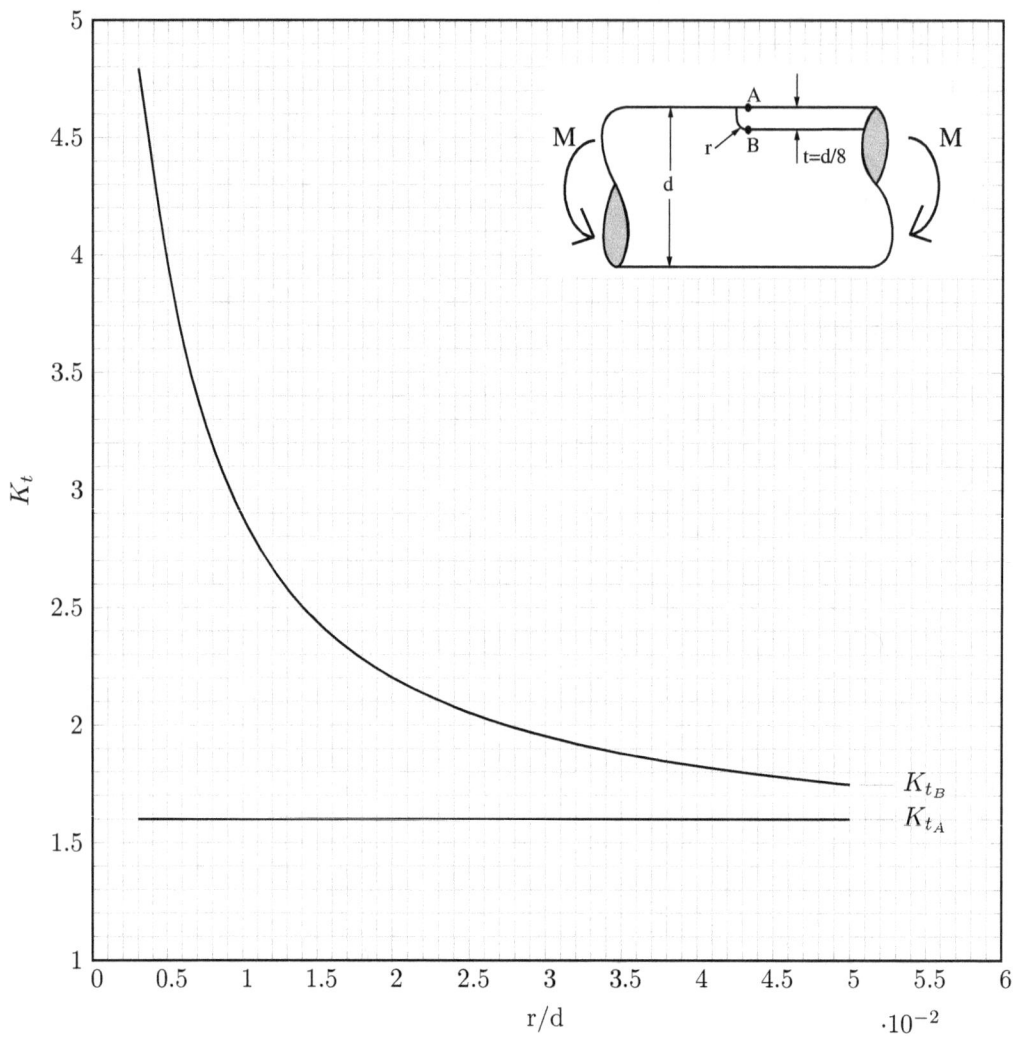

Figura C.16: Chavetero bajo flexión

D
Factores de intensidad de esfuerzos

Tabla D.1: Factores de intensidad de esfuerzos

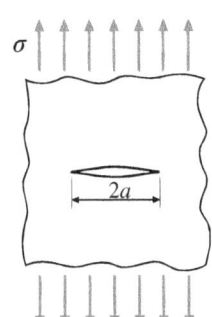

Placa infinita con grieta en el centro sometida a tensión:

$$K_I = \sigma\sqrt{\pi a}$$

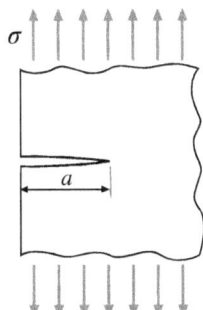

Placa infinita con grieta en el extremo sometida a tensión:

$$K_I = 1{,}12\sigma\sqrt{\pi a}$$

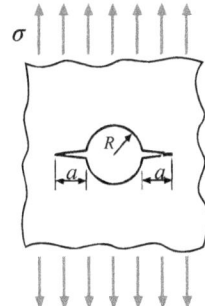

Placa infinita con grieta en el extremo de un agujero sometida a tensión:

$$K_I = \sigma\sqrt{\pi a}\left[1 + 2{,}365\left(\frac{R}{R+a}\right)^{2{,}4}\right]$$

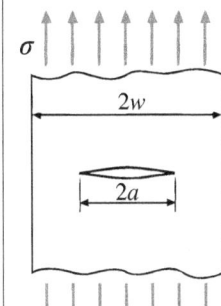

Fleje infinito con grieta en el centro sometido a tensión:

$$K_I = Y\sigma\sqrt{\pi a} \; ; \; \alpha = \frac{a}{w}$$

$$Y = \sqrt{\frac{2}{\pi\alpha}\tan\left(\frac{\pi\alpha}{2}\right)}$$

O bien:

$$Y = \sqrt{\sec\left(\frac{\pi\alpha}{2}\right)}\left[1 - 0{,}25\alpha^2 + 0{,}06\alpha^4\right]$$

Apéndice D. Factores de intensidad de esfuerzos

Tabla D.1: Factores de intensidad de esfuerzos

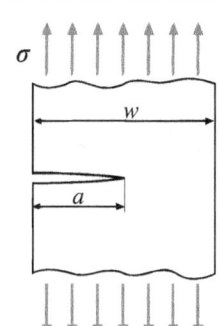

Fleje infinito con grieta en el centro sometida a tensión:

$$K_I = Y\sigma\sqrt{\pi a} \;;\; \alpha = \frac{a}{w}$$

$$Y = \frac{\sqrt{\frac{2}{\pi\alpha}\tan\left(\frac{\pi\alpha}{2}\right)}}{\cos\left(\frac{\pi\alpha}{2}\right)} \left[0{,}752 + 2{,}02\alpha + 0{,}37\left(1 - \sin\left(\frac{\pi\alpha}{2}\right)\right)^4\right]$$

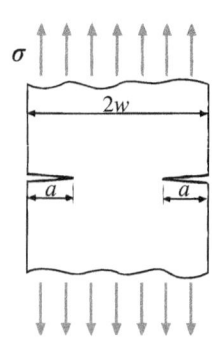

Fleje infinito con una grieta en el extremo sometido a tensión:

$$K_I = Y\sigma\sqrt{\pi a} \;;\; \alpha = \frac{a}{w}$$

$$Y = \sqrt{\frac{2}{\pi\alpha}\left[\tan\left(\frac{\pi\alpha}{2}\right) + 0{,}1\sin(\pi\alpha)\right]}$$

O bien:

$$Y = \sqrt{\frac{2}{\pi\alpha(1-\alpha)}}\left[1{,}122 - 0{,}561\alpha - 0{,}205\alpha^2 + 0{,}471\alpha^3 + 0{,}19\alpha^4\right]$$

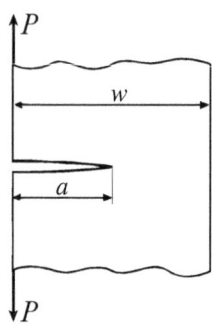

Fleje infinito con grieta en el extremo cometido a fuerza en el extremo:

$$K_I = Y\sigma\sqrt{\pi a} = Y\frac{P}{bw}\sqrt{\pi a} \;;\; \alpha = \frac{a}{w}$$

$$Y = \frac{5{,}23 + \alpha(5{,}16\alpha - 5{,}88)}{1 - 1{,}07\alpha} \quad \forall \alpha \leq 0{,}7$$

Tabla D.1: Factores de intensidad de esfuerzos

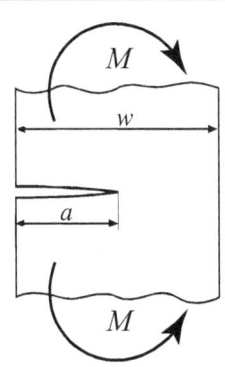

Fleje infinito con grieta en el extremo sometido a flexión:

$$K_I = Y\sigma\sqrt{\pi a} = Y\frac{6M}{bw^2}\sqrt{\pi a}\ ;\ \alpha = \frac{a}{w}$$

$$Y = \frac{1{,}12 + \alpha\,(2{,}62\alpha - 1{,}59)}{1 - 0{,}7\alpha} \qquad \forall \alpha \leq 0{,}7$$

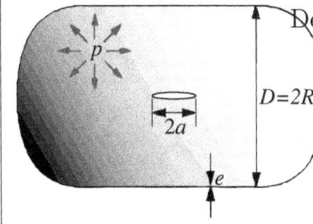

Depósito de pared fina con grieta axial

$$K_I = Y\sigma\sqrt{\pi a} = Y\sigma_{\text{tangencial}}\sqrt{\pi a} = Y\frac{pR}{e}\sqrt{\pi a}$$

$$Y = \sqrt{1 + 1{,}255\frac{a^2}{Re} - 0{,}0135\left(\frac{a^2}{Re}\right)^2}$$

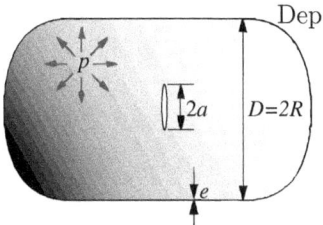

Depósito de pared fina con grieta circunferencial.

$$K_I = Y\sigma\sqrt{\pi a} = Y\sigma_{\text{axial}}\sqrt{\pi a} = Y\frac{pR}{2e}\sqrt{\pi a}$$

$$Y = 1 + 1{,}12\frac{a}{\sqrt{2Re}}\left[1 - e^{\left(-1{,}54\frac{a}{\sqrt{2Re}}\right)}\right]$$

Apéndice D. Factores de intensidad de esfuerzos

E
Materiales

Tabla E.1: Aceros estructurales laminados en caliente. Características mecánicas EN 10025-2: 2006

Designación		Límite elástico mínimo S_y (MPa) Espesor nominal (mm)								
EN 10027-1 i CR10260	EN 10027-2	≤16	>16 ≤40	>40 ≤63	>63 ≤80	>80 ≤100	>100 ≤150	>150 ≤200	>200 ≤250	>250 ≤400
S185	1.0035	185	175	175	175	175	165	155	145	-
S235JR	1.0038	235	225	215	215	215	195	185	175	-
S235J0	1.0114	235	225	215	215	215	195	185	175	-
S235J2	1.0117	235	225	215	215	215	195	185	175	165
S275JR	1.0044	275	265	255	245	235	225	215	205	-
S275J0	1.0143	275	265	255	245	235	225	215	205	-
S275J2	1.0145	275	265	255	245	235	225	215	205	195
S355JR	1.0045	355	345	335	325	315	295	285	275	-
S355J0	1.0553	355	345	335	325	315	295	285	275	-
S355J2	1.0577	355	345	335	325	315	295	285	275	265
S355K2	1.0596	355	345	335	325	315	295	285	275	265
S450J0	1.0059	450	430	410	390	380	380	-	-	-
E295	1.0050	295	285	275	265	255	245	235	225	-
E335	1.0060	335	325	315	305	295	275	265	255	-
E360	1.0070	360	355	345	335	325	305	295	285	-

Tabla E.2: Aceros estructurales laminados en caliente. Características mecánicas EN 10025-2: 2006

Designación		Límite de resistencia a la tracción S_{ut} (MPa)				
		Espesor nominal (mm)				
EN 10027-1 y CR10260	EN 10027-2	≤3	>3 ≤100	>100 ≤150	>150 ≤250	>250 ≤400
S185	1.0035	310 a 540	290 a 510	280 a 500	270 a 490	-
S235JR	1.0038	360 a 510	360 a 510	350 a 500	340 a 490	-
S235J0	1.0114	360 a 510	360 a 510	350 a 500	340 a 490	-
S235J2	1.0117	360 a 510	360 a 510	350 a 500	340 a 490	330 a 480
S275JR	1.0044	430 a 580	410 a 560	400 a 540	380 a 540	-
S275J0	1.0143	430 a 580	410 a 560	400 a 540	380 a 540	-
S275J2	1.0145	430 a 580	410 a 560	400 a 540	380 a 540	380 a 540
S355JR	1.0045	510 a 680	470 a 630	450 a 600	450 a 600	-
S355JO	1.0553	510 a 680	470 a 630	450 a 600	450 a 600	-
S355J2	1.0577	510 a 680	470 a 630	450 a 600	450 a 600	450 a 600
S355K2	1.0596	510 a 680	470 a 630	450 a 600	450 a 600	450 a 600
S450J0	1.0059	-	550 a 720	530 a 700	-	-
E295	1.0050	490 a 660	470 a 610	450 a 610	440 a 610	-
E335	1.0060	590 a 770	570 a 710	550 a 710	540 a 710	-
E360	1.0070	690 a 900	670 a 830	650 a 830	640 a 830	-

Tabla E.3: Aceros estructurales laminados en caliente. Equivalencia entre designaciones antiguas

Designación según la Norma EN 10025-2:2004	Según la Norma EN 10025:1990 +A1:1993		Según la Norma EN 10025:1990	Alemana DIN 17 100	Francia NF A35-501	Reino Unido BS 4360	España UNE 36-080	Italia UNI 7070	Bélgica NBN A21-101
S185	S185	1.0035	Fe310-0	St33	A33	-	A310-0	Fe320	A320
-	S235JR	1.0037	Fe360 B	St37-2	E24-2	-	-	Fe360 B	AE235-B
-	S235JRG1	1.0036	Fe360BFU	USt37-2	-	-	AE235 B-FU	-	-
S235JR	S235JRG2	1.0038	Fe360BFN	RSt37-2	-	-	AE235 B-FN	-	-
S235JO	S235J0	1.0114	Fe360C	St37-3 U	E24-3	40B	AE235C	Fe360C	AE235-C
-	S235J2G3	1.0116	Fe360 DI	St37-3 N	E24-4	40C	AE235 D	Fe360 D	AE235-D
S235J2	S235J2G4	1.0117	Fe360 D2	-	-	40D	-	-	-
S275JR	S275JR	1.0044	Fe430B	St44-2	E28-2	43B	AE275 B	Fe430 B	AE255-B
S275JO	S275J0	1.0143	Fe430C	St44-3 U	E28-3	43C	AE275C	Fe430C	AE255-C
-	S275J2G3	1.0144	Fe430 DI	St44-3 N	E28-4	43D	AE275 D	Fe430 D	AE255-D
S275J2	S275J2G4	1.0145	Fe430D2	-	-	-	-	-	-
S355JR	S355JR	1.0045	Fe510 B	-	E36-2	50B	AE355 B	Fe510 B	AE355-B
S355JO	S355J0	1.0553	Fe510C	St52-3 U	E36-3	50C	AE355C	Fe510C	AE355-C
-	S355J2G3	1.0570	Fe510 DI	St52-3 N	-	50D	AE355D	Fe510 D	AE355-D
S355J2	S355J2G4	1.0577	Fe510D2	-	-	-	-	-	-
-	S355K2G3	1.0595	Fe510DD1	-	E36-4	50DD	-	-	AE355-DD
S355K2	S355K2G4	1.0596	Fe510DD2	-	-	-	-	-	-
S450J0	-	1.0590	-	-	-	55C	-	-	-
E295	E295	1.0050	Fe490-2	St50-2	A50-2	-	A490	Fe490	A490-2
E335	E335	1.0060	Fe590-2	St60-2	A60-2	-	A590	Fe590	A590-2
E360	E360	1.0070	Fe690-2	St70-2	A70-2	-	A690	Fe690	A690-2

Tabla E.4: Aceros estructurales laminados en caliente. Equivalencia entre designaciones antiguas

Designación según la Norma EN 10025-2:2004		Suecia SS 14	Portugal NP 1729	Austria M 3116	Noruega	Estados Unidos ASTM	Japón JIS G3101
S185	1.0035	13 00-00	Fe310-0	St320	-	-	-
-	-	13 11-00	Fe360-B	-	NS 12 120		
-	-	-	-	USt360 B	NS 12 122		
S235JR	1.0038	13 12-00	-	RSt360 B	NS 12 123	A570	SS 330
S235JO	1.0114	-	Fe360-C	St360C	NS 12 124	Grade 36	
-	-	-	Fe360-D	St360 D	NS 12 124		
S235J2	1.0117	-	-	-	-		
S275JR	1.0044	14 12-00	Fe430-B	St430 B	NS 12 142		
S275JO	1.0143	-	Fe430-C	St430C	NS 12 143	A570	SS 400
-	-	14 14-00	Fe430-D	St430 D	NS 12 143	Grade 40	
S275J2	1.0145	14 14-01	-	-	-		
S355JR	1.0045	-	Fe510-B	-	-		
S355JO	1.0553	-	Fe510-C	St510C	NS 12 153	A570	
-	-	-	Fe510-D	St510 D	NS 12 153	Grade 50	-
S355J2	1.0577	-	-	-	-		
-	-	-	Fe510-DD	-	-		
S355K2	1.0596	-	-	-	-	-	-
S450JO	1.0590	-	-	-	-	-	-
E295	1.0050	15 50-00 15 50-01	Fe490-2	St490	-	-	SS 490
E335	1.0060	16 50 00 16 50-01	Fe590-2	St590	-	-	-
E360	1.0070	16 55 00 16 55-01	Fe690-2	St690	-	-	-

Tabla E.5: Aceros templables. Características mecánicas a temperatura ambiente en estado de temple y revenido

Designación del acero		Propiedades mecánicas para los productos con diámetro (d) o para los productos planos de grosor (t)								
		d <16 mm t <8 mm			16 mm <d <40 mm 8 mm <t <20 mm			40 mm<d<100 mm 20 mm <t <60 mm		
Simbólica	Numérica	S_y(MPa)	S_{ut}(MPa)	A (%)	S_y(MPa)	S_{ut}(MPa)	A (%)	S_y(MPa)	S_{ut}(MPa)	A (%)
Acers de qualitat										
C35	1.0501	430	630 a 780	17	380	600 a 750	19	320	550 a 700	20
C40	1.0511	460	650 a 800	16	400	630 a 780	18	350	600 a 750	19
C45	1.0503	490	700 a 850	14	430	650 a 800	16	370	630 a 780	17
C55	1.0535	550	800 a 950	12	490	750 a 900	14	420	700 a 850	15
C60	1.0601	580	850 a 1000	11	520	800 a 950	13	450	750 a 900	14
Acers especials										
C22E C22R	1.1151 1.1149	340	500 a 650	20	290	470 a 620	22	-	-	-
C35E C35R	1.1181 1.1180	430	630 a 780	17	380	600 a 750	19	320	550 a 700	20
C40E C40R	1.1186 1.1189	460	650 a 800	16	400	630 a 780	18	350	600 a 750	19
C45E C45R	1.1191 1.1201	490	700 a 850	14	430	650 a 800	16	370	630 a 780	17
C50E C50R	1.1206 1.1241	520	750 a 900	13	460	700 a 850	15	400	650 a 800	16
C55E C55R	1.1203 1.1209	550	800 a 950	12	490	750 a 900	14	420	700 a 850	15
C60E C60R	1.1221 1.1223	580	850 a 1000	11	520	800 a 950	13	450	750 a 900	14
28Mn6	1.1170	590	800 a 950	13	490	700 a 850	15	440	650 a 800	16

Tabla E.6: Aceros templables. Características mecánicas a temperatura ambiente en estado normalizado.

Designación del acero		Propiedades mecánicas para los productos con diámetro (d) o para los productos planos de grosor (t)								
		d<16 mm t<16 mm			16 mm <d <100 mm 16 mm <t <100 mm			100 mm <d <250 mm 100 mm <t <250 mm		
Simbólica	Numérica	S_y MPa	S_{ut} MPa	A%	S_y MPa	S_{ut} MPa	A%	S_y MPa	S_{ut} MPa	A%
Aceros de calidad										
C35	1.0501	300	550	18	270	520	19	245	500	19
C40	1.0511	320	580	16	290	550	17	260	530	17
C45	1.0503	340	620	14	305	580	16	275	560	16
C55	1.0535	370	680	11	330	640	12	300	620	12
C60	1.0601	380	710	10	340	670	11	310	650	11
Aceros especiales										
C22E C22R	1.1151 1.1149	240	430	24	210	410	25	-	-	-
C35E C35R	1.1181 1.1180	300	550	18	270	520	19	245	500	19
C40E C40R	1.1186 1.1189	320	580	16	290	550	17	260	530	17
C45E C45R	1.1191 1.1201	340	620	14	305	580	16	275	560	16
C50E C50R	1.1206 1.1241	355	650	13	320	610	14	290	590	14
C55E C55R	1.1203 1.1209	370	680	11	330	640	12	300	620	12
C60E C60R	1.1221 1.1223	380	710	10	340	670	11	310	650	11
28Mn6	1.1170	345	630	17	310	600	18	290	590	18

Tabla E.7: Aceros templables. Equivalencia entre designaciones antiguas

EN 10083-2		ISO	Alemania		Reino Unido	Francia	Italia	Suecia	España	
Simbólica	Numérica	683-1:1987	Simbólica	Numérica				SS - acer	Simbólica	Numérica
C35	1.0501	C35	C35	1.0501	-	AF55C35	C35	-	-	-
C40	1.0511	C40	C40	1.0511	-	AF60C40	C40	-	-	-
C45	1.0503	C45	C45	1.0503	080M46	AF65C45	C45	-	-	-
C55	1.0535	C55	C55	1.0535	-	AF70C55	C55	-	-	-
C60	1.0601	C60	C60	1.0601	-	-	C60	-	-	-
C22E	1.1151	-	Ck22	1.1151	070M20	XC18	C25	-	-	-
C22R	1.1149	-	Cm22	1.1149	-	XC18u	C25	-	-	-
C35E	1.1181	C35 E4	Ck35	1.1181	080M36	XC38H1	C35	1572	C35K	F1130
C35R	1.1180	C35 M2	Cm35	1.1180	-	XC38H1u	C35	-	C35K1	F1135
C40E	1.1186	C40 E4	Ck40	1.1186	080M40	XC42H1	C40	-	-	-
C40R	1.1189	C40 M2	Cm40	1.1189	-	XC42H1u	C40	-	-	-
C45E	1.1191	C45 E4	Ck45	1.1191	080M46	XC48H1	C45	1672	C45K	F1140
C45R	1.1201	C45 M2	Cm45	1.1201	-	XC48H1u	C45	-	C45K1	F1145
C50E	1.1206	C50 E4	Ck50	1.1206	080M50	-	C50	1674	-	-
C50R	1.1241	C50 M2	Cm50	1.1241	-	-	C50	-	-	-
C55E	1.1203	C55 E4	Ck55	1.1203	070M55	XC55H1	C55	-	C55K	F1150
C55R	1.1209	C55 M2	Cm55	1.1209	-	XC55H1u	C55	-	C55K1	F1155
C60E	1.1221	C60 E4	Ck60	1.1221	070M60	-	C60	-	-	-
C60R	1.1223	C60 M2	Cm60	1.1223	-	-	C60	-	-	-
28Mn6	1.1170	28Mn6	28 Mil 6	1.1170	150M28	-	-	-	-	-

Apéndice E. Materiales

Tabla E.8: Aceros templables aleados e calidad. Características mecánicas a temperatura ambiente en estado de temple y revenido

Designación del acero		Propiedades mecánicas pera la sección principal con diámetro (d) o para los productos planos de grosor (t de														
		d ≤16 mm t ≤8mm			16mm <d ≤40 mm 8 mm <t ≤20 mm				40 mm <d ≤100 mm 20 mm <t ≤60 mm				100 mm <d ≤160 mm 60 mm <d ≤100 mm				160 mm <d ≤250 mm 100 mm <t ≤160 mm		
Simbólica	Numérica	S_y MPa	S_{ut} MPa	A %	S_y MPa	S_{ut} MPa	A %	S_y MPa	S_{ut} MPa	A %	S_y MPa	S_{ut} MPa	A %	S_y MPa	S_{ut} MPa	A %
35Cr2	1.7003	550	500 a 950	14	450	700 a 850	15	350	600 a 750	17						
46Cr2	1.7006	650	900 a 1 100	12	550	500 a 950	14	400	650 a 500	15						
34Cr4 34CrS4	1.7033 1.7037	700	900 a 1100	12	590	500 a 950	14	460	700 a S50	15						
37Cr4 37CrS4	1.7034 1.7035	750	950 a 1 150	11	630	S50 a 1000	13	510	750 a 900	14						
41CY4 41CrS4	1.7035 1.7039	500	1000 a 1200	11	660	900 a 1 100	12	560	500 a 950	14						
25CrMo4 25CrMoS4	1.721S 1.7213	700	900 al 100	12	600	500 a 950	14	450	700 a S50	15	400	650 a 500	16	-	-	-
34CrMo4 34CrMoS4	1.7220 1.7226	500	1000 a 1200	11	650	900 a 1 100	12	550	500 a 950	14	500	750 a 900	15	450	700 a 850	15
42CiMo4 42CiMoS4	1.7225 1.7227	900	1 100 a 1300	10	750	1000 a 1200	11	650	900 a 1 100	12	550	500 a 950	13	500	750 a 900	14
50CrMo4	1.7228	900	1 100 a 1300	9	7S0	1000 a 1200	10	700	900 a 1 100	12	650	S50 a 1 000	13	550	500 a 950	13
34CiNiMo6	1.6582	1000	1200 a 1400	9	900	1100 a 1300	10	800	1000 a 1200	11	700	900 a 1100	12	600	500 a 950	13
30CrNiMoS	1.6580	1050	1250 a 1450	9	1050	1250 a 1450	9	900	1000 a 1300	10	500	1000 a 1200	11	700	900 a 1100	12
35NiCr6	1.5S15	740	550 a 1050	12	740	550 a 1080	14	640	750 a 950	15						
36NiCrMol6	1.6773	1050	1250 a 1450	9	1050	1250 a 1450	9	900	1100 a 1300	10	500	1000 a 1200	11	500	1000 a 1200	11
39NiCrMo3	1.6510	785	950 a 1150	11	735	930 a 1130	11	685	550 a 1050	12	635	530 a 950	12	540	740 a 550	13
30NiCrMol6-6	1.6747	880	1080 a 1230	10	880	1080 a 1230	10	880	1080 a 1230	10	790	900 a 1050	11	880	900a 1050	11
51CrV4	1.8159	900	1100 a 1300	9	800	1000a 1200	10	700	900 a 1100	12	650	850 a 1000	13	600	800 a 950	13
20MnB5	1.5530	700	900 a 1050	14	600	750 a 900	15									
30MnB5	1.5531	800	950 a 1150	13	650	800 a 950	13									
38MnB5	1.5532	900	1050 a 1250	12	700	850 a 1050	12									
27MnCiB5-2	1.7182	800	1000a 1250	14	750	900 a 1150	14	700	800 a 1000	15						
33MnCiB5-2	1.7185	850	1050 a 1300	13	800	950 a 1200	13	750	900 a 1100	13						
39MnCrB6-2	1.7189	900	1100a 1350	12	850	1050 a 1250	12	500	1000 a 1200	12						

Tabla E.9: Aceros templables aleados de calidad. Equivalencia entre designaciones antiguas

EN 10083-3		ISO	Alemania		Reino Unit	Francia	Italia	Suecia	España	
Simbólica	Numérica	683-1:1987a	Simbólica	Numérica				SS - acero	Simbólica	Numérica
38Cr2	1.7003	-	38Cr2	1.7003	-	38C2	-	-	-	-
46Cr2	1.7006	-	46Cr2	1.7006	-	-	-	-	-	-
34Cr4	1.7033	34Cr4	34Cr4	1.7033	530M32	32C4	-	-	-	-
34CrS4	1.7037	34CrS4	34CrS4	1.7037	-	32C4u				
37Cr4	1.7034.	37Cr4	37Cr4	1.7034	530M36	38C4	-	-	38Cr4	F1201
37CrS4	1.7038	37CrS4	37CrS4	1.7038	-	38C4u			38Cr41	F1206
41Cr4	1.7035	41Cr4	41Cr4	1.7035	530M40	42C4	41Cr4	-	42Cr4	F1202
41CrS4	1.7039	41CrS4	41CrS4	1.7039	-	42C4u	41Cr4	2245	42Cr41	F1207
25CrMo4	1.7218	25CrMo4	25CrMo4	1.7218	708M25	25CD4	25CrMo4	2225	-	-
25CrMoS4	1.7213	25CrMoS4	25CrMoS4	1.7213	-	25CD4u	25CrMo4	-	-	-
34CrMo4	1.7220	34CrMo4	34CrMo4	1.7220	708M32	34CD4	35CrMo4	2234	-	-
34CrMoS4	1.7226	34CrMoS4	34CrMoS4	1.7226	-	34CD4u	35CrMo4	-	-	-
42CrMo4	1.7225	42CrMo4	42CrMo4	1.7225	708M40	42CD4	42CrMo4	2244	40CrMo4	F1252
42CrMoS4	1.7227	42CrMoS4	42CrMoS4	1.7227	-	42CD4u	42CrMo4	-	40CrMo41	F1257
50CrMo4	1.7228	50CrMo4	50CrMo4	1.7228	708M50	-	-	-	-	-
34CrNiMo6	1.6582	36CrNiMo6	34CrNiMo6	1.6582	817M40	-	-	2541	-	-
30CrNiMo8	1.6580	31CrNiMo8	30CrNiMo8	1.6580	823M30	30CND8	-	-	-	-
35NiCr6	1.5815	-	35NiCr6	-	-	-	-	-	-	-
36NiCrMo16	1.6773	-	-	-	-	35 NCD 16	-	-	-	-
39NiCrMo3	1.6510	-	-	-	-	-	39NiCrMo3	-	-	-
30NiCrMo6-6	1.6747	-	30NiCrMo6-6	1.6747	835M30	-	-	-	-	-
51CrV4	1.8159	51CrV4	50CrV4	1.8159	735A50	50CV4	50CrV4	-	51CrV4	F1430

Tabla E.10: Fundiciones grises. Características mecánicas EN 1561:1997

Característica	Símbolo	Unidad SI	Designación del material				
			EN-GJL-150 (EN-JL 1020)	EN-GJL-200 (EN-JL 1030)	EN-GJL-250 (EN-JL 1040)	EN-GJL-300 (EN-JL 1050)	EN-GJL-350 (EN-JL 1060)
			ferrítica/ perlítica	Estructura de base			
					perlítica		
Resistencia a la tracción	S_{ut}	MPa	150 a 250	200 a 300	250 a 350	300 a 400	350 a 450
Límite elástico convencional a 0,1 %	S_{yt}	MPa	98 a 165	130 a 195	165 a 228	195 a 260	228 a 285
Alargamiento	A	%	0,8 a 0,3	0,8 a 0,3	0,8 a 0,3	0,8 a 0,3	0,8 a 0,3
Resistencia a la compresión	S_{uc}	MPa	600	720	840	960	1080
Límite elástico a compresión al 0,1 %	S_{yc}	MPa	195	260	325	390	455
Resistencia a la flexión	S_{flex}	MPa	250	290	340	390	490
Resistencia al cizallamiento	S_{us}	MPa	170	230	290	345	400
Resistencia a la torsión	%	MPa	170	230	290	345	400
Módulo de elasticidad	E	kN/mm^2	78 a 103	88 a 113	103 a 118	108 a 137	123 a 143
Coeficiente de Poisson	V	-	0,26	0,26	0,26	0,26	0,26
Resistencia a la fatiga por flexión	$S_{e_{axial}}$	MPa	70	90	120	140	145
Límite de resistencia a la fatiga por tracción compresión alternada	$S_{e_{flexión}}$	MPa	40	50	60	75	85
Tenacidat a la rotura	K_{IC}	N/mm$^{3/2}$	320	400	480	560	650

Tabla E.11: Aceros de alto límite elástico y baja aleación (HSLA) laminados en caliente. Características mecánicas EN 10149/2

	S_y (MPa)	S_{ut} (MPa)	A_{so} (%) d <3.00	A5 (%) d ≥3.00	Doblegat a 180° Diámetro de mandril
S315MC	315	390-510	≥20	≥24	≥0 x d
S355MC	355	430-550	≥19	≥23	≥0.5 x d
S420MC	420	480-620	≥16	≥19	≥0.5 x d
S460MC	460	520-670	≥14	≥17	≥1.0 x d
S500MC	500	550-700	≥12	≥14	≥1.0 x d
S550MC	550	600-760	≥12	≥14	≥1.5 x d
S600MC	600	650-820	≥11	≥13	≥1.5 x d
S650MC	350	700-880	≥10	≥12	≥2.0 x d
S700MC	700	750-950	≥10	≥12	≥2.0 x d

Tabla E.12: Aceros de alto límite elástico y baja aleación (HSLA) laminados en caliente. Equivalencia entre las diferentes normas

EN 10149/2	SEW 092	UNE 36090/86	NF A36-231	BS 1449/1	SIS	ASTM
-	-	QStE280 TM	AE275HC	-	-	14 26 32	
S315MC	10.972	QStE340 TM	-	E315D	HR40 F 30	14 26 42	A607 Grade 45
S355MC	10.976	QStE380 TM	AE340HC	E355D	HR43 F 35	14 26 44	A607 Grade 50
-	-	QStE420 TM	AE390HC	-	HR46 F 40	14 26 52	A607 Grade 55
S420MC	10.980	QStE460 TM	-	E420D	HR50 F 45	-	A607 Grade 60
S460MC	10.982	QStE500 TM	AE440HC	-	-	-	A607 Grade 65
S500MC	10.984	QStE550 TM	AE490HC	E490D	-	-	A607 Grade 70
S550MC	10.986	QStE600 TM	-	E560D	HR60 F 45	-	
S600MC	18.969	QStE650 TM	-	-	-	-	
-	-	-	-	E620D	HR68 F 62	-	
S650MC	18.976	QStE690 TM	-	-	-	-	

Tabla E.13: Aceros de alto límite elástico y baja aleación (HSLA) laminados en frío. Características mecánicas EN 10268

	S_y (MPa)	S_{ut} (MPa)	A_{80} (%)	Doblado a 180° diámetro del mandril
H240LA	240-310	≥340	≥27	0 x d
H280LA	280-360	≥370	≥24	
H320LA	320-410	≥400	≥22	
H360LA	360-460	≥430	≥20	0.5 x d
H400LA	400-500	≥460	≥18	

Tabla E.14: Aceros de alto límite elástico y baja aleación (HSLA) laminados en frío. Equivalencia entre las diferentes normas

EN 10268		UNE 36122	SEW 093	NF A36-232	ASTM 607
H240LA	10.480	-	ZStE260	E260C	-
H280LA	10.489	-	ZStE300	E280C	-
H320LA	10.548	AE335HF	ZStE340	E315C	Grade 607-45
H360LA	10.550	AE390HF	ZStE380	E355C	Grade 607-50
H400LA	10.556	AE430HF	ZStE420	-	Grade 607-55

Tabla E.15: Aceros para embutición y conformación en frío laminados en caliente. Características mecánicas EN 10111

	S_y (MPa) 1.50≤d<2.00	2.00≤d<8	S_{ut} (MPa)	A_{80} (%) 1.50≤d<2.00	2.00≤d<3.00	A_5 (%) 3.00≤d<8.00
DD11	170-360	170-340	≤440	≥23	≥24	≥28
DD12	170-340	170-320	≤420	≥25	≥26	≥30
DD13	170-330	170-310	≤400	≥28	≥29	≥33
DD14	170-310	170-290	≤380	≥31	≥32	≥36

Tabla E.16: Aceros para embutición y conformación en frío laminados en caliente. Equivalencia entre las diferentes normas

EN 10111		UNE 36-093	DIN 1614	NF A36-301/92	BS 1449/91	ASTM	JIS G 3131
-	-	-	-	-	HR4	-	-
DD 11	10.332	AP 11	Stw 22	1C	HR3	A569 HRCQ	SPHC
DD 12	10.398	AP 12	RRStw 23	-	HR2	A621 HRDQ	SPHD
DD 13	10.335	AP 13	Stw 24	3C	HR1	A622 HRDQSK	SPHE
DD 14	10.389	-	-	-	-	-	-

Tabla E.17: Tenacidad de los metales

Material	K_c (MPa$\sqrt{m}$)	Tensión a fluencia (MPa)
Aleación de aluminio		
2014	18-31	380-470
2020	19-27	525-240
2024	21-37	305-455
2124	21-36	440-460
2219	28-41	340-345
7049	21-38	460-510
7050	25-41	430-510
7075	16-41	395-560
7475	33-44	395-515
7079	24-33	505-540
7178	17-30	470-540
Aleación de hierro		
Hierro fundido	6-20	120-290
Roter Steel A533	204-214	-
Acero para recipientes a presión HY130	170	-
Acero de alta resistencia	50-154	-
Acero con bajo contenido de carbono	140	-
Acero al carbono de contenido medio	51	-
4330V	86-110	1315-1400
4340	44-91	1360-1660
D6AC	62-102	1495-1570
9-4-20	132-154	1280-1310
18Ni	50-110	1450-1905
AFC77	79	1530
Aleación de titanio		
Ti6Al4V	77-116	815-875
Otros metales		
Berilio Be	4	

Tabla E.18: Tenacidad de los polímeros

Material	Kc (MPa$\sqrt{m}$)
ABS	4
Epoxi	0.3-0.5
Nilón	3
Policarbonato	1-2.6
Poliéster	0.5
Polietileno	
Polipropileno	3
Poliestireno	2
PMMA	0.5-1.75

Tabla E.19: Tenacidad de los materiales cerámicos

Material	Kc (MPa$\sqrt{m}$)
Porcelana eléctrica	1
Cristales de bicarbonato	0.7-0.8
Alúmina Al2O3	40666

Tabla E.20: Tenacidad de los materiales compuestos

Material	Kc (MPa$\sqrt{m}$)
GFRP	20-60
CFRP	23-45
Compuesto de boro y fibra epoxy	46
Madera (dirección de la fibra)	0.5-1

Tabla E.21: Materiales sintéticos

Materiales	Kc (MPa$\sqrt{m}$)
Cemento/hormigón	0.2
Cemento/hormigón, reforzado con hierro	42278
Nitrito de silicio Si3N4	40667
Carburo de cobalto	14-16
Carburo de silicio SiC	3
Carburo tungsteno	14-16
Magnesia MgO	3
Alúmina Al2O3	40666

Bibliografía

[1] Rafael Avilés. *Análisis de fatiga en máquinas*. Thomson, Madrid, 2005.

[2] Richard G. Budynas, J. Keith Nisbett, Joseph Edward Shigley, Jesús Elmer Murrieta Murrieta, and Efrén Alatorre Miguel. *Diseño en ingeniería mecánica de Shigley*. McGraw-Gill Interamericana, México, D.F., 2008.

[3] Karl-Heinz Decker, Karlheinz Kabus, and Enrique de Miguel Uñón. *Elementos de máquinas*. Urmo, Bilbao, 1980.

[4] Karl-Heinz Decker, Karlheinz Kabus, and Enrique de Miguel Uñón. *Problemas de elementos de máquinas*. Urmo, Bilbao, 1981.

[5] Norman E. Dowling. *Mechanical behavior of materials*. Prentice Hall, Harlow, 2006.

[6] Allen S. Hall, Alfred R. Holowenko, and Herman G. Laughlin. *Schaum's outline of theory and problems of machine design*. Schaum Publishing Co., New York, 1961.

[7] Bernard J. Hamrock, Bo O. Jacobson, and Steven R. Schmid. *Elementos de máquinas*. McGraw-Hill, México, 2000.

[8] Robert Charles Juvinall and Kurt M. Marshek. *Fundamentals of machine component design*. John Wiley, Hoboken, N.J., 2000.

[9] Robert L. Norton. *Machine design : an integrated approach*. Prentice Hall, Boston, 2011.

[10] José Ignacio Pedrero Moya. *Fundamentos del diseño de máquinas*. Universidad Nacional de Educación a Distancia, [Madrid], 2000.

[11] M. F. Spotts, T. E. Shoup, and L. E. Hornberger. *Design of machine elements*. Pearson Education, Upper Saddle River, NJ, 2004.